深入 Linux GPU
AMD GPU 渲染与 AI 技术实践

刘京洋　赵新达　著

电子工业出版社
Publishing House of Electronics Industry
北京·BEIJING

内 容 简 介

本书以 AMD 显卡为典型案例，系统介绍显卡计算的基本原理和驱动架构，深入解析 Linux 渲染架构从用户空间到内核空间的演进过程，详细讲解渲染 API 在系统层面的工作机制，内容涵盖传统的 X、Wayland 以及 Android 图形架构的变迁。书中还全面介绍了支撑大规模模型计算的底层硬件原理，帮助读者全面理解显卡在现代计算中的关键作用。

全书从用户空间驱动、内核空间驱动、固件及显卡硬件四个关键层面，系统剖析现代显卡在渲染与计算中的核心工作原理，内容主要基于 AMD 显卡架构及 Linux 平台下的开源驱动。结构安排合理，内容层层递进。

第 1、2 章介绍显卡用于渲染、计算和合成的硬件结构；第 3、4 章聚焦用户空间驱动；第 5～8 章详解显卡内核空间驱动，其中第 5 章系统性介绍 AMD 显卡内核空间驱动架构，第 6 章讲解 GPU 任务调度器，第 7、8 章介绍显存管理；第 9 章分析显卡频率、电压与功耗的关系；第 10 章探讨显卡在大规模 AI 计算中的应用与性能优化。

本书可供游戏与渲染相关开发人员、桌面操作系统开发人员、显卡驱动开发人员、希望了解 GPU 计算原理的 AI 计算开发人员、希望学习显示架构和 AI 计算的高校师生学习参考。

未经许可，不得以任何方式复制或抄袭本书之部分或全部内容。
版权所有，侵权必究。

图书在版编目（CIP）数据

深入 Linux GPU：AMD GPU 渲染与 AI 技术实践 / 刘京洋，赵新达著. -- 北京：电子工业出版社，2025.5.
ISBN 978-7-121-50326-9

Ⅰ. TP316.85

中国国家版本馆 CIP 数据核字第 2025C1Q825 号

责任编辑：秦淑灵　　　　特约编辑：田学清
印　　刷：天津千鹤文化传播有限公司
装　　订：天津千鹤文化传播有限公司
出版发行：电子工业出版社
　　　　　北京市海淀区万寿路 173 信箱　　邮编：100036
开　　本：720×1000　1/16　印张：20.5　字数：432 千字
版　　次：2025 年 5 月第 1 版
印　　次：2025 年 9 月第 2 次印刷
定　　价：99.00 元

凡所购买电子工业出版社图书有缺损问题，请向购买书店调换。若书店售缺，请与本社发行部联系，联系及邮购电话：（010）88254888，88258888。
质量投诉请发邮件至 zlts@phei.com.cn，盗版侵权举报请发邮件至 dbqq@phei.com.cn。
本书咨询联系方式：qinshl@phei.com.cn。

前　　言

　　近年来，随着 AI 大模型的出现，对显卡的需求出现了爆炸性的增长。在这之前，显卡市场的主要驱动因素是游戏。游戏在发展的过程中逐渐地从基于固定管线的计算向基于着色器的可编程管线发展，并且可编程管线的自由度越来越高，部分渲染计算也逐渐向基于着色器的通用计算靠拢。新的图形 API Vulkan 甚至希望使用着色器替代 OpenCL 来做并行计算。

　　游戏对画质的追求上限很高，不断驱动渲染技术和显卡硬件的进步。伴随游戏驱动产生的显卡通用计算能力也开始发挥更大的作用。在计算的核心逐步从 CPU 向 GPU 转移的过程中，以独立显卡为核心产品线的 NVIDIA 以其敏锐的洞察力获得了最大的先发优势，其发展之迅猛从 10 年 300 多倍的股价涨幅上可见一斑。

　　游戏画质和通用计算在推动 GPU 性能不断发展的同时，以 Intel 和 AMD 为主导的 CPU 性能的发展速度显得较为缓慢，反而是 ARM 这种移动端芯片在终端市场攻城略地，甚至有进军 PC 和服务器市场的趋势。低功耗与高性能这两个本来互相矛盾的需求在现代第一次被同时强烈需求，算效比越来越得到重视。

　　AMD 在 CPU 市场曾经长期是 Intel 的追随者，在显卡市场也长期是 NVIDIA 的追随者。但是 AMD 却有集 CPU、GPU、FPGA 于一身的综合能力，并且各方面都没有明显短板。因此，AMD 率先将现代大规模芯片所需的 Chiplet 技术充分应用，使得 CPU、GPU、FPGA 可以形成一个有机整体。AMD 在 CPU 和 GPU 的性价比上长期都高于 Intel 和 NVIDIA，并且其结合 CPU 和 GPU 的 APU 形态成为兼顾逻辑与计算能力的典范。

　　更重要的是，AMD 一直保持活力。在服务器 CPU 上，EPYC 从 Intel 手中夺取了越来越多的市场份额。在与三星的合作中，AMD 成为唯一将现代独立显卡的 GPU 核心技术整合到手机芯片中，并获得一定成功的公司，这也代表了 AMD 在兼顾显卡性能与低功耗能力上逐渐成熟。在当前的 AI 计算浪潮中，AMD 同样反应迅速。Instinct 系列的通用计算 GPU 再一次以高性价比的定位出现，并且逐渐成为 AMD 的核心利润引擎。

　　在这个过程中，AMD 引领了独立显卡驱动的开源浪潮。将高性能的独立显卡驱动开放给广大社区，不但为 AMD 节省了大量的研发经费，而且使得 AMD 显卡的使用者有更多的针对自己业务的优化空间和问题的快速修复能力。开源的力量第一次在独立显卡领域展现，为 AMD 显卡带来了勃勃生机。同时，AMD 显卡的开源给一向欠缺独立显卡驱动支持的 Linux 内核注入了极大的活力。

本书中,第 1 章主要介绍了显卡的硬件结构。显卡发展至今,硬件结构逐渐趋于统一。AMD 与 NVIDIA 虽然对不同硬件模块的称呼方式不同,但是硬件模块的功能和组织都是大同小异的。本章首先介绍了 AMD 显卡硬件技术的发展历史,然后分别从计算、图形、显存、显示四个方面对显卡硬件进行了原理性介绍。

第 2 章主要介绍了合成与显示,因为任何计算系统都需要一个将计算结果呈现给用户的方式,这个呈现方式也是用户对整个计算系统最直观的认识。对于渲染,显卡的呈现方式就是桌面系统的显示框架。本章首先介绍了 Linux 桌面显示的 DRI 的发展过程和工作原理,然后介绍了主要的 DRI 的实现:X、Wayland、SurfaceFlinger。这些不同的实现也代表了 Linux DRI 的发展过程和 Android 对显示框架新的设计思考。对于任何显示框架,都需要基础的 FrameBuffer 管理与送显的下层支持。因此本章逐步展开介绍了 FrameBuffer 与送显、合成与相关硬件、Linux 的显示框架 KMS 对上下层的衔接,以及离屏渲染的未来可能发展趋势。

第 3 章介绍了常见的图形渲染管线的关系、原理与发展,主要包括 DirectX、OpenGL 与 Vulkan,重点介绍了新一代的显示驱动 API:Vulkan,并且讲述了 Vulkan 用户空间驱动与 AMD 显卡驱动之间的功能关系。

第 4 章介绍了用户空间驱动的具体实现,主要使用 Linux 下较为通用的 Mesa 驱动,基于 Mesa 介绍了 OpenGL、Vulkan 驱动的实现方式和软管线的工作原理。

第 5 章系统性地介绍了 AMD 显卡内核空间驱动的整体结构,主要包括显卡的硬件 IP 划分和功能、显卡固件的管理、显卡命令执行队列的管理、显卡的中断与异常处理,以及显卡驱动与 Linux 内核通用框架之间的关系。

第 6 章介绍的是控制用户空间的渲染和计算指令如何下发到显卡硬件上的功能部分,该部分为显卡运行负载的调度,是直接服务于显卡执行功能的部分,因此性能比较敏感。本章主要介绍了显卡任务的抽象对象:job 的产生与调度方式,以及内核的 Fence 与显卡硬件 Fence 之间的工作关系。

第 7 章和第 8 章进入显存管理的介绍。用户空间使用渲染 API 产生的所有需要占据显存资源的对象都需要通过显卡的内核空间驱动来分配和管理显存。由于显卡可以同时访问显存和系统内存,并且有独立的显卡地址空间,因此显卡的显存格外复杂。Linux 内核为显存对象抽象了用于对象管理的 GEM 和用于显存管理的 TTM 两种有继承关系的对象。AMD 显卡驱动中也进一步继承抽象了 AMD GPU。第 7 章主要介绍了不同对象的概念和内存分配方式,以及对象的 CPU 映射访问。而第 8 章则主要介绍了显卡的地址空间 GPUVM 的工作原理。

第 9 章主要介绍了显卡的功率控制。由于硬件的功率控制原理与做法对于不同厂商甚至不同的硬件种类都有类似的方式,因此本章的内容具有普适性,如可以用于理解 CPU 的功率控制原理。由于显卡的功耗和散热能力有上限,因此功耗和温度很容易成为阻碍显卡性能实际发挥的因素。本章分析了显卡的温度墙与功耗墙的原理，电压、频率与功耗的关系和显卡动态调频原理，显存访问的延迟与吞吐，以及显卡的超频原理。本章最后介绍了显卡功耗配置的 VBIOS。本章是希望发挥显卡极限性能的读者必读的原理基础。

第 10 章介绍了显卡的新用途：AI 计算。首先介绍了显卡进行 AI 计算的并行计算硬件基础，然后介绍了 AI 计算中必要的并行计算 API 与集合通信的原理和显卡的支持方式，最后介绍了现代大规模 AI 计算在大规模集群上的跨卡跨机计算方式与性能优化。

我的工作内容主要是在 Linux 内核的各个子系统进行性能优化，也包括 GPU 子系统。在图形专家赵新达的帮助下，我对 Linux 内核的显卡驱动做了很多优化，降低了渲染成本。得益于 AMD 的开源驱动，主要的优化结果都是在 AMD 平台上获得的。

非常感谢 AMD 的开源驱动，无论是用户空间的渲染驱动还是内核空间的显卡驱动。在不进行优化的情况下，AMD 的硬件都能获得较高的性价比。在深入优化后，可以进一步获得更大的成本优势，并且可以利用开源驱动提供的知识开发很多监测和修复工具。最让我印象深刻的是 Steam 公司开发的 AMD 着色器编译器——ACO，其表现出了卓越的性能。

AMD 将舞台让给了社区，也让企业可以充分地降低集群计算成本。这也是我和赵新达决定写这本书的原因。我们希望可以通过 AMD 的开源驱动，展示整个 Linux 的渲染结构，也希望越来越多的人参与到显卡驱动技术的讨论中。由于显卡驱动之前长期处于封闭状态，因此互联网上缺少相关资料，本书中的很多专业术语也只出现在驱动代码中。希望读者可以以本书为引，亲自阅读具体代码。

最后，我个人使用的游戏计算机的 AMD 7900XTX 显卡驱动来自我自己的编译和配置。AMD 显卡驱动提供了很多配置能力，可以让硬件经过调整获得更高的性价比。本书中有很多原理介绍可以辅助优化，希望读者开卷有益。

刘京洋

目 录

第1章 显卡的硬件结构 1
1.1 AMD 显卡的历史与核心技术 1
1.1.1 GCN 与 RDNA 1
1.1.2 显卡的分类 2
1.1.3 AMD 显卡的主要技术 3
1.2 显卡的计算硬件结构 6
1.2.1 CPU 与 GPU 的硬件区别 6
1.2.2 着色器的执行硬件 7
1.2.3 显卡指令集 8
1.2.4 SIMT、SIMD 与 SMT 9
1.2.5 SPU、SIMD 与 CU 10
1.2.6 线程、Wave 与工作组 12
1.2.7 GCN 的并行问题和 RDNA 的解决办法 13
1.2.8 SE 15
1.2.9 显卡并行的性能问题 16
1.3 显卡的硬件图形管线 17
1.3.1 图形流水线 17
1.3.2 硬件管线的低功耗：IMR、TBR 与 TBDR 20
1.3.3 显卡的压缩纹理 27
1.3.4 硬件图形管线的计算着色器通用化 29
1.4 显卡的内存硬件结构 31
1.4.1 独立显卡与集成显卡的显存区别 31
1.4.2 显卡内部的内存结构 32
1.4.3 显存的分类 34
1.4.4 内存的检测和纠正 36
1.5 显卡的显示输出 38
1.5.1 显示方式 38
1.5.2 DCC 与 EDID 39

第 2 章 合成与显示 41

2.1 DRI 41
2.1.1 非直接渲染 41
2.1.2 DRI1 42
2.1.3 DRI2 43
2.1.4 DRI3 44

2.2 X、Wayland、SurfaceFlinger 与 WindowManager 45
2.2.1 X 45
2.2.2 Wayland 47
2.2.3 SurfaceFlinger 与 WindowManager 49

2.3 FrameBuffer 与送显 51
2.3.1 FrameBuffer 51
2.3.2 Android 的 FrameBuffer 管理 53
2.3.3 送显与 DC 55

2.4 合成与 DPU、VPU 61

2.5 Linux 内核的合成与送显：KMS 64
2.5.1 KMS 与送显 64
2.5.2 KMS 的主要组件 65
2.5.3 KMS 送显结构的创建 69

2.6 DRI 在未来云化渲染的新挑战与趋势 70
2.6.1 离屏渲染的发展 70
2.6.2 Android 手游的云端运行 72

第 3 章 三维图形渲染管线 78

3.1 三维渲染中的三维坐标与模型文件表示 78
3.1.1 坐标系统 78
3.1.2 顶点表示与 obj 模型文件的格式 79

3.2 DirectX、OpenGL 与 Vulkan 80
3.2.1 DirectX 80
3.2.2 OpenGL 83
3.2.3 Vulkan 85

3.3 Vulkan API 的整体架构 88
3.3.1 Vulkan 管理组件 88
3.3.2 Vulkan 管线组件 90
3.3.3 Vulkan 资源组件：VkBuffer 与 VkImage 93

3.3.4　Vulkan 同步组件 96
3.4　Vulkan 与 AMD GPU 驱动之间的功能映射关系 103
　　3.4.1　Vulkan：渲染硬件的用户空间驱动接口 103
　　3.4.2　显卡与队列 103
　　3.4.3　VkDeviceMemory 108
　　3.4.4　BO 与 Vulkan 资源的使用：管线拓扑 113
　　3.4.5　job 与 VkCommandBuffer 115
　　3.4.6　Vulkan 通用计算与 AMD 显卡的硬件并行结构 116

第 4 章　用户空间渲染驱动 119

4.1　OpenGL 与 Vulkan 的运行时 119
　　4.1.1　OpenGL 与 EGL 119
　　4.1.2　Vulkan 122
4.2　libdrm 与 KMS 用户空间接口 124
　　4.2.1　libdrm 124
　　4.2.2　KMS 用户空间接口 126
4.3　用户空间渲染驱动：Mesa 130
　　4.3.1　用户空间渲染驱动框架：Gallium3D 130
　　4.3.2　AMD Vulkan 实现：RADV 133
　　4.3.3　其他渲染 API 实现 134
　　4.3.4　着色器 134
4.4　软管线：swrast 与 SwiftShader 136
　　4.4.1　Mesa 的软管线：swrast 136
　　4.4.2　Google 的软管线：SwiftShader 137
　　4.4.3　SwiftShader 与 Lavapipe 的对比 139
4.5　渲染 API 的自动化生成：FrameGraph 140
　　4.5.1　RenderPass 与 FrameGraph 的产生 140
　　4.5.2　FrameGraph 下的 Vulkan 使用方式 140

第 5 章　DRM 与 AMD GPU 显卡驱动 142

5.1　DRM 子系统 142
　　5.1.1　KMS、GEM 与 TTM、SCHED 142
　　5.1.2　DRM ioctl 标准接口 143
　　5.1.3　DRM 的模块参数 146
　　5.1.4　DRM 与闭源驱动的现状 147

5.2　AMD 显卡驱动 AMD GPU 147
5.2.1　AMD 显卡驱动 147
5.2.2　AMD GPU 的用户空间接口 151
5.3　IP 模块与显卡固件 153
5.3.1　IP 模块 153
5.3.2　显卡固件 159
5.4　显卡命令执行队列 160
5.4.1　PM4 数据包与 CP 160
5.4.2　PM4 的格式 162
5.5　中断与异常 163
5.5.1　AMD 显卡的中断结构 163
5.5.2　显卡的异常处理：GPU Reset 164
5.6　AMD GPU 使用的 Linux 公共子框架 165
5.6.1　传感器与硬件监控框架 165
5.6.2　PCIe BAR 168

第 6 章　GPU 任务调度器 172
6.1　job 与 GPU 任务调度器 172
6.1.1　job 与 GPU 任务调度器的概念 172
6.1.2　Entity 与 Entity 优先级队列 172
6.1.3　GPU 任务调度器 173
6.2　Fence、DMA Reservation 与 DMA-BUF 174
6.2.1　Fence 174
6.2.2　DMA Reservation 178
6.2.3　DMA-BUF 185
6.3　job 的下发：GPU 调度器线程 187
6.3.1　GPU 调度器线程的主要回调函数 187
6.3.2　GPU 调度器线程的主体逻辑 189
6.3.3　DRM Sched Fence 与 job 异常处理 196
6.3.4　AMD GPU 的 Entity 扩展 197
6.4　job 的产生 198
6.4.1　GPU 调度器线程负载均衡 198
6.4.2　job 的 ioctl 入口 200
6.5　GPU 任务调度器的内部结构 202
6.5.1　GPU 调度器线程的主要数据结构 202

6.5.2　AMD GPU 的调度上下文 204

第 7 章　GEM、TTM 与 AMD GPU 对象 208

7.1　GEM 与 TTM 的整体概念 208
 7.1.1　GEM 与 TTM 208
 7.1.2　BO 的类型与关系 209
 7.1.3　用于 CPU 渲染的 VGEM 210

7.2　显存类型：GEM Domain 与 TTM Place 210
 7.2.1　GEM Domain 210
 7.2.2　TTM Place 212

7.3　GEM BO、TTM BO 与 AMD GPU BO 216
 7.3.1　GEM BO 216
 7.3.2　TTM BO 218
 7.3.3　AMD GPU BO 219

7.4　TTM BO 的创建与内存分配 223
 7.4.1　TTM BO 的创建 223
 7.4.2　TTM 内存分配管理器 225
 7.4.3　TTM 系统内存的非固定映射管理器：struct ttm_tt 228

7.5　TTM 的显存交换机制：Evict 230
 7.5.1　Evict 的作用 230
 7.5.2　Evict 的流程 230

7.6　BO 的 CPU 映射访问 234
 7.6.1　GEM BO 的 mmap 映射 234
 7.6.2　TTM BO 的 CPU 内存访问操作 236
 7.6.3　Resizable BAR 237

第 8 章　应用使用的显卡地址空间：GPUVM 239

8.1　GPU 的地址空间：GPUVM 与 VMID 239
 8.1.1　前 IOMMU 时代：UMA 与 GART 239
 8.1.2　现代 AMD GPU 的内存访问：GPUVM 240
 8.1.3　GPUVM 的地址空间：VMID 241
 8.1.4　PASID 与 VMID 的映射 244

8.2　VMID 页表与 BO 状态机 245
 8.2.1　VMID 页表 245
 8.2.2　BO 状态机 249

第 9 章 功率控制 252

9.1 结温与温度墙 252
9.1.1 结温与温度墙的定义 252
9.1.2 硬件之间的协作防撞温度墙 254
9.1.3 软件与硬件协作防撞温度墙 257

9.2 功耗与散热 257
9.2.1 功耗的组成：静态功耗与动态功耗 257
9.2.2 散热的原理 260

9.3 电压与频率 266
9.3.1 供电电压 266
9.3.2 运行电压 268
9.3.3 频率 271
9.3.4 制造工艺的频率电压价值 272

9.4 显存访问的吞吐与延迟 272
9.4.1 显存的结构 272
9.4.2 吞吐与延迟 273
9.4.3 RAS 275

9.5 显卡超频 276
9.5.1 超频的原理 276
9.5.2 AMD GPU 超频 278

9.6 动态功耗调整 280
9.6.1 DVFS 与 DPM 280
9.6.2 功能开关的功耗控制技术 283
9.6.3 其他的显卡功耗控制技术 283

9.7 VBIOS 与 Atom BIOS 283
9.7.1 VBIOS 283
9.7.2 Atom BIOS 284

第 10 章 显卡的并行计算与大模型计算 286

10.1 显卡的并行结构 286
10.1.1 显卡的并行计算硬件 286
10.1.2 AMD 显卡的并行计算框架：ROCm 289

10.2 并行计算 API 与集合通信 290
10.2.1 硬件从渲染卡到计算卡 290
10.2.2 并行计算的分类 292

  10.2.3 MPI 294
10.3 AI模型的统一架构 296
  10.3.1 AI模型的通用概念 296
  10.3.2 模型的显存占用 300
10.4 大型模型训练的跨卡跨机计算 303
  10.4.1 并行训练模型 303
  10.4.2 分布式训练优化策略 306

附录 A AMD GPU 术语 309

第 1 章

显卡的硬件结构

1.1 AMD 显卡的历史与核心技术

1.1.1 GCN 与 RDNA

AMD 的显卡业务最初是 2006 年从 ATI 中收购来的。当时 ATI 的显卡架构是 TeraScale。AMD 沿用了 TeraScale 架构。与之有迭代关系的 TeraScale、GCN（Graphics Core Next，下一代图形核心）、RDNA（Radeon DNA）是 AMD 的主要图形架构，同时代表指令集架构（Instruction Set Architecture，ISA）。

GCN 是 AMD 从 2012 年开始的早期 GPU 微架构，一共有 5 代，分别是 GCN1（产品代号为 Southern Islands）、GCN2（产品代号为 Sea Islands）、GCN3（产品代号为 Volcanic Islands）、GCN4（产品代号为 Arctic Islands/Polaris）、GCN5（产品代号为 Vega）。GCN 指令集通过着色器（Shader）编程使用，在编写时不会直接使用指令集中的指令，而是使用特定的着色器语言，通过编译器编译为使用 GCN 指令的二进制文件。LLVM 和 GCC 都支持 GCN 指令的编译。GCN 在 2011 年年底刚发布的 HD7000 显卡中表现领先，是业内第一款支持 PCIe3、DirectX11.1 的显卡。但是随后的几代 GCN 均被 NVIDIA 超过。

RDNA 是 AMD 在 GCN 上重新设计的新架构，首发于 2019 年，Navi 是其图形处理器核心的代号。2020 年，AMD 发布了 RDNA2，同时发布了与之匹配的 Big Navi 核心，增加了光线追踪能力，使 AMD 显卡重新回到能与 NVIDIA 竞争的状态。RDNA 继承并发展了 GCN 指令集，在指令集的执行方式上发生了很大的变化。2022 年，AMD 发布的 RDNA3 是对 RDNA2 的全面升级。

GCN 的单线程性能低，但是并发能力强。RDNA 的单线程性能高，但是并发能力弱。一个典型的区别是 RDNA 的 IPC（Instructions Per Cycle，每周期指令数）是

1，GCN 的 IPC 是 0.25，也就是说 RDNA 单核一个周期执行的指令数是 GCN 的 4 倍。RDNA 的 Wavefront（波前，简称 Wave）宽度是 32 位，GCN 的 Wave 宽度是 64 位，这就意味着 RDNA 每次执行时使用更低的并行度，可以实现更高的频率。最关键的是，RDNA 受到分支指令的计算能力浪费的影响比较小，对游戏比较友好；而并行计算由于需要更高的并行度，分支指令较少，所以使用 GCN 更合适。RDNA 的 SIMD（Single Instruction Multiple Data，单指令多数据）的宽度从 16 位提高到 32 位，使其与 GCN 的实际 Wave 理论吞吐量大体相当。RDNA 在游戏中的一个典型优化结果是：RDNA 在同样的计算能力下只需 GCN5 50%的带宽和 75%的功率开销。而 RDNA2 的功率进一步下降 30%，提供了更高的能耗比。

由于通用计算和游戏渲染对 GPU 的硬件要求并不完全一样，所以 AMD 显卡分化为为并行计算服务的 CDNA 和为游戏渲染服务的 RDNA 两种架构。目前 GCN 专注于高并行度的计算，CDNA（Compute DNA）是 GCN 的继承者；RDNA 专注于更高单线程性能的游戏渲染任务。AMD 的下一代通用计算 API 主要支持 CDNA，对 RDNA 的支持优先级较低。但是由于两者都具有渲染和计算的核心功能，只是侧重点不同，所以软件层面上，两者最终应该都是可用的。

1.1.2 显卡的分类

PC 游戏用户的特点是一次只会运行一个游戏，也就是主要的渲染负载集中在一个游戏中，所以对硬件的并发多渲染任务支持能力要求不高，对渲染 API 的需求也只限于游戏所需。游戏渲染过程对纹理硬件和渲染管线的需求较大，所以硬件设计上会侧重于渲染功能。AMD 显卡分化为 RDNA 和 CDNA 两种架构就是为了将游戏显卡与通用计算显卡的定位进行分拆，使得硬件各有侧重。另外，PC 游戏用户一般采用单卡，高端显卡的供电比较充足，所以可以设计更高的硬件工作频率和功耗，而每瓦性能相对不敏感。PC 游戏用户比较注重性价比，所以一般会使用在当时比较广泛生产且性价比较高的硬件，最典型的就是显存。游戏显卡就是为这种需求设计的。

专业软件相比游戏的特点是需要长时间运行稳定；需要的渲染 API 扩展较多；需要插的显示器较多；需要执行并发多渲染任务。工作站显卡就是为这种需求设计的，其特点是：对渲染需要的 API 扩展支持较丰富；显示器插槽较多，支持较先进的显示协议；擅长执行并发多渲染任务；主频设置较为稳健（较低）。

纯粹的计算显卡则完全是针对通用计算的需求设计的，追求极限的计算能力和显存带宽容量，对成本不敏感，通常使用成本高、带宽大的 HBM（High Bandwidth Memory，高带宽内存）。

不同种类的显卡面向的是不同种类的需求和用户人群。

1.1.3 AMD 显卡的主要技术

1．AMD Advantage

AMD Advantage 是一个同时使用 AMD CPU、GPU 和芯片组的系统整体框架平台（简称 3A 平台），该平台可以充分联动 AMD CPU 和 GPU 达到特殊的功能效果，并且对其他硬件提出要求：①支持 4 种 AMD Smart 技术。②笔记本电脑屏幕对面板、刷新率、LFC（低帧率补偿）、色域、亮度等都有要求，并且支持 AMD FreeSync（Premium）防撕裂。③硬盘为 NVME PCIe，台式计算机限制为至少 2TB。④笔记本电脑电池的续航时间实际不短于 10 个小时。⑤台式计算机还限制了高级机箱、水冷、支持 EXPO 的大于 32GB 的 DDR5 内存、金牌电源等，并且限制了最低的 AMD CPU、GPU 和芯片组要求。

4 种 AMD Smart 技术包括：①AMD Smart Access Memory，可以让 CPU 直接访问所有的显存，提高游戏性能。该技术就是 PCIe Resizable BAR 技术在 AMD 显卡下的实现。②AMD Smart Access Graphics，可以在不同的负载情况下自动地切换集成显卡和独立显卡输出，而显示器可以只插在集成显卡的插头上，使用独立显卡的渲染结果可以让集成显卡直接输出到显示器。③AMD Smart Shift（Max），可以让 CPU 与 GPU 之间共享并智能调配 TDP（Thermal Design Power，热设计功耗）的一体化解决方案。两者公用 TDP 曲线可以让 CPU 和 GPU 各自突破自己的温度墙，只要整体不突破 TDP 曲线即可。该技术大部分应用在 CPU 和 GPU 散热一体化的笔记本电脑和 APU 芯片中。④AMD Smart Shift ECO，可以延长笔记本电脑电池的续航时间，该技术通过在不插电时强制使用集成显卡来实现节电。

2．FidelityFX

（1）FSR 与 CAS。

FidelityFX 整合了各种关键的游戏效果和图像质量增强效果，并在 AMD 的 GPUOpen 计划下以 SDK 的形式免费提供给游戏开发商。FidelityFX 中包含大量渲染技术，最知名的是 FSR（Fidelity FX Super Resolution，超级分辨率锐画）。FSR 是一项以最低的视觉质量损失成本显著提高游戏性能的技术。其原理是将渲染结果从较低分辨率超分到较高分辨率。FSR 是全开源的纯软件实现的超分技术，甚至可以在 NVIDIA 和 Intel 的显卡上运行。由于其具有跨硬件平台的特性，因此被业内广泛使用。由于超分还可能引入边缘锯齿化的副作用，因此 FSR 会使用同样位于 FidelityFX 中的 CAS（Contrast Adaptive Sharpening，对比度自适应锐化）来实现边缘锐化，获得较好画质的超分结果。还可使用 FidelityFX Optical Flow 来实现动作估计，辅助 FSR 的计算。

另外，针对渲染过程常见的效果和性能需求，FidelityFX 还提供了很多其他的技术。全系列的 FidelityFX 都是用着色器实现的，可以在 NVIDIA 等不同的显卡硬件上运行，只是性能效果上会有差别。

（2）AO 与光线追踪。

在角落等光线很难到达的地方看起来会很暗，AO（Ambient Occlusion，环境光遮蔽）就是指物体遮挡了或阻挡了多少环境光（间接光）。SSAO（Screen Space Ambient Occlusion，屏幕空间环境光遮蔽）是图形学中的一种着色渲染技术，也是一种模拟光线到达物体的能力的粗略全局方法。SSAO 通过获取像素的深度缓冲、法线缓冲及像素坐标来近似计算物体在环境光下产生的阴影。

深度缓冲用于获得场景中物体与相机距离远近的关系。法线缓冲用于获得法线推出法向半球，也就是获得物理的朝向。通过从一个像素点基于法线构建一个半球，半球有多少部分没有被模型的其他部分遮挡就可知道该像素点的遮挡情况，遮挡越多越暗。可以利用附近像素的坐标和深度来判断遮挡情况。

SSAO 在实时渲染中被广泛使用，用于以比较低的计算成本获得粗略的环境光模拟效果。SSAO 本质上是一种图像处理方法，不在图像内的物体不会被 SSAO 处理，也就是当一个物体移进或移出相机范围时，其造成的阴影会突然出现或消失。如果使用了实时光线追踪，就不需要 SSAO 了，因为每个像素的光照都会被真实计算，而不是模拟。

CACAO（Combined Adaptive Compute Ambient Occlusion，组合自适应计算环境光遮蔽）就是 FidelityFX 中 AMD 使用着色器实现的 SSAO。而光线追踪也会产生噪声，导致边缘不平整，所以 FidelityFX 中还包含 Denoiser 系列着色器，用于消除光线追踪产生的噪声。光线追踪的运行还需要对像素进行分类，从所有像素中区分出需要光线追踪计算的阴影像素和反射像素，FidelityFX 中的 Classifier 系列着色器就是用于完成这个工作的。

3. SSR

在表现光滑的表面（金属表面、光滑地面、水面等）反射出场景中的其他物体，可以让画面质量有很大提升，丰富真实感。反射分为直接光照下的反射和间接光照下的反射。直接光照下的反射是指光源经过物体表面直接反射进入眼睛。间接光照下的反射是指当物体表面比较光滑时，可以反射周围环境，反射的光线进入眼睛。

直接光照下的反射的计算比较简单明显，在实时渲染中，完整地计算间接光照下的反射是很困难的，因此通常需要通过各种技术手段来模拟和近似反射效果。SSR（Screen Space Reflection，屏幕空间反射）就是其中比较常用的一种，其在二维空间进行光线步进代替三维空间的光线步进，通过深度缓存判断是否相交。若相交，则取交点处的物体颜色作为最终的反射颜色。SSR 是一种图像处理技术，作用于渲染结束后的后处理阶段，而如果通过额外的一次光线反射计算，则是渲染过程的一部分，非常昂贵。SSR 也是一种以图像处理代替昂贵渲染过程的技术。

SSSR（Stochastic Screen-Space Reflections，随机屏幕空间反射）则是 FidelityFX 中的 SSR 实现，在使用硬件光线追踪完全计算反射的情况下，不需要使用 SSR。

（1）LOD 与 VRS。

LOD（Level Of Detail，细节级别）通过将远处的或不重要的三维对象的纹理改为低分辨率的版本，可以降低纹理的采样性能要求及显卡的计算量，这种用于 LOD 的低分辨率纹理叫作 Mip Map（多级纹理贴图）。FidelityFX 中提供了用于动态产生 Mip Map 的下采样计算技术——单通道下采样器（Single Pass Downsampler）。如果使用单通道下采样器，运行一次计算着色器就可以得到所需的 Mip Map。

除了 LOD，减少不重要的渲染开销的另一种常用的方法是 VRS（Variable Shading，可变速率着色）。VRS 的核心思想是对于不重要的渲染位置，将多个像素只运行一次像素着色器，同时得到周边多个像素的颜色结果。虽然会降低画质，但是与 LOD 类似，降低的是对视觉效果影响较小的部分的计算。例如，在一张图像中，具有相同颜色的面覆盖的像素数是远多于边缘的像素数的，这些面上的顶点的像素着色器的执行结果大都是一样的，这时就可以使用 VRS。LOD 降低的是纹理采样的计算量，VRS 降低的是像素着色器的运行次数。FidelityFX 中也提供 VRS 所需的着色器。

（2）FidelityFX 的其他技术。

除了上述主要功能，FidelityFX 还提供用于 HDR（High Dynamic Range，高动态范围）亮度信息映射的 LPM（Luminance Preserving Mapper，亮度保留映射器）、用于使用 GPU 进行并发排序操作的 Parallel Sort、用于插帧计算的 Frame Interpolation、用于模糊计算的 Blur、用于景深效果的 Depth of Field、用于光晕效果的 Lens 等。

4．AMD Infinity

AMD 是业内比较早开始使用 Chiplet 技术的公司，Chiplet 技术就是在一个芯片封装的内部放置多个芯片，这些芯片可以有不同的制造工艺和不同的功能用途。芯片之间使用高速的片上互联总线进行连接。通过这种方式，可以将芯片的硬件设计模块化，并且可以通过简单增加核心来提升芯片性能。例如，RDNA3 相比 RDNA2 的主要区别就是在显卡芯片内部使用了 Chiplet 技术进行核心增加。此外，随着 AMD 对 Chiplet 技术的使用越来越成熟，其专门的 IO Die 等设计已经成为现代服务器芯片设计的重要参考。

AMD Infinity 是与 Chiplet 技术相关的一系列技术，用于片内资源互联。例如，Infinity Cache 为 GPU 的所有 CCD（核心复合芯片）都增加了公用的最后一级 Cache；Infinity Fabric 用于连接不同的 CCD；Unified Fabric 则将 CPU、GPU 的 CCD 与 HBM 统一进行连接。

由于片上互联需求的发展，Intel 等大企业联合推出了 UCIe（Universal Chiplet Interconnect Express，通用小芯片互连通道），不排除 AMD 未来也会采用 UCIe。因为 AMD Infinity 是 AMD 的私有技术，只能用于连接 AMD 的小芯片，但是 UCIe 是 Intel 主导发起的行业标准，旨在片上连接来自不同厂商的小芯片到一个芯片封装内部。AMD 也是 UCIe 的发起成员之一。

1.2　显卡的计算硬件结构

1.2.1　CPU 与 GPU 的硬件区别

CPU 和 GPU 的最本质区别可以从不同功能的芯片面积上看出，因为芯片面积代表晶体管的用途，反映的是硬件的设计目的。大部分情况下，CPU 中缓存占据的面积最大，其次是控制单元，ALU（Arithmetic Logic Unit，算术逻辑单元）最小。而在 GPU 中，ALU 占据了芯片面积的绝大部分，控制单元和缓存只占据很小的一部分。所以 CPU 偏重逻辑执行，适合运行分支逻辑和大逻辑，而 GPU 适合运行纯粹的数据计算和小逻辑。在大逻辑下，跳转范围比较广，对数据的缓存要求比较高，每个线程的数据独立性较低，所以需要更多的缓存大小。小逻辑处理的数据比较集中，数据局部性好，对缓存的要求比较低，每个线程的数据独立性较高。分支逻辑需要更复杂的管线设计和分支预测。

CPU 与 GPU 都受限于冯·诺依曼瓶颈。CPU 硬件无法一直了解下一个计算是什么，直到它读取了软件的下一个指令。CPU 必须在内部将每次计算的结果保存到内存、缓存或寄存器中。发展到今天，CPU 的运算速度已经远远超过访存速度，因此 CPU 必须浪费时间等待数据。指令和数据放在同一内存中带来的 CPU 利用率无法发挥到最高的情况被称为冯·诺依曼瓶颈。绝大多数现代计算机使用的是"Modified Harvard Architecture"（改进型哈佛架构），指令和数据虽然共享同一个内存地址空间，但缓存是分开的。在内存中，指令和数据是放在一起的。而在缓存中，还是会区分指令缓存和数据缓存，最终执行的时候，指令和数据是从两个不同的缓存中取得的。可以理解为在 CPU 外部，采用的是冯·诺依曼模型，而在 CPU 内部，采用的是哈佛架构。哈佛架构相比冯·诺依曼模型的区别在于指令和数据是分开放的，所以 CPU 在等待数据的同时可以预取指令，CPU 利用率更高。

为了获得比 CPU 更高的计算吞吐量，GPU 在单个处理器中使用成千上万个 ALU，意味着 GPU 可以同时执行数千次乘法和加法运算。所以 GPU 的纯计算效率远高于 CPU。但是在每次几千个 ALU 并行度的计算中，GPU 需要访问寄存器或内存来读取和保存中间计算结果。因为 GPU 在 ALU 上执行更多的并行计算，会成比例地耗费更多的能量来访问内存。GPU 大量访问内存的原因与 CPU 的不同，GPU

的内存访问更倾向于数据读写，因为 GPU 可以认为是大规模的并行数据处理硬件。所以 GPU 虽然对内存访问的带宽需求更大，但是延迟要求却没有 CPU 的高，也就是缓存大小和控制单元相比 CPU 可以进行一定程度的牺牲。CPU 和 GPU 的直观区别如图 1-1 所示。

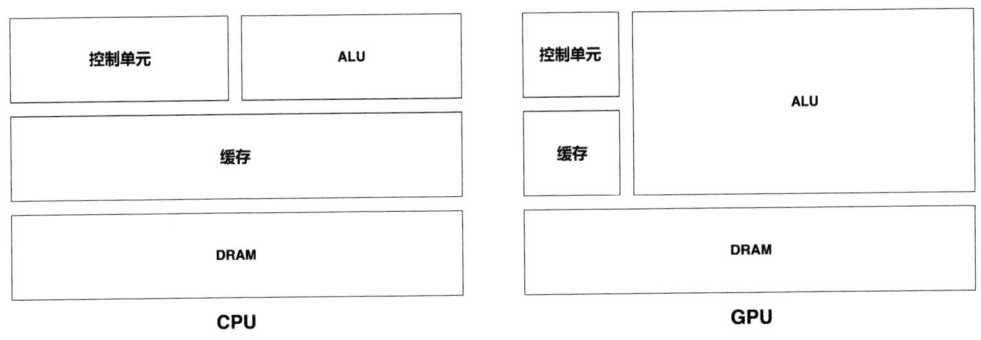

图 1-1 CPU 和 GPU 的直观区别

GPU 的全称是 Graphics Processing Unit，其早期主要用于图形渲染，所以 ALU 在芯片中占据的面积最大。但是随着计算着色器的普及，通用计算需求在 GPU 中的占比越来越大，所以缓存在 GPU 芯片中占据的面积也越来越大。大型游戏和人工智能（AI）的发展主要对计算能力提出了更多的要求，对 CPU 逻辑能力的需求增长速度远低于对 GPU 计算能力的需求增长速度，也就是越来越多的计算机会花费更高的成本在 GPU 上，导致一个主板上 GPU 占据的面积越来越大于 CPU 占据的面积。从产业上，这导致 GPU 硬件发展的速度远高于 CPU 硬件发展的速度，甚至做到了摩尔定律的 2 倍，每 6 个月单位面积的性能翻一倍。NVIDIA 甚至推出了集成了 CPU 的 GPU，相比 AMD 和 Intel 在 CPU 中集成 GPU 的集成显卡的传统做法，以 GPU 为中心的集成 CPU 越来越符合计算需求的发展趋势。

GPU 在进行大规模计算任务，典型的是进行大量矩阵的神经网络计算时，多次计算之间是串行的，使用 GPU 会额外增加多次计算之间的内存访问，因为 GPU 每次计算的结果仍然会放到内存中。TPU 就是在 ALU 并联的基础上将大量 ALU 串联，前面的 ALU 计算结果直接作为后面的 ALU 输入，省去了内存访问开销。所以 TPU 会比 GPU 进行特定的大规模计算性价比更高，但是通用性相比 GPU 差，所以大部分情况下，数据中心仍然会倾向于使用用途较多的 GPU，除非 TPU 在用途较多的方向上产生了巨大的性价比差距。随着大模型的发展，计算模式的加速需求会逐渐稳定，所以 GPU 中集成特定的类似 TPU 的固定功能加速硬件会逐渐成为趋势。

1.2.2 着色器的执行硬件

显卡中运行的核心程序叫作着色器，传统上主要包括顶点着色器（Vertex Shader）、像素着色器（Pixel Shader）和计算着色器（Compute Shader）三种。最早着色器只是作为图形渲染硬件的可编程部分，可以被游戏引擎用于改变硬件图形渲染过程的行为。由于图形渲染硬件天然地分为顶点计算部分和像素计算部分，所以早期的硬件上存在两种着色器执行硬件：顶点着色器和像素着色器（2001—2007年）。但是显卡厂商很快发现这两种着色器的硬件结构非常类似，所以推出了可以同时执行这两种着色器程序的硬件单元，叫作统一着色器（Unified Shader）（2008年至今）。

用户对游戏画质的追求一直是无止境的，硬件提供的有限的硬件加速能力很快就捉襟见肘。游戏引擎希望自己可以增加一些在顶点着色器和像素着色器之外的渲染效果，这时就需要游戏引擎自己编写程序进行计算。这种程序的运行硬件需求与GPU很像，都是向量化地对渲染资源的并行处理。但是在早期只能运行在并不擅长这种计算的CPU上。显卡厂商很快跟进了支持，推出了计算着色器，可以在显卡上进行通用并行计算。由于在推出计算着色器时，统一着色器硬件已经形成，所以很自然地，计算着色器也运行在统一着色器硬件中。

在有计算着色器的支持后，游戏的特效可以由开发者任意定制，不再局限于硬件管线本身。因此大量的新渲染特性被开发出来，并且有进一步脱离传统顶点着色器和像素着色器硬件渲染管线流程的趋势。例如，在UE5中推出的两项核心技术：全局照明技术Lumen和极高模型细节技术Nanite，都是大量使用计算着色器的通用计算渲染技术。游戏引擎逐渐向只依赖GPU通用计算硬件单元的"软管线"过渡。

1.2.3　显卡指令集

1．GPU指令集

着色器程序是由一条条可以被统一着色器识别的指令组成的，统一着色器支持的指令集在每代显卡文档中都会给出。这种显卡运行的指令集叫作ISA，每代显卡都会有不同的ISA。

GPU Wave线程是指GPU中一组并行执行的线程，一个Wave的线程上下文只代表指令和要操作的数据，没有执行状态。而当Wave在实际执行的时候，会使用寄存器，这些寄存器就是Wave的执行状态。类比CPU下线程执行的时候也需要使用CPU上的寄存器，在线程上下文切换的时候，要保存线程的寄存器，在下次切换回来的时候需要恢复该寄存器。

GPU包括标量寄存器（Scalar Register）和向量寄存器（Vector Register）两套独立的寄存器。因为GPU主要进行向量计算，所以向量寄存器占据了主要的硬件资源。着色器的执行离不开if else等判断语句，这些判断语句使用的都是标量寄存器。

在AMD GPU中，RDNA兼容GCN的指令集，仍然使用7种基本的指令：scalar compute、scalar memory、vector compute、vector memory、branches、export、messages。

2. CPU 与 GPU 指令集的区别

在 CPU 中，指令集的兼容是各 CPU 厂商的最大共识。在 x86 架构下，一个新的 CPU 支持的指令集必须兼容旧的指令集，否则会在市场上遭遇巨大失败。例如，以 Intel 的 x86 地位推出的抛弃 32 位指令的 IA64 也无法取得成功。但是在 GPU 上，一开始就是 API 层面的兼容，对指令集的兼容几乎没有要求，因为几乎所有的着色器都是在运行的时候才在当前硬件上进行编译的。也就是 ISA 层面是不存在业内普遍接受的标准的，NVIDIA 与 AMD 的 ISA 完全不同，同一个厂商的不同代的 GPU 之间的指令集也不互相兼容，甚至同一代的不同型号的显卡之间的指令集也不互相兼容。

正是这种市场层面不要求指令集兼容的格局，导致了各显卡厂商可以自由地根据市场需求扩充和修改指令的支持，不需要背负像 CPU 上的那种 ISA 历史包袱，从而可以较快速地发展。因为显卡上已经存在很多并行计算需要的硬件单元，所以为特殊的计算需求增加一条专用指令比专门实现一个专用芯片更加简单，边际成本（所需的额外成本）更加低。

1.2.4 SIMT、SIMD 与 SMT

现代显卡的指令集都是 SIMT（Single Instruction Multiple Threads，单指令多线程）类型，但是在早期，AMD 还采用过 VLIW（Very Long Instruction Word，超长指令字）类型的指令集。在类似的并行计算领域中，CPU 则采用 SIMD（Single Instruction Multiple Data，单指令多数据）类型的指令集。

SIMD 一般是一个硬件线程处理一条指令，这条指令是向量化处理的。例如，SIMD 处理一个 128 位的 4 维整数向量，一条指令最快在 1 个周期内执行完，而 SIMT 的其中一个线程单独执行最快要用 4 个周期。但是 SIMT 会有多个硬件线程并行执行同一条指令，所以 4 维整数向量的数据会分散到 4 个不同的硬件线程上并发执行，也在 1 个周期内执行完。如果从 128 位的 4 维整数向量计算的角度来看，SIMD 就是把 SIMT 的 4 个硬件线程合并成 1 个，1 个 SIMD 的电路规模与 4 个 SIMT 的电路规模相当，并且 SIMT 还有额外的硬件线程管理成本。所以在简单并行计算下，SIMT 是不如 SIMD 的。

SIMD 的位宽是固定的，算法必须严格地按照 n 维的整数倍来实现。例如，硬件支持的是 128 位的计算，在进行并行计算开发时就必须把数据组织成一个一个的 128 位的倍数，如果一次计算只使用其中的 96 位，剩下的 32 位就会被浪费。所以只有 SIMD 对开发者或编译器的要求较高，才能不浪费计算能力。例如，在 Intel 的 SIMD 中，SSE 系列最高支持 128 位的并行计算，AVX 系列可以支持 512 位的并行计算。但是这种硬件并行计算必须显式地要求用户的并行度感知，单纯依靠编译器很难充分利用这种只支持特定宽度加速的硬件单元。AVX 系列分为 AVX-256 硬件单元和 AVX-512 硬件单元,有的硬件不一定存在 AVX-512,那么之前编译为 AVX-512 的二进制文件在不支持 512 位 SIMD 的硬件上就无法工作。如果随着并行度的继续提高,出现 AVX-1024、AVX-2048,x86 架构引以为傲的二进制兼容性将受到越来越大的挑战。应用程序在发布时就更倾向于编译出具备最大兼容性的 SSE 系列,从而在新的硬件上浪费了 AVX 系列的并行处理能力。

不同于 CPU 不同宽度的 SIMD 计算使用不同的指令集,GPU 实现的 SIMT 则是希望做到不同宽度的 SIMD 计算使用相同的指令集。这种需求对 SIMD 来说是比较容易实现的,只需提供最大位宽度的一套指令集,其他的宽度计算全部使用硬件的一部分即可。但是由于 SIMD 只有一个线程,也就是一个 CPU 执行上下文,所以虽然只使用了其中的一部分,但其他部分的硬件电路仍然在工作。也就是说按照 CPU 实现的 AVX-512 电路,只用来进行 128 位的并行计算,实际的功耗与进行 512 位的并行计算是相似的。而 SIMT 由于不同线程有不同的上下文,所以可以只启动一部分线程,而其他线程处于空闲状态。虽然都会浪费一个并行计算颗粒度内部的其他计算能力,但是 SIMT 的实现方式在位宽较大的时候可以显著节省功耗,并且其他线程可以同时被调度来并发地执行计算,从而最大化硬件的利用率。

SIMT 由于存在相对灵活的线程,可以动态地支持不同宽度的计算,所以对开发者和编译器的要求更低。SIMT 还可以在一个线程内实现 SIMD,如果一个线程是 32 位的计算位宽,那么对于 16 位或 8 位的计算,就可以把一个 SIMT 线程看作一个 SIMD 硬件。这就是为什么有些 GPU 的 16 位或 8 位计算的计算能力会是 32 位计算的计算能力的多倍。另外,硬件完全可以提供不同颗粒度的 SIMT 计算单元,或者想办法在一个计算单元中并发地进行多个 SIMT 计算,以最大化地减少硬件资源浪费。后者就是 SMT(Simultaneous Multithreading,同步多线程)的硬件结构,每个线程都完全独立地进行最小化的数据计算。这种方式虽然灵活性极大,但是每个硬件线程都需要额外的支持成本,所以成本上并不合理。

现代 GPU 硬件一般采用 SIMT、SIMD 与 SMT 混合的实现方式。尤其是 AMD 的 RDNA,可以动态地组合和拆分硬件的计算单元,带来了最大的灵活性。RDNA2 引入了 v_pk_add_f16 等指令,可以将两组 16 位浮点数打包进行 32 位浮点数的计算,从而使 16 位浮点数的计算性能翻倍。这是标准的 SIMD 指令集的做法。

1.2.5 SPU、SIMD 与 CU

在 CPU 中,一个核拥有指令加载和解码、条件分支预测等前端功能和负责计算的后端功能。一个核的后端计算能力包括多个 ALU,用于整数或浮点等计算。而 GPU 的核心几乎全是 ALU,在 CPU 中大量占据芯片面积的 Cache 和前端控制单元在 GPU 中占据的面积很小。所以 GPU 在硬件上的本质是一个大规模 ALU 阵列。

现代 GPU 都是统一渲染架构，Microsoft 从 DirectX10 时代软件层面也全面使用统一渲染架构。早期 GPU 的计算单元由顶点渲染管线和像素渲染管线组成，渲染过程的顶点着色器和像素着色器对应不同的硬件。而在统一渲染架构中，顶点着色器和像素着色器合二为一，成为统一的硬件计算单元，叫作流处理器单元（Streaming Processing Unit，SPU），也叫作统一渲染器。在 AMD 下，一个流处理器中包含一个向量计算单元，称为 vALU。因为渲染图像的一个像素都是 R、G、B、A 四个维度的，所以向量计算单元 vALU 相比标量计算单元 sALU，对于渲染计算能起到明显的加速作用。

多个流处理器组成一个 SIMD 核心。将流处理器组织成更高一级的 SIMD 核心是为了多个流处理器可以共享其他的硬件资源。例如，一个 SIMD 内的所有流处理器对应同一组寄存器、同一个 L1 Cache、同一组纹理处理单元。因为对应同一组寄存器，所以一个 SIMD 内的所有 SPU 在同一时刻执行的指令是相同的。也就是说，逻辑上可以把一个 SIMD 看作一个最小的指令并行执行单元。从着色器的维度来看，一个 SIMD 内的所有流处理器总是在执行同一个着色器程序，但是每个流处理器处理的数据是不同的。一张图像的处理会被切割为多个部分，一个 SIMD 内的一个流处理器处理其中一个部分。SIMD 的命名也来自同一个指令的并行数据处理的行为，类似 CPU 上的 SIMD 指令，如一条 SSE 指令可以并行处理 128 位甚至 256 位数据。一个 SIMD 的多个流处理器的 vALU 构成一个向量计算阵列。

随着 AMD 很快进入 GCN 时代，SIMD 之外又形成了一级的硬件划分，叫作 CU（Compute Unit，计算单元）。一个 CU 内有比 L1 Cache 还靠近 SIMD 的 Cache，叫作 LDS（Local Data Store，局部数据存储，通常为 64KB），LDS 的下一级才是 L1 Cache。所有的 CU 还共享一个独立于 Cache 体系的 GDS（Global Data Store，全局数据存储）缓存。提取额外的层级是为了组织 CU 之外的其他硬件单元。SIMD 主要用于执行向量计算，而不是标量计算，一个 CU 内的所有 SIMD 共享同一个标量计算单元 sALU。由于 GCN 的重点是为 GPU 引入通用计算的能力，所以一个 CU 被设计成一个独立的微架构前端，拥有独立的指令加载和解码、条件分支预测等前端硬件。一个 CU 相当于 CPU 的物理核，只是 CU 具备更少的 Cache 大小、更弱的条件分支预测能力，但是具备更强的浮点计算能力。在 CU 内部的多个 SIMD 对应多套寄存器，对应 CPU 一个物理核上的超线程功能。

在统一渲染架构下，CU 同时负责顶点着色和像素着色，所以一个 CU 是可以加载不同类型的着色器程序进行并行计算的，典型的还包括计算着色器。在一个显卡中，所有不同类型的着色器都可以在 CU 中执行。也就是说在显卡中，计算核心和渲染核心是复用的硬件。在 GCN 中，一个 CU 有 4 个 SIMD，每个 SIMD 都有 16 个流处理器，也就是一个 CU 有 64 个流处理器。一个 CU 中还包含一个 sALU，用来执行标量指令，如条件判断和跳转指令。在渲染管线中，大部分的数据计算都是向量化的，但是仍然有标量指令存在。AMD 选择在一个 CU 中区别地对外暴露一个 sALU 和多个 vALU 组成的计算单元组合。而 NVIDIA 对外只暴露了 sALU，实际上在执行向量运算的时候，硬件层面仍然会使用类似 vALU 的计算结构进行计算。这种标量与向量共存的计算需求在 CPU 程序中也大量存在，如 CPU 的 SSE、AVX 等指令集就是为 SIMD 向量计算设计的单独指令。由编译器在编译程序或开发者手动选择 SIMD 指令的情况下启用。渲染管线的指令都位于着色器中，着色器从语法的层面上就拥有良好的标量与向量计算的区别，可以认为着色器语言是专门面向标量与向量计算共存的情况下设计的，但是更偏向于向量计算。

一个 CU 内的多个 SIMD 彼此独立计算，各自维护寄存器，但是复用 CU 内的其他硬件。虽然硬件上一个 CU 内的多个 SIMD 可以独立计算，但是 CU 作为计算单元实际上会对 SIMD 的所有流处理器执行同样的指令。由于一个 CU 有 64 个流处理器，所以相当于一个指令下发到一个 CU 的时候是将指令用到的数据切分为 64 份进行执行的。这种执行方式对应的前端结构叫作 Wave64，切分的每份数据的执行叫作一个 Lane，也称为线程，也就是一个 Wave64 中有 64 个线程。

1.2.6 线程、Wave 与工作组

CU 在前端创造了 3 个特殊的概念：线程、Wave 和工作组（Workgroup）。

一个线程可以认为是一个执行上下文，如通用计算的一个核函数。执行上下文是一个软件层面的概念，与 CPU 中线程类似，一个硬件 CPU 可以通过切换不同的线程上下文来运行不同的线程，所以一个 CPU 核上可以运行的线程不止一个，可以有大量排队待运行的线程。

CPU 的线程是逐个调度执行的，但是 GPU 上并行执行的线程数巨大，如果逐个调度执行会造成大量的上下文切换的资源被浪费。所以 GPU 选择了将多个线程合并成一个 Wave 进行合并调度。GCN 中一个 Wave 有 64 个线程，称为 Wave64。因为一个 SIMD 中的所有流处理器执行的内容是相同的，所以一个 GCN 的 CU（内含 4 个 SIMD）在同一瞬间最多可以并发地执行 4 个不同的 Wave，也可以 4 个 SIMD 并发执行同一个 Wave64。

除了正在执行的 Wave，CU 的前端还会为每个 SIMD 缓存大量的 Wave。一个 CU 可以同时"吃"进大量的 Wave，然后每次并发 4 个顺序处理执行。这就造成了一个表象，仿佛一个 CU 有巨大的线程并行处理能力。实际上，CU 同时"吃"进的线程数和并行处理的线程数是差别巨大的。GCN 规定一个 SIMD 最多可以排队 10 个 Wave，一个 CU 的 4 个 SIMD 就是 40 个 Wave，也就是 40×64=2560 个线程。

Wave 是调度单位，实际上多个 Wave 很可能是同一个高层次的上下文，也就是多个 Wave 有在一个 CU 上运行的需求。有数据依赖的多个 Wave 在同一个 CU

上运行可以有效地利用 LDS 和纹理缓存，使得性能最大化，所以 GCN 在 Wave 上封装了 Workgroup。一个 Workgroup 中最多有 16 个 Wave。一个 Workgroup 中的所有 Wave 都可以共享 LDS，可以使用渲染 API 的 Barrier（屏障）进行同步。Barrier 是指 GPU 中的一个操作需要等待另外一个操作完成。因为硬件上一个 CU 的所有 SIMD 都共享 LDS，所以一个 Workgroup 就是指需要在同一个 CU 上运行的 Wave 集合。Workgroup 是前端的线程组织方式，而 CU 是后端的计算单元，两者是不同维度的概念。

因为 AMD 的单个 CU 可以支持 40 个 Wave 同时在其前端排队执行，但如果单个 Workgroup 的 Wave 为 16，那么只能运行 2 个 Workgroup（32 个 Wave），导致浪费了 8 个硬件可以处理的 Wave 位置，资源存在浪费。为了获得较高的利用率，单个 Workgroup 包含最好的 Wave 为 1、4、5 或 8。虽然，理论上，即使缺少 Wave 也可以填满实际的 SIMD 硬件执行，但是一方面 40 个 Wave 是 GCN 的优化设计方向，填满会尽可能地逼近设计吞吐量。另一方面 AMD 下的 GPU 利用率的定义是活跃的 Wave/最大 Wave。所以如果一个 Workgroup 使用最大的 16 个 Wave，那么活跃的 Wave 就是 32，最大的 GPU 利用率是 32/40=80%。也就是说，这种情况下 GPU 的理论最大利用率为 80%。

GPU 之所以要创造独立的不同于实际执行硬件单元的前端概念，核心是因为性能。纹理资源的访问远慢于普通顶点数据，所以一般的 GPU 中都会有单独的纹理缓存单元。一个线程在 CU 的一个流处理器上执行有可能遇到加载内存内容需要等待的情况，此时该线程的执行就会暂停，这时硬件单元就可以切换到其他线程继续执行。尽管被调度走的线程仍然处于执行状态，只是在等待内存数据，但从外部来看，硬件并发数（前端线程的排队数）是大于实际的硬件流处理器数的。

1.2.7　GCN 的并行问题和 RDNA 的解决办法

在 GCN 中，一个 CU 的 4 个 SIMD 同时并行处理 4 个不同的 Wave，这就要求只有队列中超过 4 个 Wave 的时候硬件才能被充分利用。而在实际的游戏中，游戏的线程数相比通用计算要少很多，所以 CU 的 4 个并行的 SIMD 经常无法被填满。假如一次只有 2 个 Wave 在 CU 的前端等待，CU 同时获得并执行了这 2 个 Wave，那么 4 个 SIMD 中只有 2 个在工作，也就是有一半的硬件空闲，而另一半忙碌。

所以一个 CU 的 4 个 SIMD 在实际的游戏统计上是不合理的，无法充分利用硬件资源。RDNA 并没有为解决这个问题额外地增减硬件，而是将 2 个 SIMD 合并为 1 个，使得一个 CU 中只有 2 个 SIMD，但是 1 个 SIMD 中有 32 个流处理器。相比 GCN，1 个 SIMD 的流处理器数提高了一倍，而 SIMD 数减少了 1/2。同样在使用 2 个 SIMD 的情况下，用上了 64 个流处理器，从而使同样计算量的计算速度更快。在一个 CU 的总硬件没有增删的情况下，就可以做到大幅度地提高游戏运行的 GPU 利用率。所以，RDNA 整体上服务于游戏的 GCN 优化版本，因为通用计算几乎总是可以填满 4 个并发的 SIMD，所以在通用计算层面，RDNA 的这种优化并不比 GCN 的效率高，反而有可能因为通用计算的核函数大小较小，无法充分利用 1 个 SIMD 的 32 个线程的并行处理能力而出现浪费。GCN 与 RDNA 的区别如图 1-2 所示。

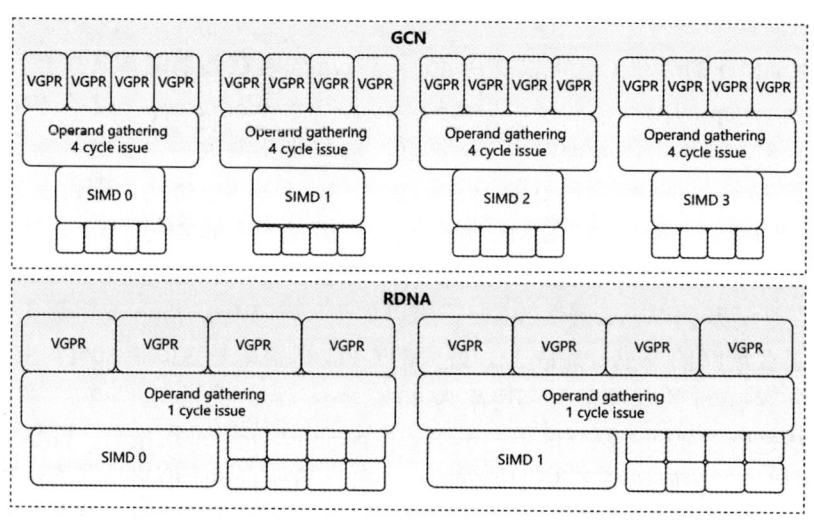

图 1-2　GCN 与 RDNA 的区别

另外，GCN 中的一个 Wave 是 64 个线程，而在 RDNA 中改为 32 个。这种修改同样不改变实际支持的线程总量，只是修改了调度粒度。一个 Wave 用 32 个线程相比 64 个，一次调度执行的时间可以缩短一半，也就是说让同样的硬件在同一个时刻处理更少的任务，相当于将同一个时刻处理同一个任务的并行度增加一倍。GCN 的 64 个线程的 Wave 叫作 Wave64，RDNA 的 32 个线程的 Wave 叫作 Wave32。

RDNA 仍然兼容支持 Wave64，支持的方式是将 Wave64 用到的数据切分为两部分，顺序地下发 2 个 Wave32。

RDNA 通过 SIMD 的合并和 Wave32 替代了 Wave64，使得一个 Wave 的完成速度在同样的流处理器数的情况下提高了 4 倍。虽然整体的计算量不变，但是 RDNA 使得硬件的利用更充分，提高了硬件的整体性能。

GCN 在实际的游戏渲染中还有一个并行问题，就是 Workgroup 的限制。因为一个 Workgroup 的所有 Wave 都必须在一个 CU 上运行，而随着游戏越来越大，对 LDS 大小的需求越来越大。更大的 LDS 意味着更快的执行速度，但是 LDS 的成本极高，所以 RDNA 采用了同样的合并方法，将 2 个 CU 合并为 1 个 WGP（Workgroup

Processor，工作组处理器）。2 个 CU 各自的 64KB 的 LDS 被合并为 1 个 128KB 的 LDS。但是并不是在所有场景下 WGP 都有性能价值，所以 WGP 提供了两种运行模式：CU 模式和 WGP 模式。在 CU 模式下，每个 CU 仍然独享自己的 64KB 的 LDS；在 WGP 模式下，2 个 CU 共享 128KB 的 LDS。一张显卡中有多个 WGP，每个 WGP 都可以独立地运行在 CU 模式和 WGP 模式下，这样就可以为不同的计算模式提供灵活的硬件最优配置。

RDNA 的 WGP 取代了 GCN 的 CU，成为显卡的基本硬件单元（但不是最小硬件单元）。WGP 的命名来源于 GCN 时代就存在于前端的 Workgroup，因为多个需要共享 LDS 的 Wave 被组织成一个 Workgroup，GCN 要求同一个 Workgroup 的 Wave 在同一个 CU 下运行，所以增加的 WGP 就对应同一个 Workgroup 的所有 Wave 都在同一个 WGP 下运行。

所以在 RDNA 下，硬件单元变为 1 个 WGP 包括 2 个 CU，1 个 CU 包括 2 个 SIMD，1 个 SIMD 有 32 个流处理器。

对应地，前端从 Wave64 变为 Wave32，在一个 Workgroup 线程数不变的条件下，对应的一个 Workgroup 的最大 Wave 从 16 变为 32。在 GCN 时代，一个 Workgroup 中的线程数是 16×64=1024。在 RDNA 时代，一个 Workgroup 中的线程数是 32×32=1024。

RDNA 在不增加流处理器的前提下，大幅度增加了显卡的执行效率。同样的成本获得更高的渲染执行性能是 RDNA 的核心目标。但是 RDNA 的改进基于游戏实际硬件使用的统计数据，随着游戏的变化并不一定会继续适用。另外，RDNA 的这种改进对并行计算并不友好，所以 GCN 的下一代通用计算对应单独的新架构 CDNA，而不是 RDNA。

1.2.8 SE

第一代 RDNA 显卡 Radeon RX 5700 XT 的内部结构如图 1-3 所示。

RDNA 引入了多 Bank 的硬件结构，也就是 GPU 实际上是通过 IF（Infinity Fabric）总线连接的 2 个芯片，每个芯片叫作一个 Bank，一个 Bank 中有一个 SE（Shader Engine，着色器引擎），其中包括 2 个 SA（Shader Array，着色器数组）。每个 SA 包括多个 DCU（Dual Compute Unit，双计算单元）、1 个 L1 Cache、1 个光栅器（Rasterizer）、4 个 RB（Render Backends，渲染后端）、1 个图元处理单元（Primitive Unit）。

每个芯片都可以独立地执行渲染管线，互不干扰，但是会共享 L2 Cache。由于每个 SA 独立有 4 个 RB，RB 用于渲染后期像素处理单元，贡献了主要的渲染带宽占用，所以渲染数据影响主要集中在 L1 Cache。

深入 Linux GPU：AMD GPU 渲染与 AI 技术实践

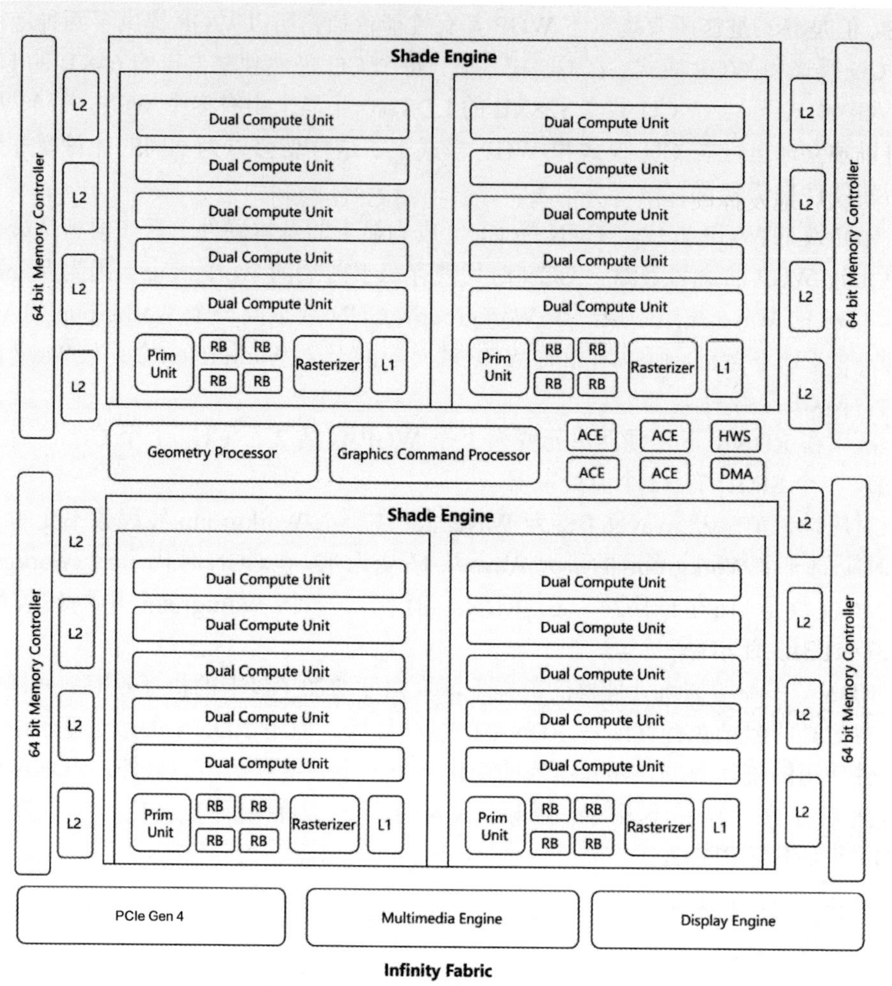

图 1-3　第一代 RDNA 显卡 Radeon RX 5700 XT 的内部结构

1.2.9　显卡并行的性能问题

显卡最早被设计出来就是用于高并行性的计算的。并行计算受限于多个硬件资源：①如果单个着色器的计算量太小（只更新小量像素），而并发的着色器量太大，那么由于一个 SIMD 内的所有流处理器执行的都是同一个着色器的不同数据部分，数据量太小就会导致 SIMD 中的一部分流处理器空闲，浪费 SIMD 的计算能力。②所有的显卡计算单元都需要从显存或内存中读取数据，而显存或内存的访问是有带宽限制的。如果某个着色器对显存的访问带宽需求过大，将影响其他着色器的执行。

③每个 CU 都有独立的 LDS，GCN 中的 4 个 SIMD 共享同一份 LDS，所有 CU 共享 GDS。LDS 和 GDS 用于减轻访存压力。如果某个着色器的 LDS 或 GDS 使用量较大，将使其他着色器缺少缓存能力，造成性能降低。

有多个队列反映了当前显卡的并行能力。多个队列说明该显卡有很大概率可以并行地处理多个队列中提交的指令。这样在使用 Vulkan 时充分利用并发的多个队列可以最大化地发挥硬件的并发能力，同时提高 GPU 的利用率。例如，提供 8 个计算队列就可以并发地下发 8 个计算任务，从而充分利用计算资源。因为计算资源是有限的，每次提交的计算任务并不一定会使用全部的计算资源，这样其他的计算资源就会空闲。另外，计算任务与渲染任务在很多硬件下是可以并行执行的，分别提供单独的硬件队列就可以充分利用这种并行能力。但是有的显卡是将计算任务与渲染任务复用的计算硬件，虽然会提供不同的渲染队列和计算队列，但是实际上是串行执行的。多个队列就只具有管理上的意义。

1.3 显卡的硬件图形管线

1.3.1 图形流水线

1. R600 图形流水线

图形流水线是由多个显卡内部的不同硬件单元共同作用完成的。如果渲染出现了性能瓶颈，则一般发生在图形流水线中的某一个硬件单元上，因为某个硬件单元带来的木桶效应导致显卡整体性能无法继续提高。由于 AMD 的官方文档在 R600 之后没有再提供图形流水线，所以以官方文档给出的 R600 图形流水线为例，如图 1-4 所示。

在正常渲染下，应用程序会使用 IB（Indirect Buffer，间接缓冲区）中发布的命令流，CP（Command Processor，命令处理器）获得命令并交给 VGT（Vertex Grouper Tesselator，顶点分组细化），启动顶点着色器的运行流程。VGT 根据 IB 命令的地址逐个将索引数据 DMA（Direct Memory Access，直接内存访问）到 SPI（Shader Processor Interpolator，着色处理插值器）上，这些数据组成一个着色器运行的 Wave，一个 Wave 最多包括 64 个顶点数据。同时将图元的连接信息发送给像素着色器流程的第一步 PA（Primitive Assembly，元素组装），连接信息只是 PA 后续获得实际顶点数据的信息，并不是数据本身。此时 PA 并不启动运行，而是等顶点着色器运行结束后再运行。

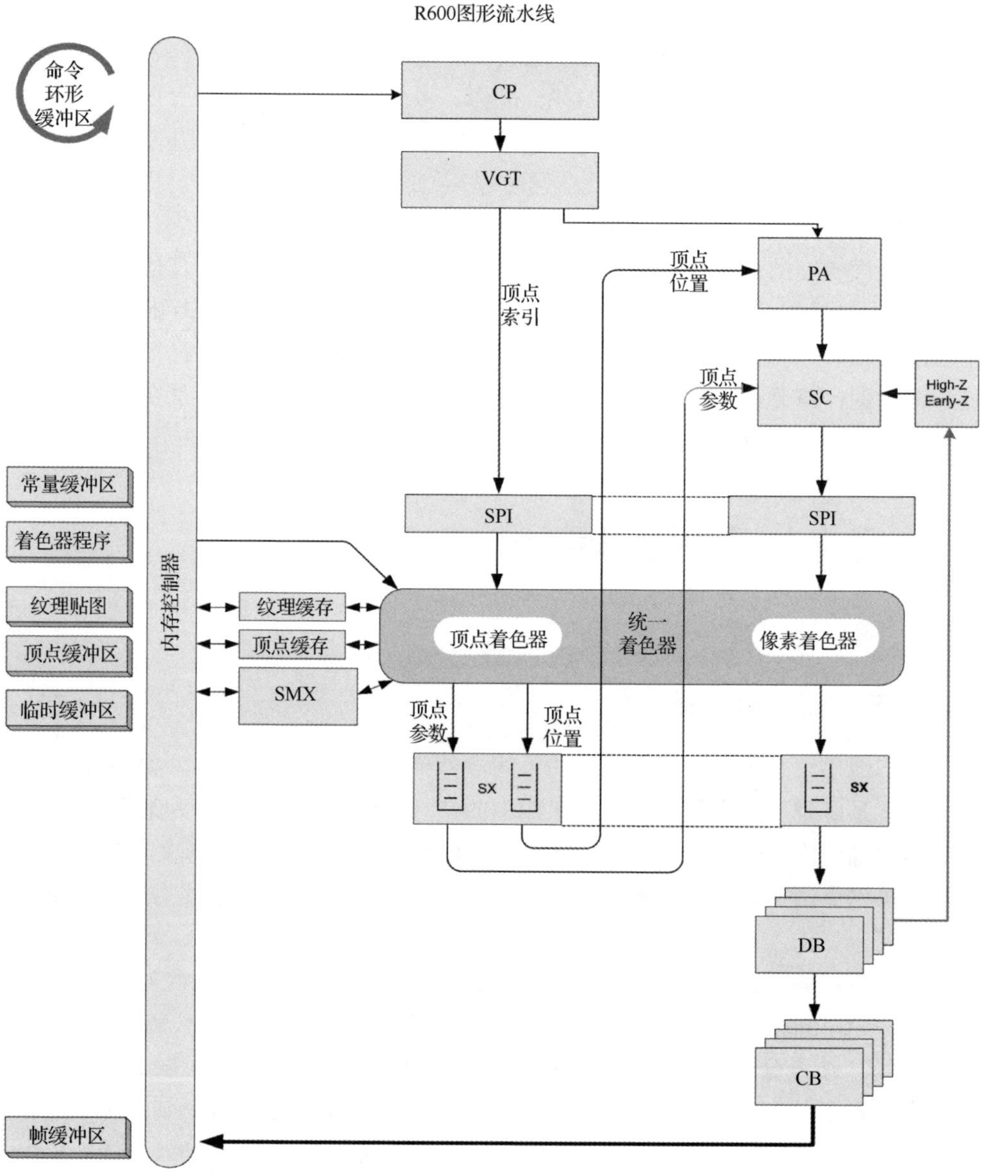

图 1-4 R600 图形流水线架构

无论是顶点着色器还是像素着色器,在运行的时候都需要使用通用寄存器 (General Purpose Register,GPR),这些寄存器就是在着色器实际运行之前由 SPI 分配的。在运行之前，SPI 会根据 IB 命令的内容往 GPR 中加载合适的参数，如顶点数据的基地址。然后 SPI 负责启动着色器的执行及将 Work Item（工作项，指在并行计算中被分配给处理单元进行处理的最小单元）逐个发送给 CU。对于顶点着色器，一个 Work Item 就是一个顶点；对于像素着色器，一个 Work Item 就是一个片段。

统一着色器块（Unified Shader Block，也叫作 CU）包含 Sequencer（SQ，控制着色器运行）和 Shader Pipe（SP，实际运行的着色器）两部分。SQ 被 SPI 唤醒，调用 SP 执行，SP 将执行着色器产生的结果输出到 SX（Shader Export，着色器输出）中缓存。对于顶点着色器和像素着色器，在统一着色器硬件下的运行方式是一样的，都由上述 SQ、SP 运行，结果和缓存都放入 SX。

R600 顶点处理过程的输出包含两部分：PoC（Position Cache，位置缓存）放置顶点的坐标信息，PaC（Parameter Cache，参数缓存）放置顶点的其他属性信息，如颜色、纹理等。因为渲染过程的顶点着色器和像素着色器是连续的两步，顶点着色器执行完成后，将结果放入 SX 的 PoC 和 PaC，通知 PA 启动像素着色器的执行流程，也就是光栅化阶段。

在光栅化阶段，PA 获得顶点数据，进行图元组装（将顶点组装成三角形）后，将组装好的图元发送给 SC 进行扫描转换，将大图元分成小的块。此外，PA 还负责细分（Tessellation）。SC 还会检查深度缓存（Depth Buffer，DB），以确定片段的可用性，这个检查过程会进行 Early-Z、Re-Z 和 High-z 处理。SC 检查 DB，如果片段的深度比深度缓存中的值还要大，则该片段被遮挡，在没有开启融合（Blending）的情况下，这个片段可以扔掉，后续就不用处理了，如果开启了融合，则进行后续处理。SC 对各属性数据求差值，形成片段数据。

SC 产生的片段数据随后被发送给 SPI，进入 CU 进行最后的片段处理。片段着色器的运行会进行取纹理、ALU 计算及内存读写操作。完成后，片段的几何信息（在屏幕坐标系中的坐标及深度）和颜色信息通过 SX 放入 DB 和 CB 进行包括 Alpha 测试、深度测试、融合和基于硬件的抗锯齿等后处理操作。最后的结果被送往指定的 Render Target（渲染目标），完成渲染过程。DB 与 CB 统称 RB。

像素管线也称为光栅化阶段，从 RB 处理阶段统称光栅操作管线（Raster Operations Pipeline，ROP）。这一部分没有专门的着色器，是对渲染管线输出处理的过程。

在大部分 PC 游戏中，纹理采样不但有大量的显存访问需求，还有大量的纹理专用计算需求。这些计算大部分是标准化的，如渲染、调整大小、变形等采样时常用的图像操作。因此用途为渲染的显卡中必不可少地要配备专用的纹理操作硬件，叫作 TMU（Texture Mapping Unit，纹理映射单元）。纹理采样就是从三维模型顶点坐标的纹理信息中找到在纹理贴图中对应的纹理颜色，纹理映射就是将找到的纹理颜色映射到三维模型的顶点上，之后三维模型就有了颜色。

2. RDNA 图形流水线

RDNA 图形流水线并没有官方的文档解释，AMD 内部员工的公开 PPT 中有图 1-5 所示的架构。

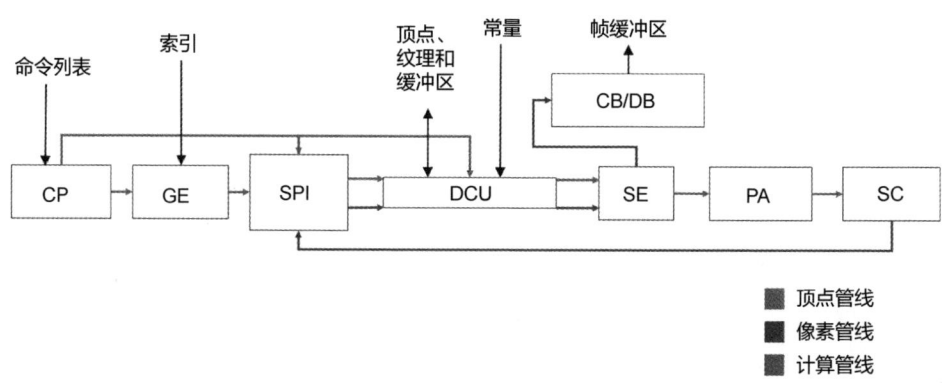

图 1-5　RDNA 图形流水线架构

可以看到大体流程与 R600 图形流水线是相似的，CU 的运行方式很少发生变化，变化更多的是 CU 的排列组合。

虽然 CP 可以将上层渲染 API 转换为下层的着色器调用，但是对于计算着色器，还需要额外的 CU 调度逻辑。每个计算着色器所需的并行计算硬件资源都是由渲染 API 指定的，但是调度这些硬件资源来执行是由专门的 ACE（Asynchronous Compute Engines，异步计算引擎）完成的。

图形流水线是专门为渲染过程优化的专用结构，曾经有使用同样在 GPU 中运行的 CUDA 来模拟实现图形流水线的尝试，但其性能效率不如专用硬件。

1.3.2　硬件管线的低功耗：IMR、TBR 与 TBDR

1．IMR、TBR 与 TBDR 的原理

在渲染管线运行的时候，大量的数据都需要从显存中获得，并且在管线运行的过程中还需要写入显存数据。GPU 核心到显存之间就会产生大量的低延迟数据传输需求。而内存的数据传输功耗很高，甚至可以达到一个 75W 显卡工作时功耗的一半。例如，每次渲染完的 Color 和 Depth 数据写回到位于显存中的帧缓冲区和深度缓冲区都会产生很大的带宽消耗（很多时候是渲染管线运行中带宽的最大开销）。这种渲染管线运行过程中的中间数据直接大量读写显存的方式叫作 IMR（Immediately Mode

Rendering，立即渲染模式）。

CPU 为了解决随机内存访问的高延迟增加了大量的延迟更低的 Cache，GPU 渲染过程的随机性相对较小，由于 Cache 的预读与缓存能力能大大减缓读写显存带来的高延迟和高内存带宽吞吐量问题，所以 IMR 中也会有 Cache 来优化这部分大量的带宽消耗。IMR 的管线内存访问方式如图 1-6 所示，其中虚线部分位于显存中，需要渲染核心在渲染过程中动态读写。

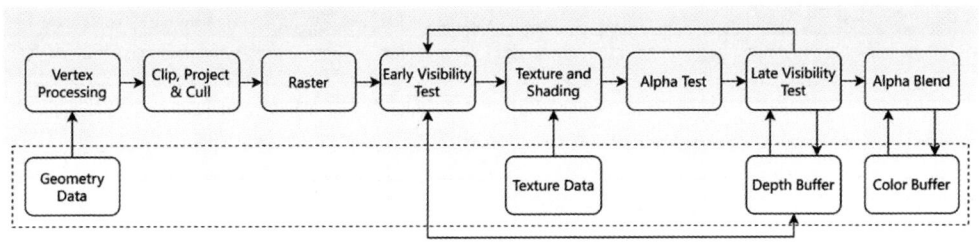

图 1-6　IMR 的管线内存访问方式

由于渲染过程中的大量功耗来自内存访问，尤其是渲染最后的可见性测试和透明度混合步骤，因此降低显存的读取和写入频率，以及减少 CPU/GPU 之间的内存数据传输，是实现低功耗渲染管线的重要方向。由于一帧之内要启动多次硬件渲染管线的执行，并将结果绘制到同一个渲染目标缓存中。而这种在一帧的同样位置绘制像素的做法在大部分情况下是浪费的，因为会被遮挡。虽然现代游戏引擎在下发渲染指令之前有专门的逻辑层面的遮挡剔除，但是无法完全剔除，依靠 IMR 硬件上的遮挡剔除仍然会带来重复绘制的计算浪费。这样重复绘制的像素着色器就是可以合并的，也就是说，直到最后的渲染结果生成或在中间调用 glFlush 等指令时，才执行合并后的像素着色器。合并执行像素着色器可以大幅度减少在像素着色器阶段的 Color 和 Depth 数据写回显存的操作，从而降低显存带宽需求，降低功耗。

对于无法合并的像素着色器的执行，仍然可以通过人为地缩小每次像素着色器执行时的内存占用，也就是降低单次绘制的像素数来充分利用 GPU 上较小的片上缓存，减少对显存的使用。

上述两种降低显存带宽使用的思想都需要将像素着色器的执行时机推迟，TBR（Tile-Based Rendering，基于图块渲染）就是尽可能地推迟像素着色器的执行时机，解决重复绘制和使用片上缓存的低显存带宽渲染机制。所以 TBR 本质上是延迟渲染，但是只延迟了像素着色器部分，完成 TBR 的整个渲染过程需要尽可能地使用芯片内部的片上内存。其核心目标就是减少显存访问，降低显存带宽需求。TBR 的管线内存访问方式如图 1-7 所示。

TBR 将一张图像分块，每块叫作一个 Tile。每次像素着色器只执行一个 Tile 的内容，从而可以使用专用的片上内存来支持访问需求较大的 ROP。因为 TBR 一次 Tile 渲染处理的数据很小，所以具有更好的 Cache 亲和性，从而提高了 TBR 下的 Cache 有效性。这也是 TBR 的一个优势。但是在 TBR 下，顶点着色器和像素着色器的计算是分离的，顶点着色器的计算过程并不区分 Tile，而是一次性的全屏计算。这就需要缓存顶点着色器计算的中间结果，让后续的像素着色器按 Tile 启动执行。

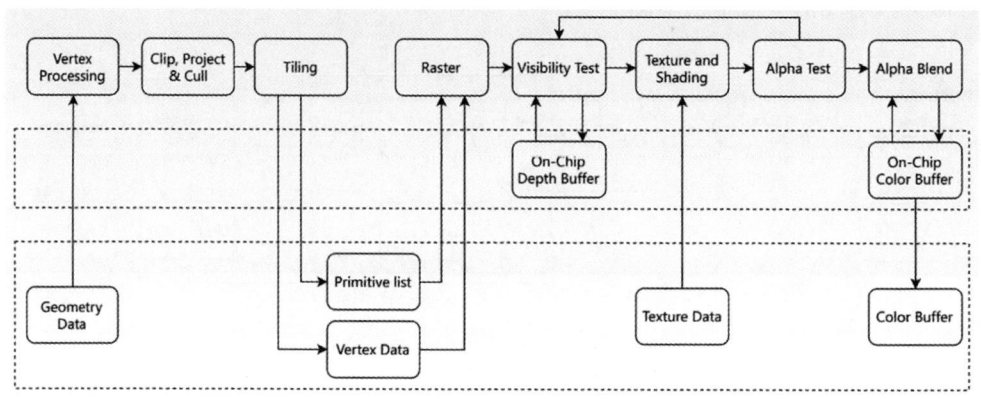

图 1-7　TBR 的管线内存访问方式

因此，GPU 必须将顶点计算阶段的输出（每个顶点的变化数据和 Tile 的中间状态）存储到系统内存中，像素着色器的计算阶段随后需要从系统内存中读取这些数据，这也引入了额外的系统内存访问。通常引入的这种内存访问量要远小于 Tile 着色计算节省的量，因为着色计算和后续的 ROP 需要反复显存读写。但是在优化不好的 API 调用下，TBR 的有效性会下降，Tile 并不会百分百生效，导致有的渲染计算实际上仍然是 IMR 的。这种情况引入的额外访问就会有惩罚效果（不理想的内存访问模式和 API 调用导致的性能下降）。

由于 TBR 已经将图像分块，所以可以基于 Tile 做一些性能优化。例如，ARM Mali 的 TE（Transaction Elimination）技术，当前帧会为每个 Tile 计算一个 CRC 键值，以便下一帧比较每个 Tile 是否有数据变更，对于无变更的 Tile，取消之后的着色阶段。TE 技术可以显著地降低 GPU 负载，尤其在高帧率的情况下，因为大量的前后帧的内容相似度较高。

由于 DB 在 IMR 下也是放在显存中实际占用显存的对象，但是在 TBR 下，DB 就是 On-Chip DB。DB 是不需要初始化的，仅作为存储渲染中间结果的缓存。所以使用 TBR 的时候并不需要在显存中分配 DB，相当于 TBR 也能降低显存占用。

TBDR（Tile-Based Deferred Rendering，基于图块的延迟渲染）是 PowerVR 提出来的对 TBR 的一次改进，在 TBR 的基础上加了一个延迟。只有 PowerVR 的 GPU 是 TBDR 架构，其他移动 GPU 都是 TBR 架构。因为 TBR 已经将像素着色器的执行进行推后合并了，但是仍然使用 Early-Z 这种根据深度来避免 OverDraw（重绘）的技术。

Early-Z 是指 IMR 逐个执行绘图指令时，当不透明的图元从光栅化阶段开始逐像素进行处理时，首先进行深度测试，如果发现深度比当前绘制的深度要深，则说明该像素是屏幕不可见的，不需要执行像素着色器。避免了不必要的重绘。所以 Early-Z 要求游戏引擎在渲染不透明物体时按从近到远的顺序进行绘制，因为近处的物体先绘制好之后，其写入的深度会阻挡后面物体的深度测试，也就避免了后面物体无意义的渲染开销。如果没有遵守这个要求，Early-Z 就无法判断当前是不是最近的绘制，仍然会导致重绘。ARM Mali 也有类似的 FPK（Forward Pixel Killing，前向像素消除）技术，但是不如 HSR 可以做到零重绘。

但是在使用了 TBR 之后，一帧的远近物体在像素着色器执行前已经被 CPU 提交，只是被推后执行了。所以在执行像素着色器时，GPU 已经有本帧所有像素完整的深度，可以直接精准地判断哪些像素是被遮挡的，不需要绘制。这种基于 TBR 的深度测试技术叫作 HSR（Hidden Surface Removal，隐藏面消除），使用了 HSR 技术的 TBR 叫作 TBDR。TBDR 需要硬件支持，也需要 PowerVR 的专利，所以只有 PowerVR 具备 TBDR。替换了 Early-Z 的 TBDR 渲染步骤如图 1-8 所示。

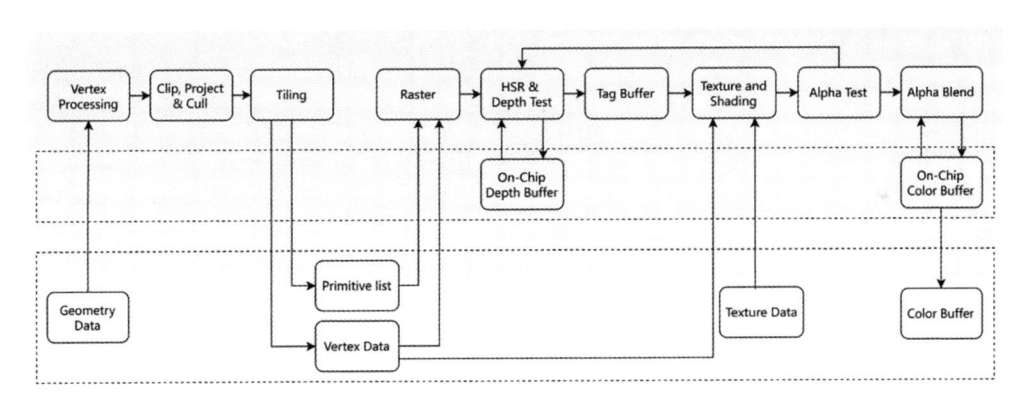

图 1-8　替换了 Early-Z 的 TBDR 渲染步骤

IMR、TBR、TBDR 的对比如图 1-9 所示。

2．TBR 的硬件支持

TBR 也需要硬件支持，支持方式是在顶点着色器运行之后插入一个 Tile 硬件单元，该硬件单元将最终的 Render Target 屏幕切分为多个 Tile。每个 Tile 都比屏幕小，如 32 像素×32 像素。后续渲染步骤的执行实际上是每次处理一个 Tile，这样就可以大幅度减少渲染时对片上内存（On-Chip Memory）的需求，使得大部分的访存操作都可以使用片上内存完成。TBR 在芯片上额外增加了片上深度缓存（On-Chip Depth Buffer）和片上颜色缓存（On-Chip Color Buffer）两个与 L0 Cache 同级别的缓存。切分的 Tile 使得一个 Tile 的大小可以落在相对较小的片上缓存上，使整个渲染过程不需要反复地访问显存。

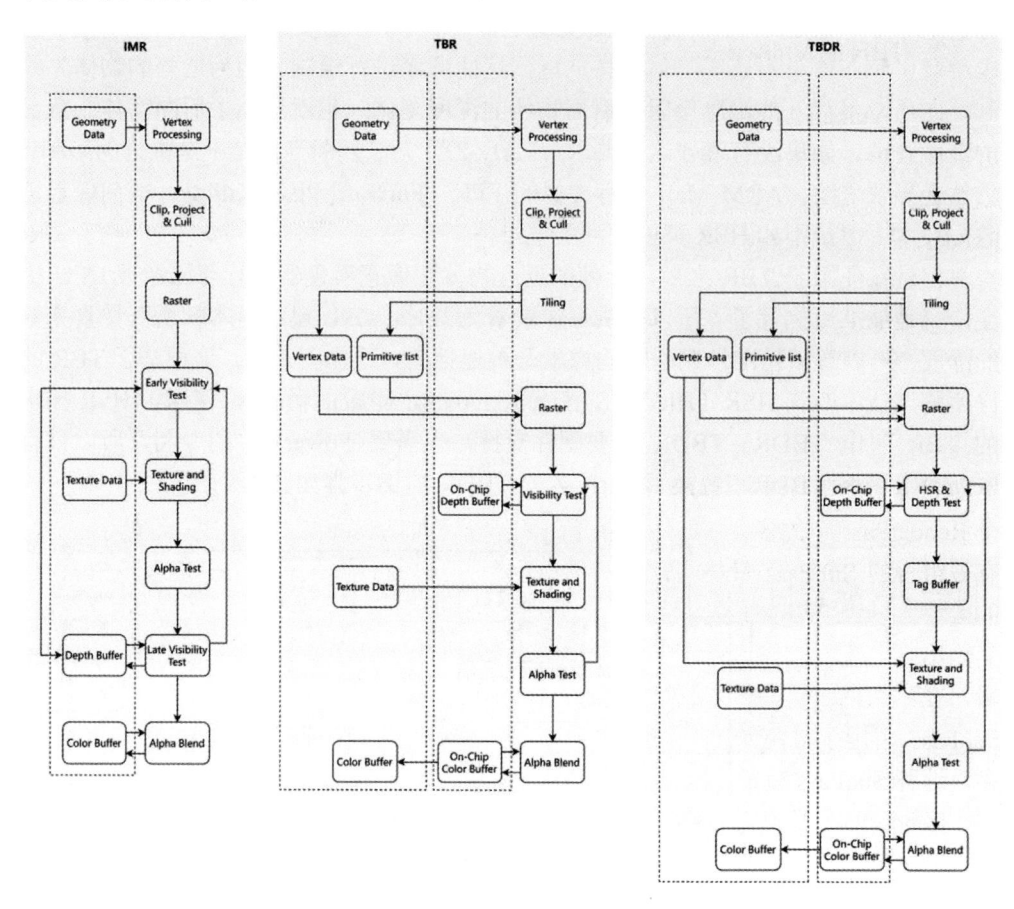

图 1-9　IMR、TBR、TBDR 的对比

  由于 GPU 片上缓存的存储空间非常有限，因此渲染完成一个 Tile 之后，需要将结果复制到 FrameBuffer 中，这个过程称作 Resolve（解决）。如果一帧内需要多遍渲染，则在对 Tile 进行渲染的时候往往需要从 FrameBuffer 中将对应 Tile 中旧的数据读取到片上缓存中，这个过程称为 Restore（恢复）。Resolve 和 Restore 会导致大量的带宽消耗，在 TBR 下，应用需要尽量避免 Resolve 和 Restore。

  应用调用的都是标准的 OpenGL 或 Vulkan API，所以对于硬件实际上是使用 TBR 还是 IMR 大部分情况下是无感知的。但是由于两者结构不同，所以应用如果确定下层硬件使用的是 TBR，就可以使用一些 TBR 专有的优化手段。例如，在 OpenGL ES

中善用 glClear、glInvalidateFrameBuffer，可以避免不必要的 Tile Buffer 刷新到系统内存行为（Resolve）。Vulkan 还提供了专门的 API 支持在应用层进行 Tile 感知。而这种用户参与的、为了减少显存访问带宽占用而存在的注意点，在 IMR 中是几乎不需要考虑的。

3．TBR 的 Vulkan API 支持

现代 Vulkan API 的特色是尽可能地暴露硬件特性，TBR 引入的 Tile 分块结构也可以使用 Vulkan API 直接操作。

Vulkan 为 TBR/TBDR 渲染过程引入了 SubPass（子通道）的概念，每个渲染的 RenderPass（渲染通道）都由多个 SubPass 组成。一个 RenderPass 对应一组渲染目标缓存（Attachment），一个 RenderPass 下的 SubPass 共享 Attachment。由于 TBR 默认一次渲染过程无法完成整张图像的计算，需要一个一个 Tile 来计算，因此一个 SubPass 就可以被认为是一个以 Tile 为单元的子计算。这样一个 SubPass 的执行就可以使用片上内存进行计算，而不用过多地访问显存。

对于每个 SubPass，我们会显式地指定其输入与输出，在条件满足的时候，GPU 驱动会自动将符合条件的多个 SubPass 组合成一个 RenderPass，而经过组合后的单个 RenderPass 中的多个 SubPass 才是真正意义上的 SubPass，否则在实际执行中，没有被组合的 SubPass 最终会被当成单个的 RenderPass 来执行，并没有达到 SubPass 的效率，也就是 TBR 没有生效。只有经过组合后的单个 RenderPass 中的多个 SubPass，其输出结果才会被保留在片上内存上。其他 SubPass 都是按照 RenderPass 的执行逻辑，在结束的时候写回显存，在执行下一个 RenderPass 时再从显存中读回。如果 SubPass 占用了过高的片上内存，则无法全部保留在片上内存上，只能写入系统内存，这种 SubPass 就不会被组合而是作为单独的 RenderPass 执行。

RenderPass 是对 SubPass 与 Attachment 的封装，相当于将两者打包到一个盒子里，需要满足 SubPass 关联的 Attachment 都是 RenderPass 中指定的这一条件。此外同一个 RenderPass 可以包含一系列 SubPass，多个 SubPass 之间的执行顺序是不固定的，如果要指定执行顺序，就需要通过 SubPassDependencies 依赖项来施加约束。

由于 TBR 可以不需要分配实际的 DB，所以 Vulkan 支持 Transient Attachment，也就是虽然有 Depth Buffer Attachment，但是并不实际存在，只是一个为兼容性需求存在的 Attachment 占位符。在 MSAA（多重采样抗锯齿）中也有类似的情况，以 4× MSAA 为例，要处理的图像会先生成一个 4 倍分辨率图像（Sampled Image），然后被处理为一个单倍分辨率图像（Resolved Image）。所以在 MSAA 中，需要创建最少两种 Color Attachment：一种用于存储被超采样的 Sampled Image，Sampled Image 是根据用户的输入形成的，所以它并不需要从主存中加载；另一种用来表示最终的输出，叫作 Resolved Image。Resolved Image 根据 Sampled Image 生成，这意味着 Sampled

Image 并不需要写入主存。所以 Sampled Image 可以被设置为 Transient（瞬态）。而 Resolve Image 由于会输出到最终的屏幕上，所以不可以被设置为 Transient。

4．IMR 与 TBR 的取舍

由于 TBR 的前提就是一个 Tile 较小，可以将需要频繁读写的渲染中间结果放在硬件上较小的片上内存中。所以如果分辨率较高，而片上内存较小，就会导致 Tile 的数量较多，多次执行光栅化会显著增加渲染延迟。渲染延迟是 TBR 和 IMR 最显著的区别。所以正常情况下 TBR 适用于分辨率较小的渲染。为了 TBR 能处理尽可能大的 Tile，TBR 显卡通常会选择将一部分统一着色器单元的芯片面积分配给内部缓存，导致同等芯片规模下 TBR 显卡的计算核心数要少于 IMR 显卡的计算核心数。

IMR 只求峰值性能大，把晶圆面积都给统一着色器单元，以牺牲功耗换得峰值性能。由于 PC 的 PCIe 显卡通常带宽足够、散热充分，所以 IMR 带来的带宽和散热问题可以解决。而 TBR 最关注能效比，不追求峰值性能，而追求最少的带宽和功耗使用量。把晶圆面积尽可能地给片上内存，以满足依赖帧缓冲的 TBR 的运行。

另外，由于同等芯片规模下 IMR 的统一着色器单元比较多，所以计算着色器的通用计算能力相对较强，也就是 GPU 的通用性更好。由于现代游戏的计算着色器开销越来越重，计算着色器对显存的访问也是类似 IMR 的，因此对于重度使用计算着色器的 3A 游戏（Tripe-A 游戏，是指具有高预算、高品质和高度市场期望的电子游戏）的运行支持，IMR 仍然是首选。

很多显卡采用了 PowerVR 的 GPU 核心 IP，所以具备了 TBDR 能力。如果将 TBDR 与 IMR 相比，TBDR 由于可以做到零重绘，相比 IMR 的计算成本优势很明显。IMR 多出来的计算单元很可能被这种重绘的劣势抵消。所以如果是纯粹的游戏显卡，带有大缓存的 TBDR 显卡有可能同时做到节省显存带宽和提高帧率。所以 PowerVR 的 TBDR 一直是标志性技术，苹果公司早期的 GPU 都是使用的 PowerVR，表现很好。随着苹果公司抛弃 PowerVR 转向自研，PowerVR 的母公司 Imagination Technologies 中国资本占股越来越高，但是其仍被认为是英国最重要的高科技企业之一，中国资方无权插手核心运营。但是中国境内基于 PowerVR 的国产显卡越来越多。

由于 Tile 带来的 TE 技术可以显著节省 GPU 占用，反而成为 TBR 与 IMR 对比的最核心优势。IMR 虽然可以增强计算能力，但是 TE 技术可以直接消除计算过程。所以只用于运行游戏渲染的游戏机 GPU 如果想支持 TE 技术就只能采用 TBR。

RDNA 引入了与片上内存同级别的 L0 Cache，由于 L0 Cache 也是用于加速显存访问的，与片上内存的加速作用有一定的重合，所以片上内存也可以显著地降低 IMR 的显存带宽占用和功耗。L0 Cache 和片上内存是减少带宽的两种不同思路，L0 Cache 的通用性更大，但是大小有限，无法保证让需要加速的内容驻留。片上内存是专用的，可以保证起到减少 RB 带宽需求的作用。但是随着硬件的发展，L0 Cache 会逐渐增大，如果大到可以将整张图像作为一个 Tile，Tile 专用的片上内存就没有存在的必要了，因此可以完全使用 L0 Cache 完成 ROP。可以预见在很长一段时间内，PC 旗舰显卡仍然会走 L0 Cache 的 IMR 路线，但是会有越来越多的性价比显卡支持 TBR。7900 XTX 引入了 96MB 的 L3 Cache，巨大的 L3 Cache 使得显存访问的性能大幅度提高。整个渲染目标缓存都可以放进 L3 Cache，TBR 额外引入的片上内存的最大优势会被 Cache 大幅度抵消。

而 TBDR 带来的零重绘能力在游戏引擎层面也在逐渐被优化。现代游戏引擎使用的 FlameGraph 技术可以在很大程度上从源头去除重绘，虽然不能做到零重绘，但是该问题可以被游戏引擎显著缓解。

高通公司发明了 FlexRender，其综合了 IMR 和 TBR，通过在两种模式之间动态切换来最大化性能。其引入了 GMEM 硬件单元，在 IMR 模式（Direct Rendering Mode）下，GPU 绕过 GMEM 直接和系统内存交互；在 TBR 模式（Binning Mode）下，GPU 通过 GMEM 和系统内存交互。驱动程序和 GPU 分析给定渲染目标的渲染参数并自动选择模式，若渲染目标尺寸很小，则会主动切换成 IMR 模式。

此外，AMD 显卡很早就开始使用 HBM 作为游戏显卡的显存。HBM 就是将多个 DDR 芯片堆叠后和 GPU 封装在一起，实现大容量、高位宽的 DDR 组合阵列。NVIDIA 虽然在游戏显卡上很晚才应用 HBM，但是在高性能的高端 AI 显卡上，HBM 已经成为标配。HBM 可以达到 TB 级别的带宽，对于极限带宽吞吐量，HBM 为 IMR 预留了足够的带宽。最重要的是，HBM 重新调整了内存的功耗效率，使每瓦带宽比 GDDR5 高出 3 倍以上，也就是功耗降低 1/3 以上，大幅度降低了 IMR 的大量显存带宽访问功耗。这种内存颗粒在成本和延迟问题得到优化后也可以同样被移动端采用，但是只能起到部分缩小差距的效果。

1.3.3　显卡的压缩纹理

1. 压缩纹理的需求产生

在渲染中，纹理是占用显存最大的资源。由于显卡渲染游戏时，显存的功耗占比极高（经常会超过 1/3），所以显卡访问纹理的性能会极大地影响显卡进行游戏渲染的性能。

除了尽可能不把不必要的纹理放入显存以节省显存占用，显存的使用过程还需要尽可能地降低纹理的大小，但是这与现代游戏越来越高的纹理精度的需求在很大程度上是互斥的，所以硬件层面可以直接识别访问压缩后的纹理格式就是显卡的一个越来越必要的功能。这里的压缩使用分为压缩读取和压缩修改，通常对显卡纹理数据的修改量远少于读取量，所以主要的硬件压缩纹理支持在于纹理的压缩读取。由于智能手机场景下对发热和功耗的要求比较高，压缩纹理的同时可以降低显存占用和显存带宽使用，在移动端的需求极为强烈，所以智能手机发展的同时快速推动了硬件压缩纹理的支持程度。

纹理图像至少包括 RGB 三种通道，现代游戏一般会要求 A 通道，也就是透明度。但是并不是所有的游戏都需要透明纹理支持，尤其是在手游下。所谓的压缩纹理就是在非压缩的 RGBA 四个通道的基础上尽可能地压缩，通常非压缩的每个 RGBA 通道都有 8 位，但是也有为了节省显存而出现的 R5G6B5、A4R4G4B4、A1R5G5B5 等一个通道少于 8 位的纹理图像格式。

压缩读取需要纹理格式本身支持随机读取，GPU 为了访问某个像素而解码整张纹理是不现实的，所以我们日常使用的 JPEG 和 PNG 都不适合进行压缩纹理。但是有损压缩算法所利用的分块压缩和人眼的敏感特性是有价值的，也就是可以在硬件纹理压缩时采用类似 JPEG 和 PNG 的做法设计新的压缩格式，可以比未压缩的 A1R5G5B5 等通道编码位减少更多的压缩比。

2．纹理压缩格式

还有一种可以有效降低显存带宽需求的技术就是压缩纹理。通过让 GPU 核心直接识别压缩后的纹理，纹理数据可以一直以压缩的格式存放和处理。由于渲染带宽主要由纹理和渲染目标缓存消耗，因此两者的压缩如果能得到硬件的支持，也可以显著降低带宽。目前使用压缩纹理降低带宽的效果甚至可以超过 TBR 相比 IMR 带来的效果，所以压缩纹理已经成为移动显卡和 PC 显卡的标配。压缩纹理也是移动端促成的需求，但是没有 TBR 相比 IMR 的副作用，所以压缩纹理已经成为行业标准。Vulkan API 中可以直接指定大量与压缩纹理相关的操作。移动端常用的纹理压缩格式是 ASTC（Arm Adaptive Scalable Texture Compression，自适应可伸缩纹理压缩），PC 端常用的纹理压缩格式是 DXT，这也导致 PC 端使用的显卡在运行 ASTC 格式的移动游戏时会出现兼容性问题。

ETC（Ericsson Texture Compression，爱立信纹理压缩）最初是爱立信为移动设备开发的，后被 Android 采用成为 Android 的标准压缩方案。ETC 主要基于人眼对于亮度的敏感度要高于色度的原理，编码时将色度和亮度分开存储，解码时将亮度偏移叠加到基色上还原。YCbCr 格式也是利用人眼对于亮度的敏感度高于色度的原理，将亮度和色度分离开，牺牲部分色度信息换取压缩，YCbCr 是 JPEG 使用的存储格式。ETC 使用同样的原理，但是使用更小的图块（通常是 4×4）进行压缩，使得 ETC 可以直接支持硬件随机访问。

ETC1 质量不高，不支持透明（Alpha）通道，所以通常使用 ETC1+1 比特的透明通道来表示 ETC1 纹理。ETC1 的 RGB 纹理压缩比通常为 6∶1，也就是纹理需求变为原生 RGB 一个通道 8 位的 1/6。由于最终颜色通过基色偏移还原，所以如果颜色分布不均匀，色度范围广，就会丢失很多颜色，对有渐变的纹理支持效果很差。ETC2 兼容 ETC1，且改进了 ETC1 的缺点，并支持透明通道。RGB 纹理压缩比仍然是 6∶1，如果是支持透明通道的 RGBA，则纹理压缩比变为 4∶1。

ASTC 是一种较新的贴图压缩格式，提供了更好的压缩率和显示效果。在 Android

上已经替代 ETC2 成为默认的纹理压缩格式。随着 Mac 转向 ARM 平台，ASTC 在 Mac 上也得到了很好的支持。而在 Windows 操作系统上，使用的是 Windows DirectX 特有的 DXT 格式，由于 Windows 操作系统的普遍性，几乎所有的独立显卡都对 DXT 的支持较好，广泛应用于 PC 平台，但在移动平台上少见。

大部分硬件的渲染目标缓存的读写目前并不支持纹理压缩格式，因为直接使用渲染目标缓存的显示模块并没有面临 IMR 到 TBR 的选择，所以只接受未压缩过的原始图像格式。但是 ARM 推出了 AFBC（Arm Frame Buffer Compression，自适应帧缓冲压缩）技术，可以将渲染目标缓存进行压缩，显著降低带宽需求。PowerVR 也实现了 TFBC（Tiny Frame Buffer Compression，微小帧缓冲压缩）技术。AMD 和 NVIDIA 上都有针对 DB 的 Z Compression 技术，可以降低 DB 的大小。

3. 压缩纹理的兼容性

不同硬件支持的纹理压缩格式不同，如 AMD 和 NVIDIA 的服务器显卡普遍缺乏对 ASTC 格式的支持，但是都支持 DXT 格式。这样使用 ASTC 格式的游戏在这种显卡上运行就会出现纹理无法识别的问题。如果希望可以正常运行游戏，则需要将纹理进行转换，变为硬件支持的压缩纹理。如果是 CPU 实现的软管线来识别压缩纹理，则需要整个将纹理解压成平面图像运行，因为 CPU 硬件不支持任何格式的纹理压缩。

但是这种转换并没有在硬件或某个基础软件中提供，通常情况下，硬件遇到不支持的纹理压缩格式就无法运行游戏。自动转换也是困难的，因为纹理创建时需要申请一片显存，这片显存的大小是压缩后的大小。如果需要转换为其他格式，可能需要更大的显存或内存。而在 Vulkan 下为一个资源申请多大的显存也是由应用程序控制的，所以还需要 Hook 类似 vkGetBufferMemoryRequirements 这种资源计算的 API 进行修改。因为需要动态地转换为其他格式，所以在创建纹理时也需要进行类似的 Hook 操作。即使如此，应用还可以主动地映射纹理进行修改，但是应用程序并不知道纹理的大小和格式已经发生变化，就会导致逻辑错误。所以还需要 Hook Map 的逻辑，并且做好压缩纹理与原纹理的数据同步。还可以在 BO 层进行替换，但是也会面临类似的问题。

1.3.4 硬件图形管线的计算着色器通用化

1. 顶点着色器的通用化：GPU Driven Pipeline

过去复杂场景绘制的瓶颈通常有两个：每次 Draw Call 调用带来的 CPU 端验证及 CPU 与 GPU 之间的通信开销；由于剔除不够精确而导致的重绘和由此带来的 GPU 计算资源的浪费。

新一代的渲染图形 API（Vulkan、DirectX12、Metal）旨在让驱动在 CPU 端做更少的验证工作，将不同的任务通过不同的队列派发给 GPU（Compute/Graphics/DMA），要求开发者自行处理 CPU 和 GPU 之间的同步，充分利用多核 CPU 的优势多线程地向 GPU 提交命令。这就需要重点解决第一个瓶颈。

过去剔除和提交 Draw Call 都是 CPU 做的，一方面 CPU 的并行计算能力有限，只能做得很粗糙；另一方面使用 CPU 执行这种并行化操作对 CPU 的占用很大。所以逐渐有游戏厂商将剔除功能放在 GPU 中使用计算着色器进行计算。但是传统管线的启动需要 CPU 提供确定的参数，不支持动态地从 GPU 的其他计算中获得参数。所以很快 API 中包含 Indirect 函数的接口被实现，意思是渲染使用的参数来自 GPU 内部的其他计算。例如，DirectX12 的 ExecuteIndirect 函数将计算着色器剔除后放在 GPU 显存中的数据重新提交给 GPU 的渲染管线（Graphics Pipeline）。虽然做到了使用 GPU 进行剔除，但是也人为地将整个渲染过程分成了两个不同的部分，这两个部分的数据共享也需要额外的一次显存读写开销，用到的顶点数据也需要被计算着色器和顶点着色器读两遍分别进行处理。这个时期的 GPU 驱动管线（Driven Pipeline）与传统 CPU 进行剔除操作在显卡硬件上的区别很小，只是将剔除计算从 CPU 转移到 GPU 的计算着色器上。

顶点着色器包括可选的曲面细分着色器（Tessellation Shader）、几何着色器（Geometry Shader）这一条传统几何管线，无法直接支持定制需求比较强的顶点剔除，但是计算着色器可以实现传统着色器的功能。所以 Microsoft 的 DirectX 12 在 2019 年，Vulkan 的 VK_EXT_mesh_shader 在 2022 年，均引入了网格着色器（Mesh Shader）API。网格着色器直接替换掉顶点着色器、曲面细分着色器、几何着色器这类可编程固定管线的固定顶点着色器，采取类似计算着色器的结构，允许应用程序任意地编写顶点处理着色器程序，将顶点数据进行处理得到像素着色器的输入。其调用方式采用了类似计算着色器的 Dispatch（分发）调用，如 DirectX12 下的 DispatchMesh（ThreadGroupCountX、ThreadGroupCountY、ThreadGroupCountZ），也需要像计算着色器一样组织不同的 *XYZ* 维度。

由于网格着色器的通用性，还可以依赖可选的任务着色器来由 GPU 新建执行任务。GPU 可以进一步脱离渲染过程对 CPU 的依赖，做到 CPU 提交一次任务，GPU 就可以进行一帧的完整计算。网格着色器在 Indirect 系列函数调用的基础上更进一步，使 GPU 驱动管线更加完善。AMD 在 RDNA 上对网格着色器的支持通过 NGG（Next Generation Geometry，新一代几何）提供。但是 NGG 并不是完整的网格着色器，更多的是在顶点复用上的优化架构。

2．像素着色器的通用化：Unreal Nanite

传统光栅化硬件在设计之初，设想的输入三角形大小是远大于一个像素的，也就是一个三角形最后会影响屏幕上的多个像素。但是随着游戏精度的提高，三角形越来越密，很大概率会落在一个像素内部，甚至一个像素内部可以包含多个三角形。在这种情况下，传统像素着色器的处理流程就会带来很大的冗余浪费。

Unreal Engine 5（简称 UE5）在小三角形需求增大的背景下发布了 Nanite 算法，将小三角形的像素着色器部分用计算着色器实现。大三角形和非 Nanite Mesh 仍然基于硬件光栅化，小三角形基于计算着色器写成的软件光栅化。

Nanite 在顶点处理阶段使用基于计算着色器的顶点剔除，因为 Nanite 实现时硬件并没有网格着色器能力，因此 Nanite 并没有使用网格着色器，但是，Nanite 在顶点着色器阶段的需求与网格着色器很接近，因此 Nanite 的顶点着色器部分后续逐渐过渡到使用网格着色器。

Nanite 之前，渲染管线已经发展出 Visibility Buffer（可见性缓冲区），用于减少像素着色所需的内存带宽，Nanite 是建立在当时先进管线结构的基础上提出的进一步小三角形渲染性能优化方法，使得 UE5 在小三角形光栅化的效率上提升了 3 倍。

1.4 显卡的内存硬件结构

1.4.1 独立显卡与集成显卡的显存区别

独立显卡的 GPU 芯片是独立的，在显卡上也有单独的显存，但是仍然可以直接访问系统内存。集成显卡与 CPU 封装在同一个芯片中，Intel 的集成显卡与 CPU 可以共享 L3 Cache，相当于给集成的 GPU 也提供了 L3 Cache。而 AMD 的集成显卡由于采用了 Chiplet 的单独芯片模式，因此无法使用 CPU 核心的 L3 Cache。

独立显卡系统中的 CPU 和 GPU 都有独立的内存和独立的 MMU（Memory Management Unit，内存管理单元）。在集成显卡系统中，GPU 没有独立的内存，与 CPU 共享系统内存，由 CPU 的 MMU 进行存储管理。集成显卡的统一内存管理方式也叫作统一内存访问（Uniform Memory Access，UMA）。独立显卡与集成显卡的内存区别如图 1-10 所示。

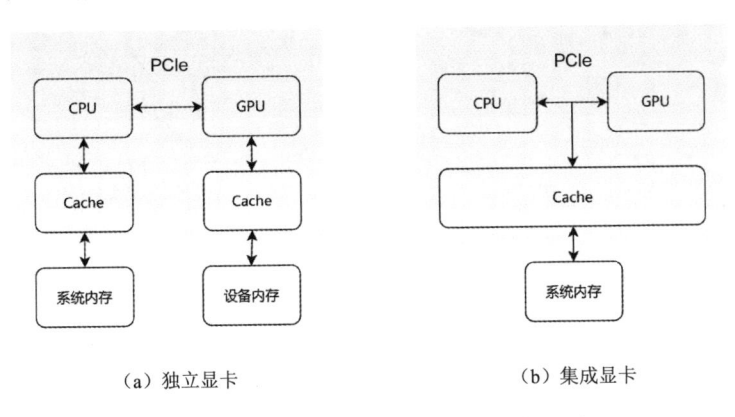

图 1-10　独立显卡与集成显卡的内存区别

GPU 核心中的 Cache 结构比较复杂，早期 GPU 的 Cache 的芯片面积占比一般较小，只有 L1 Cache、L2 Cache 和一部分片上的专用内存。而 RDNA 之后，有了 L0 Cache 和 L3 Cache，并且在 RDNA3 时引入了基于 Chiplet 的 GPU 内部的多个独立芯片，专用的片上内存和 Cache 的布局更加复杂。

1.4.2 显卡内部的内存结构

在 RDNA3 中开始大量使用在 AMD CPU 中已经成熟的 Chiplet 技术，封装了多个 GPU 核心。为了让多个 GPU 核心共享数据，RDNA3 引入了一种被称为 Infinity Cache 技术的 L3 Cache。L3 Cache 的大小大幅度超过了过往只有 L2 时代的 GPU Cache，并且被所有的 GPU 核心共享，如 7900XTX 的 L3 Cache 达到了 96MB。

在 Chiplet 中，每个独立的 GPU 芯片都相当于 RDNA1/2 的 GPU 核心，其中包括多个公用 L2 Cache 的 SE，每个 SE 内部则包括多个公用 L1 Cache 的 Workgroup。由于 RDNA 在 CU 之上引入了 Workgroup 作为基本的计算单元，所以 LDS 内存也是每个 Workgroup 一份，所有的 Workgroup 公用一份 GDS 内存。SE 内部的内存结构如图 1-11 所示。

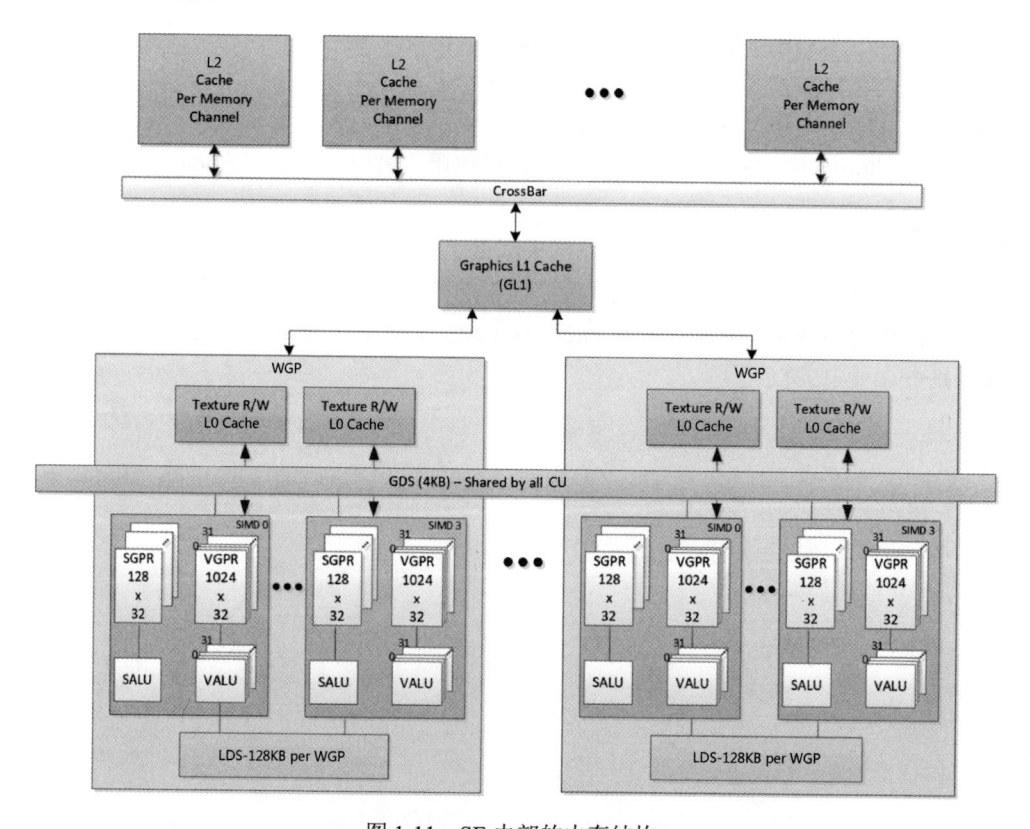

图 1-11 SE 内部的内存结构

每个 CU 都有自己的 L0 cache，包含 L0 Vector Data Cache、L0 Instruction Cache、L0 Scalar Data Cache 三种。纹理缓存、LDS 和 RB Cache 也和 L0 在同一个层级，但是没有被纳入 L0 Cache 的范围。RDNA 有时也将每个 CU 一个的纹理缓存称为 L0 Cache。由于 RDNA 引入了包含两个 CU 的 Workgroup，同时引入了在 Workgroup 内共享的 L1 Cache，加上 RDNA3 的 L3 Cache，相当于存在 4 级的 Cache。4 级 Cache 结构如图 1-12 所示。

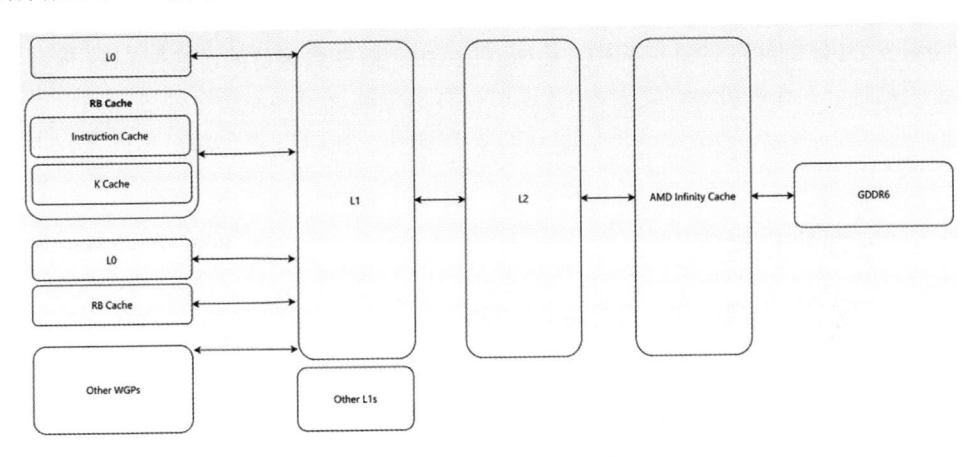

图 1-12　4 级 Cache 结构

由于显存的多颗粒结构，显卡访问显存通常会通过多个内存控制器。不同显卡单元到不同内存控制器的距离不同，因此访问不同的内存颗粒延迟也会不同。这种结构类似 CPU 上的 NUMA，显卡对显存的访问需要根据访问距离在不同的内存控制器上路由获得。

在多核的情况下，一个核对内存的数据写入会造成 Cache 的修改。在 CPU 下，这种修改会通过 MESI（缓存一致性）协议同步到其他核，也就是对 Cache 内容的修改会由硬件来保证对其他核可见 [不考虑特殊的 Store Buffer（存储缓冲区）硬件]。当一个核修改了数据时，会通过 Cache 的总线协议让其他核中缓存了该数据的内容失效，如果其他核需要读取该数据，就需要从下层 Cache 或内存中重新读取。这种硬件自动保证一致的内存叫作一致性内存。

而 GPU 的核数太多，MESI 协议的硬件实现成本太高，所以 GPU 的 Cache 通常是非一致性的。也就是一个核在 Cache 中的数据修改在另一个核的 Cache 中是无法感知到的，两个核可能在用同一个数据的不同值。GPU 的多级 Cache 中只有同一级别被共享的 Cache 中的数据可以在共享的 CU 中看到一样的结果。

1. LDS 与 GDS

每个 WGP 都有 128KB 的 LDS，所有 WGP 共享 4KB 的 GDS 内存。这部分内

存是 Cache 之外的片上高速内存，可以灵活地用于各种目的，甚至可以直接作为 Cache 使用，主要用于 WGP 内部相关联的各线程之间的数据共享。

RDNA 在一个 SIMD 中有 32 个线程，这些线程同步执行同一段着色器逻辑，中间如果需要数据共享，就需要用到 LDS。LDS 属于 CU，由于一个 CU 中有 2 个 SIMD，这 2 个 SIMD 共享同一份 LDS 的。RDNA 还允许两个 CU 合并组成 WGP，合并之后两个 CU 的 LDS 在大小上也是合并的。

LDS 与 L0 Cache 最大的区别是 LDS 可以被特定的指令直接访问，也可以被整体映射到 GPU 的线性地址空间中，让所有的 GPU 指令直接访问，这种 LDS 地址叫作平坦地址（Flat Address）。因为 GPU 可以有多个地址空间，每个地址空间可以有不同的映射关系，所以不同次执行的着色器中的同一个 LDS 虚拟地址可能对应不同的实际 LDS 地址。

1.4.3 显存的分类

1. 适用于桌面显卡的高吞吐量 GDDR

独立显卡都是使用 GDDR 或 HBM，GDDR 相比 DDR 有带宽大的优点，但是延迟高。因为 GPU 的渲染任务没有复杂的逻辑指令，主要是数据的批量访问与处理，所以延迟对 GPU 并不敏感。由于独立显卡的主要目标是支持大型 3D 游戏，这种游戏的特点是显存访问量大，所以显存比较重视显存位宽，同一代的 GDDR 位宽越大吞吐量越大，一般有 128 位、192 位、256 位、384 位这几种配置。

每个显存颗粒都有固定的位宽，显存容量是由多个显存位宽叠加而来的。例如，GDDR6 颗粒的显存位宽都是 32 位，但是分为 1GB 和 2GB 两种不同的型号。所以要组成 12GB 的显存，就需要 12 个 1GB 的 GDDR6 颗粒，整体显存位宽就是 12×32=384 位。少接一个芯片就会少 32 位的位宽，同一个芯片一般只会限制最大位宽，可以根据需求减少实际接入的芯片数。如果使用 12 个 2GB 的 GDDR6 颗粒，虽然显存大小可以达到 24GB，但是显存位宽并没有增加。对于大型 3D 游戏的渲染计算，并不一定会带来太大的优势。但是对于渲染一群小型 3D 游戏的云游戏场景，带宽相比容量并不太重要。

GDDR6 的 JEDEC 标准规定了 1GB、1.5GB、2GB、3GB 和 4GB 等不同的型号（GDDR5 最大只定义到 1GB），但是实际市场上的 GDDR6 颗粒只有 1GB 和 2GB。因为市场上对显卡的使用仍然以运行单个大型 3A 游戏为主，而对显存容量需求较大的 AI 计算主要转向了成本更高的 HBM 颗粒，来自云游戏的需求尚未对显存市场产生显著的推动力。

2. 适用于 AI 计算显卡的大带宽 HBM

AMD 的 GCN 在与 NVIDIA 竞争的过程中，在 2014 年的 GCN3 时代剑走偏锋，与 SK 海力士一起发明了将多个 DDR 内存进行堆叠的 HBM。HBM 的特点是频率比 GDDR 低，但是带宽比 GDDR 大。AMD 期望以 GDDR 被显卡选择的理由来进一步扩大显存上的优势，从而弥补 GCN 的不足。但是由于初代 HBM 的良品率很低，因此成本一直较高，相比 NVIDIA 继续使用成熟的 GDDR 并没有价格上的优势。另外，GCN3 已经明显落后于同时代 NVIDIA 的麦克斯韦架构，导致 GCN3 时代搭载的 HBM 仍然不成功。

但是 HBM 被 AMD 一直坚持用下来了，直到 GCN 的最后一代 GCN5，到 RDNA 时代才不再使用，改为了 GDDR。但是 HBM 的故事并没有结束，HBM 被相当一部分企业认为是内存发展的未来方向，只是被 AMD 使用的时间太早。可以说，AMD 是推动 HBM 发展的最大功臣。现代的专门 AI 计算显卡几乎都标配高成本、大带宽的 HBM。

3. 适用于移动设备的低功耗 LPDDR

DDR 主要追求延迟，所以综合性能较高；GDDR 主要追求吞吐量，所以位宽较大；LPDDR 主要追求低功耗，所以运行电压较低。GDDR 和 LPDDR 都去除了 DDR 的 DIMM（Dual In-line Memory Module，双列直插内存模块）内存插槽的能力，选择了在 CPU/GPU 的周围固定内存芯片的方式获得期望的更大带宽或更低功耗。

一般同一代的 LPDDR 的吞吐能力与 DDR 的吞吐能力相当，只是在功耗上较低，但是由于移动设备的快速发展，同一代的 LPDDR5T 的吞吐能力已经高于同时期的 DDR 的吞吐能力。然而 LPDDR 仍然不能取代 DDR，因为 LPDDR 的低功耗对时序和电压提出了更严格的要求。例如，LPDDR 内存无法像 DDR 那样封装成内存条，而是必须固化在主板上以满足严格的时序要求。因此 LPDDR 无法提供 DDR 那样的高密度，所以移动端对应的 LPDDR 内存通常较小（如 16GB）。而 DDR 在服务器上甚至可以堆到 TB 级别。此外，同一代中同样容量的 LPDDR 的成本售价相比于 DDR 更高。

LPDDR 是针对需要低功耗环境的移动设备专门设计的内存硬件。由于移动端的快速发展，LPDDR 的发展速度逐渐高于桌面 DDR 的发展速度，目前最新的标准是 LPDDR5X。LPDDR 的核心诉求是使用最低的电压获得最高的吞吐量，不断降低运行电压是 LPDDR 发展的核心标志。

最早的 LPDDR1 在桌面 DDR1 的基础上进行了一些功耗优化，如降低了运行电压（从 2.5V 降低到 1.8V），还有 PASR（Partial Array Self-Refresh，局部自刷新）、TCSR（Temperature Compensated Self-Refresh，温度补偿自刷新）、DPD（Deep Power Down，深度掉电）三种低功耗技术。

PASR 是指根据内存使用情况，调整内存位置，尽量空闲并关闭更多的内存 Bank，以达到节省功耗的目的。TCSR 是指在不同的温度下，DDR 需要不同的刷新率。根据温度调整自刷新频率以达到节省功耗的目的。DPD 是指最大限度地关闭不需要使用的模块，进入低功耗模式。

从 LPDDR2 开始不再与 DDR 兼容，而是定义了完全不同的内存访问时序和内存命令编码，并且将运行电压下降到 1.2V。LPDDR3 继承了 LPDDR2 开始的新的内存访问接口，引入了更多的低功耗技术以节省功耗，获得了更大的带宽、更好的功耗效率和更大的内存密度。

LPDDR4 则使用 1.1V 的电压获得了比 LPDDR3 高 50%的吞吐能力，随后的 LPDDR4X 更是将最低运行电压降低到 0.6V。LPDDR5T 达到了最高 9.6Gbit/s 的吞吐量，运行电压为 1.01～1.12V。

现代 CPU/GPU 常用的以节省功耗为目标的动态电压调整技术（Dynamic Voltage Scaling，DVS）也在 LPDDR5 上开始出现，在多个不同的运行频率下使用不同的工作电压。

1.4.4　内存的检测和纠正

1．ECC 内存

ECC（Error Correction Code）内存是指可以自动发现内存错误并恢复正确结果的内存。现在普遍使用的 DRAM 内存，会随着环境辐射的增大出现随机位翻转。由于海拔越高，环境辐射越大，所以海拔越高，位翻转的概率越大。位翻转的概率还会随着工作电压的降低而更加容易受到环境辐射的影响。随着制造工艺的进步，DRAM 的密度越来越高，工作电压越来越低，位翻转的概率也就越来越大。

在海拔或精度要求高的服务器场景下，能够自动纠错的 ECC 内存很有必要。ECC 内存最常见的实现方式是在一个字节（8 位）的基础上增加 1 位冗余，一共 9 位。最直观的做法是多出来的一位作为奇偶校验位，如果 9 位中的任意一位出现翻转，奇偶校验位就能检测出错误。但是这种方式只能检测出问题，不能恢复错误的字节。汉明码（Hamming Code）是一种可以恢复错误字节的编码方式，通过将 9 位内存使用汉明码存储，可以在任意一位出现随机翻转时仍然能恢复原来正确的 8 位内存。此外，汉明码还能检测出两位翻转，但是不能恢复。

因此，通过额外增加 1 位冗余，使用汉明码就可以做到任意一位翻转的容错。9 位中只出现一位翻转可以被恢复的情况叫作可恢复错误（Correctable Errors，CE）。出现两位翻转的情况叫作不可恢复错误（Uncorrectable Errors，UE）。因为 9 位中一位翻转是小概率事件，两位同时翻转的概率更小。所以一般的 ECC 内存识别到两位翻转错误已经足够，但是如果是环境辐射极大的卫星环境，位翻转的概率将会很大，此时应该引入更多的纠错位和更复杂的编码方式以纠正和识别错误。

由于在 ECC 内存中的数据是经过编码的，所以读取和写入都需要经过编码和解码电路。这个电路可以位于内存芯片中，也可以位于专门的内存控制器中，或者直接位于 CPU 中。

编码和解码电路会统计 CE 和 UE 的计数器，作为内存工作可靠性判断的重要依据。如果 CE 过大，则说明虽然当前的错误较多，但是可恢复，处于低性能状态。因为发生位翻转错误进行恢复需要时间成本，通常会降低内存的执行性能。超频是一个经常会导致 CE 增大的行为，尤其是低压超频将内存的电压调低的时候。通常高海拔的超频所能设置的电压要显著高于低海拔的超频所能设置的电压。如果 UE 较大，则显存工作会不稳定，工作一段时间就会发生错误导致设备故障，表现为无故卡死重启等现象。所以在超频和高海拔下，监控 CE 和 UE 是必要的。

2．EDAC 机制

使用 ECC 内存或其他方式检测和纠正内存错误的整体机制叫作 EDAC（Error Detection And Correction，错误检测与纠正）。除了 ECC 内存本身，EDAC 还可以使用专门的电路在写入后读取来检查和纠正内存的翻转，如果发现错误就重新传输。甚至可以实现每隔一段时间就扫描一遍内存进行主动性修复，以降低位翻转的错误积累。EDAC 也代表软件层面的内存错误纠正驱动框架的名字，Linux 内核在 /sys/devices/system/edac/mc 目录中提供了当前系统的 EDAC 计数器，其中包括 ECC 内存的 UE 和 CE 计数器的信息。

EDAC（AMD 称为 EDC）机制在系统内存上需要从 BIOS 上开启 ECC 内存，Linux 上对应的 EDAC 内核空间驱动（如 AMD 下的 edac_mce_amd）才能正常地获得 UE 和 CE 计数器的值。对于显卡，EDAC 的计数器由显存控制器维护，需要通过专门的寄存器才能读取当前的值。

在 AMD GPU 下，AMD 将 ECC 内存与释放数据覆写，坏页处理和错误遏制机制等保证内存读写的机制整合到一个 RAS（Reliability,Availability,Serviceability）概念下。从 RAS 机制暴露的计数器/sys/class/drm/card[0/1/2…]/device/ras/[gfx/sdma/…]_err_count 就可以看到当前 UE 和 CE 计数器的值。

3．无线干扰

WiFi 6/6e/7 的无线信号使用的频率会与 GDDR/DDR 发生 RFI（WiFi Radio Frequency Interference，无线电频率干扰），导致运行错误或性能降低。因此 Linux ACPI 支持 ACPI WBRF（Wifi Band RF，无线干扰）迁移机制，来让各硬件统一地上报自己使用的频段，并且在检测到冲突时进行重新配置。在 ACPI WBRF 之前，Intel 在 Linux 内核中独立地实现了 RFIM 驱动来达到类似的目的。

在 Linux 内核 6.8 版本中，AMD GPU 驱动也增加了 WBRF 的支持，该实现依赖 ACPI WBRF。

1.5 显卡的显示输出

1.5.1 显示方式

1. 显示频率

由于渲染时图像是一帧一帧地绘制出来的,所以显示时图像也是一张一张地显示的。整个渲染和显示的过程就是绘制一张图像、显示一张图像的过程。在实际的显示呈现中,并没有视频的概念,就是按照一定的频率进行显示的一张张图像。一分钟显示 30 张图像就叫作 30Hz,30Hz 也是普通显示器常见的显示频率。

如果显示频率过低,人眼就能很明显地看出闪烁,并且增加眼疲劳和其他的不适感觉。不同人对于显示频率的敏感程度也是不同的。整体来说,人类最敏感的显示频率是 8.8Hz,频率越高,人眼的敏感程度越低。大部分人在 80Hz 之后就看不出闪烁了,但即便如此,仍有部分人会因此觉得眼睛累、眼睛痛。人眼的余光部分其实可以检测到更高频率的闪烁,神经系统和大脑皮层可以检测到 160Hz 的刺激,视网膜更加敏感,可以对 200Hz 的闪烁做出反应。这些都曾被证实可以造成头痛、偏头痛和疲劳。所以 80Hz 以上的显示器对人眼的危害是很小的,敏感和长期用眼人群可以选择更高刷新频率的显示器。但是人眼的疲劳不仅与显示频率有关,还取决于亮度、光谱、字体大小等显示属性。

2. 显示背光与亮度

1)显示器的发光原理

显示器的频闪不仅来自渲染的画面,还来自显示屏的亮度。

显示器要成像需要一个显示屏和一个光源,很多显示屏(如 LCD)本身不发光,通过光源在显示屏的后端照射,显示屏本身通过显示信号控制光线的通过来发光和呈现不同的色彩和亮度。早期使用的背光源主要是 CCFL(冷阴极荧光灯管),后来随着 LED 背光的普及,逐渐取代了 CCFL(2012~2014 年)。LED 背光源具备寿命长、能耗低、亮度高、均匀度一致等特点,综合性价比远优于 CCFL。CCFL 光源均匀度不一致、能耗低,但是 CCFL 有余辉效应,人眼几乎感受不到屏幕的闪烁,也就几乎不伤眼。但是其缺点太明显,几乎被淘汰。

LED 背光源的整个显示屏都是由一个个的 LED 组成的阵列,屏幕越大,LED 的像素感越明显。LED 的密度直接代表了显示屏的最大分辨率,因为每个像素的颜色都需要大于或等于 1 个的 LED 来独立控制,所以 LED 越小越密,屏幕的分辨率越高,对大屏幕比较友好。目前小尺寸的 Mini LED 已经被广泛应用于大屏电视,但是更小尺寸(0.1mm 以内)的 Micro LED 因为成本原因没有被普遍采用。由于 Micro

LED 的大小只是原始 LED 的 1%，因此 3 个颜色的 Micro LED 混合就可以得到任何颜色，在如此小的尺寸下，人眼无法分辨显示颜色是由 3 个颜色混合的。所以 Micro LED 不需要任何彩色滤光片和液晶层，并且可以做到最好的显示效果。Micro LED 由于是直接的 LED 背光源，不但没有显示屏，LED 也是直接做到硅板上的，所以 Micro LED 的尺寸非常小，成本越大就会增加得越不可接受。苹果公司的 VR 设备就选择了 Micro LED 作为眼镜屏幕。

还有一种已经在智能手机显示屏上广泛使用的发光技术——OLED（Organic Light Emitting Diode，有机发光二极管），其没有背光源，可以自己发光。OLED 的很多特性都类似 Micro LED，但是成本远低于 Micro LED。其原理是在两个电极之间增加有机发光层，当正负极电子在此有机发光层中相遇时就会发光，其组件结构简单，成本低。由于 OLED 自发光，可以省掉光源层，光源层也是液晶耗电的一个主要来源，所以 OLED 也能大幅度地降低耗电，并且可以做得很薄。显示屏用户，尤其是智能手机显示屏用户对薄的追求是无止境的，这也推动了 OLED 的普及。OLED 相比普通 LED 还有很多优点，如响应速度极快、通透性好、控黑效果好、没有发黄和光晕的问题。操作电压更是低到 2～10V，加上 OLED 的反应时间（小于 10ms）及色彩都很出色，更有可弯曲的特性，因此 OLED 应用范围极广。

2）显示器的亮度调节原理

显示器的亮度调节有两种方式：一种是通过改变电压或电流来降低光源的供电，从而做到亮度的变化，叫作 DC 调光；另一种是一直保持光源的供电，在供电中插入间隔使得光源间歇性地发光与变暗，叫作 PWM 调光。显示器的亮度取决于供电功率，PWM 通过中断供电的方法做到了功率的调整，但是带来了频闪。相当于我们看到的屏幕虽然看起来是连贯的，但实际上是一闪一闪的，而这种频闪对人眼是有害的。

理论上，PWM 调光的频率越高，对人眼的危害越小，对应的成本越高。人眼有很多部位的频闪敏感程度较高，而只要有一个部位出现疲劳，人眼就会疲劳，所以高频 PWM 是一个 LED 背光的显示器的常见产品渲染点。如果为了节省成本，PWM 的频率设置得不高，一般厂商就会在高亮度下用 DC 调光，低亮度下用 PWM 调光。所以如果在晚上关灯后使用屏幕，由于需要的亮度低，屏幕会使用 PWM 调光，因此会格外累眼睛。而开灯后屏幕会切换到 DC 调光，就会护眼一些。

1.5.2 DCC 与 EDID

显示器一般都有 DDC（Display Data Channel，显示器数据通道），用于显卡和显示器之间交换数据，通常是 I²C 总线。交换的数据包括两部分：EDID（Extended Display Identification Data，扩展显示标识数据）和 HPD（Hot Plug Detect，热插拔）。显示器的核心功能都是放在 EDID 中的，不同的显示器具有不同的 EDID，代表该显示器的所有可用特性、模式及配置方法，还包括与显示接口相关的额外配置。

常见的显示接口有 HDMI（High-Definition Multimedia Interface，高清多媒体接口）和 DP（DisplayPort）。有的显示接口可以传输音频，有的显示接口支持可变刷新率，不需要在特定的频率时间下进行数据传输，有的显示接口支持 HDCP（High-Bandwidth Digital Content Protection，高带宽数字内容保护）。现代化的显示接口都是数字的，传统的显示接口很多都是模拟的，已经被逐渐淘汰。数字的意思是视频信号是二进制位串，是既可并行又可串行的。EDID 还包括供应商信息、最大图像大小、颜色设置、厂商预设置、频率范围的限制，以及显示器名和序列号的字符串等。形象地说，EDID 就是显示器向显卡回答"我是谁、我从哪来、我能干什么"的一个表格。

CRT 时代没有 EDID，VGA、DVI 的 EDID 由主块 128 字节组成，HDMI 的 EDID 增加了 128 字节的扩展块，DVI 和 VGA 没有音频，HDMI 自带音频，扩展块主要就是音频相关内容。一个显示器可以有多个接口，如同时有 HDMI 和 DP，每个接口都对应不同的 EDID，使用哪个接口就会通过 DDC 读取哪份 EDID。增强 EDID（E-EDID）和增强 DDC（E-DDC）是最新的标准，将 EDID 的大小扩展到 32KB 用于支持更多的 EDID 信息。显卡通过 DDC 读取 EDID 信息的示意图如图 1-13 所示。

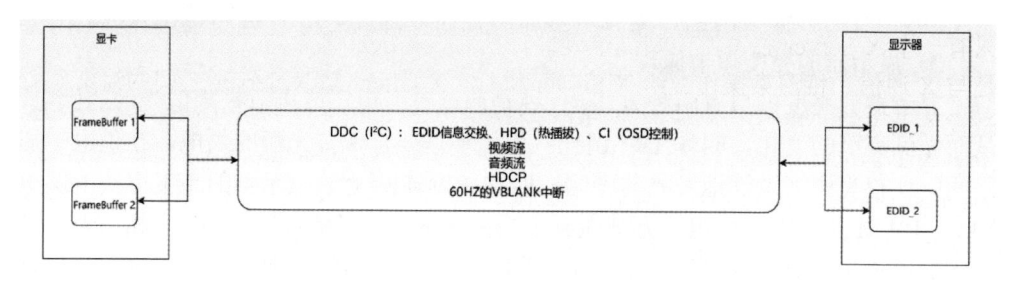

图 1-13　显卡通过 DDC 读取 EDID 信息的示意图

显示器一直以来的问题是 OSD（On-Screen Display，屏幕菜单式调节方式）只能通过显示器的一个特定开关进行控制，而无法通过操作系统进行控制。DDC 可以传输的两种信号中并没有 OSD 的控制能力，DDC/CI 是一种特殊的 DCC 信道，可以用来传输 OSD 的控制信息到显示器，这样操作系统就可以完全控制显示器了。DDC/CI 一般在 OSD 中可以选择打开或关闭。

DP MST（DisplayPort Multi-Stream Transport，DP 多流传输）是 DP 的一个标准功能，它允许通过一根 DP 线传输多路显示信号。例如，在一个多显示器的配置中，如果有 4 个显示器并排组合成一个大的显示区域，每个显示器负责显示整个画面的一个区域。尽管这实际上是 4 个独立的显示器，但只需一根 DP 线就能完成信号传输。此外，这些显示器可以根据需要进行重新配置，如将它们当作单独的显示器使用，或者将其中两个显示器组合成一个更大的显示区域。

第 2 章

合成与显示

2.1 DRI

2.1.1 非直接渲染

最早期的 X（X Window System、X11，是一个广泛使用的图形用户界面系统）只有一个 X Server 独占的控制显卡硬件，所有 X Client 都希望在窗口上的显示内容是与 X 通信，将渲染操作交给 X Server 执行。X Client 与 X Server 之间的渲染调用是设备无关的，相当于 X 协议抽象了一套可以在网络上传输的渲染指令，这套指令位于 Xlib 库中，这种全部委托 X Server 进行渲染的方式叫作非直接渲染（Indirect Rendering），对应的 X 叫作经典 X（Classical X）。

Mesa 最早期的 swrast 转换库就是将应用程序的渲染指令转变为 Xlib 库的调用，并将这些调用传递给经典 X Server 进行渲染。通过这种方式，Mesa 支持各进程直接使用 OpenGL。这个时期的内核图形栈部分也非常简单，不存在 DRM 渲染结构。因为 DRM 就是用来解决多个进程共同使用显卡硬件进行渲染的情况，经典 X 只有一个 X Server 进程直接使用显卡硬件，如图 2-1 所示。

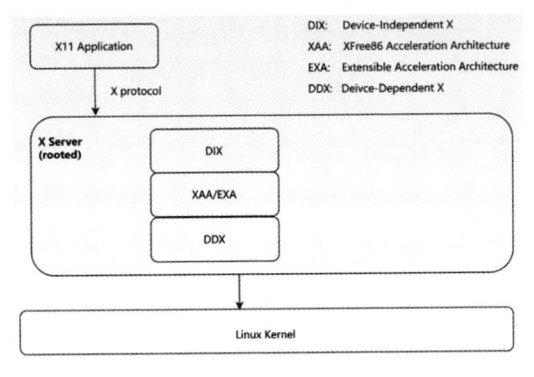

图 2-1 经典 X

2.1.2 DRI1

用来解决非 X Server 进程必须通过 X Server 进程进行渲染的结构就叫作 DRI（Direct Rendering Infrastructure，基层直接渲染）。直接渲染就是指不需要经过 X Server 委托，由应用程序直接下发渲染指令到显卡。在非直接渲染时代，全系统只有一个 X Server 进程可以访问显卡硬件，并且只能是 root 权限。所以允许应用程序独立访问显卡硬件就需要处理权限问题和显卡资源并发访问的问题。这种新的并发访问硬件的需求需要 X 和显卡驱动的同时支持。

用户空间的 DRM 文件接口位于 /dev/dri 目录中，这里使用的是 dri 命名，而不是内核中常说的 drm。这是因为历史原因下，用户空间和内核空间的图形栈是一起演进的，有统一的名字，这个名字就叫作 DRI。早期 Linux 图形界面的发展几乎就是 X 的发展，DRI 起源于 X，也分布在 X 系统的 X Server、X Client 和内核模块中。

DRI1 的结构非常简单直接，不同的进程要访问显卡硬件进行渲染，首先互斥地获得一个锁，一个进程获得锁后，其他进程就无法获得锁进行渲染，包括 X Server。通过这种显卡分时复用的方式，X Server 允许其他进程直接使用显卡硬件，而不用经过 X Server 转发渲染指令。内核中也对应地增加了 DRM 来管理区别多个进程的渲染资源。DRI1 的结构如图 2-2 所示。

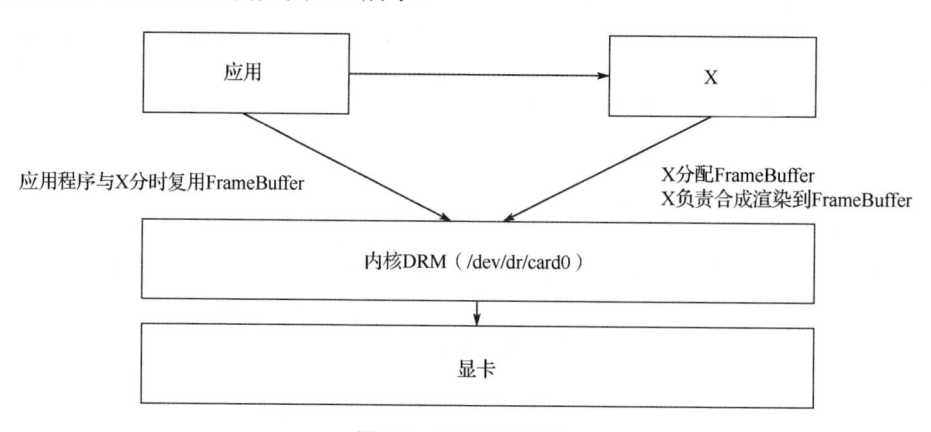

图 2-2 DRI1 的结构

DRI1 的主要问题在于性能：①设备独占的互斥锁无法多进程并发执行渲染任务，也就是同一时刻只能有一个进程获得渲染硬件的使用权。②DRI1 的进程在释放锁后，所有渲染资源失效，下次再想获得锁要重新设置渲染资源，这带来了大量的显存数据传输和延迟。③所有的进程共享同一套交换链，交换链包括前端缓存和后端缓存。渲染就是先绘制到后端缓存，然后在 VBlank 周期与前端缓存交换，由前端缓存的内容显示到显示器上。公用同一套交换链导致系统中的所有应用的帧率都需要是相同的，也无法支持并发渲染。

DRI1 的设计主要受限于早期硬件的显存太小，包括进程使用的显存和交换链在一个显卡上只能有一份。在只能有一份的情况下，分时复用就显得合理了。但是随着硬件的发展，显存越来越大，DRI1 的这种分时复用就不合理了。因为随着显存的增大，一个显卡完全可以为多个进程同时准备多套独立的交换链，并且一个进程的渲染资源在释放锁后也没必要清除。同时软件上对于更多的进程同时进行渲染的需求越来越大，这就导致了 DRI 的重新设计，也就是 DRI2 的诞生。

2.1.3 DRI2

DRI2 主要用于解决性能问题，因为不用共享交换链，每个进程都有自己的交换链，所以各进程不需要获得设备级的互斥锁，各自独立地并发渲染到各自的渲染目标缓存即可。这种独立渲染的结果并不是直接呈现在屏幕上的，而是渲染到一个独立的显存中，这种方式叫作离屏渲染，这是 DRI2 的第一大特性。离屏渲染是 DRI2 开始支持的。由于硬件显存的增大，因此将渲染资源保存在显存中以备下次执行渲染指令时使用显得非常必要。DRI2 的第二大特性就是内核支持的多进程的显存资源管理。对应的内核 DRM 的改进就是诞生了 TTM 和 GEM 这两个机制，用来管理每个进程驻留在显存内的渲染资源。DRI2 的结构如图 2-3 所示。

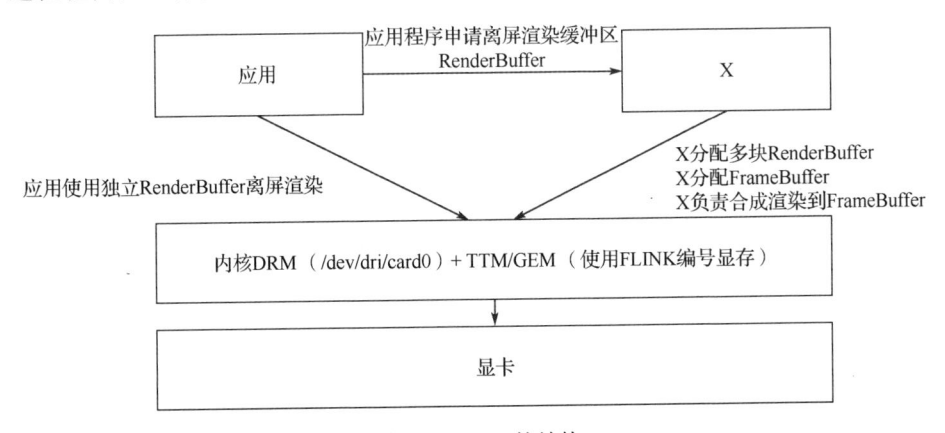

图 2-3　DRI2 的结构

DRI2 的诞生仍然是在 X 框架内的，变动同时包括 X Server、X Client 和内核 DRM 三部分。渲染目标缓存仍然是由 X Server 申请和管理的，X Client 通过 Xlib 库的 DRI2GetBuffers 函数获得各自的离屏渲染目标缓存，将渲染结果独立地写到这个渲染目标缓存中，由 X Server 对需要显示的各渲染目标缓存进行合成，统一送到显示器上。这是因为即使各进程可以独立渲染，但是显示器只有一个，各进程仍然需要通过窗口的方式公用显示桌面。桌面的什么窗口显示什么进程，显示的效果仍然是由 X Server 控制的，这个控制器叫作合成窗口管理器（Compositing Window

Manager，CWM）。X Server 的合成窗口管理器是以插件的形式存在的，并且可以替换，从而产生了丰富的桌面风格。例如，KDE 的 KWin 就是 KDE 桌面环境下默认的 X 合成窗口管理器。

X Server 通过管理各进程的渲染目标缓存可以支持多个进程共同合作渲染一个窗口的功能，窗口大小的调整也是由 X Server 控制的，统一管理渲染目标缓存可以在窗口变动的同时改变渲染目标缓存，并通知到各 X Client。但是 X Client 此时并发地使用原来的窗口大小进行渲染，所以窗口大小改变的瞬间可能会有渲染尺寸异常的现象。但是如果帧率较高，这个现象看起来就不明显。

虽然 DRI 只是用来描述 X 的渲染架构的，但是其他 Linux 桌面架构或多或少地会受到 DRI 的影响。从渲染目标缓存的申请者来看，Android 的 SurfaceFlinger 与 DRI2 类似，先由 SurfaceFlinger 进行渲染目标缓存（FrameBuffer）的实际创建，然后交给 X Client 进行离屏渲染，最后将渲染目标缓存的句柄跨进程交给 SurfaceFlinger 进行合成。X 的继任者 Wayland 的作者就是 DRI2 的开发者，但是 Wayland 渲染目标缓存的申请者是应用自身，更接近 DRI3 的设计。

2.1.4 DRI3

DRI2 极大地改善了渲染性能，用来解决 DRI2 的问题。DRI2 由于由 X Server 统一申请渲染目标缓存，因此会导致窗口大小变化时的画面撕裂现象。DRI3 的主要改变就是各进程自己申请管理渲染目标缓存，而不是像 DRI2 那样委托给 X Server。这样各进程之间就会较难合作渲染一个窗口，但是不会导致窗口大小改变带来的渲染画面异常的现象。由于 DRI2 的渲染目标缓存在 X Server 中，所以对于一些相关的操作，X Client 需要阻塞地等待 X Server。DRI3 相当于 X Client 和 X Server 的进一步解耦。在 DRI3 时代，一个进程可以独立地完成所有的离屏渲染操作，只需将渲染结果通知给 X Server 进行最终的窗口合成。

DRI3 的这种分离是伴随 Linux 内核 DRM 与 KMS（Kernel Mode Setting，内核模式设置）的分离。KMS 可以认为是显示部分，而 DRM 是渲染部分。早期两者在内核中是混在一起的，应用层的 X 也就是混在一起的早期 DRI。拆分之后，应用进程可以完全独立地使用 DRM，而 KMS 只需交给 X Server 使用。这就带来了 DRI3 的应用全自主的渲染过程管理，整个应用的渲染计算过程不需要 X Server 的参与。

另一个 DRI3 对比 DRI2 的改进是 DRI2 使用当时 DRM 的 FLINK 结构来共享显存，这种共享方式有安全问题。而 DRI3 使用 DMA-BUF 来共享显存，这种共享方式没有安全问题，并且可以维护一个资源的引用计数，在没有引用计数的时候清除资源。基于引用计数的方式就意味着当一个进程退出，其所使用的所有渲染资源会被自动释放。如果该资源被跨进程使用了，另外的进程也会持有该引用计数，资源不会被释放。DMA-BUF 用于管理渲染目标缓存的先进性，无论是 Android 的

SurfaceFlinger 还是 Wayland，最后都选择了 DMA-BUF 来跨进程共享渲染目标缓存。

DRI3 还增加了打开的文件认证功能。之前的 dri 设备文件只有一个渲染和控制一体的/dev/dri/card0 文件，但是在 DRI3 时代，增加了/dev/dri/renderD128 文件，与 card 文件一一对应。card 文件用于完整地控制显卡，显卡的初始化和配置（KMS）由 X Server 使用 card 节点完成，非 root 应用要使用 card 文件修改显卡配置需要经过 X Server 的认证。而在 DRI3 时代，非 root 应用需要自己完成整个渲染动作，每次都去认证获得可以修改硬件配置的高权限既危险又没有意义，所以出现了渲染节点 render 文件。渲染节点只用于渲染，不需要认证，申请的渲染目标缓存需要使用 DMA-BUF 进行共享，形成了与 DRI3 匹配的内核变动。DRI3 的结构如图 2-4 所示。

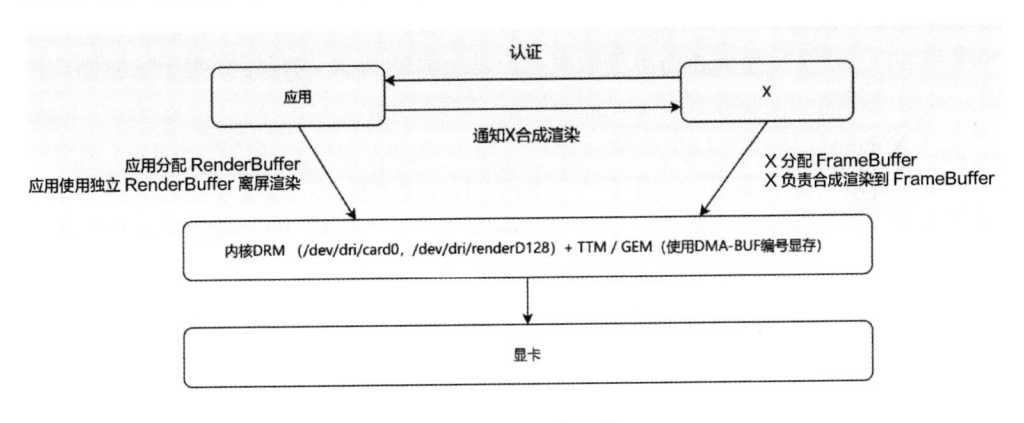

图 2-4　DRI3 的结构

所以从 DRI2 到 DRI3 的迭代也是涉及 X Server、X Client 和内核 DRM 的共同改进的。从经典 X 到 DRI3 的整体趋势就是独立的渲染进程越来越不依赖 X Server 进行渲染。

由于 X Server 在渲染过程中的作用越来越小，所以较新产生的 Wayland 和 Android 的 SurfaceFlinger 都可以直接使用新的内核提供的 DRM 和 DMA-BUF 进行重新设计。区分 Wayland 和 SurfaceFlinger 是属于 DRI2 还是 DRI3 是没有意义的，因为 DRI 是 X Server 与内核协同发展的产物。而 Wayland 和 SurfaceFlinger 则是使用 DRI3 时代配套的内核基础设施进行的上层渲染结构的重新设计。

2.2　X、Wayland、SurfaceFlinger 与 WindowManager

2.2.1　X

作为最早的显示服务器，随着显示硬件和软件结构的发展，X 利用其强大的插件系统不断进行补丁和适应。除了应用通过 DRI 绕过 X 的指令流,直接调用本地硬件进行渲染,X 还根据窗口系统的需求发展了很多插件和补丁。

例如,直接访问 X 本身没有合成窗口管理器(需要额外安装单独的合成窗口管理器),合成窗口生成桌面的能力需要 XComposite 插件,确定一帧的绘制区域的能力需要 iDamage 插件,多显示器的处理能力需要 Xinerama 插件,设置屏幕分辨率和缩放需要 Xrandr 插件。随着 DRI 的发展,模式设置也交给了内核。然而,X 也存在如下一些问题。

1)X 的延迟导致的桌面低帧率问题

基于指令流的传输和复杂的多方参与使得 X 渲染一帧桌面的延迟很高。即使应用已经将下一帧画好,也需要通过 X 的流程在桌面窗口中显示出来。这就导致即使游戏和 GPU 可以做到很高的渲染帧率,但是桌面受到 X 的延迟影响无法做到高帧率,从而使得游戏的渲染结果也无法使用高帧率显示。

2)X 的缩放导致的 DPI 支持问题

现代高精度显示器已经逐渐普及,DPI(Dots Per Inch,每英寸点数)并不是指分辨率高,而是指像素点的密度高。因为高分辨率放到一个极大的屏幕上仍然会不清晰,在一英寸中的像素点越多,画面越清晰。在同样尺寸的屏幕上,分辨率越高,DPI 就越高。而渲染结果是像素维度的,同样的一个渲染结果从非 DPI 屏幕移动到 DPI 屏幕上的尺寸会变得极小,这就需要 X 或应用进行缩放处理。在 Windows 操作系统下,程序通过 SetProcessDpiAwareness 函数来告诉系统其支持的 DPI 设置,在应用声明支持多显示器缩放后移动到 DPI 不同的显示器,Windows 操作系统通过 WM_DPICHANGED 来通知应用根据正确的 DPI 重绘窗口。这样应用总可以在 DPI 不同的显示器下正确地以 1:1 的分辨率绘制窗口,并且支持任意的缩放比例。

而 X 下的缩放包括所有显示器的整个桌面,只能配置将整个桌面按照整数比例缩放。因为 X 是通过 Xrandr 插件来缩放的。如果一个 2K 屏幕决定要 125%缩放,那么 Xrandr 插件就是以两倍缩放绘制(2560×2/1.25)×(1440×2/1.25)=(4096×2304)的分辨率,把整个绘制的结果缩小二分之一到 2K 再显示。更影响性能的是,多显示器的不同缩放比例要按照比例的公倍数进行渲染,这就导致多显示器下本来很小的一个渲染窗口需要渲染一个极大的窗口才能适配缩放图像。

3)X 的 HDR 问题

HDR 是指比普通图像具有更大明暗差别的显示技术。普通图像一般是 RGB 三种颜色,每种颜色 8 位来表示,HDR 则是 10 位,杜比自行研发的 Dolby Vision 则达到了 12 位。HDR 成像的目的就是要正确地表示真实世界中从太阳光直射到最暗的阴影这样大的范围亮度。传统的 8 位颜色无法做到这一点。

受到 X 的限制,几乎所有使用 X 的 Linux 桌面环境都不支持 HDR 的 10 位输出。目前只有 KDE 和 GNOME 两大桌面环境通过 Wayland 支持高于 10 位的输出。

4）X 的安全性问题

在 X 会话下，锁屏程序没有特权，它只能以普通的应用一样的权限显示一个遮罩，把屏幕遮住。如果这期间锁屏程序崩溃了，遮罩消失，计算机就被解锁了。Cinnamon 桌面环境出过一个 Bug：乱敲键盘能瞬间解锁计算机，因为偶然打出了非 ASCII 字符导致锁屏程序崩溃后，直接暴露出了桌面。

2.2.2 Wayland

Wayland 是由 DRI2 的作者之一发起的，所以 Wayland 从最初设计时就有 DRI2 的优势。

Wayland 克服了 X 的所有缺点，相当于对 X 的重写。Wayland 支持在任意的 DPI 下以任意的刷新率显示任意色深和色彩空间的内容，并且解决了 X 的服务端和显示端分离的问题，消灭了将渲染的位图传来传去导致的额外开销，彻底解耦了物理像素和逻辑像素，解决了 HDR 问题，也导致了整个 UI 框架和窗口合成器的重写。

1．Wayland 的非标准化

Wayland 虽然吸取了大量 X 的经验，但是实践中仍然有一些不足。因为 Wayland 只是显示服务器的协议和实现，并不是桌面环境，而 GNOME 和基于 Qt 的 KDE 在实现过程中对桌面环境行为有不同的定义。例如，GNOME 和 Qt 对鼠标大小的定义使用不同的方式，这就导致在基于 Wayland 的 GNOME 桌面上鼠标移动到基于 Wayland 的 Qt 应用上时鼠标大小会发生变化。输入法也需要来自 Wayland 和 UI 框架的同时支持，而 GNOME 和 Qt 在输入法的支持上也是分裂的，Wayland 下在 GNOME 中使用 Qt 应用也会出现不一致问题。类似的不一致问题还出现在窗口边栏、通知和状态栏、能否设置自定义窗口图标、能否移动自身的窗口等。

在 KDE 中可以使用 GNOME 应用，在 GNOME 中也可以使用 KDE 应用，而有的应用会使用特定桌面环境的 API，这就使得 Wayland 下跨桌面环境的调用比较混乱。整体而言，如果只使用 KDE 桌面环境和 Qt 应用，或者 GNOME 桌面环境和 GTK 应用，就不会有问题。

大部分的非标准化问题都是 Wayland 有意缺失的，Probonopd 整理过一个这样的缺失标准列表。这种缺失有的会导致一些依赖 X 的已经可用的应用在 Wayland 上无法工作，或者仍然需要 X 兼容层才能正常工作。

应用开发层面也在发生改变。开发者会使用 Qt 开发 KDE 应用或使用 GTK 开发 GNOME 应用，而不是直接开发 X 应用或 Wayland 应用，这就会使得上述分裂长期存在，除非 Qt 逐步替代 GTK 成为应用开发的最常用 UI 框架或反过来。由于从 X 到 Wayland 的变化是在 GTK 和 Qt 层面进行支持的，所以大部分没有直接调用 X API

的应用都可以直接从 X 切换到 Wayland，不需要任何的代码变化和重新编译。

2. Wayland 的窗口合成

X 本身不提供窗口合成和管理的能力，都是通过插件提供。而由于 X 本身的大部分功能已经被剥离，只作为一个单独的处理消息的显示服务器。Wayland 与 SurfaceFlinger 的思路类似，将窗口合成直接实现到显示服务器中，并且提供少量的窗口管理的能力，这样显示服务器的主要功能就是窗口合成。

Wayland 本身只包括一个窗口合成协议和输入处理，主要为客户端提供标准化的合成 API 和输入事件处理。实现这个协议的显示服务器叫作 Wayland 合成器，官方实现的 Wayland 合成器是 Weston。

X 的合成插件是主动的，合成插件必须主动地拷贝获得所有窗口的数据，而 Wayland 是被动的，客户端可以直接将渲染结果推送给 Wayland 合成器。这种推送可以利用共享内存来避免额外的拷贝。

从显示服务器到窗口合成器的变化主要得益于 DRI 的发展，DRI 使得应用自身可以完成所有的渲染任务。字体渲染也逐步从 X 转移到专门的字体渲染库中，留给桌面系统的只剩下窗口合成和管理。所以虽然 X 拥有渲染能力，但是已经被 DRI 的新架构淘汰，Wayland 则顺应 DRI 的发展，直接从 API 的层面去除了渲染的能力，应用使用 DRI 自己完成渲染，Wayland 只负责合成。这种结构与 SurfaceFlinger 是一致的。Wayland 的窗口效果一般由应用自己绘制，所以在 Wayland 下不同的 UI 框架会有不同的窗口表现，也可以由 Wayland 的 XDG 系列扩展在内部完成渲染。

Wayland 窗口合成器类似 SurfaceFlinger，都是一个单独的进程，应用通过 API 调用更新桌面的一部分内容本质上是跨进程的 IPC 通信。只是 SurfaceFlinger 是基于 Binder 的 IPC，而 Wayland 是基于 Unix Domain Docket 的 IPC，两者都会使用共享内存（或 DMA-BUF）来直接传输大量的渲染结果数据。

Wayland 将整个显示屏定义为 Display，将一个矩形的显示窗口定义为 Surface。Surface 上显示的内容对应的内存称为 Buffer。

Wayland 除了窗口合成能力还提供部分的窗口管理能力。wl_shell_() 系列函数可以最大化、最小化、全屏一个应用。Wayland 也定义了插件扩展接口，用于实验新功能。例如，xdg_shell 扩展协议可替代 wl_shell_() 系列函数，用于支持 XDG（Cross-Desktop Group，跨桌面组织）的最大化、最小化、修改大小、移动等基础的窗口操作。Wayland 的远程桌面也是由 XDG 的扩展（xdg-desktop-portal）实现的。

在 X 下的窗口管理器是单独实现的，所以可以配置各种各样的窗口管理器。而 Wayland 中的窗口管理器作为 Wayland 实现的一部分存在，并没有单独的窗口管理器。Weston 只是 Wayland 的简单实现，只包含最简单的窗口管理功能。而 KDE 下的 KWin 则是一个 Wayland 实现，包含窗口合成器和窗口管理器。由于 KWin 诞生于 X 时代，所以 KWin 项目的简介中这样描述：KWin 是一个 X 窗口管理器和 Wayland 窗口合成器。另外，比较知名的 Wayland 实现是 Hyprland，Hyprland 是一个基于 wlroots 的平铺式的窗口管理器。

一个窗口管理器不但包括窗口行为和窗口动画，还包括任务栏、应用启动器、通知栏、工作空间、桌面图表、壁纸、窗口排布等桌面功能。如果没有窗口管理器，桌面上将是纯色，没有任何的显示内容。但是使用 DRI 自己进行渲染的应用程序仍然可以不依赖窗口管理器运行和渲染画面，只是该渲染结果在屏幕上占据了一块无法移动的默认大小的矩形空间或全屏显示。

3．Wayland 的输入处理

与 SurfaceFlinger 只负责合成不同，Wayland 还负责输入处理。在 X 时代，输入处理是通过单独的 evdev 和 Synaptics 驱动来处理的。后来 Weston 实现的 Wayland 抽象统一了输入部分，提取成一个单独的输入库——libinput。libinput 随后也被 X 采用，KDE 和 GNOIME 也将 libinput 作为输入处理库，从而使 libinput 成为 Linux 下处理输入事件的事实标准实现。

2.2.3　SurfaceFlinger 与 WindowManager

Android 的显存分配结构早期与 DRI2 类似，由 SurfaceFlinger 负责申请，但是使用了 DRI3 中的 DMA-BUF 来管理显存资源。Android 下把应用使用的离屏 FrameBuffer 叫作 Surface 对象。Android12 之前的渲染架构如图 2-5 所示。

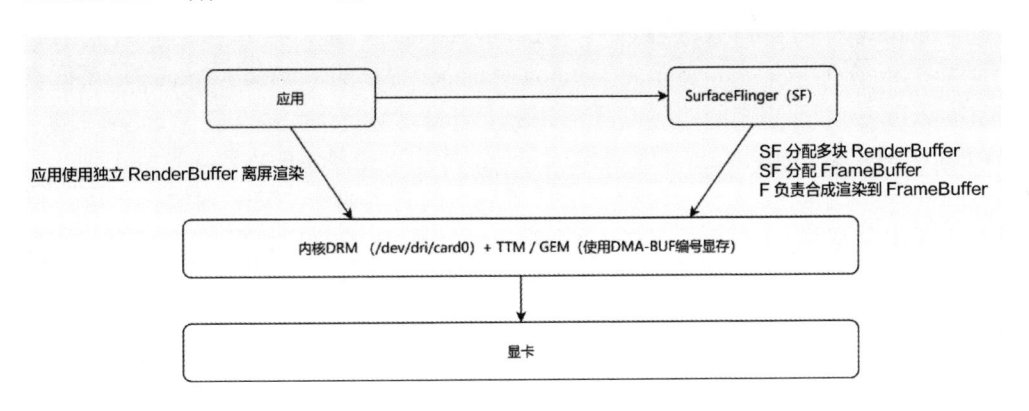

图 2-5　Android12 之前的渲染架构

在 Android12 后改为应用申请 FrameBuffer 就完全与 DRI3 接近了，如图 2-6 所示。

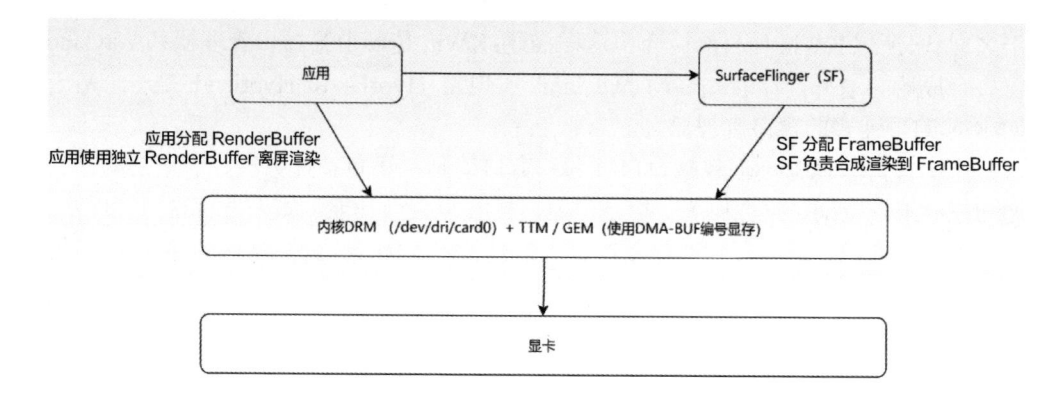

图 2-6　Android12 之后的渲染架构

　　Android 出现的时间在 DRI2 之后，所以有与 Wayland 类似的设计思路和发展趋势。但是 Android 在窗口管理上发展较慢，SurfaceFlinger 的主要功能仍然是窗口合成。与 KDE 的 KWin 积极支持 Wayland 不同，Android 缺少已经成熟的与窗口相关的社区支持，几乎只能依靠 Google 自己的力量。并且由于多窗口在 Android 的主要应用场景（智能手机）上的需求不显著，所以 Android 的窗口管理功能发展一直较慢。智能手机大部分都处于厂商封闭的环境，不允许第三方社区方便地进行修改。但是作为一个拥有众多大型厂商支持的系统，随着 Android 和 ARM 芯片开始向笔记本和汽车等较大屏幕场景发展，窗口管理的需求越来越大，厂商也会主动地推出自己的 Android 多窗口解决方案。

　　Android 下的窗口管理器叫作 WindowManager，是一个单独的系统服务。SurfaceFlinger 合成的窗口就是由 WindowManager 提供的，WindowManager 是位于 SurfaceFlinger 和应用中间的窗口管理服务。WindowManager 会控制 Window 对象，Window 对象就是实际在屏幕上显示的窗口，应用希望显示的内容需要绑定到一个 Window 对象才能被显示。这种应用希望显示的内容叫作 View 对象，也就是说 Window 对象是 View 对象的容器。从名字上可以看出，View 对象代表的是显示的内容，是抽象的概念，而 Surface 对象代表的是实际存放显示内容的对象。View 对象组成一棵树（View Tree），代表界面的布局，我们使用的按钮、输入框等每个 UI 组件都对应一个 View 对象。View 对象还需要响应用户的输入。View 对象整体的内容最终是要绘制到 Surface 对象上的。

　　WindowManager 会监督窗口的生命周期、输入和聚焦事件、屏幕方向、转换、动画、位置、变形、Z 轴顺序，以及许多其他方面。WindowManager 会将所有窗口元数据（指关于窗口的各种信息和属性的数据）发送到 SurfaceFlinger 上，以便 SurfaceFlinger 可以使用这些数据在屏幕上合成最终显示的图层。

2.3 FrameBuffer 与送显

2.3.1 FrameBuffer

1. FrameBuffer 的原理

FrameBuffer 代表显示在显示器上的一片内存，也就是一帧。因为显示图像是可以直接由 CPU 合成的，所以 FrameBuffer 并不一定位于显卡的显存中。FrameBuffer 可以位于系统内存中，也可以位于显存中。在现代独立显卡架构下，显存中的 FrameBuffer 可以在显卡渲染结束后直接输送到显示器中进行显示，这是比较高效的做法。但是在 ARM 的 SoC（System on Cnips，系统级芯片）和集成显卡的 CPU 下，FrameBuffer 仍然可以无额外拷贝成本地位于系统内存中。FrameBuffer 位于系统内存中有很多优势，可以被 CPU 直接访问和处理。独立显卡的 FrameBuffer 通常位于显存中，渲染指令可以直接在显存中完成绘制。如果 CPU 需要访问，则可以通过将 FrameBuffer 对应的显存映射到 CPU 地址空间，从而使 CPU 能够直接访问和修改。这样可以避免 CPU 和 GPU 之间的数据拷贝，或者通过启动一次 DMA 数据传输来读取或修改 FrameBuffer 中的内容。渲染和显示还可以位于不同的显卡中，如现代操作系统支持一台计算机插入多个显卡，多个显卡分别接入不同的显示器。这就带来了更复杂的 FrameBuffer 管理需求，因此 FrameBuffer 的申请和释放通常与普通的显存申请释放区分开。

由于一个显卡送显硬件和显示器并不是可以显示任意分辨率的，还有其他如刷新率、颜色深度等指标都是受限于硬件的。所以 FrameBuffer 本身不能是任意的分辨率和更新频率。FrameBuffer 本身带有很多与硬件相关的限制属性。虽然现代 DRI 允许应用程序独立地进行离屏渲染，并不受到显示硬件的限制。但是如果最终仍然希望显示在屏幕上，则一开始就接受屏幕的限制是比较合理的做法。

通常一个显示器的 FrameBuffer 并不会只有一个，而是推荐有多个 FrameBuffer。如果只有一个 FrameBuffer，则该 FrameBuffer 的内容会一直显示在显示器上。当内容更新时，显示器的内容随着更新会产生撕裂的显示效果。通常的做法是新的一帧更新到当前没有连接到显示器的 FrameBuffer 上，更新完显示内容后再连接到显示器。这样显示器就需要至少两个 FrameBuffer，一个用于显示，一个用于更新。这种双 FrameBuffer 的机制叫作 Page Flip 或双缓冲，现在已经是各系统使用 FrameBuffer 进行显示的标准规范。撕裂的显示效果如图 2-7 所示。

(a) 单 FrameBuffer (b) 双 FrameBuffer

图 2-7　撕裂的显示效果

不但系统本身需要双缓冲，一个现代应用由于可以独立渲染，FrameBuffer 的数量和申请是需要自己管理的，所以也会需要双缓冲。有的系统或应用会选择使用三个 FrameBuffer。显卡驱动通常也可以在控制面板中修改显示使用的 FrameBuffer 的数量。

2. 广义的 FrameBuffer

由于一个系统要面向很多硬件，所以系统会对合成操作进行抽象，可以认为合成是将多个进程的渲染目标缓存合成为一个最终的渲染目标缓存的过程，这个最终的渲染目标缓存叫作 FrameBuffer，也就对应显示器上看到的桌面的这张图像。这个 FrameBuffer 的名字来自 Linux 下的 FrameBuffer 的概念，代表显示在显示器上的图像，而不一定是应用各自渲染的目标。狭义地看，FrameBuffer 是指最终显示在显示器上的一块内存或显存。

一个 FrameBuffer 是由桌面上多个窗口和桌面的渲染结果混合而成的，每个窗口都对应一个单独的渲染过程。在一个单独的渲染过程中，渲染输出的缓存也可以称为 FrameBuffer。这个 FrameBuffer 并不直接连接到显示器，而是输送给窗口合成器进行合成。在 OpenGL 和 Vulkan 中，称这种 FrameBuffer 为 Attachment。在 DirectX 中，称这种 FrameBuffer 为 Render Target Buffer。无论是 Attachment 还是 Render Target Buffer，通常都包括三个不同的 Buffer：一个是最终存放渲染结果的 FrameBuffer，一个是用于深度测试的 DB 和一个 Stencil Buffer。DB 和 Stencil Buffer 有时也被称为 FrameBuffer。因此，不同位置出现 FrameBuffer 指代的意义不同，后续我们采用 DirectX 的 Render Target Buffer 作为统一描述，因为该称呼最贴近实际用途。

3. FBDEV

从 FrameBuffer 最基础的定义出发，早期 Linux 设计了 FBDEV 显示框架，其将直接显示在显示器上的 FrameBuffer 代表的内存或显存抽象为一个设备文件

/dev/fb*。通过对这个设备文件进行读写，用户空间应用可以直接改变显示在显示器上的内容，这就是最早期图形界面的显示方式。在这种显示方式中，FBDEV 背后的内存既可以位于系统内存中，又可以位于显存中，只需有送显的硬件模块，显示过程可以完全不需要显卡的参与。但是独立显卡中送显的硬件模块大都集成在独立显卡中，也就是说，对应独立显卡的 FBDEV 背后的内存位于显存中 [也可以通过 GTT（Graphics Translation Table，图形转换表）机制放在系统内存中，但通常不会这样做]。

FBDEV 只能提供最基础的显示功能，无法满足当前上层应用和底层硬件的显示需求，所以后来 FBDEV 逐渐过渡到 DRM。但是 FBDEV 的极简架构仍然大量用于嵌入式设备的显示命令行界面，还可以在图形界面中通过直接操作 FBDEV 进行全屏显示，跳过桌面系统，从而避免 X 等桌面系统的资源损耗。

4. DumbBuffer

FBDEV 随着 DRM/KMS 架构的发展已经不建议使用，但是其提供了 CPU 渲染的简单实现方式，这种方式在很多嵌入式场合下仍然有需求。DumbBuffer 是基于 DRM/KMS 架构的 FBDEV 替代者，与 FBDEV 的作用类似，只是使用 DRM 文件的 ioctl 接口进行操作。

DumbBuffer 可以被映射到映射空间，通过 CPU 直接决定显示在显示器上的内容，虽然也会经过显卡，但是没有运行渲染管线，相当于直接编辑显示器上的内容。Dumb Buffer 可以用来实现纯 CPU 绘制的软渲染管线。早期的显卡 VGA Card 只负责将内容从显存转换到显示器上，相当于显示器和主板之间的信号转换硬件，其显存被称为 "Dumb Frame Buffer"，DumbBuffer 的名字就是来自这里，表示传统的兼容模式的显存。Dumb 这里翻译为 "傻的"，现代 GPU 渲染管线的渲染指令都是在 GPU 中执行的，执行时，CPU 需要把用到的纹理、顶点、着色器等资源都写入显存，让 GPU 使用这些显存执行渲染指令，输出的渲染结果体现了与 "傻的" 对应的 "智能的" 渲染方式。DRM 大都交给显卡驱动实现具体的 DumbBuffer，所有的显卡驱动至少要提供 DumbBuffer 的实现（显卡驱动程序中提供的具体代码和功能），作为 GPU 的 DRM/KMS 架构的最低支持方式。

2.3.2 Android 的 FrameBuffer 管理

1. GraphicBuffer 与窗口 Surface

在 DRI1 这种没有单独合成的情况下，FrameBuffer 就是渲染目标，因为渲染目标是直接显示在显示器上的。但是在 DRI2 及其后续版本有合成的情况下，不同进程或同一进程内部的多个渲染任务的渲染目标需要经过合成才可放入最终的 FrameBuffer。每个渲染目标缓存都需要单独地申请和释放，而系统的 FrameBuffer 通常是提前申请的，因为 FrameBuffer 的数量要匹配显示器的数量。渲染目标缓存在 Android 中叫作 GraphicBuffer，由于需要被合成的应用的渲染目标缓存与 FrameBuffer 一样，在独立显卡中需要存放在显存中，所以 GraphicBuffer 实际申请的内存也是 FrameBuffer。在 Android 中，这种并不是直接对应显示器显示内容的 GraphicBuffer 所对应的显存空间也被称为 FrameBuffer。

需要显示的多个 GraphicBuffer 最后只有合并成一个 FrameBuffer 才能显示在显示器上，这个过程叫作合成。对于每个 App，渲染和显示撕裂的问题都是存在的，所以每个 App 都使用两个或多个 GraphicBuffer 作为渲染目标缓存，而最终的 FrameBuffer 则将每个 App 渲染完的 FrameBuffer 进行合成，得到最终的显示画面。进行合成的 Android 组件叫作 HWC，HWC 位于 SurfaceFlinger 中，SurfaceFlinger 是修改所显示内容的唯一服务。

每个 App 所使用的多个 GraphicBuffer 被 Android 抽象成一个虚拟的显示器，叫作 Surface。一个 Surface 相当于一个 App 独立占用的物理显示器，App 使用的 GraphicBuffer 对应的内容显示在 Surface 上。在 Page Flip 机制下，一个 Surface 可以对应多个 GraphicBuffer。

Android 支持一种被称为虚拟显示器的机制——VirtualDisplay，也就是对 Surface 的简单封装。我们可以将 Surface 理解为一个绘图表面或 Windows 操作系统中的窗口内容，Android 应用程序负责往这个绘图表面上填写内容，而 SurfaceFlinger 负责将这个绘图表面上的内容提取出来，并且显示在显示器上。Android 12 之后，Surface 是位于 App 中的组件，负责生产 GraphicBuffer。每个 Surface 在 SurfaceFlinger 中都对应一个被称为 Layer 的对象，Layer 是 GraphicBuffer 的消费者。SurfaceFlinger 的 Layer 从 App 的 Surface 中获取 GraphicBuffer 进行合成。

2. Gralloc 与 GBM

GraphicBuffer 申请 FrameBuffer 时使用的是 Android 中的 Gralloc，由于 Android 中的操作底层硬件的功能都是通过与硬件无关的 HAL（Hardware Abstraction Layer，硬件抽象层）接口实现的，所以分配渲染目标缓存的任务也对应一个 HAL 组件——Gralloc。Gralloc 并不负责申请渲染用到的纹理等资源的显存管理，只负责渲染目标缓存的申请和释放。

由于系统中既可能使用 CPU 进行渲染，又可能使用 SoC 的 GPU 进行渲染，还可能使用独立显卡进行渲染，所以渲染目标缓存既可能位于系统内存中，又可能位于显存中，对应申请的渲染目标缓存的框架也不一样。例如，开源驱动普遍使用 Mesa，Mesa 中有一个 gbm 模块，负责申请所有的显存资源。因此，Gralloc 使用 Mesa 的时候也就对应地使用 gbm 模块进行显存分配。AMD 独立显卡的用户空间开源驱动普遍使用 Mesa，但是 NVIDIA 的闭源驱动并不使用 Mesa，所以 Gralloc 需要使用

NVIDIA 提供的显存分配接口。在 Chromium OS 中有独立分配显存的 minigbm 模块，该模块也集成进了 Android，用于在不使用 Mesa 时的显存分配。

Gralloc 的分配器叫作 GraphicBufferAllocator，其在生成时会使用 hardware/libhardware/hardware.c 的 hw_get_module_by_class 获得一个代表 Gralloc 设备的 struct hw_module_t 指针，在 Gralloc 中返回的指针指向的是 struct hw_module_t 的继承者 struct gralloc_module_t，从而可以在 Gralloc 层面上抽象设备和从设备中分配内存的概念。

hw_get_module_by_class 先使用 ro.hardware.gralloc 属性指定的硬件搜索对应的 Gralloc 库。如果 ro.hardware.gralloc 的值为 gbm，则搜索 /vendor[system]/lib64[lib]/hw/gralloc.gbm.so 库，如果 ro.hardware.gralloc 的值为 default，则搜索 gralloc.default.so 库。如果没有搜索到对应的 Gralloc 库，则依次使用 ro.hardware、ro.product.board、ro.board.platform、ro.arch 的值来搜索，命名方式为 gralloc.[ro.hardware].so。如果都没有搜索到对应的 Gralloc 库，则使用 gralloc. default.so 库。

默认的 Gralloc 库定义在 /hardware/libhardware/modules/gralloc 中，该定义会生成 gralloc.default.so 库，其申请的 FrameBuffer 是位于内存中的 ashmem，并没有实际的显卡参与。

上述 Gralloc 库的搜索方式表明 Gralloc 本身是一个框架，它提供了一个统一的接口来处理显存分配，具体的 Gralloc 实现会根据不同的硬件情况选择不同的库。这种高层语义抽象的形式在 Linux 中是 Android 特有的，传统的 Linux 大都由一些开源项目自下而上地涌现，很少有哪个项目可以做到兼容并覆盖所有情况，所以在不同的硬件下会有不同的软件配置。

2.3.3 送显与 DC

桌面系统完成合成之后需要送显，也就是与 DC 硬件打交道。

DC 将最后的图像传送到显示器上，并且解析识别显示器的 EDID 配置信息和打通显示器通信的 DCC 信道，其可以识别各种显示接口（如 HDMI），并且很多显示接口都支持传输除显示内容外的特殊内容，如音频。DC 还有一个重要的功能，就是产生 VBlank 信号，这是渲染操作和显示操作同步的关键。

在绝大部分情况下，DPU（Display Processing Unit，数据处理单元）负责送显操作，也就是承担 DC 的任务。无论是 ARM 还是 AMD 显卡，DPU 和 DC 都是同一个 IP 单元。例如，AMD 显卡下的 IP 单元叫作 DCE（Display and Compositing Engine，显示和合成引擎），从命名中也能看出这个 IP 单元负责两个不同的任务。

SurfaceFlinger 支持三种显示器，第一种是主显示器，也就是智能手机显示屏，第二种是通过 USB 口外接的显示器，第三种是虚拟显示器。每个显示器都对应一个 BufferQueue 队列，送显时 SurfaceFlinger 是生产者，显示器是消费者。录屏程序

screenrecord 就是通过创建一个虚拟显示器来获得图像的。

目前，显示器上的数据都是没有经过额外压缩编码的，如在 60 帧的刷新率下，也就是显卡每隔 16.7ms 发送一张大图像到显示器，两张图像中间就会有没有数据传输的空当。

显示器有刷新率。例如，一个 60Hz 的显示器，意味着 1 秒钟在显示器上显示 60 张图像，一张图像叫作一帧。每帧的显示时间是固定的，这意味着显示器会在固定的时间间隔内更新显示的内容，当到达这个时间间隔时，显示器会从显卡的一个图像缓存地址（FrameBuffer）中获取新的图像并将其同步到显示器上。

在显示过程中，显示的图像可以对应显卡上的同一个 FrameBuffer，也可以对应多个 FrameBuffer。在下一个显示时间点到达之前，显卡可以切换到另一个 FrameBuffer。如果对应一个 FrameBuffer，就意味着显卡每发送给显示器显示完一张图像，需要在同样的 FrameBuffer 内存上填充一遍新的图像，填充之后才能进行显示。如果边填充边显示，在显示器上就会看到填充的过程，从而产生撕裂感，除非在显示的空隙完全完成下一帧的渲染。一个 60Hz 的显示器必须 1 秒钟显示 60 次，这个 60 次是用定时中断来控制的，这个定时中断叫作 VBlank 中断（Vertical Blank Interrupt，VBI）。VBlank 是内核层面的帧中断周期，也就是显示器的物理刷新周期，是可以在驱动层关闭的。VBlank 信号就是来自显示器的刷新率。

在 Linux 内核中，AMD 的驱动在 drivers/gpu/drm/amd/amdgpu/dce_virtual.c 中实现了一个虚拟显示器，这个虚拟显示器的 VBlank 是通过高分辨率定时器（hrtimer）来模拟的。

VBlank 是在 CRT 显示器中产生的一个时间段。当显像管完成一帧图像的逐行扫描后，它需要时间从右下角移回左上角，以准备显示下一帧图像，这个移动所需的时间被称为 VBlank。对于每秒刷新 60 帧的 CRT 显示器，每秒会有 60 次 VBlank，这意味着 VBlank 的频率与显示器的刷新率是一致的。虽然 CRT 显示器已经不再使用，但 VBlank 的概念保留下来。在现代图形处理中，VBlank 通常指与显示器的刷新率相关的中断信号，用于同步图像的更新。VBlank 并不是 Linux 内核使用 hrtimer 生成的，而是硬件产生的。由于 VBlank 是硬件产生的，因此硬件可以不均匀地产生 VBlank 中断，这使得硬件可以实现动态的刷新率。有的游戏使用奇怪的 29 帧等刷新率，或者希望在显卡支持的情况下达到更高的刷新率，这就对显示器的刷新率提出了可变化的需求——VRR（Variable Refresh Rate，可变刷新率）。

应用或系统的刷新率与显示器的刷新率不同步，导致正在显示的帧更新，造成屏幕撕裂。屏幕撕裂非常影响视觉体验，主要使用 VSync 或可变刷新率来解决。

1）VSync

游戏有渲染频率，意味着游戏在 1 秒钟内可以绘制多少张显示在显示器上的图像。但是游戏的渲染频率和显示器的刷新率没有必要一致。无论游戏以什么样的渲染频率绘制图像,通过 VBlank 和 Page Flip 的配合都可以实现按照显示器的刷新率进行无撕裂感的显示。如果游戏的渲染频率低于显示器的刷新率,那么显示器的一些 VBI 周期显示的就是同一张图像,如果游戏的渲染频率高于显示器的刷新率,那么有些游戏渲染的帧在显示器上就得不到显示。

如果游戏渲染的帧在显示器上得不到显示,那么 CPU/GPU 等计算资源会被浪费,因为 GPU 辛苦计算的结果没有被显示出来,计算就是没有意义的。所以可通过 VSync,让游戏的渲染频率等于 VBlank 的中断频率。在渲染 API 中,渲染结果是通过 SwapChain 呈现的,SwapChain 中有多个 Buffer,对应 VBlank 中的 Page Flip 的多个 FrameBuffer。每当一帧渲染结束,就通过 Present 函数将渲染结果显示在显示器上,这个 Present 函数对应的具体操作就是 SwapChain 的 FrameBuffer 的交换,也就对应 VBlank 中的 Page Flip。如果使用了 VSync,Present 函数就会阻塞地等待下一次 VBI 来临才会返回。由于 Present 函数的调用是阻塞的,相当于让 GPU 的渲染帧与显示器的显示帧同步,因此渲染出来的每帧都能被显示在显示器上,就不会浪费计算资源了。

VSync 就是让应用感知显示器的 VBlank,并且主动与其同步。可变刷新率就是让显示器感知应用的刷新率,并且主动调整 VBlank 与其同步。两者的目标都是使显示和计算保持同步。VSync 主要用于当应用程序的计算速度超过显示器的刷新率时,强制应用程序等待,以确保每帧图像都能正确显示。可变刷新率主要用于应用程序的计算速度慢于显示器的刷新率时,强制让显示器等待刷新。全屏游戏下的 VSync 与 VBlank 如图 2-8 所示。

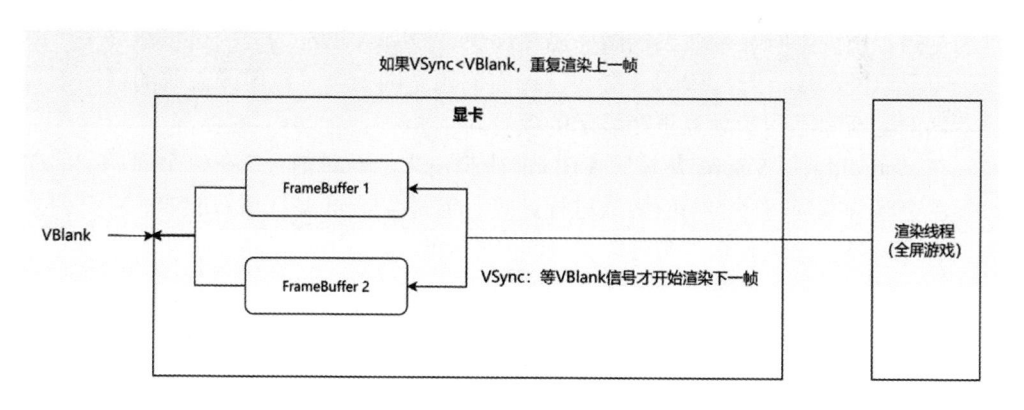

图 2-8 全屏游戏下的 VSync 与 VBlank

但是上述模式仅限于完全控制显示器刷新的程序,典型的是全屏游戏和桌面管理器。如果游戏只是桌面上的一个窗口,意味着游戏的显示空间并不完全代表显示器的显示空间,那么游戏的 SwapChain 的 Present 函数就不直接对应显卡的 VBlank

和 Page Flip，而是在桌面管理器中进行的区域更新。最后与 VBlank 的同步则是桌面管理器把整个桌面的显示混合后的工作。桌面 VSync 如图 2-9 所示。

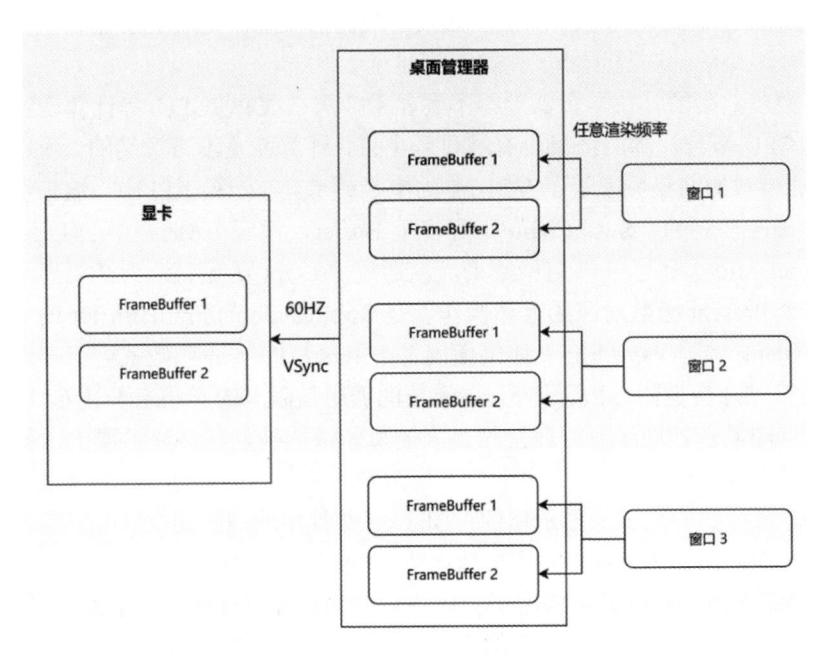

图 2-9　桌面 VSync

VSync 是一个通用技术，用于让显示器的刷新率和应用渲染的帧率同步，主要目的是防止出现影响显示效果的画面撕裂现象。没有 VSync，应用可以渲染多于或少于可显示的帧率，导致浪费和撕裂。撕裂问题是因为全屏应用或系统的刷新率与显示器的刷新率不同步导致正在显示的帧更新。

在 Android 中，VSync 是按照 VBlank 模拟出来的同频信号，在一个周期到达的时候就会唤醒响应程序的响应函数进行计算。但是 VSync 并不是万能的，它有两个典型问题：显示延迟和输入延迟。

（1）VSync 的显示延迟问题。

VSync 的显示延迟问题在 Android 中主要通过信号偏移和三缓冲解决。

在 VSync 与 VBlank 完全同步的情况下，应用处理输入并进行渲染需要等待第一个 VSync 信号，该帧的渲染结果在被 SurfaceFlinger 合成之前，需要等待下一个 VSync 信号，完成合成后再显示则需要等待再下一个 VSync 信号。也就是说，在 VSync 与 VBlank 完全同步的情况下，从渲染应用处理输入到显示至少需要延迟 2 帧。

因此 Android 使用独立控制的中断信号，实现了 VSync 与 VBlank 的同频中断，但是产生了延迟。VSync 的同频信号分为三个：一个是应用开始渲染的 VSYNC 信号、一个是 SurfaceFlinger 开始合成的 SF_VSYNC 信号、一个是屏幕开始显示的

HW_VSYNC_0 信号。这样就可以使得渲染速度快的应用在一帧内完成应用处理输入并渲染、合成到显示的过程。

由 HWC 组件产生的 HW_VSYNC 信号与 VBlank 是同步的。在硬件支持产生 VBlank 信号的情况下，HW_SYNC 信号就是 VBlank 信号，如果硬件不支持产生 VBlank 信号，HWC 组件将使用一个单独的线程和定时器来周期性地产生 HW_VSYNC 信号。HW_SYNC 周期会再经过 DispSync 组件进行偏移变成 2 个周期信号：VSYNC 和 VSYNC_SF。SurfaceFlinger 和 App 的 VSync 分别对应一个 SurfaceFlinger 中的 EventThread 线程，在该线程中死循环等待 VSync 事件。

CPU 下发任务、GPU 执行到显示的整个过程是串行的，而且必须在同一个显示周期内完成，如果在同一个显示周期内无法完成，就意味着显示器要显示上一个显示周期的图像，也就是掉帧。这就要求应用的渲染操作要在一个显示周期的开始位置立刻执行，给后面的 GPU 和送显操作留下足够的时间。但是对于大型的渲染任务，CPU 或 GPU 上的执行压力是很大的，甚至可以超过一个 VSync 周期，在这种情况下一定会出现掉帧。

由于应用计算渲染结果包括 CPU 计算和 GPU 计算两部分，要先完成 CPU 计算才能进行 GPU 计算。CPU 计算会为 GPU 计算准备渲染所需的资源，进行场景更新或物理计算。GPU 计算是在 CPU 认为已经准备好后被 CPU 启动的，这个过程虽然是串行的，但是 CPU 在为上一帧准备好资源启动 GPU 计算后，完全可以继续执行，为下一帧进行 CPU 计算，而不需要等待 GPU 计算结束。所以 Android 中应用的渲染需要三个缓存，一个给 CPU 操作，一个给 GPU 操作，一个用来送显。如果 CPU 与 GPU 公用缓存，当 CPU 计算下一帧的时候，GPU 仍然使用缓存进行上一帧的计算，就会造成混乱。如果 GPU 与显示公用缓存，当 GPU 计算下一帧的时候，在显示时就会产生撕裂。因此三缓存的结构做到了 CPU、GPU 和送显的流水线化。

（2）VSync 的输入延迟问题。

当游戏的渲染频率高于显示器的刷新率时，VSync 会强制要求游戏在渲染结束后等待下一个屏幕刷新周期才能继续进行渲染。相当于在游戏等待下一帧到来之前，用户无法感知这期间发生的事情，这就会带来输入延迟。例如，显示器的刷新率是 60 帧，VSync 下游戏也按照 60 帧渲染，一帧是 16.7ms，但是游戏的一帧已经在 6.7ms 的时候完成渲染。在剩下的 10ms 中，用户无法看到屏幕上图像的变化，而如果此时有另一个用户的显示器的刷新率是 120 帧，他就可以比 60 帧的用户提前几毫秒看到屏幕上图像的变化，从而提前反应。这种输入延迟对 FPS（First-Person Shooting，第一人称射击）游戏影响很大，相当于显示器的刷新率越高的用户越能占据几毫秒的提前反应优势。

现代显卡的计算能力较强，其瓶颈经常出现在显示器的刷新率上，所以早期很多 FPS 游戏用户会选择关闭 VSync，忍受屏幕撕裂，以获得几毫秒的提前反应优势。

但很快显示器厂商和显卡厂商都意识到这个问题，对应推出了解决方案。

对于 FPS 游戏用户最关注的输入延迟问题。NVIDIA 实现了 Fast Sync，AMD 实现了 Enhanced Sync，Intel 实现了 Speed Sync。

NVIDIA 的 Fast Sync 是通用 VSync 的 NVIDIA 优化版，不同于 VSync 限制了游戏的帧率，Fast Sync 允许游戏以更高的帧率进行绘制，但是显示的时候只显示最近一次绘制的完整图像，并丢弃没有绘制完的帧，从而避免了屏幕撕裂，达到了类似 VSync 的效果。同时可以减少输入延迟，因为用户端的游戏不需要等待下一帧的周期，可以继续往下计算，由于屏幕使用最新一帧的渲染结果，因此可以让用户更早地看到屏幕内容的变化。但是其仍然会导致延迟，只是比 VSync 的效果要好，因为显示器的刷新率的不足是不可被软件弥补的。使用 Fast Sync 时需要游戏内部关闭使用 VSync 的选项，这样游戏就可以以最高帧率进行渲染。但这样会在不增加实际显示帧率的情况下大幅度增加 CPU 和 GPU 的计算开销，所以通常要在游戏内进行锁帧。Fast Sync 主要解决游戏的渲染频率高于显示器的刷新率的问题，如果游戏的渲染频率低于显示器的刷新率，因为 Fast Sync 不做同步处理，所以会导致屏幕撕裂。AMD 的 Enhanced Sync 与 Intel 的 Speed Sync 也是类似的原理与效果。

可变刷新率与 Fast Sync 是可以同时开启的，因为两者解决的问题不同，作用原理也不同。

2）可变刷新率

当运行大型游戏时，若该游戏的渲染频率比显示器的刷新率低，则会导致屏幕使用相同的帧进行显示。如果不使用相同的帧进行显示，就会显示正在更新的渲染目标缓存，从而导致屏幕撕裂。使用相同的帧进行无效的显示器更新会导致功耗增加，这在屏幕耗电较多的移动设备上影响比较显著。

显示器厂商和显卡厂商合作推出了可变刷新率，可以让显示器的刷新率适配应用的刷新率，相当于 VBlank 信号根据游戏的渲染频率不同而不同。因为屏幕几乎总是可以运行在最高的刷新率下，所以可变刷新率解决的主要是游戏的渲染频率低于显示器的刷新率的问题。在游戏的渲染频率高于显示器的刷新率的情况下，可变刷新率没有意义，因为刷新率无法变到比显示器支持的最大刷新率高。可变刷新率最早是由 NVIDIA 用 G-SYNC 游戏显示器开创的，后来 AMD 也通过 Free Sync 实现了可变刷新率。Free Sync 没有专利，NVIDIA 的显卡也支持。Free Sync 依赖 DP 的 Adaptive Sync 的支持，通过 Adaptive Sync，GPU 在渲染完一帧后，显示器可以马上进行显示，而无须等到固定的 VBlank 周期才触发显示。可变刷新率如图 2-10 所示。

最新的 HDMI 2.1 规格的可变刷新率标准也支持可变刷新率，从而使可变刷新率标准化。

Linux 内核 6.8 版本的 AMD GPU 去掉了 Free Sync 的支持，转而支持标准化的可变刷新率。

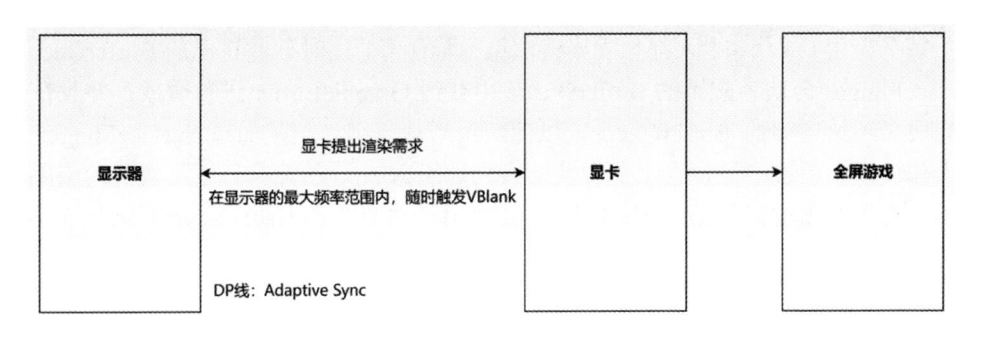

图 2-10　可变刷新率

2.4　合成与 DPU、VPU

1. SurfaceFlinger 通过 Layer 消费 GraphicBuffer

Android 将合成设计为一个 C/S（客户端/服务器）结构，各应用或游戏都是客户端，是 GraphicBuffer 的使用者，使用的就是从客户端的 Surface 生产的 GraphicBuffer。SurfaceFlinger 是服务器，是合成的实际操作者，也是 GraphicBuffer 的管理者。SurfaceFlinger 合成的对象是 Layer，Layer 与应用的 Surface ——对应，也就是 GraphicBuffer 的消费者。Layer 是图层的概念，用于处理透明效果和窗口叠加，最终结果是各 Layer 的渲染结果的叠加。因为透明和窗口的位置不一样，所以每个 Layer 要绘制的范围不一样。例如，智能手机的不透明小窗口和消息通知，透明的导航栏都对应 Layer。

Android 12 之后，所有 GraphicBuffer 都是通过 Gralloc 库在应用中使用 Surface 对象申请得到的。通过一个叫作 BufferQueue 的跨进程队列，Surface 将 GraphicBuffer 交给 SurfaceFlinger 的对应 Layer 去参加合成。Android 的 BufferQueue 如图 2-11 所示。

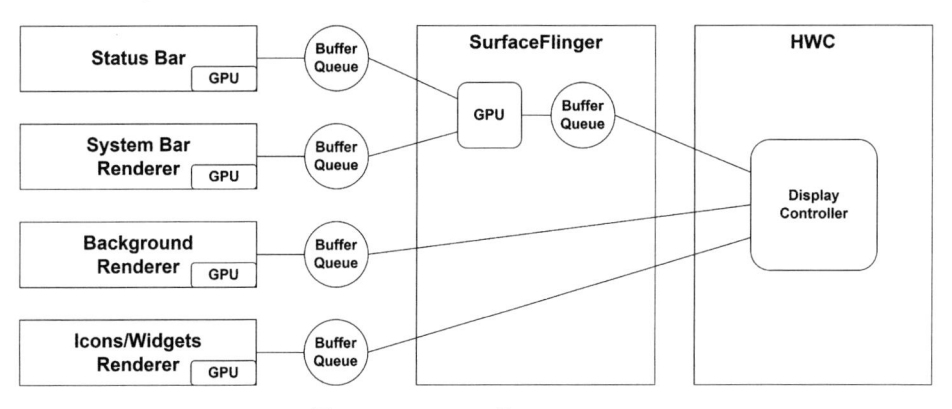

图 2-11　Android 的 BufferQueue

每个应用（或状态栏）都独立申请渲染目标缓存，同时创建自己的 BufferQueue。SurfaceFlinger 会从各应用的 BufferQueue 中获得 GraphicBuffer 进行合成，并且在合成完成后还给应用的 BufferQueue，以便应用后续复用。但是如果 SurfaceFlinger 合成操作性能太差被卡住，这个逻辑就会人为地引入 App 的渲染延迟，表现为应用程序无法直接获得就绪的 GraphicBuffer，需要阻塞地等待 SurfaceFlinger 释放。

2. HWC

HWC 是 Android 的一个 HAL。HAL 是 Android 为了抽象硬件的共性而实现的标准化硬件接口，大部分 HAL 都是一个以 android.hardware.开头的单独的进程。例如，Pixel 7 的 HWC HAL 进程名为 android.hardware.composer.hwc3-service.pixel。SurfaceFlinger 通过 Binder 跨进程 IPC 调用 HWC。

HWC 本身也是一个硬件厂商提供的库，位于 /system/lib[64]/hw/hwcomposer.[product name].so 中。HWC 有 4 个作用：VSync 信号的生成、显示器参数配置与热插拔、合成、送显。

其中最重要的就是合成，HWC 的合成包括软件加速和硬件加速（由显示处理单元 DPU 负责）两部分，硬件无法处理无限多的层，处理不完的层由软件合成。DPU 只支持特定数量的混合，软件层面必然会提出超过 DPU 处理能力的需求，超过 DPU 处理能力的混合任务只能交给 GPU 进行。HWC 是一个 DPU 的 HAL，让 SurfaceFlinger 在需要硬件合成的时候对具体的合成硬件无感知，只需与统一接口的 HWC 协作。SurfaceFlinger 使用 HWC 的方式如下。

（1）SurfaceFlinger 获得系统层的所有图层，如 6 个，并询问 HWC 如何处理。

（2）HWC 发现自己只能处理 4 个图层，也就是 DPU 只能处理 4 个图层的合成，就将这 6 个图层中的 4 个标记为硬件合成，另外 2 个标记为客户端合成，也就是让 SurfaceFlinger 自己想办法合成。

（3）对于被 HWC 标记为硬件合成的 4 个图层，SurfaceFlinger 不需要进行额外的处理，因为 HWC 会负责它们的合成工作。而对于另外 2 个被标记为客户端合成的图层，SurfaceFlinger 需要调用 GPU 进行合成，完成后将结果交给 HWC，由 HWC 完成剩余的合并操作。

大部分运行 Android 的 DPU 最少支持 4 个图层，因为 Android 有 4 个常见的需要合成的组件：状态栏、系统栏、应用、壁纸/背景。通过使用 HWC 封装的合成 DPU，可以做到 GPU 渲染与 DPU 合成的并行，从而降低延迟。

HWC 还负责送显，所以显示器参数配置与热插拔也是由 HWC 负责的。HWC 给 SurfaceFlinger 提供一个标识屏幕的句柄，这个句柄对 SurfaceFlinger 来说是不透明的。屏幕会产生 VBlank 信号，将屏幕的 VBlank 信号转换为 SurfaceFlinger 所需的 VSync 信号也是 HWC 的工作。

AOSP（Android Open Source Project，Android 开源项目）代码中只带有少量的智能手机 SoC 使用的 HWC 实现，桌面显卡都是通过 drm_hwcomposer 库提供的。因为桌面显卡的驱动（桌面 DRM 驱动）中没有提供 HWC 的接口，所以 drm_hwcomposer 库相当于一个对桌面 DRM 驱动的封装，用于调用桌面显卡的合成 API。在 PC 环境下，合成操作通常通过 DRM 驱动的 KMS 接口使用 Plane 来完成。例如，AMD GPU 驱动中就有对 KMS 接口的实现，其中包括 Plane 合成操作的支持，会调用到 AMD 的 DCE 专用合成硬件。

3. DPU

DPU 负责将多张图像合成一张图像，在 AMD 显卡中对应硬件的 DCE IP 模块。

DPU 是区别于 CPU 和 GPU 的第三个硬件，只是在大部分 PC 环境下，DPU 被集成到显卡中，并且其还可以由 GPU 替代。桌面上显示的任务栏、桌面背景、窗口内容和鼠标可以视为 4 个不同的渲染结果，有专门渲染任务栏的进程，专门渲染桌面背景的进程，专门渲染窗口内容的进程，还有专门渲染鼠标的进程。这些不同进程的渲染结果需要合成一张桌面的显示图像来呈现，多个显示结果合成一张图像的过程叫作合成。这个过程是二维的，处理的是多张二维图像的混合合成，还可以设置不同图像的透明度，获得丰富的合成效果，还需要对每张图像进行缩放操作，最终适配输出大小。这个二维的合成需求只需一个二维的渲染芯片，也就是 DPU。

在 PC 环境下，DPU 位于显卡中，一般不区分 DPU 和 GPU，统一用 GPU 代替。因为合成操作虽然只是一个二维渲染操作，但是执行三维渲染任务的 GPU 也可以执行二维渲染任务，也就是说 DPU 并不是必需的，只是 GPU 来执行会占用宝贵的三维渲染管线的可用时间，让 GPU 无法充分发挥三维渲染性能。但是 DPU 也有局限性，一般的 DPU 都有可以支持的合成图像的上限，如 ARM Mali-DP550 最多支持 7 层合成，也就是可以将 7 张图像合成 1 张图像。由于 ARM 内部的 IP 组件化，所以比较容易单独拿出一个特定功能的 IP 来讨论，ARM 中的 DPU 作为单独的 IP 可以由芯片厂商选择是否加入最终的 SoC 芯片。

通常用户比较关注的显示高帧率、HDR 显示，都需要比较优秀的 DPU 来实现。相比于 GPU，DPU 对于用户体验的影响可能更大一些，因为它就是直接控制图形处理器向屏幕输出显示信号的"最后一道关卡"。DPU 硬件的性能高低，直接决定了其所能支持的屏幕最大分辨率、最大刷新率，甚至最大色彩深度（色彩丰富程度）。DPU 运算精度的高低，还会决定屏幕上线条、文字看起来的清晰度。对于现代 DPU，除了负责将 GPU、VPU 生成的视频信号传给显示屏，还可以进行效果强化方面的额外处理，如屏幕色彩校正、视频插帧、像素级的对比度增强和显示细节修复。

早期 PC 的显卡只有二维色彩和线条绘制能力，也就是说它们其实不是 GPU，而是 DPU。直到 1999 年，NVIDIA 研发出对 CPU 依赖程度更低的、拥有更强三维处理能力的 GeForce 256 显示核心，被认为是世界上第一款 GPU。

4. VPU

早期 PC 只靠 CPU 性能是无法流畅播放视频的，要想在 PC 上播放视频，需要购买一块独立的解码卡，也就是早期的 VPU。现代 PC 上的解码卡一般集成到显卡中，属于显卡的一个 IP 模块。在早期 AMD 显卡中叫作 UVD（Unified Video Decoder，统一视频解码器），属于视频解码器。但是随着 PC 的逐步强大，对视频编码器的需求越来越大，所以显卡中开始集成视频编码器。早期 AMD 显卡中集成的视频编码器叫作 VCE（Video Codec Engine，视频编解码引擎）。由于视频编码与解码共享很多逻辑，编码与解码通常不会同时使用，所以 AMD 逐渐将编码器与解码器的硬件进行了合并，叫作 VCN（Video Core Next，下一代视频核心）。VCN 可以同时进行视频编码与解码，集成在现代显卡中作为一个 IP 存在。VCN 就是 AMD 的 VPU。

2.5 Linux 内核的合成与送显：KMS

2.5.1 KMS 与送显

KMS 的主要工作是配置渲染目标和管理送显到显示器的配置，是一个用来替代 FBDEV 硬件的显示模式配置框架，DRM 的核心目标是渲染，所以 KMS 与 DRM 是互相独立的内核功能模块。一般的显卡驱动在支持 DRM 渲染接口的同时提供 KMS 送显接口的支持。在用户空间中，KMS 接口通常是通过 DRM 的 libdrm 库来访问的。

可以将 KMS 看作一个显示结构，KMS 配置就是对这个显示结构的搭建和属性参数配置的过程。KMS 结构代表整个送显过程，无论是使用 OpenGL 还是 Vulkan 渲染，甚至是 CPU 实现的软管线，都是一样的 KMS 结构。用户使用 libdrm 库中封装的 ioctl 控制函数来搭建和配置 KMS 结构。

早期 Linux 的显示结构叫作 UMS（User Mode Setting，用户模式设置），整个图形栈全部是 X 在用户空间实现的，包括 Mode Setting，所以叫作 UMS。后来随着内核接管了 Mode Setting，就有了 KMS，UMS 逐渐退出舞台。

Android 下的 HWC 早期是不使用 KMS 的，每个显示驱动都独立地通过基础的 FBDEV 提供一个硬件加速的合成能力。Android 下的 HWC 有多个不同的实现，表现就是 HWC 库会根据硬件厂商的不同而不同。而如今 HWC 的大部分工作被 Linux 内核以 KMS 接口的形式进行了统一抽象，不再需要为不同的硬件实现不同的访问接口。

随着 Android 逐渐使用 KMS 来完成 HWC 的工作，Android 并没有取消已经存在很多硬件支持的 HWC 模块，而是转而实现了一个 drm_hwcomposer，作为使用

KMS 的 HWC。原有的 HWC 没有被破坏，KMS 也可以通过 drm_hwcomposer 作为一个独立的 HWC 模块单独存在。因为很多合成硬件的驱动并不是开源的，不愿意加入 Linux 内核的开源驱动目录树。

2.5.2 KMS 的主要组件

1. KMS 结构及其核心组件的继承关系

KMS 结构是面向对象的，其主要由 5 个核心组件组成：FrameBuffer、Plane、CRTC（Cathode Ray Tube Controller，阴极射线管控制器）、Encoder、Connector。这 5 个核心组件都是从 KMS 结构的核心对象基类 struct drm_mode_object 继承而来的，这个基类被称为 DRM 模式对象（在面向对象的语言中，可以理解为 DRM 模式类）。这个结构体的定义如下：

```
struct drm_mode_object {
    uint32_t id;
    uint32_t type;
    struct drm_object_properties *properties;
    struct kref refcount;
    void (*free_cb)(struct kref *kref);
};
```

DRM 模式对象包括用于索引对象的身份 ID、标识子类类型的 type、属性 properties 和引用计数。子类类型如下：

```
#define DRM_MODE_OBJECT_CRTC 0xcccccccc
#define DRM_MODE_OBJECT_CONNECTOR 0xc0c0c0c0
#define DRM_MODE_OBJECT_ENCODER 0xe0e0e0e0
#define DRM_MODE_OBJECT_MODE 0xdededede
#define DRM_MODE_OBJECT_PROPERTY 0xb0b0b0b0
#define DRM_MODE_OBJECT_FB 0xfbfbfbfb
#define DRM_MODE_OBJECT_BLOB 0xbbbbbbbb
#define DRM_MODE_OBJECT_PLANE 0xeeeeeeee
#define DRM_MODE_OBJECT_ANY 0
```

从面向对象的角度来看，这 8 种类型也代表继承自 DRM 模式对象的 8 个子类（DRM_MODE_OBJECT_ANY 除外，其用来表示任何类型的对象，并没有具体的类型定义），FB、PLANE、CRTC、ENCODER、CONNECTOR 是其中的 5 个。MODE 只有类型定义，没有实际的继承代码，被实现为单独的不继承自任何单元的结构体 struct drm_display_mode。PROPERTY 代表 DRM 模式对象的属性，FB、PLANE、

CRTC、ENCODER、CONNECTOR 都有属性，每个属性同时是一个 DRM 模式对象。BLOB 也是属性的一种，只是该属性的存储方式是二进制内存块。

2．KMS 的合成与送显流程

Android 下 HWC 的硬件合成工作在 Linux DRM 中对应的是 KMS。Android 的一个 Layer 对应 KMS 的一个 Plane。每个 Layer 都对应一个存放显示数据的 FrameBuffer，这在 KMS 中就对应 KMS 的 FrameBuffer。一个 FrameBuffer 的数据要先读取到与显示器格式匹配的 Plane 中，这个过程叫作 Scanout（扫描输出）。

Plane 也是一块显存，其存放的数据内容的信息量与 FrameBuffer 的相同。之所以存在额外的 Plane，是因为显示器的颜色、分辨率等并不一定与 FrameBuffer 的一致。FrameBuffer 的大小通常与显示器的分辨率一致，但是也可以不一致。如果不一致，在 Scanout 过程中就从 FrameBuffer 转换为 Plane 中的匹配显示器分辨率的大小。如果显示器是竖立的，在 Scanout 过程中就会将像素内容竖立变换。

整个 Scanout 过程就是 FrameBuffer 数据的位置、朝向和放大的过程，这 3 个过程也是现代游戏引擎中模型放置的 3 个必要属性。

FrameBuffer 中不仅包括图像数据，还包括图像的颜色格式和大小等信息。从 FrameBuffer 读取到 Plane 的过程，对不同的颜色格式也会有不同的 Plane 缓存格式。例如，RGB 格式的 FrameBuffer 就对应一个整体性的 Scanout Buffer，而 YUV 格式的 FrameBuffer 就对应多个不同的 Scanout Buffer。

多个 Plane 随后要进行合成，合成过程由 KMS 管理，具体负责合成的硬件是 CRTC。CRTC 合成完成后就会将最终的待显示结果输送到输出部分。输出部分包括 Encoder 和 Connector。一个 Encoder 会连接一个 Connector，Encoder 就是将显示结果编码为可以在 HDMI 或 DP 线上传输的数据流，这些数据流随后从 Connector 传输到显示器。CRTC 是显卡的内部资源，在显卡初始化的时候就已经创建好。CRTC 的数量和性能代表了该 DPU 的并发合成能力。

如果将一个 CRTC 连接到多个不同的输出（Encoder+Connector），那么每个输出的内容都是一样内容的镜像。Connector 直接对应物理显示器，所以显示器的分辨率、颜色空间、显示模式等信息都是存储在 Connector 中的。Connector 是 KMS 组件中唯一可以热插拔的。每个显示器都有支持的显示模式列表，通常包括颜色空间和分辨率，这些不同的显示模式和配置信息统称 modeset。

KMS 的大部分直接使用者是窗口合成器。应用只需使用 DRM 渲染产生 FrameBuffer，交给窗口合成器。窗口合成器随后会使用 KMS 进行显示结构的搭建。如果窗口合成器要在某个显示器上显示内容，则可以通过 ioctl 接口访问 DRM 文件，获得对应 Connector 的分辨率，选择和设置系统为其中的一个。当要合成和显示一些

FrameBuffer 内容时，系统需要对应地创建和配置 Plane、CRTC，并将 FrameBuffer、Plane、CRTC 和输出连接起来。最后开始显示过程，可以在屏幕上看到合成和显示的结果。后续的帧可以复用已经建立的 KMS 送显结构，只是将旧的 FrameBuffer 替换为新渲染好数据的 FrameBuffer。

一次显示所需的整个 KMS 的配置都被保存在一个原子状态结构体（struct drm_atomic_state）中，这种原子性的配置设计保证了整个 KMS 的事务性，而且可以重复使用同一个配置。对 KMS 的配置相当于创建一个 drm_atomic_state 进行设置，然后下发到驱动。KMS 驱动中会检查配置的有效性，只有在检查通过的情况下才会下发到硬件。如果在检查时发现 FrameBuffer 的格式配置不被显示器支持，就会返回错误给用户空间。

1）Plane（struct drm_plane）

最终传输到 CRTC 的图像是多个 Plane 混合的结果，而 Plane 则提供了这种混合的能力。每个 Plane 都对应屏幕上的一部分内容，Plane 相当于混合变换多个 FrameBuffer 到显示器所需格式的混合器数据存储方式（混合器是 CRTC）。一个 Plane 对应的不一定是一个完整的 FrameBuffer，还可能是同一个 FrameBuffer 上的不同位置的局部图像。一个 CRTC 至少要有一个关联了完整 FrameBuffer 的 Plane，这个 Plane 叫作 Primary Plane。Primary Plane 是 CRTC 决定采用哪种分辨率、像素大小、像素格式、刷新率等模式的依据。

Plane 是一种减轻 GPU 计算负担的图层结构，有的 Plane 需要由 GPU 绘制，有的 Plane 不需要。Plane 与软件的图层概念类似（对应 Android 的 Layer），其提供的功能主要有裁剪、缩放、旋转、Z 顺序（调整 Plane 的上下覆盖顺序）、混合、颜色格式。图层的两个典型需求是鼠标光标层和视频层。鼠标的形状和位置并不是游戏或应用渲染结果的一部分，而是单独图层叠加到渲染结果上。这样渲染层（Primary Plane）就不需要绘制鼠标了，而鼠标可以由 CPU 直接绘制，省去了 GPU 的计算能力。如果是 Primary Plane 内容不变的桌面情况，只有在鼠标移动的情况下显卡才完全不需要工作。

视频层是一种叠加层，所有的非鼠标光标层和渲染层都叫作叠加层，叠加层可以用来放置各种额外的内容。视频层作为主要的叠加层是因为以前的视频渲染是软解的，也就是由 CPU 完成视频的解码，显示到显示器上的是解好了的视频，完全不需要 GPU 进行渲染。软解下视频与桌面背景对 GPU 来说是一样的，都是叠加的一张图像。但是硬解下，视频的解码放在 GPU 中的时候，视频层就没有意义了，因为视频的产生过程也是渲染过程。因为视频的输出格式通常是 YUV，而显示所需的格式通常是 RGB，所以 DPU 一般会带 YUV 到 RGB 的转换功能，用于在合成的同时将 YUV 转换为 RGB。

现代 AMD GPU 驱动的默认显示器输出格式是 YUV（需要显示器支持），因此现代合成实际上常用的是将 RGB 转换为 YUV 的过程。

2）Encoder（struct drm_encoder）

HDMI 接口需要 TMDS 信号，MIPI 接口需要 DSI 信号。从图像数据到接口信号的转换就是通过 Encoder 完成的。

CRTC 合成的结果要想显示到 Connector 上，需要让合成结果中的格式与 Connector 可以接受的格式相匹配。CRCT 的合成结果缓存也叫作 FrameBuffer。不同的显示器可以接受的格式不同，而 FrameBuffer 中的格式也可以有很多种，将两者相匹配的组件叫作 Encoder。可以不使用 Encoder，将 CRTC 直接与 Connector 连接。在 Encoder 之后可以追加任意数量的 DRM Bridge（struct drm_bridge）组成一条链，DRM Bridge 对用户空间不可见，其作用是给驱动提供一个组件，可以让一系列 DRM Bridge 参与到 Encoder 和 Connector 中间的操作中，类似 Windows 操作系统下的 Filter Driver，相当于让相关操作经过 DRM Bridge。如果驱动实现了 DRM Bridge，那么将一系列 DRM Bridge 添加到 Encoder 后面，就相当于修改了 Encoder 和 Connector 之间的调用结果。例如，虽然显示器支持某个模式，但 DRM Bridge 可以屏蔽这个模式，从而使得该模式无法通过 Encoder 使用。还可以修改模式配置中的某些模式参数，使得在驱动层面可以修改模式信息、EDID 和热插拔等信息，相当于 DRM 提供的 Hook 系统。

3．KMS 组件的属性

KMS 组件有一些 DRM 规定的属性，具体的硬件驱动可以增加新的属性。KMS 定义了组件的概念（如 CRTC）和组件的管理标准化接口，核心的逻辑实现在具体硬件的显卡驱动的对应模块上。例如，CRTC、Encoder 和 Connector 位于 AMD GPU 的 DC 模块中，硬件层面的支持在 AMD GPU 的 DCE 引擎 IP 中。KMS 层定义了组件和每个组件的通用属性，这些属性可以在驱动层面进一步拓展。属性也是一个 DRM 模式对象，每个 DRM 模式对象最多包含 24 个属性。

CRTC 的 DRM 模式对象的属性：ACTIVE，表示当前 CRTC 是否处于活跃状态，如果将其设置为不活跃，就关闭该 CRTC；MODE_ID，表示显示模式的配置 ID；SCALING_FILTER，表示缩放过滤器，用于在缩放过程中确定如何填充新增加的像素的颜色。

DRM 层的 Encoder 并没有定义具体的属性，只定义了几种类型及其注册管理。

KMS 框架约定了 Connector 的属性：EDID，表示显示器的 EDID 内容；PATH，表示显示器的物理连接的路径；TILE，通常表示 DP MST 显示器；link-status，表示当前显示器的连接状态；non_desktop，表示当前显示器不用于显示桌面；Content Protection，显示器如果设置了该属性，则内核应该对该显示器的内容执行内容保护算法

（HDCP）；HDCP Content Type，表示 HDCP 的内容类型；HDR_OUTPUT_METADATA，表示 HDR 内容的显示需要显示器和视频内容的共同支持，在显示一个 HDR 帧之前需要显示器和视频内容的协商，也就是发送这个属性的 METADATA 内容到显示器；max bpc，表示颜色深度；CRTC_ID，表示当前 Connector 连接到的 CRTC 的 ID；panel orientation，表示显示器的朝向，显示器是可以竖立使用的；scaling mode，表示缩放模式，当显卡的输出与显示器的大小不匹配时，需要缩放，有保持长宽比、不缩放置中、按照显示器的长宽进行缩放三种模式；subconnector，表示子连接类型；privacy-screen sw-state 和 privacy-screen hw-state：有的显示器带副屏幕，用于显示一些私有的内容，这两个属性用于设置和表示副屏幕的状态，sw-state 用于用户空间进行设置，hw-state 用于驱动层向上反映副屏幕的状态，之所以有两个不同的属性，是因为用户设置的状态不一定在硬件上生效。

4．KMS 模式配置

KMS 的整体配置在内核中对应 struct drm_mode_config 结构体，相当于一个显卡硬件的整体 KMS 模式配置，描述的是这个显卡所有的 KMS 组件资源。硬件检测时发现该硬件的所有 CRTC、Connector、Encoder 都存放在这个结构体中，其中还包括所有 KMS 组件的属性、全局的参数限制等。在用户空间中打开一个 DRM 文件，搭建 KMS 送显结构时，所使用的组件素材全部来自 struct drm_mode_config 结构体。

在搭建好 KMS 送显结构后，仍然需要对配置进行变更。这时如果一个变更需要多个 ioctl 修改多个属性，一次只能对单一属性进行操作就很容易导致画面异常。所以内核实现了原子化批量配置的能力，这样可以达到"每帧都是完美的"这个 Wayland 提出的目标。

2.5.3　KMS 送显结构的创建

一个正在运行的 Linux 桌面环境会为已经连接的显示器配置好 KMS，并且动态地管理显示器的显示状态和桌面画面的展示方式，如是否显示及是否采用镜像进行画面展示，这种桌面环境对显示器的管理是通过 KMS 接口完成的。当显示器插入系统时，如果桌面环境不去自动检测，则该显示器的 Connector 仍然存在，因为 Connector 代表的是显卡的物理接口，只是其状态是未连接显示器的，该 Connector 没有配置对应的 Encoder 和 CRTC。Encoder 和 CRTC 都对应具体的硬件，是显卡插入后就会被驱动创建好的固定数量的组件（如 POLARIS 10 有 6 个 CRTC）。

要想使用 KMS，首先要打开显卡的控制节点，遍历查找该显卡的所有可以插入显示器的 Connector，找到希望显示的显示器。然后找到一个可以控制该显示器的 CRTC，选择一个模式，配置对应的 Encoder，创建和绘制一个带有特定图案的

FrameBuffer。FrameBuffer 通过创建 CPU 直接访问的 DumbBuffer 或使用 libgbm 来创建可以用渲染管线加速的显存。最后配置 CRTC 将这些元素关联起来。

KMS 需要使用显卡的控制节点/dev/dri/card[n]，非 root 用户在使用该控制节点时，需要经过权限验证才能配置 KMS。由于 KMS 接口直接负责配置显示器的显示模式（如分辨率）及管理输出方式（如镜像输出或扩展桌面），因此 KMS 的使用者通常是窗口管理器或合成器，如 KWin。

搭建好的 KMS 结构示例如图 2-12 所示。

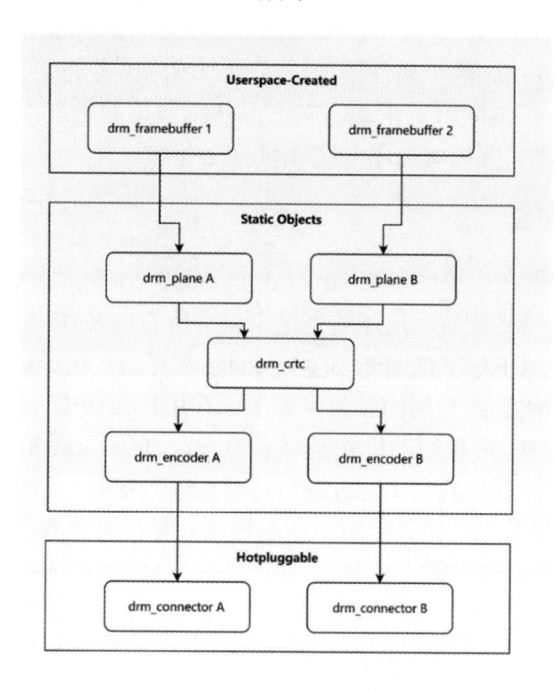

图 2-12 搭建好的 KMS 结构示例

2.6 DRI 在未来云化渲染的新挑战与趋势

2.6.1 离屏渲染的发展

随着 DRI 的发展，应用的离屏渲染已经成为主要的渲染方式。但是在传统桌面环境中，即使是离屏渲染也伴随着窗口系统的参与。这种逻辑在 Android 中很长时间是写死的，但是在 Wayland 和 X 这种开源社区比较活跃的桌面环境中，可以比较方便地实现应用的离屏渲染。

离屏渲染是应用云化的基础，通常伴随着渲染之后的编码和网络传输过程。用户空间的知名开源渲染驱动 Mesa 提供了专门的离屏渲染 API（OSMesa），Unreal Engine 也在其内部支持离屏渲染和编码出流功能（Unreal Pixel Streaming）。Android 也在 AOSP 代码内部提供了 Vulkan Cereal（gfxstream）模块，用来直接将 Vulkan 和 OpenGL 指令流通过网络传输到外部进行渲染。Windows 操作系统中的 WSL 子系统的渲染 API 也是通过将 OpenGL 或 Vulkan 转换为 DirectX 指令流在 Windows 操作系统中进行渲染的。

随着离屏渲染的发展，单独分离渲染计算的趋势越来越明显。

1. X 与 Wayland 的远程桌面

X 发布于 1984 年，那时 UNIX 大型机器的使用模式是多用户共享一台位于大型机房中的 UNIX 机器。因此，X 的设计理念是将显示服务（X Server）与用户的终端设备（X Client）进行分离，两者之间通过网络协议进行通信。这样，用户可以在 X Client 上进行操作，而实际的计算任务则在 X Server 的 UNIX 机器上执行。

主机渲染的发展经历了从云端渲染到本地渲染再到云端渲染的过程。X 就是云端渲染的早期产物，其典型特点是所有的渲染指令都通过对 Xlib 库的调用被编码发送到 X Server，由 X Server 解析指令流进行渲染。

虽然随着 DRI 的发展，应用已经可以自己调用本地 GPU 硬件进行渲染，X 的渲染作用逐步弱化。但是随着云计算机、云游戏的发展，又提出了新的 X Server 渲染需求。早期的云游戏就是基于渲染指令流的，这与经典 X 的渲染方式类似。但是很快指令流就因其巨大的数据传输量被视频编码方案替代。游戏或应用先在 X Server 渲染完成，然后被编码为视频流，传输到 X Client，最后由 X Client 解码进行播放。

视频编解码技术随着移动互联网蓬勃发展，所以视频编码方案相比传统指令流拥有更低的带宽开销，也就意味着更低的运行成本，甚至低到可以完全抵消视频编解码所需的额外成本。整个计算机和智能手机行业有往云计算再次发展的可能性。

尽管 X 本身已经过于庞大和复杂，但是它所采用的指令流传输方式并不一定过时。在云游戏的应用场景中，如果直接基于指令流进行传输，可能会遇到带宽问题。因此，未来有可能会出现基于指令流的通用传输协议，或者更多的端到云的协同优化方案，以降低指令流的数据传输量，从而解决带宽问题。

由于 Wayland 抛弃了指令流，因此其协议不支持远程访问。远程桌面都是通过 VNC、RDP 等协议，由专门的应用实现的方式进行传输的，这种传输通常也是压缩图像或视频流的方式。

2. 游戏种类的发展

游戏是驱动渲染技术进步的第一动力，传统的游戏通常运行在 Windows 操作系统上，少部分的主机游戏运行在硬件厂商私有定制的系统中。在 Linux 操作系统上运行游戏经历了漫长的发展。

得益于 Wine 项目和 Valve 公司的积极推动，Linux 操作系统上已经可以大量兼容运行原来运行在 Windows 操作系统上的游戏。但是随着移动化浪潮的出现，大量 Android 手机游戏（手游）诞生。这些手游专门为 Android 适配，由于 Android 同样使用 Linux 内核，因此 Linux 操作系统下的原生游戏数量急剧增加。

随着 Android 的发展，其市场份额很快超过了 Linux 桌面环境。X 与 Wayland 在 Linux 桌面环境上进行了漫长的演进，但是 Android 的快速崛起给 Linux 桌面环境带来了很大的不确定性。Wayland 和 SurfaceFlinger 长期共同存在、同时发展，而 Android 的日常应用的种类和数量已经显著超过 Linux 桌面环境。虽然在窗口管理系统上，Android 的成熟度还落后于 Linux 桌面环境 KDE/GNOME，但是，支持 Android 应用是 Linux 桌面环境不得不面对的问题。随着云应用的发展，Linux 服务器也需要大量运行的 Android 应用。

2.6.2　Android 手游的云端运行

1. 手游云游戏化的 SoC 方案与独立显卡方案

在云端运行手游是指将原来运行在智能手机上的游戏在云端运行。渲染计算在硬件方案上分为使用智能手机芯片集群和使用高性能独立显卡两种方式。

使用智能手机芯片集群也称为 SoC 方案，可以让游戏运行在与智能手机几乎一致的硬件环境中，兼容性问题较少，并且由于游戏都是为智能手机芯片进行过优化的，智能手机芯片的出货量大，单价相对便宜，所以单路运行成本通常较低。

使用高性能独立显卡也称为独立显卡方案或集中式方案，是指在服务器的大型显卡上运行多路游戏的渲染方式，这种方式可以让游戏之间进行渲染资源的复用，以节省显存和计算能力。例如，纹理共享，甚至做到部分重复渲染计算的复用。在大规模并行渲染下，独立显卡方案拥有理论上的更低成本，但是实际上独立显卡运行 Android 手游有很多"水土不服"的情况，主要有三大类：显卡硬件结构不适应导致的低性能发挥高成本问题、兼容性问题、隔离与 QoS（Quality of Service，服务质量）问题。

2. 独立显卡方案的问题

1）显卡硬件结构不适应导致的低性能发挥高成本问题

独立显卡在硬件结构上是用来运行 PC 游戏的，而手游不会针对独立显卡进行优化。游戏是否针对硬件进行优化通常会带来极大的性能区别。例如，PS 等主机游戏会针对主机硬件进行优化，将相同的主机硬件放到 PC 上，游戏帧率可能无法达到在 PS 上的水平，这种差别在手游运行于独立显卡时表现得更加明显。手游，尤其是流水很高的经过大量性能优化的手游，都会默认它们所运行的渲染硬件是统一内存而不是独立显存，是 TBR 而不是 IMR，是游戏独占显卡而不是并发渲染，内存带宽较低而对内存性能的释放比较保守。这种差别会影响游戏的优化方向，使得在 SoC 上优化的逻辑在独立显卡上效果不明显甚至起到反作用。

2）兼容性问题

因为硬件不同带来的兼容性问题出现得比较频繁。因为手游和 Android 都会默认显卡是智能手机 SoC，而独立显卡与 SoC 在渲染行为上并不完全一致。最常见的问题来自显卡驱动，独立显卡的驱动在手游云游戏化之前比较少处理大并发的实时渲染任务，所以会出现各种各样的驱动完备性上的问题，导致游戏崩溃、性能下降甚至驱动整体崩溃死机。此外，独立显存的存在、渲染 API 的支持程度、纹理格式、渲染指令缓存实现、渲染后处理流程、着色器的默认行为等，都曾在不同的手游上出现过不同的兼容性问题。

3）隔离与 QoS 问题

隔离与 QoS 通常会相互影响。例如，在显卡驱动中，同时渲染多个游戏可能会遇到关键路径的并发性能瓶颈，从而导致它们之间相互干扰。AMD 默认是每个渲染上下文轮巡地执行一个 job，不同种类的游戏在同一个显卡上运行时，会导致渲染资源的无差别分配。不同游戏之间的渲染竞争可能会导致硬件资源的 QoS 不足。出现这些并发问题的大部分原因是在独立显卡上并发进行实时游戏渲染在手游云游戏化之前没有比较成熟的经验，导致驱动实现不完备。但是也有硬件层面上的多渲染上下文并发支持不充分的原因。

3．SoC 渲染的特点

1）SoC 渲染的硬件特点

（1）显存带宽较小。

SoC 渲染的硬件最显著的特点是 TBR 和无独立显卡，两者都能带来相比 PC 游戏，渲染带宽占用小的特点。

渲染操作需要大量的显存访问，显存访问也是一个功耗较高的场景，PC 上重度访问显存的游戏在显存上的功耗接近渲染计算的功耗。

为了追求低功耗，SoC 普遍采用 TBR 的渲染硬件结构。TBR 建立在渲染操作对显存的主要访问是以一张图像为单位的并行访问之上，如果能将最频繁访问的图像放入芯片内部缓存，就可以显著减少访问显存的频率，也就能降低功耗。但是图像通常较大，SoC 的片上缓存无法做到太大，所以 SoC 将图像切分为一张一张的小图像，每次只计算一张小图像，这样一张小图像可以完全放入芯片内部缓存。

通过上述的 TBR 思路，智能手机芯片大幅度减少了对显存的访问需求，从而节省了带宽，降低了功耗。由于智能手机是统一内存，被 CPU 和 GPU 同时访问，所以节省了显存带宽，相当于提高了 CPU 访问内存的带宽。

智能手机使用 LPDDR 内存，这种内存也是为低功耗设计的。然而，由于其在低电压下运行，时序要求较高，因此无法做成内存条，只能固化在 SoC 周围，也无法实现 LPDDR 内存的高密度。

（2）GPU 独占且期望性能较小。

智能手机 SoC 的渲染 GPU 核心的执行频率相对独立显卡较低，规模较小，对于同一个渲染指令，手游期望的执行速度低于实际在同时期独立显卡上的执行速度。

例如，对于同一个 Draw 指令，手游的优化适配按照智能手机的 GPU 核心执行的时间来评估延迟。而如果使用独立显卡执行同样的 Draw 指令，则会更快。虽然说运行更快对游戏没有负面作用，但是意味着游戏的单次渲染任务不会主动充分利用显卡硬件资源，会发起大量的独立显卡认为较小的 Draw 指令，也就对应更多的上下文成本。

现代 Vulkan API 已经充分认识到硬件 IP 执行中的气泡问题带来的硬件性能损失，但是这种小 Draw 指令相当于再次引入无法去除的气泡，并发地在独立显卡上运行手游会进一步放大这种气泡，并且使 Vulkan API 在用户层的主动优化失效。因为显卡的 job 流中会包含来自不同游戏上下文的不同任务，而 Vulkan API 会认为自己在异步地使用某个硬件模块，而其他硬件模块仍然是可用的，从而并发地发起其他 GPU job。Vulkan API 的这种独占假设在独立显卡运行多路手游时是不存在的。

2）SoC 渲染的软件特点

（1）压缩纹理与渲染 API。

智能手机普遍使用 ASTC 纹理压缩格式及比较匹配手游的渲染 API 扩展。

由于智能手机的显存有限，要与 CPU 共享容量和带宽，所以除了节省显存带宽，SoC 渲染还比较注重显存资源占用和游戏安装包的大小。最典型的方式就是通过压缩纹理，手游打包使用压缩纹理，GPU 渲染也直接读取压缩纹理，整个过程不需要解压纹理就可以直接被 GPU 访问。

这种硬件直接访问压缩纹理的方式在 PC 上长时间得不到重视。由于独立显卡使用大带宽的 GDDR，还可以使用系统内存扩展显存，因此对带宽和显存的限制都较小。独立显卡普遍支持 DirectX 的 DXT，对 ASTC 的支持程度不够。

另外，PC 游戏的渲染架构发展速度要快于手游的，如 GPU Driven Pipeline、Unreal Nanite 等新特性。这些新特性的典型特点都是重度依赖计算着色器，且会先在独立显卡上支持，也就意味着独立显卡会朝着这些新特性协同发展。例如，AMD 在 RDNA 上通过 NGG 新着色器结构来支持 GPU Driven Pipeline 所需的网格着色器，这种变化较少在智能手机 SoC 上看到。

手游长时间使用 OpenGL ES 来渲染游戏，ES 作为精简版的 OpenGL，本身就代表与独立显卡在 API 层的区别。现代 Vulkan API 在智能手机上和独立显卡驱动实现的扩展支持更是差别较大。当前一个 Vulkan 手游在独立显卡上无问题运行仍然比较困难。

（2）不感知独立显存。

手游开发者认为手游是在智能手机 SoC 上运行的，智能手机 SoC 是没有独立显存的，反映在软件上就是渲染资源（BO）的创建不会合理地指定是否放在 GTT 内存中。GTT 内存是一种让 GPU 直接使用系统内存作为显存的机制。

如果游戏开发者认为一个渲染资源是延迟不敏感的，他就可以将该资源放到 GTT 内存中，从而不占用宝贵的显存资源。还可以指定一个渲染资源，虽然默认放到显存中，但是当显存资源紧张的时候可以被移动到系统内存中。

手游开发者会认为系统中只有 LPDDR 内存，区分不同成本和延迟的优化意义就不大。因此，手游并不注重渲染资源的放置。针对这种情况，NVIDIA 驱动会主动地帮助渲染资源进行合理放置，AMD GPU 驱动本身也可以修改驱动进行优化。但是这些优化都是建立在用户不感知，硬件独立显存依然存在的情况下的特定性事后手动优化，成本较高，效果也并不显著。

手游渲染资源种类繁多，但每个资源的大小相对较小。访问这些资源需要通过页表和 TLB（Translation Lookaside Buffer，页表缓存），AMD 显卡基于单个资源较大但数量较少的特点，设计了一个 Fragment 机制，使得一个 TLB 条目可以指向一大片连续的内存（默认 2MB）。然而，手游中存在大量需要并发访问的小纹理资源，Fragment 机制对手游的提升效果有限，甚至可能产生负面影响。因为用户空间会根据 Fragment 的大小来确定所需的显存大小，如果 Fragment 过大，就会导致显存浪费。

4．当前独立显卡与手游渲染硬件的矛盾

1）硬件匹配问题

由于手游渲染和 PC 游戏渲染的发展不同步，为 PC 游戏设计的显卡会导致很多硬件模块很长时间并没有被使用，如光线追踪硬件模块。还有一些硬件模块是云游戏场景下不需要的，如显示模块、音频模块、USB 支持等。

手游在独立显卡上运行的性能阻力点不同。例如，在一个 GPU 中，Alpha 测试、深度测试和最后的融合都是单独的硬件单元进行的。对于手游，独立显卡的计算相比于其提供的专门的图形硬件单元的能力过强，导致性能阻力点出现在与图形相关的硬件部分中，而不是运行 PC 游戏常见的计算单元中。这种 GPU 内部硬件单元配比的错位会使得相当一部分晶体管被实际地浪费。

云游戏场景下结束渲染还需要进行编码。显卡通常会提供编码硬件，但是编码能力通常不是按照多路手游并发编码所需的计算能力来提供的。这就导致 GPU 硬件提供的编码能力在并发手游渲染的情况下往往不足。但是也确实存在编码能力足够的服务器显卡。

2）多路并发问题

现代显卡在 IMR 上已经发展到大缓存的阶段。例如，7900XTX 的 L3 Cache 已经达到 96MB。Cache 也属于片上内存，访问 Cache 并不占用带宽。由于 Cache 具有通用性，不同行为的显存访问都可以加速，因此可以达到更好的带宽访问优化的效果。

之所以采用如此大的 Cache，是因为独立显存渲染的规模变大了，Cache 的大小对渲染资源来说并不大，无法起到像 TBR 那样精准地为特定的高带宽需求操作定向加速的效果。

由于多路手游并发运行，对于大型独立显卡，相当于多个不相关的上下文持续切换。尤其是现代 GPU 驱动普遍实现的轮巡式的 job 执行，相当于 GPU 总是在不同游戏的执行上下文之间切换，这对 Cache 来说是非常不友好的。

此外，显卡驱动普遍设计的并发 job 数并不高。例如，AMD 的默认硬件 job 数是 2，软件 job 数是 32。这对独占的 PC 游戏来说是足够的，但是对于并发运行的多路手游，支持的并行度就较低了。

手动地提高并发 job 数并不可以直接解决问题，因为 CP、VGT、PA、SQ、SX、SPI 等执行渲染过程的硬件单元都是按照独立显卡理解的并发能力设计提供的硬件能力，这个能力在出厂之后是不可更改的。

当硬件并发不足时，独立显卡过多的计算单元也就无法充分执行。

3）显存问题

手游无 GTT 内存感知，独立显卡普遍带有独立显存的情况会持续存在。但是由于手游的带宽要求低，独立显卡的 GDDR 内存所提供的带宽严重过剩，在当前硬件的并发能力下，实际满载的显存带宽利用率通常在 1/5 以下。GDDR 内存运行手游失去了其核心带宽优势的意义，而 GDDR 内存又因为带宽需求如 LPDDR 内存一样无法插槽化。

实际上，DDR 内存的带宽足够满足手游的运行需求。在 CXL（Compute Express Link，计算快速链接）实际普及之前，显卡通过开始普及的 PCIe 5 直接使用系统内存进行渲染已经可行。如此，不但可以使用巨大的可扩展容量的系统内存，消除显存容量瓶颈，还可以有效降低显卡的成本。同时，由于直接使用系统内存，不需要区分 GTT 内存，因此在内存结构上可以做到与手游假设的 UMA 结构一致。

5．Linux 桌面环境与 Android 的融合

由于使用同样的 Linux 内核，Linux 桌面环境与 Android 具备天然的融合可能性。在 Linux 操作系统上运行 Android 从 Anbox（已经停止更新）发展到 Waydroid（只支持 Wayland），后来出现了全容器化运行 Android 的 ReDroid。由于 AOSP 的开

源属性，在 Linux 操作系统下手动编译并运行 Android 并不是难事。从技术上来看，Android 重度依赖的 Binder 是 Linux 桌面环境不需要使用的，Ashmem 虽然在 Linux 5.18 版本后从内核中删除，但是可以比较容易地将 Android 使用的 Ashmem 替换为 memfd，Waydroid 就是这样操作的。

从 Android 的角度来看，Linux 桌面环境的用户应用匮乏，而技术应用丰富。Android 作为终端系统，并没有太大动机兼容 Linux 桌面环境，但是 Termux 项目仍然在 Android 中创建了完整的 Linux 命令环境，使得 Android 可以利用 Linux 操作系统下的丰富命令行工具。随着 Android 的发展，笔记本电脑和 PC 难免成为 Android 的目标市场，从而促使 Android 完善其窗口管理系统，与 Windows 操作系统直接竞争，进一步恶化 KDE/Gnome 的生存环境。

第 3 章

三维图形渲染管线

3.1 三维渲染中的三维坐标与模型文件表示

3.1.1 坐标系统

无论渲染的中间步骤如何，渲染的结果一定会渲染到一个二维屏幕中，也就是顶点最终是要以二维窗口坐标来表示的。而在我们拿到的模型顶点数据中，每个顶点的坐标都是模型的局部坐标（Local Coordinate），因为模型文件可以拷贝到各种地方，其中的坐标必须是局部坐标。整个渲染过程需要经历从模型的三维局部坐标到最终的二维窗口坐标的转换。坐标转换对应数学中的矩阵乘法。

局部坐标指的是模型在其自身坐标系中的位置，在渲染过程中需要被转换为世界坐标（World Coordinate）。世界坐标指的是模型在整个渲染场景中的具体位置。

世界本身是三维的，但是人眼只是从一个点去看这个世界，三维世界要在人眼的视网膜中投影成二维图像才能被人感知。对应游戏的三维世界也需要一个相机，相当于人眼。相机本身位于三维世界中，有三维世界的坐标。相机面向三维世界的一个方向。从三维世界到相机照片的过程需要经历多次坐标转换。

首先，世界坐标是相对三维世界的原点，观察坐标（View Coordinate）就是先把三维世界的原点转换为相机的坐标，让相机作为三维世界的原点。

相机存在三维世界的位置信息，相机的方向决定了其所看到的世界。人眼看到的范围是一个圆锥形区域，但在渲染过程中，这个圆锥形视野通常被近似为一个由 6 个平面组成的平截头体。平截头体靠近相机的面比较小，远离相机的面比较大。只有平截头体中的顶点才能被相机看到，也就是存在渲染的必要性。所有不在平截头体中的顶点都会被剔除，所以平截头体代表的世界坐标叫作裁剪坐标（Clip Coordinate）。从观察坐标到裁剪坐标的转换叫作投影。

经过投影后，世界不再是正常的三维世界，而是以相机为中心，只有相机才能看到的顶点的视觉空间。裁剪坐标还需要经过一个归一化操作，将坐标的取值范围变为[-1,1]，归一化后的坐标叫作归一化设备坐标（Normalized Device Coordinate，NDC）。

从局部坐标转换到归一化设备坐标是在顶点着色（VS）管线阶段完成的，这也是 VS 管线阶段的主要功能。VS 管线阶段之后，管线看到的顶点坐标就是归一化设备坐标。

由于平截头体仍然是三维的，因此从视觉空间到视网膜的投影是一个三维到二维的变换过程，这个变换叫作视口变换（Viewport Transformation），变换后的坐标就是二维顶点在屏幕中的坐标，也就是屏幕上的像素坐标。

像素坐标是将屏幕根据分辨率划分成二维平面格子所形成的二维坐标。在进行坐标转换时，首先需要将局部坐标转换为世界坐标，对应着将模型放置到渲染的世界环境中。如果仅仅是简单地放置，那么只需计算局部坐标顶点在世界坐标中的位置，对模型的所有顶点执行相同的坐标转换，就可以得到模型的所有顶点的世界坐标。在将模型放置到渲染的世界环境中时，还可能需要进行缩放和旋转操作。综合来看，通过缩放、旋转和平移三种操作，可以实现从局部坐标到世界坐标的转换，这三种操作是所有坐标转换的数学计算基础。

3.1.2　顶点表示与 obj 模型文件的格式

一个不带动画的模型文件一般是顶点的集合，这些顶点组成整个模型，其中包括模型使用的纹理和材质的信息。例如，格式简单的 obj 模型文件，其核心组成元素就是顶点。obj 模型文件的每行都代表一种资源定义，v 代表顶点，vt 代表纹理，vn 代表纹理法向量，f 代表面。

一个顶点的坐标是三维的，但是通常还有第四个维度 w。(x,y,z,w) 与 $(x/w,y/w,z/w)$ 是等价的，w 通常用于方便地缩放。obj 模型文件中一个顶点的示例如下：

```
v 0.123 0.234 0.345 1.0
```

顶点可以有颜色属性，颜色使用 R、G、B 三个维度，但是通常还有第四个维度 Alpha，代表透明度。颜色表示通常是 $(R,G,B,Alpha)$，跟在顶点坐标的后面。一个带颜色的顶点的示例如下：

```
v -0.3674 -0.0781 0.0703 0.6372 0.4339 0.3513
```

顶点可以不直接指定颜色，而使用纹理文件上的颜色坐标，这也是比较常见的情况。纹理坐标的格式是 (u,v,w)，存在一维/二维纹理。u 代表一维横坐标，是必然存在的。v 代表二维纵坐标，只在二维纹理下存在，二维纹理是最常见的纹理。w

用于特殊目的，如影子映射，一般不使用。obj 模型文件的一个纹理的示例如下：

```
vt 0.500 1
```

顶点具有法向量属性，代表顶点的朝向。一个顶点朝里和朝外可以是不同的颜色。在面交界的顶点，同一个顶点坐标可以有不同的法向量，这种顶点虽然坐标一样，但是在三维模型中是不同的顶点，由法向量区分。法向量就是一个三维的坐标(x,y,z)，通常用于光照计算。obj 模型文件的一个法向量的示例如下：

```
vn 0.707 0.000 0.707
```

顶点具有索引属性。三维模型通常由三角形组成，三角形的边是互相重叠的。obj 模型文件给出的是顶点列表，由整数的索引列表给出三角形的形状。渲染管线的 VS 管线阶段通常也会输入顶点索引来减少输入的顶点数。顶点、纹理和法向量在 obj 模型文件中都是简单的列表，整体由索引来结合，示例如下：

```
f 6/4/1 3/5/3 7/6/5
```

上面的 f 代表一个三角形，有三个顶点索引，每个顶点索引都由三个域组成。以 6/4/1 举例，6 是顶点的索引，代表从顶点列表开始的第 6 个顶点；4 是纹理的索引，代表从纹理列表开始的第 4 个纹理；1 是法向量的索引，代表从法向量列表开始的第 1 个法向量。

有的顶点位于渲染平面的后面，且前面的顶点不透明，并不需要实际绘制在最后的像素中，应该在渲染的过程中剔除。顶点剔除一直是渲染计算能力优化的一项重要技术，主要包含视锥体剔除（Frustum Culling）和遮挡剔除（Occlusion Culling），以减少对画面呈现无用的数据，避免后续无效的计算。视锥体剔除只取消相机视野外的物体的渲染，不取消相机视野中被遮挡物体的渲染。遮挡剔除是指当顶点被其他物体遮挡而在相机视野中无法看到时，取消对该顶点的渲染。

3.2 DirectX、OpenGL 与 Vulkan

3.2.1 DirectX

早期的渲染管线是固定的，对在管线上进行的渲染动作和使用的资源类型都有明确的约定，这一状况一直持续到 DirectX 12 的出现。虽然随着各种不同功能的着色器的引入和普及，管线的灵活程度大幅度提高，但是整体上的固定管线结构仍然没有发生根本性的变化。DirectX 12 是与 Vulkan 类似的公布了更多硬件细节的全新 API。

用户使用 DirectX 本质上是为管线添加和配置参数。例如，配置顶点数据，用于在 VS 管线阶段绘制模型；配置纹理资源，用于在像素着色（PS）阶段为顶点绘制皮肤。除了提供数据类型的参数，用户还可以指定管线如何解析顶点、如何对纹理进行采样等控制管线行为方式的参数。可以认为整个渲染过程是在固定管线下，根据用户提供的不同参数和资源进行的定制化渲染过程。用户需要做的就是按照管线要求的格式提供渲染所需的参数和资源，渲染就是对管线的一个配置过程，相当于 C 语言编程中对固定流程下的不同 Hook 点的回调注册。

固定管线的主要组织方式是状态（State），固定管线的推进就是从一个 State 到下一个 State 的过程。每个 State 都有输入和输出，这些输入和输出都采用 DirectX 规定的固定格式进行描述。上一个 State 的输出作为下一个 State 的输入，但是下一个 State 的输入还可以包括其他用户直接提供的数据。在这里，每个 State 都对应渲染管线中的一个阶段。一共有 9 个阶段：输入装配（Input Assembler，IA）阶段、VS 管线阶段、轮廓着色（HS）阶段、曲面细分着色（TS）阶段、域着色（DS）阶段、几何着色（GS）阶段、光栅化（RS）阶段、PS 阶段、输出混合（OM）阶段。其中 VS 管线阶段和 PS 阶段是最常见的可以使用着色器来灵活定制管线的阶段。另外，HS、DS、GS 阶段也可以使用对应的着色器进行编程。

1. IA 阶段

IA 阶段主要将顶点数据做预计算提供给 VS 管线阶段。所谓的顶点数据，常见的是三角形各顶点的坐标，还包括每个顶点的 UV 坐标（UV 坐标是顶点在二维纹理上的坐标）。一个顶点可以用三维的三个值来描述，也可以用二维的两个值来描述。此外，顶点描述的不一定是三角形，还可以是无关联的点或线。所以，IA 阶段所需的顶点具备格式上的不确定性。

IA 阶段的主要任务就是用确定的语言来描述顶点数据的格式，让后续阶段方便使用顶点。无论什么格式的顶点数据，都是逐个顶点描述的，也就是确定格式的顶点数组。D3D11_INPUT_ELEMENT_DESC 结构体就是提供给 API 用户来描述每个顶点数据的格式的，示例如下：

```
D3D11_INPUT_ELEMENT_DESC inputElementDesc[] ={
    { "POS", 0, DXGI_FORMAT_R32G32_FLOAT, 0, 0,
      D3D11_INPUT_PER_VERTEX_DATA, 0 },
    { "TEX", 0, DXGI_FORMAT_R32G32_FLOAT, 0,
      D3D11_APPEND_ALIGNED_ELEMENT, D3D11_INPUT_PER_VERTEX_DATA, 0 }
};
```

上述示例描述了一个顶点数据的格式，这个顶点数据分为两部分，前两个 32 位浮点数（由 DXGI_FORMAT_R32G32_FLOAT 指定）叫作 POS，后两个 32 位浮点数叫作 TEX。可以看出，一个顶点包括 4 个浮点数。

上述示例只描述了一个顶点的格式，但是各顶点之间是离散的顶点还是线或三角形，需要额外调用专门的函数单独指定。

2．VS 管线阶段

VS 管线阶段对每个顶点并行地调用同样的函数进行顶点计算。VS 管线阶段处理的永远是单个顶点，相当于遍历每个顶点，做一些操作，把顶点的结果输出到 HS 阶段。这些操作是由程序给出的，一个简单的顶点着色器程序如下：

```
struct VS_Input {
    float2 pos : POS;
    float2 uv : TEX;
};
struct VS_Output {
    float4 pos : SV_POSITION;
    float2 uv : TEXCOORD;
};
VS_Output vs_main(VS_Input input){
    VS_Output output;
    output.pos = float4(input.pos, 0.0f, 1.0f);
    output.uv = input.uv;
    return output;
}
```

如果将这个顶点着色器程序设置到 VS 管线阶段，则对于每个顶点，这个程序都把 2 个浮点数的 input.pos 转换为 4 个浮点数，多出来的 2 个浮点数分别填充了 0.0f 和 1.0f。这是一个很基础的顶点着色器程序，因为 SV_POSITION 的 4 个浮点数的顶点格式是 PS 阶段所需的输入数据。在顶点输入 PS 阶段之前必须完成 4 个浮点数描述的顶点格式的转换。

3．其他阶段

HS、TS、DS 阶段都是可选的，可以统一叫作 TS 阶段。TS 阶段把一个三角形通过用户输入的辅助数据变成细节更丰富的多个三角形，使得模型更加精细。HS 阶段负责标记如何细分，是可编程的；TS 阶段是具体执行细分的阶段，是用户不可编程的；DS 阶段可以调整细分后的结果，是可编程的。TS 阶段的功能是由硬件实现的，而不是通过用户编写的着色器程序实现的。所以，用户只能通过轮廓着色器（Hull Shader）和域着色器（Domain Shader）来影响细分的过程。

曲面细分利用 TS 技术对三角面进行细分，以增加物体表面的三角面数量。使用 TS 技术可以用低精度模型得到较好的渲染效果。高精度模型的加载会占用大量带宽，一般渲染会使用 LOD 技术，可以根据物体距离相机的远近来调整多边形网格的细节。若物体距离相机比较远，则采用高精度模型进行渲染会造成浪费，因为我们看不清模型的具体细节。随着物体和相机之间距离的拉近，可以采用更高精度的模型。使用 TS 技术可以实现连续细化处理，而不依赖静态的 LOD 技术，动态地增加物体的细节。TS 技术还能节省内存，因为在内存中保存的是低精度模型，再根据需求用 GPU 动态地增加物体表面的细节。

GS 阶段也是可选的，可以对顶点进行增加、删除、修改三种操作。但是修改操作应该放在 VS 管线阶段完成，VS 管线阶段的性能远优于 GS 阶段的性能。增加和删除操作只能在 GS 阶段完成，对应的用户可以创建几何着色器来编程 GS 阶段。

RS 阶段收集顶点数据并组装为简单的基本体（点、线、三角面），基本上都是三角面。逐行扫描遍历屏幕的每个像素，如果像素中存在三角形，则生成一个片元，片元是多种信息（屏幕坐标、深度信息、法线、纹理、透明度等）的集合体。RS 阶段输出片元序列。

PS 阶段对每个片元进行上色，是可编程的必选阶段。在 PS 阶段，每个着色器处理的都是单个片元。

OM 阶段对所有片元进行合并测试和输出通过测试的片元，主要的测试有裁剪测试（Scissor Test）、透明度测试（Alpha Test）、模板测试（Stencil Test）、深度测试（Depth Test），没有通过测试的片元会被丢弃。OM 阶段最终合并输出像素结果。

整个管线通过必要和可选阶段实现了渲染一帧画面的流程建模。程序只需提供管线所需的数据和着色器，对管线进行配置就可以完成渲染编程。这个过程也叫作管线编程。

3.2.2 OpenGL

1. OpenGL ES

OpenGL 是 SGI 公司于 1992 年发布的跨平台的三维渲染 API。三维渲染 API 的目的是使用硬件进行渲染加速，加速在现在看来是正常速度，但是在 DRI 的早期，渲染是通过 CPU 计算完成的，并没有专门的渲染硬件。当出现新的可以加速 CPU 执行渲染过程的硬件时，使用硬件进行渲染就成了主流。

2006 年，OpenGL 在 Khronos Group 的管理下走向了标准化。

OpenGL ES 是 OpenGL 的一次重构，因为 OpenGL 需要保持向后兼容，所以越到后期发展越困难，OpenGL ES 相当于抛弃了 OpenGL 的兼容性包袱，设计了最小的子集 API。从 OpenGL ES 2.0 开始，支持可编程流水线，这意味着用户可以提供自定义的着色器程序，修改渲染流水线的执行过程。OpenGL ES 3.1 增加了计算着色器功能，为智能手机应用带来了通用计算能力。之后，Android 渲染跨入 Vulkan 时代。

2017 年之后，OpenGL 和 OpenGL ES 标准都不再更新，Khronos Group 转而支持 Vulkan。

2. OpenGL Extension

OpenGL Extension 通常称为 OpenGL 扩展，其目的是引入新的功能和性能优化，这些可能无法通过核心规范实现。例如，一些扩展可能会引入新的渲染技术（如 GL_ARB_tessellation_shader 引入了曲面细分着色器），或者为特定厂商的硬件提供优化（如 GL_AMD_pinned_memory 允许 GPU 直接访问系统内存，提高数据传输速度和应用性能）。

在 OpenGL 程序中使用 OpenGL Extension 通常需要先查询其可用性，然后使用特定的函数和常量，这些函数和常量通常在 OpenGL Extension 规范中定义，可以通过包含适当的头文件或使用加载库来使用。

由于 OpenGL Extension 通常是针对特定硬件或驱动程序设计的，不能在所有系统上使用，因此，使用 OpenGL Extension 时应确保程序能够在没有 OpenGL Extension 的系统上正常工作。

OpenGL ARB（Architecture Review Board，架构审查委员会）是一个由多个公司和组织组成的委员会，负责制定和维护 OpenGL 规范。OpenGL ARB 成员包括硬件制造商、软件开发商和其他利益相关者。OpenGL ARB 的职责之一是审查和批准 OpenGL Extension，当一个 OpenGL Extension 被认为足够重要且具有广泛的实用性时，OpenGL ARB 可能会将其纳入核心规范，意味着该 OpenGL Extension 成为 OpenGL 的标准部分，所有厂商的图形驱动实现都必须支持它。

3. OpenGL 渲染管线

OpenGL 渲染管线的结构与 DirectX 渲染管线的结构很相似。事实上，所有渲染图形 API 的管线阶段都是对硬件的软件抽象，由于需要支持的硬件是重叠的，所以软件上的管线抽象的结果也是相似的。OpenGL 渲染管线有很明显的状态属性，配置管线就是配置 OpenGL 状态机的过程。

以纹理资源的使用为例。渲染资源的使用过程都是类似的，先申请资源 ID，再绑定到管线上下文特定的资源槽，最后初始化资源。纹理资源对应的 3 个调用如下：

```
void glGenTextures(GLsizei n, GLuint * textures);
void glBindTexture(GLenum target, GLuint texture);
            void glTexImage2D(GLenum target, GLint level, GLint
            internalformat, GLsizei width, GLsizei height,
            GLint border, GLenum format, GLenum type, const
            void * data);
```

初始化资源之后，还可以对渲染时资源的参数进行配置。因为资源已经绑定到特定的资源槽，如纹理的 target 常用 GL_TEXTURE_2D 槽，可以针对这个槽的纹理进行参数配置。纹理的配置一般是指采样参数的配置，包括纹理过滤方式（如缩小和放大时的过滤）、纹理环绕方式（如重复或镜像）等，这些参数决定了如何从纹理中获取颜色值，影响最终的渲染效果。示例如下：

```
glTexParameteri(GL_TEXTURE_2D, GL_TEXTURE_MAG_FILTER, GL_LINEAR);
glTexParameteri(GL_TEXTURE_2D, GL_TEXTURE_MIN_FILTER, GL_LINEAR);
glTexParameteri(GL_TEXTURE_2D, GL_TEXTURE_WRAP_S, GL_CLAMP_TO_EDGE);
glTexParameteri(GL_TEXTURE_2D, GL_TEXTURE_WRAP_T, GL_CLAMP_TO_EDGE);
```

上述示例分别配置了 GL_TEXTURE_MAG_FILTER、GL_TEXTURE_MIN_FILTER、GL_TEXTURE_WRAP_S、GL_TEXTURE_WRAP_T 四种采样参数。在纹理坐标系中有一个命名为 S 和 T 的二维轴（类似 X 轴和 Y 轴）。S 轴和 T 轴的纹理尺寸范围都是从 0 到 1 的浮点数。

纹理的映射就是让物体的每个片元（每个颜色像素）都找到对应的纹理纹素，但有时纹理并没有完全映射到物体上，可能导致纹理只覆盖了物体的部分区域。在这种情况下，未被纹理覆盖部分的采样方式可以通过 GL_TEXTURE_WRAP_S 和 GL_TEXTURE_WRAP_T 进行配置。上述示例将两者都配置为 GL_CLAMP_TO_EDGE，意思是将超出部分设置为边界颜色。

即使映射范围问题不存在，纹理和物体的映射也很可能出现两种精度上的不匹配问题，第一种是拥有大量纹素的纹理被映射到含有少量片元的物体上（对应上述示例中的 GL_TEXTURE_MIN_FILTER 采样参数），第二种是拥有少量纹素的纹理被映射到含有大量片元的物体上（对应上述示例中的 GL_TEXTURE_MAG_FILTER 采样参数）。使用 OpenGL 的参数配置 API 可以配置不同情况下的不同行为。

3.2.3 Vulkan

1. Vulkan API 的产生

Vulkan 是更符合现代显卡硬件结构的下一代渲染图形 API，其目的是通过给用户更多的底层控制能力以追求更好的渲染性能，但其相比 OpenGL 带来了更高的复杂性。

Vulkan 的前身是 AMD 为了解决 OpenGL 问题开发的 Mantle，后来交给 Khronos Group，改名为 Vulkan 继续进行开发。Khronos Group 为 Vulkan 实现了大量的周边工具和库。AMD 的显卡驱动一直以性能较差被人诟病，但是通过 Vulkan，大量的复杂资源管理算法被转移到用户空间的游戏引擎层面实现，厂商显卡驱动的开发压力减小。Vulkan 默认是 C 语言的接口，Khronos Group 实现了 Vulkan-Hpp 的 C++接口封装，供 C++使用，减少了 C 语言 API 开发维护的工作量。LunarG 是一个图形驱动的实现公司，2015 年分为 Valve 资助的桌面显卡驱动和 Google 资助的 Android 上的

Vulkan 驱动两部分，但是随着 Vulkan 的普及，现在整个公司都在为 Vulkan 服务。Khronos Group 官方采用的 Vulkan SDK 就来自 LunarG。Khronos Group 官方的着色器中间指令集 SPIR-V 的工具支持也来自 LunarG。

Vulkan 虽然最早从 Android 开始，但是因其开源的属性和 Google 的大力支持，所以跨平台的目标推进比较顺利。目前，AMD 和 NVIDIA 对 Vulkan 各平台的支持在持续推进，但是 AMD 在 Linux 操作系统下的 AMD GPU 驱动开源后，其官方实现的 AMDVLK 驱动的性能暂时无法超过 Mesa 开源社区的 RADV Vulkan。Vulkan 与 Mac 的 Metal 和 Windows 操作系统的 DirectX12 是同类型的下一代渲染图形 API，但是只有 Vulkan 具备跨平台的能力。由于 AMD 是 Vulkan 的最早起源，所以 Vulkan 的设计理念就是让开发者能够更直接、更细致地操控显卡硬件，这些设计思想在 AMD 显卡的硬件架构中都有对应的实现。同时，Vulkan 还包含如 Shader Features、SubGroup、Shuffle 等 GPGPU（General-Purpose GPU，通用图形处理器）相关的特性术语。整体上来说，Vulkan 是基于 AMD GCN 硬件进行面向对象抽象的结果。

OpenGL 为 Vulkan 的设计积累了大量的经验，如 OpenGL 发展到后期出现的计算着色器可以用显卡执行通用并行计算，得到了广泛的应用。

基于状态机的设计，导致 OpenGL 对多线程的支持不好，而多线程渲染已经是高性能渲染越来越强烈的需求。OpenGL 包含一个上下文的概念，上下文包括当前管线中的所有状态，如着色器、Render Target 等。在 OpenGL 中，上下文和单一线程是绑定的，所有需要作用于上下文的操作，如改变渲染状态、绑定着色器、调用 Draw Call 等都只能在绑定的单一线程上进行。只有一个线程在完成 CPU 的渲染前的处理（渲染状态设置、状态绑定、Draw Call 提交等），其他 CPU 即使空闲也无法帮忙。这种专门执行上下文操作的线程通常被称为渲染线程。

由于智能手机对功耗的要求较高，所以出现了 TBR。TBR 相比于传统 IMR，使用较低的显存带宽，访存压力小，并且可以避免重绘，理论上从功耗到性能都会有所提高。但是由于 TBR 需要提前中断管线，将光栅化过程切分为一个个小块，因此场景不能太大，追求的游戏帧率不能太高，所以 TBR 一般用于智能手机和嵌入式设备，而传统 IMR 仍然用于 PC 和游戏机设备，以提供最好的渲染效果。

Vulkan 在内存和显存管理上有一个非常显著的变化，就是将资源与资源使用的内存独立管理。例如，一个顶点缓存是位于系统内存还是显存中，在 Vulkan 上是要开发人员分配的，而 OpenGL 是根据其认为合理的优化自动完成的。Vulkan 还允许用户覆盖实现 Vulkan 的 CPU 的系统内存的分配和释放方法，从而进行特殊目的的系统内存管理。Vulkan 假定 CPU 和 GPU 可见的内存设备之间存在硬件支持的内存一致性，对内存一致性的支持允许缓冲区在应用地址空间中保持持久的映射，避免 OpenGL 为注入手动一致性操作而需要的连续映射-解映射周期。这些更改降低了驱动程序的 CPU 开销，并让开发人员更好地控制内存管理。Vulkan 的这种资源与内存的分离结构使得在渲染过程中的不同时间节点上为多个不同的资源重复使用相同的物理内存成为可能［这也称为内存别名（用于说明 Memory Alias）］，还可以让 GPU 和 CPU 在渲染指令的层面公用同样的资源内存，而在之前的很长时间内，CPU 和 GPU 之间的内存是无法公用的，需要显式拷贝。

Vulkan 的先进性主要体现在 5 个方面：①对 TBR 的原生支持。由于其本身支持 TBR，因此 Vulkan 不需要改动程序代码就同时支持功耗敏感的嵌入式设备和对性能要求高的 PC；②OpenGL 只支持单线程下发渲染指令（渲染线程），而 Vulkan 在 API 层原生支持多线程并发渲染指令提交，不同的线程可以同时录制不同的命令缓存，并发到显卡中排队执行；③在显卡越来越倾向服务于计算的时代，Vulkan API 统一了计算和渲染的接口；④Vulkan 对用户空间提供的 API 是基于真实硬件结构的，而不像 OpenGL 那样提供的是功能性的，Vulkan 需要用户手动地为资源配置内存，手动地选择和指定使用的硬件设备的指令队列，管理命令和管线缓存，对多线程和异步完全感知，所以使用 Vulkan API 远比 OpenGL API 复杂，需要对硬件结构有更深入的了解，但同时 Vulkan 可以让用户空间做到更精准的性能控制；⑤面向资源缓存的设计，管线和资源配置都是可缓存的，从而降低复杂场景下管线创建和资源配置的开销。

OpenGL 时代的显卡驱动更新经常会见到针对特定游戏的优化，通常由显卡驱动针对性地对特定游戏的渲染 API 的使用进行优化。而在 Vulkan 时代，这些优化工作全部交给了游戏本身，进行这些优化工作的通常是游戏引擎。游戏引擎可以在更大程度上控制渲染的方式和资源的维护，从而提高游戏引擎的整体性能，而不需要针对特定游戏进行优化。

Vulkan 对提升 GPU 渲染性能的意义并不显著，只能尽可能地减少"空闲气泡"。如果程序的瓶颈在于 GPU 或难以应用 Vulkan 的上述先进特性，那么 Vulkan 相比于 OpenGL 的性能优势也不明显。然而，考虑到未来显卡具有更多队列和更高的并行处理能力，只有 Vulkan 才能有效利用这些不同的硬件单元。

2．Vulkan 版本

Vulkan 采用非常灵活的核心功能+扩展+Layer 的功能组织方式。一个 Vulkan 版本发布后，后续可以通过不断增加扩展的方式增加核心功能，这些扩展在应用成熟后，一部分会在下一个 Vulkan 版本中成为一项核心功能。Vulkan 版本主要包括 Vulkan 1.0、1.1、1.2 和 1.3。Vulkan 版本的不同主要体现在核心 API 的不同，如果一个硬件支持某个 Vulkan 版本，那么该硬件可以运行该版本的所有核心 API，但是并不要求支持该版本的其他可选扩展。

对 Vulkan API 的支持一般由硬件实现，所以一个显卡需要标明其支持的 Vulkan 版本。对 Vulkan API 的支持也可以由软件模拟实现，在硬件不直接支持的时候使用软件模拟的方式可以提供较强的兼容性，否则应用将无法运行。但是 Vulkan 驱动有可能存在不完备的情况，有的 Vulkan 驱动并未完全实现特定版本的 Vulkan API，如 SwiftShader 这种软管线，其实现的 API 完备性通常是有缺陷的。

由于 Vulkan API 的很多扩展都服务于特定的目的，大量扩展用于专业三维软件，而在游戏中并不会应用，所以 AMD 的客户端显卡分为工作站卡和游戏卡两种。工作站卡提供了大量的对扩展功能的硬件支持，但是这些功能并不会应用在游戏中，故使用工作站卡运行游戏会浪费很多专用硬件模块。游戏卡专门服务于游戏运行，将大部分硬件成本都花费在游戏上。现代游戏需要大量的并行计算，同时并行计算可以用于非游戏目的。例如，用于并行计算的 OpenCL 库未来会逐步合并到 Vulkan 中，使用 Vulkan 的计算着色器进行计算。所以，现代显卡计算部分的主要功能包括专业扩展、游戏管线、并行计算。此外，视频编解码通常被集成在显卡中，虽然它不是渲染 API 的一部分，但是在现代多媒体需求极大的情况下，它已经成为显卡的必备功能。

3.3 Vulkan API 的整体架构

3.3.1 Vulkan 管理组件

1. VkInstance、VkPhysicalDevice、VkDevice 与 VkQueue

每个使用 Vulkan API 的应用都必须创建一个 VkInstance。应用的全局信息放在 VkInstance 中，包括应用的 Vulkan 配置及其使用的 Vulkan 扩展列表和 Vulkan Layer（如进行函数调用参数有效性验证的验证层）。通过 VkInstance 可以查询系统中可被 Vulkan 识别的显卡硬件 VkPhysicalDevice。VkPhysicalDevice 代表显卡硬件，只用于查询 GPU 的硬件信息，不直接用于 Vulkan 渲染。

Vulkan 渲染使用的设备是选择并通过 VkPhysicalDevice 创建的 VkDevice。VkDevice 实际接收渲染和控制指令并进行渲染。用户空间通过 VkQueue 向 VkDevice 提交渲染和控制指令。渲染、计算、视频编解码、内存传输等显卡用途对应不同的 VkQueue，同一类型的命令队列也可能有多个 VkQueue。

所以，一个应用只有一个 VkInstance，可以有多个 VkPhysicalDevice，但是大部分情况下只会选择一个 VkPhysicalDevice。一个 VkPhysicalDevice 可以有多个 VkDevice，一个 VkDevice 可以有多个 VkQueue。用户下发渲染和控制指令都是通过 VkQueue 进行的。

2. VkFrameBuffer、VkSurfaceKHR 与 VkSwapchainKHR

FrameBuffer 是渲染目标和渲染过程使用的 Color、Depth 与 Stencil 等渲染目标缓存组件，在 Vulkan 中叫作 VkFrameBuffer。VkFrameBuffer 只是一个渲染目标的外部描述，实际的渲染资源在 VkFrameBuffer 描述的 Attachment 中。一个 VkFrameBuffer 包含 Color、Depth 和 Stencil 等多张图像，以及这些图像的描述信息，VkFrameBuffer 中的这些图像叫作 Attachment。VkFrameBuffer 中的每张图像都是一个 VkImageView，其定义了 VkImage 的部分数据视图，相当于 VkImage 的区域选择。而 VkImage 定义了一部分显存的格式，对二进制数据以特定的图像格式进行解析定义。

只要进行渲染，就需要 VkFrameBuffer 作为渲染目标缓存。如果渲染的结果需要显示在屏幕上，就需要 VkSurfaceKHR。对于 OpenGL，无论是否在屏幕上显示渲染结果，都需要创建 Surface 对象，只是离屏渲染的 Surface 对象是不可见的。对于 Vulkan，如果不需要在屏幕上显示，就不需要创建 Surface 对象，也就是 VkSurfaceKHR。屏幕窗口的显示内容是由桌面系统管理的，这个窗口上的显示区域在 Vulkan 中叫作 VkSurfaceKHR。因为 Vulkan 是一个与平台无关的 API，所以与平台相关的部分会统一放到 WSI（Window System Integration，窗口系统整合）。VK_KHR_surface 就是 WSI 中的一个扩展，提供 VkSurfaceKHR。

Surface 对象是显示在屏幕矩形中的窗口内容，由于 Page Flip 的存在，会有多个 VkFrameBuffer 轮流地在 Surface 对象上显示内容。当一个 VkFrameBuffer 显示的时候，另一个 VkFrameBuffer 在绘制。控制 Page Flip 的 Vulkan 对象是 VkSwapchainKHR。VkSwapchainKHR 是 VK_KHR_swapchain 扩展提供的句柄，是渲染与显示之间的桥梁，也就是 VkFrameBuffer 和 VkSurfaceKHR 之间的桥梁。可以按照显示器或桌面系统的刷新频率为 Vulkan 应用提供渲染目标，从而控制 Vulkan 应用的渲染帧率。

应用要想使用 Vulkan 渲染到窗口上，首先要创建 VkSurfaceKHR 并且需要一个 VkSwapchainKHR，该交换链包含对多个 VkFrameBuffer 的引用。每次进行渲染之前，都要通过 vkAcquireNextImageKHR 函数从 VkSwapchainKHR 中获得一个 VkFrameBuffer 序号。该序号对应的 VkFrameBuffer 可以用于录制 Vulkan 渲染指令的渲染目标，通过 vkQueueSubmit 函数将录制的指令提交到对应的渲染计算执行队列中，最后的渲染结果在计算完成后会存放到 VkFrameBuffer 中。使用 vkQueuePresentKHR 函数将包含渲染结果的 VkFrameBuffer 通知到对应的 VkSwapchainKHR，使得 VkSwapchainKHR 可以用刚提交的 VkFrameBuffer 替换正在 VkSurfaceKHR 对应的 Surface 对象上显示的 VkFrameBuffer，完成显示到窗口的图像切换。

3. Vulkan 扩展

Vulkan 的实际运行离不开大量的扩展，Vulkan 扩展提供的 API 都以 KHR 结尾，如 VkSurfaceKHR。Vulkan 核心部分只提供使用 Vulkan 的最小子集，如 Vulkan API 的使用不一定需要显示，所以即使是渲染最常见的显示部分也是扩展。但是随着扩展的逐渐成熟，其也可能在新版本的 Vulkan 中进入核心部分。

扩展分为 Instance（实例）扩展和 Device（设备）扩展。最常见的 Instance 扩展是：VK_KHR_surface，该扩展引入了在窗口上显示图像的 VkSurfaceKHR 对象；VK_KHR_display，该扩展可以让 Vulkan 程序绕过窗口系统直接使用整个显示器。最常见的 Device 扩展是：VK_KHR_swapchain，该扩展引入了 VkSwapchainKHR 对象；VK_KHR_present_wait，该扩展可以让一个线程使用 VkWaitForPresentKHR 阻塞地等待渲染线程成功显示一张渲染结果图像；VK_NV_present_barrier，该扩展可以用于多个 Swapchain 之间的同步。

由于将渲染结果呈现给用户是一个很普遍的需求，所以 Khronos Group 将与桌面系统整合涉及的一系列扩展组织成一个单独的层次，叫作 WSI。

除 WSI 外，Vulkan 还有大量增加额外功能的扩展。扩展也是 Vulkan 的 API 定义，并不代表实际的实现，实际的实现位于 Vulkan 的用户空间驱动和显卡硬件的支持中。例如，Mesa 是 Linux 操作系统下最常用的用户空间渲染驱动，其包含大部分的 Vulkan 扩展实现。SwiftShader 作为一个 CPU 模拟的软管线，包含最多的 Vulkan 扩展实现。因为软管线的 Vulkan 扩展不需要显卡硬件的支持，所以理论上软管线的兼容性最好。

4．Vulkan Layer

Vulkan Layer 是 Vulkan API 中的可选组件，可以拦截和修改现有的 Vulkan 函数调用。Vulkan API 可以被 Vulkan Layer 忽略、检查或增强。一个 VkInstance 可以同时使用多个 Vulkan Layer。

现在 Vulkan 官方已经有很多类型的 Vulkan Layer，其支持以下功能：检验函数调用参数；跟踪函数调用；调试辅助工具；同步层，用于调试同步问题，发现同步错误，优化因为不合理使用同步原语带来的同步问题；性能分析。除此之外，第三方社区还实现了大量服务于特定目的的 Vulkan Layer。在 OpenGL 时代，要想在应用调用 API 时进行额外的非侵入性操作，需要通过 Hook OpenGL 的 API 实现。这种方式是二进制层面的、应用无感知的。但是如果多套服务于不同目的的 Hook 同时存在，那么 OpenGL 的执行流程可能混乱。

Vulkan 在设计时就考虑了这种 Hook 的需求，直接在 API 层提供了应用层可以感知的 Vulkan Layer，这样在开发时就可以随时决定是否启用特定的 Vulkan Layer。

3.3.2　Vulkan 管线组件

1．VkPipeline 与 VkPipelineCache

在显卡硬件中，渲染过程涉及一系列管线硬件，这些硬件对用户空间呈现整体的管线配置对象，就是 VkPipeline。在提交渲染指令之前，需要创建 VkPipeline。

VkPipeline 的配置大部分需要提前进行，若要进行轻微的改动，如更换着色器、修改纹理采样的模式等，则需要重新创建 VkPipeline。所以 Vulkan 程序一般需要提前创建大量的 VkPipeline 用于渲染。Vulkan 这么设计的主要原因是管线配置的验证工作比较复杂，以前的 OpenGL 管线状态可以动态修改，意味着每次执行管线时 GPU 驱动都需要验证一次管线配置的有效性，而 Vulkan 管线的不可变性让 GPU 驱动节省了这一部分的性能开销。Vulkan 还可以将创建好的 VkPipeline 通过 VkPipelineCache 保存到磁盘上，下次启动时就可以直接从磁盘上加载所需的管线，而不需要再次进行耗时的管线创建操作。

Vulkan 管线 API 相当于对渲染硬件的软件抽象，主要分为通用计算管线、图形管线和光追管线，分别对应不同的创建函数，但是它们返回的都是 VkPipeline。不同的管线需要配置的管线资源不同，启动方式也不同。

Pipeline Stage 是指管线执行的各阶段，由 VkPipelineStageFlagBits 定义。因为管线分为多种，所以 VkPipelineStageFlagBits 的定义中包含多种管线的不同执行阶段。但是使用时，对于一个特定的管线，只会使用其中与该管线相关的阶段。

一个管线在执行的时候会大致顺序地经过 Pipeline Stage，同步操作可以以不同的 Pipeline Stage 为边界进行。在执行时，有些 Pipeline Stage 可以合并，有些 Pipeline Stage 可以缺失。

2．VkCommandBuffer 与 VkCommandPool

Vulkan 指令的调用并不是立刻执行的，而是录制到 VkCommandBuffer 中。所有的渲染指令本质上都是对管线的配置和执行。Vulkan 在对管线的配置上也不是逐个参数进行的，而是先使用 VkCommandBuffer 进行录制，然后一次性地配置管线。通过渲染指令的录制和管线的不可变性，Vulkan 将渲染指令的一系列调用抽象为可以独立调度的一个个不可变的执行单元。这种组织方式有利于并行化、异步执行和资源复用。

在早期的 OpenGL 时代，渲染指令的本质也是配置管线，只有最后的 Draw 操作才会进行实际的渲染计算。Vulkan 只是将这个本质暴露出来，提供了 VkCommandBuffer 对象，用于存放对管线的配置操作。管线是一个有很多属性的对象，渲染 API 在配置管线时就是设置管线的属性。GPU 执行的是这个管线，输入的是管线的配置，并不是 Vulkan 的 API。VkCommandBuffer 的录制以 vkBeginCommandBuffer 函数调用开始，以 vkEndCommandBuffer 函数调用结束。

指令录制的一个优势是可以让 CPU 录制超过一帧的渲染指令。例如，在 GPU 计算完上一帧录制的渲染指令之前，CPU 不需要阻塞地等待 GPU 的计算完成，而是继续生成下一帧的渲染指令缓存。还可以在第一个渲染指令缓存没有执行结束时将第二个渲染指令缓存下发到 GPU。也就是说，GPU 的执行队列里可以有超过一个的渲染指令缓存。

录制的渲染指令分为 3 类：执行类指令、管线设置指令、同步类指令。执行类指令允许并行或乱序执行，可以改变数据内容，但不能改变执行类指令所使用的状态。只有执行类指令需要进行同步操作。

VkCommandBuffer 从 VkCommandPool 中分配。VkCommandBuffer 可以复用，在用完一次之后可以使用 vkResetCommandBuffer 函数复位。

3. Render Pass

一个 Render Pass 描述了一系列资源和这些资源的使用方法，以及如何使用这些资源进行渲染。在 OpenGL 时代，如果下一次渲染计算需要依赖上一次的渲染结果，就会启动两次独立的渲染计算。Vulkan 在一个 Render Pass 中定义了多个串行执行的 SubPass，每个 SubPass 都可以使用上一个 SubPass 的输出结果。这些输出结果是直接放在显存中的，是对 GPU 的一次渲染调用。SubPass 也是对 TBR 的建模，可以利用 TBR 片上缓存逐块进行渲染，而不是一次渲染整个画面。这对于移动设备的渲染性能比较重要。

在录制的渲染指令中，核心操作是绘制实际的显示图形。绘制图形总是以 vkCmdBeginRenderPass 函数调用开始，以 vkCmdEndRenderPass 函数调用结束。在 Render Pass 中，需要先为 VkCommandBuffer 绑定管线对象（vkCmdBindPipeline），然后使用该管线对象进行管线配置，最后发起使用管线进行绘制的调用（vkCmdDraw）。

Render Pass 不存在计算管线，因为计算管线只是计算着色器的调用，只需相关资源和计算单元参与，不需要启动专用的分阶段的硬件渲染管线。

4. VkDescriptorSet 与 VkDescriptorSetLayout

管线资源主要包括顶点数据、纹理数据和着色器。着色器主要包括顶点着色器和片段着色器。Vulkan 中对管线的使用本质上就是为管线配置上述资源和参数。

绑定是将资源与管线建立联系的方法，管线对于不同的资源有固定的绑定位置，从 0 开始编号，该编号会被着色器作为访问特定资源的索引。将资源绑定到管线上就是在特定的绑定位置为特定的资源分配编号的过程，这个编号的分配是通过描述符完成的。在 Vulkan 下，绑定过程不是逐个资源进行绑定的，而是在管线的特定的绑定位置，通过描述符集（VkDescriptorSet）一次性绑定多个资源。一个 VkPipeline 有多个绑定位置命名空间，如顶点着色器从 0 开始编号的一系列绑定和片段着色器从 0 开始编号的一系列绑定。也就是说，一个 VkPipeline 会绑定多个 VkDescriptorSet，将 VkPipeline 与 VkDescriptorSet 建立联系的组件是描述符集布局对象（VkDescriptorSetLayout）。一个 VkPipeline 对应一个 VkDescriptorSetLayout，一个 VkDescriptorSetLayout 可以指定多个 VkDescriptorSet。

将 VkDescriptorSet 与实际 VkPipeline 绑定的过程是在录制渲染指令时通过 vkCmdBindDescriptorSets 函数进行的。在录制渲染指令之前，创建资源并将资源绑定到 VkDescriptorSet 中和创建具有特定 VkDescriptorSetLayout 的 VkPipeline 是独立进行的。

5．Vulkan 渲染初始化

Vulkan 的初始化涉及多个 Vulkan 对象的创建，这些对象的创建是为了定义渲染管线的配置和资源，以便 GPU 能够识别和使用。因此，CPU 负责的渲染部分是首先创建这些资源和管线配置，然后将其下发给 GPU。一个典型的 Vulkan 渲染管线的资源创建流程如下。

（1）创建窗口。

（2）初始化 Vulkan：创建 VkInstance、创建 VkSurfaceKHR、选择 VkPhysicalDevice、选择 VkDevice、创建 VkSwapchainKHR、创建 VkImage 的视图 vkCreateImageView、创建 Render Pass——vkCmdBeginRenderPass、创建图形管线——vkCreateGraphicsPipelines、创建 FrameBuffer——VkFramebuffer。

（3）主循环。

（4）结束，清理数据。

3.3.3　Vulkan 资源组件：VkBuffer 与 VkImage

与 OpenGL 类似，Vulkan 资源组件主要是 VkBuffer 和 VkImage。VkBuffer 就是一片存储数据的内存或显存，可以存放顶点数据（VK_BUFFER_USAGE_VERTEX_BUFFER_BIT）、索引数据（VK_BUFFER_USAGE_INDEX_BUFFER_BIT）、着色器常量（VK_BUFFER_USAGE_UNIFORM_BUFFER_BIT）等，也可以仅作为数据传输的中介（VK_BUFFER_USAGE_TRANSFER_SRC_BIT）。可以把不同用途的 VkBuffer 看作一片连续的内存（线性布局），而 VkImage 在连续内存的基础上增加了图像的格式含义。VkImage 的布局并不是线性的，或者说线性布局并不是 VkImage 的最优性能选择。

VkImage 并不是 JPEG 格式等单张图像，而是包含 Mip Level 等中间大小的图像。VkImage 有多种格式，以及特定的 Mip Level 的内存分布，所以对 VkImage 的访问不应该直接访问内存位置，而应该根据格式和 Mip Level 的内存分布，进行标准化的接口访问。渲染所使用的纹理就是最常见的 VkImage，渲染目标缓存 VkFrameBuffer 中的图像缓存本质上也是 VkImage。不同格式的 VkImage 的内存分布对性能影响很大，VkImage 常用的格式都带有 GPU 硬件层面支持的加速访问。

VkImage 虽然本质上占有了一段连续内存，实际内存也是由与 VkBuffer 类似的特定大小的 VkDeviceMemory 存储的。但是 VkImage 内部的复杂格式决定了它不能像 VkBuffer 那样直接使用 vkMapMemory 映射到系统内存进行处理。虽然让 CPU 理解具体的 VkImage 格式在技术上是可行的，但是 VkImage 格式更多地被认为是 GPU 私有的。也就是在 Vulkan 的设计中，只有 GPU 知道如何访问和使用具体的 VkImage 格式对应的数据，而 CPU 则将一个 VkImage 看作一个数据库，通过使用 Vulkan 暴露的 VkImage 操作 API 可以拷贝和转换 VkImage 格式对应的某个组件的具体数据。

因此，Vulkan 为 VkImage 准备数据时，使用 VkBuffer 作为临时的 Staging Resource，Vulkan 专门提供了 vkCmdCopyBufferToImage 函数，用于将作为 Staging Resource 的 VkBuffer 中的数据拷贝到 VkImage 中。

除了通过 VkImage 访问着色器中的图像或纹理数据，还可以通过 VkBuffer 访问，只需对 VkBuffer 创建一个 VkBufferView，就可以在着色器中把 VkBuffer 作为纹理来使用，着色器中有很多专用于纹理的内置函数也可以用于 VkBufferView。这时的图像是一维的，通常用于纹理的格式转换，这种用法比较少见。

VkImage 的内部结构可以分为以下几个方面。

1）数据内容

从数据内容上来看，一个 VkImage 包括不同的 Mip Level、Layer 和 Aspect。Mip Level 是一张图像的不同尺寸，在不同的距离处观察图像时使用 VkImage 的不同 Mip Level，距离越远，则可以使用越小的 Mip Level 以节省 GPU 占用（GPU 需要对纹理进行采样），这种不同距离采用不同精度图像的技术叫作 LOD。Layer 是性能层面的设计，可以看作图像数组（对应渲染中的纹理数组），将一系列具有相同尺寸、格式和 Mip Level 的图像打包到 VkImage 中。Aspect 代表数据内容的维度，是 Vulkan API 资源用途层面的划分。例如，要访问一个图像像素点常见的 R、G、B、A 四个维度，就叫作 Color Aspect；要访问一个图像像素点的深度数据，就叫作 Depth Aspect；要访问 VkImage 的模板数据，就叫作 Stencil Aspect。一个 VkImage 的像素点可以包含多个 Aspect，所以访问 VkImage 的具体资源时需要指定访问哪个 Aspect。Mip Level、Layer 和 Aspect 唯一确定的最小图像单元叫作 VKImage 的 Subresource。一个 Subresource 内的数据存储不一定是连续的，这取决于 VkImage 的数据组织方式。访问 VkImage 中的最小图像单位 VkImageSubresource 的定义如下：

```
typedef struct VkImageSubresource {
    VkImageAspectFlags    aspectMask;
    uint32_t              mipLevel;
    uint32_t              arrayLayer;
} VkImageSubresource;
```

2）数据组织

从数据组织上来看，一个 VkImage 的数据组织方式包括 Layout（VkImageLayout）、Format（VkFormat）和 Tile（VkImageTiling）。

VkImage 的每个 Subresource 中的纹素（Texel）在内存中的排列方式都被称为 Layout，这种排列方式是为了性能优化而设计的。在 CPU 中，通常认为图像中的每个纹素都是线性排列的。然而，由于 GPU 硬件对 VkImage 的不同用途，纹素的组织方式可能会有所不同，以便在不同的 GPU 上实现更高效的访问。例如，VkImage 用于传输操作时，纹素通常以紧凑的线性方式排列以提高传输效率；而当 VkImage 用作着色器读取资源、作为 Present 资源、作为 Depth 资源时，则会采用针对这些用途优化的特殊排列方式，以实现更高效的访问性能。完整的纹素组织方式列表定义在 VkImageLayout 中。Vulkan 规定对 VkImage 的所有访问都要显式地指定所使用的 Layout，不同 Layout 之间通过 VkImageMemoryBarrier 进行转换。一个 VkImage 只能处于一种 Layout 下，在创建时处于 VK_IMAGE_LAYOUT_UNDEFINED 中的 Layout，在实际使用前需要转换为对应用途的 Layout。

VkImage 的每个 Subresource 的顶点数据在内存中的组织方式都叫作 Format，VkImage 支持大量的 Format，Format 反映的是每个纹素的数据大小、存放方式和作用。整体上，Format 分为单 Planar 和多 Planar 两种。例如，一张原始的 RGBA 图像，R、G、B、A 各占 1 字节，这 4 字节在内存中顺序排布，之后是下一个顶点的 4 字节，这种组织方式叫作单 Planar。如果 R、G、B、A 的 4 字节在内存中单独排列，一块内存专门存储 R 数据，一块内存专门存储 G 数据等，这种组织方式叫作多 Planar。一个 VkImage 的各个 Planar 可以映射到不同的内存（VkDeviceMemory）中，也可以映射到同一块连续的内存中。RGBA 格式的组织方式一般是单 Planar，但是 YUV 格式经常以多 Planar 的组织方式出现。

Format 在 VkImage 创建时指定，在 VkImage 存续期间不可修改。但是 Layout 可以根据用途在 VkImage 创建后任意修改。

Planar 是不同 Format 的一种数据格式，Vulkan 对不同的 Format 采取直接能代表数据格式的命名方法，如 VK_FORMAT_R8G8B8A8_SRGB，R8G8B8A8 代表一个像素占 4 字节，每个字节占 8 位。SRGB 代表一个字节内部的位的编码方式，这种编码方式有很多种，如 SRGB、UNORM、SINT、UINT 等。带 Planar 的 Format（如 VK_FORMAT_G8_B8_R8_3PLANE_420_UNORM）会在名称中说明 Planar 的数量。

VkImageTiling 描述的是 VkImage 的整体组织方式，主要包括 LINEAR 和 OPTIMAL 两种。OPTIMAL 是独立显卡渲染时常用的 VkImageTiling，表示数据格式按照显卡的最佳渲染性能进行组织。这种方式对 GPU 更为友好，能够有效提高 GPU 的性能，适合着色器访问 VkImage。LINEAR 是线性数据方式，将数据连续地组织在一起，一般用于传输或集成显卡下的渲染格式选择，也是 CPU 友好的。如果想要 CPU 直接访问 VkImage 内部的数据，则只能采用 LINEAR，因为 OPTIMAL 的具体数据格式对于每个显卡驱动都不同，对 CPU 不可见。Vulkan 约定 GPU 厂商可以根据自身的需求自由地改变 OPTIMAL 的数据格式，而不需要被 CPU 逻辑感知。

LINEAR 类型的 VkImage 可以用作 Staging Resource，但是仍然建议使用 VkBuffer Staging Resource，因为 VkBuffer 相当于使用 LINEAR 的 VkImageTiling 格式的 VKImage。

3）用途和访问方式

从用途和访问方式来看，一个 VkImage 可以用作纹理、Attachment、着色器使用的二维数据、Present 源资源和资源管理。用作纹理时，VkImage 的作用就是在管线中给三维模型的纹理采样，赋予每个顶点颜色。访问用作纹理的 VkImage 通常通过专用的 VkSampler 采样器进行。Attachment 是渲染过程中使用的输入和输出渲染目标，不同于渲染资源，渲染目标存放的是渲染的中间和最终结果，通常包括多个 Color Attachment 和一个 Depth-Stencil Attachment。在着色器中，可以把 VkImage 直接作为二维数据来使用（需要使用 VkImageView），比较常见的应用是在计算着色器中进行一些图像数据的计算，显示到屏幕上也是一张图像，而这张图像对应的就是一个 VkImage；也可以不参与具体的渲染过程，只把 VkImage 作为数据存储的方式来使用。

VkImage 不可以直接在着色器中进行访问，需要先基于 VkImage 创建 VkImageView，然后在着色器中使用 VkImageView 来访问 VkImage。这样的设计是为了隐藏 VkImage 的内部格式，不仅 CPU 不直接识别，着色器也不直接识别。

因为渲染的主要过程是通过着色器进行的，VkImage 本身没有让着色器读取其中数据的方法，所以 VkImage 中的数据如果需要被着色器读取，则需要用 VkImageView 来指定 VkImage 中的 Subresource 和读取方式，VkImageView 可以认为是 VkImage 中的特定数据的一个指针。着色器中也可以使用采样器，对应 VkSampler 对纹理进行采样，也需要 VkImageView 来辅助解析 VkImage 中的数据。

在创建压缩格式的 VkImage 时，可以指定 VK_IMAGE_CREATE_BLOCK_TEXEL_VIEW_COMPATIBLE_BIT 标志，这样在创建 VkImageView 时，可以使用非压缩的数据格式。在着色器中访问和修改的非压缩版本的 VkImage 数据会自动转变为对压缩版本的 VkImage 数据的访问和修改，实现透明压缩的功能。

3.3.4　Vulkan 同步组件

1．渲染硬件的执行气泡

OpenGL 采用同步（Synchronous）模型执行，这意味着对 API 的调用必须表现得好像所有先前的 API 调用都已被处理完毕。实际上 GPU 和 CPU 是不同的设备，相对于 CPU，GPU 永远是异步（ASynchronous）执行的。同步模型是由驱动程序维护的假象，为了保持这种同步的表现，驱动程序必须跟踪每个渲染指令，观察其读取或写入了哪些资源，确保所有的指令都以正确的顺序执行，避免渲染结果错乱，并确保需要数据资源的 API 调用在资源准备好前被阻塞，只有在等待资源是安全可用的情况下才可继续运行。这种情况会在显卡的硬件执行上留下很多时间维度的气泡，这些气泡就代表显卡因为同步原因而没有真正地在执行渲染指令的空闲状态。

Vulkan 使用符合 GPU 工作方式的异步模型。Vulkan 通过命令缓存来记录指令，之后放入渲染队列，使用显式的调度依赖关系来控制渲染指令的执行顺序、管理 CPU 和 GPU 之间的同步及依赖关系。通过显示的同步组件可以提高渲染指令执行的整体并行度，持续地让显卡满负荷工作，减少气泡，从而提高整体性能。通过提前创建管线对象并进行绑定，在渲染时可以切换不同的管线而只需很低的开销，无须像 OpenGL 那样校验管线状态的有效性和动态合并一些状态，从而降低单次 Draw 调用的开销。

Vulkan 在获得高性能的同时，带来了很多的同步需求。在 OpenGL 时代，资源的同步几乎都是由 OpenGL 驱动的状态机完成的，而 Vulkan 的异步模型决定了 Vulkan 资源的同步必须在指令流中显式地完成。所以 Vulkan 驱动几乎完全不负责资源的同步，所有资源的同步都需要 Vulkan API 的用户手动地录制在 Vulkan 指令流中。同步指令是否恰当使用直接决定了并行和异步效率的有效性，如果使用不当，则性能上反而不如 OpenGL 这种驱动自动完成同步的传统 API。

Vulkan 的同步语义主要包括 Fence、Binary Semaphore、Timeline Semaphore、Pipeline Barrier、Event、SubPass Dependency 这 6 种。Fence 用于 CPU 和 GPU 之间的同步；Binary Semaphore 用于 GPU 内部不同队列之间的同步；Timeline Semaphore 是 Binary Semaphore 的进化，同时包含 Fence 和 Binary Semaphore 的功能，并且能处理复杂场景；Pipeline Barrier 用于保证 GPU 中一个硬件单元的执行管线中指令乱序执行的同步；Event 是 Pipeline Barrier 的更细粒度的控制，在特定场景下使用 Event 替代 Pipeline Barrier 可以提高硬件的利用率，并且 Event 可以让 CPU 参与到管线内同步的运行过程中；SubPass Dependency 用于在不同的 SubPass 中同步 Attachment 访问，相当于专用于 Attachment 之间的 Pipeline Barrier。

2．VkSemaphore 和 VkFence

在独立显卡中，渲染显示过程整体上有 3 个异步完成的子过程，也就是独立显卡需要参与执行的过程。

① vkAcquireNextImageKHR 从 VkSwapchainKHR 中获得 VkImage。因为 VkImage 属于窗口系统，或者直接绕过窗口系统对应整个显示器的 FrameBuffer，如果应用程序的绘制速度过快，显示系统来不及显示就有可能用光 VkImage，从而阻塞获得 VkImage 的过程。vkAcquireNextImageKHR 能获得 VkImage 的时候，说明显示过程已经不需要该 VkImage，也就是已经显示完一帧。

② vkQueueSubmit 提交硬件执行录制的渲染指令。渲染指令在显卡中执行，相当于将渲染指令和使用到的渲染资源从 CPU 提交到 GPU，并且启动 GPU 的计算过

程。启动计算的时候需要确保渲染目标缓存当前没有被用于显示。

③ vkQueuePresentKHR 显示过程。显示过程最终要由显卡的 DC 显示模块完成，需要将一张图像通过显卡交给显示器。显示的时候需要确保当前显示的图像没有被用于渲染计算。

Vulkan 的一个核心思想是异步，上述 3 个子过程都是异步的，也就是说都是立刻完成的。但是我们希望它们顺序执行，vkAcquireNextImageKHR 没执行完不可以执行 vkQueueSubmit，vkQueueSubmit 没执行完不可以执行 vkQueuePresentKHR。所以这 3 个子过程需要同步语义。

Vulkan 的同步语义中最常用的是 VkSemaphore 与 VkFence，VkSemaphore 用于 GPU 多个执行队列之间的同步。例如，位于执行队列中的 A 渲染指令依赖位于另一个渲染队列中的 B 渲染指令的执行结果，则 A 渲染指令需要在队列中等待 B 渲染指令执行结束，这时就使用 VkSemaphore。VkFence 用于 CPU 与 GPU 之间的同步。例如，执行队列中的指令执行结束通知到 CPU 阻塞等待的任务，就使用 VkFence。VkFence 提供了一种从 GPU 向 CPU 单向传递信息的机制。VkFence 的触发叫作 Signal，但是不存在单独触发 VkFence 的指令，VKFence 只能在创建时被触发，或者 vkQueueSubmit/vkQueueBindSparse 所提交的操作执行结束后触发对应的 VkFence。只有 VkFence 被触发，在 VkFence 上阻塞等待的线程才可以继续执行。

因为上述 3 个子过程都需要 GPU 参与执行，所以在①和②、②和③之间都使用 VkSemaphore 进行同步。也就是可以同时将 3 个子过程都同步下发执行，这 3 个子过程在 GPU 中按照给出的 VkSemaphore 自动地互相同步保证顺序执行。而 VkFence 可以用于②的额外可选参数，让希望在渲染执行结束的线程得到通知，以便可以复用指令队列。3 个子过程都是由 vkQueueSubmit 贯穿的，示例如下：

```
VkSemaphore imageAvailableSemaphore;
VkSemaphore renderFinishedSemaphore;
VkFence inFlightFence;

VkFenceCreateInfo fenceInfo{};
fenceInfo.sType = VK_STRUCTURE_TYPE_FENCE_CREATE_INFO;
vkCreateFence(device, &fenceInfo, nullptr, &inFlightFence);

VkSubmitInfo submitInfo{};
submitInfo.sType = VK_STRUCTURE_TYPE_SUBMIT_INFO;

VkSemaphore waitSemaphores[] = {imageAvailableSemaphore};
VkPipelineStageFlags waitStages[] =
{VK_PIPELINE_STAGE_COLOR_ATTACHMENT_OUTPUT_BIT};
```

```
submitInfo.waitSemaphoreCount = 1;
submitInfo.pWaitSemaphores = waitSemaphores;
submitInfo.pWaitDstStageMask = waitStages;

submitInfo.commandBufferCount = 1;
submitInfo.pCommandBuffers = &commandBuffer;

VkSemaphore signalSemaphores[] = {renderFinishedSemaphore};
submitInfo.signalSemaphoreCount = 1;
submitInfo.pSignalSemaphores = signalSemaphores;

vkQueueSubmit(graphicsQueue, 1, &submitInfo, inFlightFence);
```

imageAvailableSemaphore 和 renderFinishedSemaphore 是 2 个 VkSemaphore，分别用于等待①完成和通知③开始。VkSubmitInfo 用于指定 vkQueueSubmit 函数需要的参数，包括 pWaitSemaphores 指定的 waitSemaphores 和 pSignalSemaphores 指定的 signalSemaphores。而 inFlightFence 是单独作为可选参数传到 vkQueueSubmit 函数中的。vkQueueSubmit 函数等待一个 VkSemaphore 被触发，在执行结束时通过另外一个 VkSemaphore 触发下一个 GPU 执行步骤，并且通过 VkFence 通知 CPU。

3．Timeline Semaphore

Timeline Semaphore 相当于 VkSemaphore 和 VkFence 的超集。VkSemaphore 有 3 个问题：①触发和等待必须一一对应，也就是在命令队列中的 VkSemaphore 必须有另一个命令队列中的一个对应命令在等待该 VkSemaphore 被触发；②已完成触发的 Semaphore，除非先等待它，否则不能被回收和再次触发，这也对应了触发和等待必须一一对应的设计；③等待必须发生在触发之前，否则就会漏掉触发。这就对指令的提交顺序提出了约束，不利于 CPU 的运行管理。

这种传统的 VkSemaphore 被称为 Binary Semaphore，因为它只有 Signal 和 Unsignal 两个状态。Timeline Semaphore 通过引入与常见的信号量类似的计数器机制克服了上述问题。一个信号量可以被多个命令触发，每触发一次，计数器就加 1。而等待操作等待的是计数器的值，即一个等待可以对应多个触发。在 Binary Semaphore 中，要想实现类似的功能，需要创建多个 VkSemaphore，而 Timeline Semaphore 只需创建一个 VkSemaphore，这样就有效减少了 VkSemaphore 的数量。

因为 Binary Semaphore 的设计是面向不同 GPU 执行队列的，所以触发和等待都是在 GPU 中发生的。CPU 无法参加整个同步过程，所以 CPU 只能用 VkFence 等待命令执行结束。

由于 Timeline Semaphore 支持一个等待对应多个触发的需求，因此其等待操作是在 CPU 上进行的。这不但给 VkSemaphore 增加了在 CPU 上等待的能力，而且相比于 VkFence，Timeline Semaphore 可以等待任意位置插入 VkSemaphore 执行完成。

Timeline Semaphore 的计数器机制使得它即使没有等待也可以继续触发。因为等待操作等待的是计数器的值，而不是事件，所以等待可以在任意时刻发生。

Timeline Semaphore 也是由 VkSemaphore 表示的，其创建时使用的 API 也是 vkCreateSemaphore，两者的区别只是在创建的时候传入的参数不同。

目前 Timeline Semaphore 还没有完全普及，vkQueuePresentKHR 和 vkAcquireNextImageKHR 只能用 Binary Semaphore 来操作。

4．执行依赖和内存依赖

单在 GPU 内部，需要同步的情况就有 3 种。GPU 硬件在执行一个命令缓存中的指令时保证开始顺序，但是不保证结束顺序。也就是说，如果后面的指令需要依赖前面的指令的执行结果，则需要显式同步。而同一个队列中下发的不同命令缓存是顺序开始执行的，但是多个已经开始执行的命令缓存的中间录制的指令什么时候开始执行是完全没有顺序保证的。不同队列中的命令缓存什么时候开始执行也是完全没有顺序保证的。所有的保证开始顺序但是不保证结束顺序的保证都是没有任何意义的，因为这相当于完全没有顺序保证。所以可以认为，在 GPU 内部，所有录制指令的执行，无论是位于一个命令缓存还是同一个队列中，在实际执行时都是完全乱序的。

无论是 CPU 还是 GPU，管线的乱序执行已经是高性能管线的设计基础。乱序执行可以让管线尽可能地不中断，每个管线阶段都有执行任务，可以最大化地利用硬件。但是管线内的同步操作会阻止管线的乱序执行，类似 CPU 内的屏蔽，GPU 的管线执行内部也有屏蔽。

在一个硬件队列中，执行类命令是有序开始（Submission Order）、无序执行的。而一个执行类命令可以依赖另一个执行类命令的执行结束或对内存资源完成修改。如果一个执行类命令依赖另一个执行类命令的执行结束，就叫作执行依赖；如果一个执行类命令依赖另一个执行类命令对内存资源完成修改，就叫作内存依赖。

有序开始的最大意义在于让同步类命令可以以正确的顺序启动，从而通过同步类命令保证执行类命令的有序。有序开始通常被称为隐式顺序保证，而同步类命令的顺序保证则被称为显示顺序保证。

执行依赖并不能保证内存依赖，执行依赖以指令执行完成的先后顺序为保证，内存依赖以特定的内存完成改动为目标。如果内存改动完成对应执行结果，也就是包含执行依赖的情况，那么内存依赖在执行依赖的基础上主要解决的是 GPU 的缓存问题。

GPU 与 CPU 一样，都有缓存，CPU 一般有 3 级缓存，早期的 GPU 一般有 2 级缓存。在 NVIDIA 的 GPU 架构中，一个 WARP（一个线程束，通常包含 32 个线程）

和一个独立的一级缓存之间无法共享数据，所有 WARP 共享二级缓存。所以，只要一级缓存与二级缓存同步，WARP 之间就是同步的。如果不同的一级缓存的数据不同，那么一个 WARP 对数据的修改无法被其他 WARP 观察到，会出现内存数据不一致的现象。一个 WARP 往一级缓存中写入数据，其他 WARP 中的一级缓存从二级缓存中读取最新数据的过程被称为内存可见，将一级缓存最新的写入数据更新到二级缓存中的过程被称为内存可用。内存要先可用才可见。

同一个 VkImage 可以有多种用途，在不同的 Pipeline Stage 中使用不同的最优布局会提高性能，这个布局的切换叫作布局过渡（Layout Transition），其必须发生在对应的 VkImage 资源的内存可用之后、内存可见之前。因为 Layout Transition 是一个读/写操作，读取的时候需要保证其他步骤的写入操作完成，也就是内存可用之后；写入的时候必须保证其他步骤的读取操作还未开始，也就是内存可见之前。所以对于 Layout Transition 需要合理使用，不然会引入额外的管线暂停的同步开销，从而拉低 GPU 的性能。

在 Pipeline Stage 中执行的指令可能会在一级缓存中写入数据，但这些数据不一定会立即更新到二级缓存中。所以，不同的 Pipeline Stage 之间需要保证内存依赖，以保证数据的一致性。这里的内存依赖指的是通过确保内存的可用性和可见性来保证数据在不同的 Pipeline Stage 之间正确传递。

1）Pipeline Barrier

Pipeline Barrier 可以同时用于同一个队列中命令的执行依赖和内存依赖。Pipeline Barrier 并不是一个对象，而是一个参数比较复杂的命令。vkCmdPipelineBarrier 函数的声明如下：

```
void vkCmdPipelineBarrier(
    VkCommandBuffer                    commandBuffer,
    VkPipelineStageFlags               srcStageMask,
    VkPipelineStageFlags               dstStageMask,
    VkDependencyFlags                  dependencyFlags,
    uint32_t                           memoryBarrierCount,
    const VkMemoryBarrier*             pMemoryBarriers,
    uint32_t                           bufferMemoryBarrierCount,
    const VkBufferMemoryBarrier*       pBufferMemoryBarriers,
    uint32_t                           imageMemoryBarrierCount,
    const VkImageMemoryBarrier*        pImageMemoryBarriers);
```

最后的 6 个参数用于指定内存依赖，如果不指定任何的内存依赖，只指定执行依赖，则这 6 个参数为空。Pipeline Barrier 的控制粒度在 Pipeline Stage 之间，执行依赖主要设置的参数是 srcStageMask 和 dstStageMask。dstStageMask 指定的 Pipeline Stage

和之后的 Pipeline Stage 的执行一定发生在 srcStageMask 指定的 Pipeline Stage 之后。

可以简单地将渲染管线的 VS 管线阶段和 PS 阶段看作管线的两个串行阶段。在某些情况下，假设只有 VS 管线阶段和 PS 阶段，因为不同的渲染任务（Render Pass）可以分别运行这两个阶段，所以一个管线最多可以同时运行两个 Render Pass。每个 VS 管线阶段或 PS 阶段分别运行某个 Render Pass 中的一个阶段。这种乱序带来的并行性优势可以最大限度地让管线不空闲，但是如果这两个 Render Pass 有执行依赖关系，如第二个 Render Pass 的开始依赖第一个 Render Pass 的结束，那么第一个 Render Pass 在运行 PS 阶段时，第二个 Render Pass 的 VS 管线阶段就不能开始运行，即使此时 VS 硬件模块已经空闲。这就造成了管线资源的浪费（也叫作气泡）。

上述 Render Pass 的执行依赖的指定就是通过 vkCmdPipelineBarrier 函数实现的，将 srcStageMask 设置为管线运行的开始阶段——VK_PIPELINE_STAGE_TOP_OF_PIPE_BIT，将 dstStageMask 设置为管线运行的结束阶段——VK_PIPELINE_STAGE_BOTTOM_OF_PIPE_BIT。

上述指定非常粗糙，整个 VS 管线阶段和 PS 阶段内部又分为很多个小阶段。只要将 srcStageMask 修改到尽可能靠后，即在 VK_PIPELINE_STAGE_TOP_OF_PIPE_BIT 之后，推迟对第一个 Render Pass 开始位置的依赖；将 dstStageMask 设置得尽可能靠前，即在 VK_PIPELINE_STAGE_BOTTOM_OF_PIPE_BIT 之前，提前对第二个 Render Pass 结束位置的依赖，就可以在第一个 Render Pass 结束前和第二个 Render Pass 开始前创造尽可能多的、无依赖的、可乱序执行的部分。这样，当第一个 Render Pass 在运行 PS 阶段时，第二个 Render Pass 可以使用已经空闲的 VS 硬件模块。

因此，在渲染过程中，vkCmdPipelineBarrier 通常在 Render Pass 的前后执行，以 Render Pass 为同步单元来满足同步需求。如果使用的是计算着色器，则 vkCmdPipelineBarrier 通常位于计算着色器执行的开始或结束位置。

然而，仅仅指定执行依赖并不能保证第二个 Render Pass 依赖开始时所需的数据在第一个 Render Pass 依赖结束时是可见的。如果要确保可见，就必须额外指定内存依赖。内存依赖分为 3 种：VkMemoryBarrier、VkBufferMemoryBarrier 和 VkImageMemoryBarrier。在接口实现上，内存依赖是对执行依赖的补充，是执行依赖的更细粒度的控制。

2）VkEvent

Pipeline Barrier 只能作用在 GPU 的一个硬件运行单元上，因为其控制的是一个计算单元的管线阶段的运行顺序，这种控制在以下两种情况下会有控制不够精确而造成管线浪费的问题。①在两个有依赖关系的 Render Pass 之间，如果存在一个与这两个 Render Pass 都没有依赖关系的中间 Render Pass，那么这个中间 Render Pass 只能通过使用两个 Pipeline Barrier，分别与前面的 Render Pass 和后面的 Render Pass 产生依赖关系。这样做的目的是确保中间 Render Pass 在执行时不会打乱前后 Render

Pass 的执行顺序，从而保证数据的一致性和渲染的正确性。②Pipeline Barrier 只能在管线中的不同阶段产生依赖关系，而无法与 CPU 产生依赖关系。例如，一个管线阶段的运行依赖 CPU 特定状态的就绪。

VkEvent 可在提交给同一队列的指令之间或 CPU 和 GPU 之间插入细粒度的依赖关系，但是不能在提交给不同队列的指令之间插入依赖关系。VkEvent 有 Signaled 和 Unsignaled 两种状态。一个应用程序可以在 CPU 或 GPU 上对 VkEvent 做出 Signal 或 Unsignal 操作。GPU 可以在执行进一步的操作之前等待一个 VkEvent 变成 Signaled 状态才可以继续往下执行。这样 VkEvent 就可以解决上述两个问题，并且实现更简单。

VkEvent 相比于 Pipeline Barrier 对依赖关系的指定可以更精细，从而避免气泡，并且可以让 CPU 也参与到依赖关系中。例如，执行依赖可以在上一个 Render Pass 执行完必要指令时调用 vkCmdSetEvent 函数，在下一个 Render Pass 需要依赖上一个 Render Pass 的必要指令时调用 vkCmdWaitEvents 函数，这样就可以实现控制细粒度的执行依赖。但是 VkEvent 的使用成本高于 Pipeline Barrier，因为 VkEvent 需要使用单独的对象且需要调用两个函数指令进行设置和等待；而 Pipeline Barrier 没有引入对象，并且只需一个函数指令调用。所以使用 VkEvent 时，调用 vkCmdWaitEvents 需要等待较长的时间才会被 vkCmdSetEvent 唤醒，才能有效率提升。否则 vkCmdWaitEvents 立刻被唤醒，相当于只引入了开销，没有起到同步作用，此时使用 Pipeline Barrier 的开销更低。

3.4　Vulkan 与 AMD GPU 驱动之间的功能映射关系

3.4.1　Vulkan：渲染硬件的用户空间驱动接口

可以认为 Vulkan 是 AMD GPU 的用户空间驱动。Vulkan 为用户空间应用程序提供了一种标准化的使用显卡的接口和方式，这些接口真实地反映了显卡的硬件特性和 AMD GPU 驱动为用户空间提供的控制使用接口。例如，Vulkan API 中的队列对应 AMD GPU 中的队列，也是显卡硬件的队列。

但是 Vulkan 只聚焦在显卡的渲染计算过程上，对于显卡的管理，如功耗频率控制、启停复位等操作，Vulkan 是不涉及的。显卡的管理仍然需要显卡驱动的专门用户空间接口来完成。

3.4.2　显卡与队列

1. 物理显卡的表示：VkPhysicalDevice

Vulkan 中有 5 个维度来描述显卡硬件的不同方面：设备属性（VkPhysicalDevice-

Properties)、设备特性（VkPhysicalDeviceFeatures）、扩展属性（VkExtensionProperties）、队列属性（VkQueueFamilyProperties）和支持的资源格式属性（VkFormatProperties）。

从 Vulkan 的视角来看，显卡驱动也是显卡硬件的一部分。VkPhysicalDeviceFeatures 描述了硬件支持的 Vulkan 特性列表，其中的 shaderFloat64 描述了该显卡的着色器是否支持 64 位浮点数，如果不支持，则 Vulkan 的着色器中就不可以使用 64 位浮点数。VkExtensionProperties 描述了硬件支持的 Vulkan 扩展列表。VkQueueFamilyProperties 描述了显卡硬件的各命令队列的属性。每种显卡都支持有限的资源格式（VkFormat），这些格式都有显卡硬件支持的属性列表（VkFormatProperties），在 Vulkan 决定使用什么资源类型和资源属性时，需要确认显卡硬件是否支持。

AMD GPU 驱动目前是不感知 Vulkan 实现的，也就是说，对 Vulkan 特性的硬件支持能力是存在于硬件或不开源的固件中的。因此，Vulkan 看到的显卡属性大部分是 AMD GPU 驱动无法直接获取的，实际的返回结果是由 AMD GPU 通过固件或硬件接口查询后获得的，并将结果返回给上层的 Vulkan 调用。显卡驱动会管理显卡的命令队列，Vulkan 也需要查询显卡硬件支持的队列的种类和数量（VkQueueFamilyProperties）。

VkPhysicalDeviceProperties 的定义如下：

```
typedef struct VkPhysicalDeviceProperties {
    uint32_t                          apiVersion;
    uint32_t                          driverVersion;
    uint32_t                          vendorID;
    uint32_t                          deviceID;
    VkPhysicalDeviceType              deviceType;
    char                              deviceName[VK_MAX_PHYSICAL_DEVICE_
                                          NAME_SIZE];
    uint8_t                           pipelineCacheUUID[VK_UUID_SIZE];
    VkPhysicalDeviceLimits            limits;
    VkPhysicalDeviceSparseProperties  sparseProperties;
} VkPhysicalDeviceProperties;
```

apiVersion 是当前显卡硬件支持的 Vulkan 标准版本。driverVersion 是显卡驱动的版本。vendorID 和 deviceID 是显卡的 PCI 下分配的 Vendor ID 和 Device ID。deviceType 是显卡的类型，其定义如下：

```
typedef enum VkPhysicalDeviceType {
    VK_PHYSICAL_DEVICE_TYPE_OTHER = 0,
    VK_PHYSICAL_DEVICE_TYPE_INTEGRATED_GPU = 1,
    VK_PHYSICAL_DEVICE_TYPE_DISCRETE_GPU = 2,
    VK_PHYSICAL_DEVICE_TYPE_VIRTUAL_GPU = 3,
```

```
    VK_PHYSICAL_DEVICE_TYPE_CPU = 4,
} VkPhysicalDeviceType;
```

从 Vulkan 的视角来看，显卡可以是集成显卡（VK_PHYSICAL_DEVICE_TYPE_INTEGRATED_GPU）、独立显卡（VK_PHYSICAL_DEVICE_TYPE_DISCRETE_GPU）、虚拟显卡（VK_PHYSICAL_DEVICE_TYPE_VIRTUAL_GPU）和 CPU 软管线（VK_PHYSICAL_DEVICE_TYPE_CPU）四种类型。Vulkan 应用可以获得具体的硬件显卡类型以辅助自己决策，决策可以是是否选择该显卡进行渲染，也可以是在选择该显卡后使用什么样的渲染特性、如何管理渲染资源内存等。

deviceName 代表该显卡硬件的可显示名字。pipelineCacheUUID 代表该显卡硬件的 UUID，用于 Vulkan 的渲染管线缓存与硬件设备的匹配（性能优化）。limits 代表该显卡硬件支持的 Vulkan 资源和操作的限制，如 maxImageDimension2D 限制显卡支持的最大 2D 资源分辨率。sparseProperties 代表显卡的稀疏内存的支持情况。

Vulkan 目前的使用流程是根据不同的物理显卡类型创建一个虚拟的显卡硬件（VkDevice），使用虚拟的显卡硬件进行后续的渲染，并不从 API 设计上支持同时使用多个物理显卡硬件进行渲染。

2. 显卡队列的表示：VkQueue

从 Vulkan 的视角来看，需要使用 vkGetPhysicalDeviceQueueFamilyProperties 函数从物理显卡中查询显卡支持的队列类型，该函数返回一个 VkQueueFamilyProperties 数组，其定义如下：

```
typedef enum VkQueueFlagBits {
    VK_QUEUE_GRAPHICS_BIT = 0x00000001,
    VK_QUEUE_COMPUTE_BIT = 0x00000002,
    VK_QUEUE_TRANSFER_BIT = 0x00000004,
    VK_QUEUE_SPARSE_BINDING_BIT = 0x00000008,
    VK_QUEUE_PROTECTED_BIT = 0x00000010,
    VK_QUEUE_VIDEO_DECODE_BIT_KHR = 0x00000020,
    VK_QUEUE_VIDEO_ENCODE_BIT_KHR = 0x00000040,
    VK_QUEUE_OPTICAL_FLOW_BIT_NV = 0x00000100,
} VkQueueFlagBits;

typedef struct VkQueueFamilyProperties {
    VkQueueFlags    queueFlags;
    uint32_t        queueCount;
    uint32_t        timestampValidBits;
```

```
    VkExtent3D        minImageTransferGranularity;
} VkQueueFamilyProperties;
```

Vulkan 需要查询显卡硬件有多少个不同类型的队列，并且每种类型的队列有多少个。每种类型的队列支持的属性也可以不同，典型的是 VK_QUEUE_GRAPHICS_BIT 队列，可以支持显示，也可以不支持。

可以使用 vkGetPhysicalDeviceSurfaceSupportKHR 函数来检测通过该队列创建的 Surface 是否支持显示，大部分显卡的渲染队列是同时支持显示的。一个队列可以有多个属性，其中，最常用的属性就是 VK_QUEUE_GRAPHICS_BIT 和 VK_QUEUE_COMPUTE_BIT。大部分显卡的 VK_QUEUE_GRAPHICS_BIT 队列支持 VK_QUEUE_COMPUTE_BIT，也就是渲染队列支持计算队列的指令下发，但是也有特殊的专门用于 VK_QUEUE_COMPUTE_BIT 队列的显卡，进行并行计算的着色器应该优先选择 VK_QUEUE_COMPUTE_BIT 队列执行计算任务。

从 AMD GPU 的视角来看，一个 RX7900XTX 显卡的循环队列（Ring）包括 1 个 GFX 队列（对应 VK_QUEUE_GRAPHICS_BIT）、2 个 SDMA 队列（对应 VK_QUEUE_TRANSFER_BIT）、2 个 VCN 队列（对应 VK_QUEUE_VIDEO_ENCODE_BIT_KHR）、1 个 jpeg_dev 队列（对应 VK_QUEUE_VIDEO_DECODE_BIT_KHR）、8 个计算队列（对应 VK_QUEUE_COMPUTE_BIT）、1 个 MES 队列、1 个 MES KIQ 队列。

显卡的不同类型的队列是天然支持并行的，这种多队列结构被 Vulkan API 直接暴露，也就是用户空间可以直接感知到这种并行执行的能力。在用户空间图形编程中，Vulkan 的这种暴露队列的机制引入了很多新的编程技术。在使用 GFX 队列进行渲染的同时，使用计算队列进行并行计算的技术叫作异步计算，在使用 GFX 队列进行渲染的同时，使用 SDMA 队列进行数据传输的技术叫作异步传输。这些编程技术在 OpenGL 中是隐藏在驱动中的，用户并不能感知。而在 Vulkan 中，用户可以使用 Vulkan 提供的同步机制在各队列的命令流中插入同步语句，使得各队列可以并行执行，同时保证在关键的有序要求步骤中有序执行。

Vulkan 的所有命令都要先记录到命令缓存（VkCommandBuffer）中才能下发给硬件队列执行，命令缓存需要从命令缓存池（VkCommandPool）中分配，命令缓存池与特定的硬件队列（VkQueue）相关联。队列有不同的类型，如用于计算着色器的命令缓存池必须有 VK_QUEUE_COMPUTE_BIT 队列。

3. VkDevice 与 VkQueue

显卡的硬件与队列是物理存在的硬件，但是在 Vulkan 的软件层面要想使用显卡硬件与队列，需要使用 VkDevice 和 VkQueue 两个逻辑对象，这两个逻辑对象并不是与硬件一一对应自动生成的，而是用户使用 vkCreateDevice 函数创建的。vkCreateDevice 函数需要指定 VkDevice 使用的队列的信息，创建 VkDevice 的过程也就是创建 VkQueue 的过程。后续使用队列时，只需使用 vkGetDeviceQueue 函数即可直接获得对应序号的队列，不需要再次创建队列。vkGetDeviceQueue 函数也不是对队列的创建操作，可以多次对同一个队列调用该函数来获得队列的句柄，而不需要担心队列的引用问题。

Vulkan API 的用户对设备的使用都是以 VkDevice 和 VkQueue 为接口的，而不是以 VkPhysicalDevice 和物理队列为接口的。这种基于硬件模型的抽象虽然与硬件类似，但是其提供了模拟的能力。例如，驱动可以实现一个抽象的不存在于硬件的队列，在 Vulkan API 的用户看来，这个队列是真实存在的，就可能会使用该队列。

4．多队列与现代渲染

现代 GPU 通常包括多个独立的引擎以提供专用的功能，常见的有用于渲染的图形引擎、用于通用计算的计算引擎、用于数据复制的复制引擎。这些引擎对应 AMD 显卡的不同 IP，在实际的硬件中要丰富得多。每个引擎都对应命令队列，从命令队列中获得命令并执行，如果命令队列中没有命令，引擎就暂停。同一个命令队列可以驱动多个不同类型的引擎，如图形队列可以驱动图形引擎、计算引擎和复制引擎，计算队列可以驱动计算引擎和复制引擎，复制队列可以驱动复制引擎。

实际游戏运行时如果达到 GPU 的使用瓶颈，通常是其中一个引擎的利用率达到瓶颈，而其他引擎还处于空闲状态。

现在程序优化的一个大方向就是提高并行度。即使 GPU 在执行很密集的渲染任务，GPU 的很大一部分也处于空闲状态。而当复杂渲染任务来临时，GPU 又很忙，容易达到瓶颈。所以核心的优化思想是让 GPU 的各计算单元一直有任务可以执行，这就需要 CPU 减少阻塞等待的时间，将尽可能多的任务下发到显卡的队列中进行排队。只有排队了，显卡才能在空闲时立刻获得新的任务并执行。

由于渲染管线本身的串行属性，渲染管线中的任意一个阶段出现瓶颈都会使渲染管线硬件的其他阶段不能充分利用 GPU。渲染管线中的每个阶段都可以大量并行处理，但是每个阶段的吞吐量仍然受到其他阶段的影响。因此，为了提高渲染管线的利用率，渲染队列中应该尽可能地安排并行渲染任务，在一个渲染任务执行的过程中，初始的渲染阶段可以从渲染队列中获得下一个渲染任务并执行，从而提高渲染管线的利用率，这种方式就类似 CPU 的管线。

如果显卡的渲染单元和计算单元是不同的硬件，那么在游戏执行渲染任务时，计算引擎很可能处于空闲状态，在渲染的同时将计算任务（Async Compute）提交到计算队列，可以提高显卡的利用率。虽然将计算任务提交到图形队列也能被计算引擎执行，但是该计算任务的前面可能有较多的图形任务，从而无法及时地并发启动计算引擎。而提交到计算队列可以立刻启动计算引擎，提高 GPU 的利用率，这种不同队列提交的计算任务已经被现代游戏引擎普遍采用。

使用计算任务加速的一个例子是后处理，后处理是在图形渲染管线完成一帧后执行的，一般使用计算着色器来实现。另一个常用的例子就是 Deferred Rendering（延迟渲染）。通常在渲染前使用计算着色器来计算哪些光源影响了屏幕中的像素。

并行度优化方向是提高单个游戏的显卡利用率，如果多个游戏同时在一个显卡上竞争资源，那么单个游戏的并行度优化就没有太大意义。但是由于 PC 在大部分情况下都是同一时刻只运行一个游戏，因此并行度优化在大部分情况下都很关键。

3.4.3　VkDeviceMemory

物理上，内存包括系统内存（在 Vulkan 中被称为 Host Local Memory）和显存（在 Vulkan 中被称为 Device Local Memory）两部分。从显卡的视角来看，内存包括显存、GTT 内存（显卡使用 DMA 访问的系统内存）和系统内存三部分，显存和 GTT 内存在 Vulkan 中统称 Heap 内存（堆内存）。从 CPU 的视角来看，内存包括系统内存、显存和映射到 CPU 地址空间的显存三部分。在 Vulkan 中，所有类型的可申请内存都叫作 VkDeviceMemory。

1. 资源的用途

Vulkan 是 GPU 提供给 CPU 使用的 API，是站在 CPU 的视角的。在 OpenGL 时代，创建资源需要指定用途，API 的实现者会根据用途来决定将实际的内存放在哪里，以及什么时候放。Vulkan 相当于把指定用途与实际的内存分配分离。创建资源时需要先指定用途，然后在创建资源后使用 vkAllocateMemory 函数为该资源申请 VkDeviceMemory，最后使用 vkBindBufferMemory 函数将 VkDeviceMemory 与创建的资源绑定。这三步相当于 OpenGL 中创建资源的一步。vkCreateBuffer 函数的声明如下：

```
VkResult vkCreateBuffer(
    VkDevice                                    device,
    const VkBufferCreateInfo*                   pCreateInfo,
    const VkAllocationCallbacks*                pAllocator,
    VkBuffer*                                   pBuffer);
```

pCreateInfo 中会指定资源的用途，而 pAllocator 是一个可以为空的内存分配回调函数。如果指定了这个回调函数，应用程序就可以自定义 CPU 的资源分配方式。这个回调函数也可以不接管 Vulkan 实现的内存分配，而仅用于调试打印。Vulkan API 这种指定内存分配回调函数的特点，允许应用层接管本来就比较简单的 Vulkan 内存分配逻辑的实现。

资源的用途会影响所需的内存种类，但资源的用途可以用来确定支持该用途的显卡内存类型。通过对一个已创建的 VkBuffer 对象调用 vkGetBufferMemoryRequirements 函数，可以获得支持该资源用途的内存类型序号。每个不同的内存类型序号都对应该序号支持的不同的内存属性，如 CPU 不可见的显卡内存或系统内存等内存属性。

当为资源创建实际的内存时，需要指定所需的内存属性，并且在硬件支持的满足该资源用途的所有内存类型中找到支持该属性的内存类型序号，作为 vkAllocateMemory 函数的参数进行实际的内存分配。

在 OpenGL 时代，显存管理对直接使用 OpenGL API 的游戏引擎来说是不可见的，具体的显存分配由显卡驱动完成。Vulkan 对游戏引擎暴露了显存管理，推荐方法是使用 vkAllocateMemory 函数分配大块的显存，在游戏引擎中使用这些大块的显存进行二次分配。可以这样做的主要原因是将显存与资源绑定的 vkBindBufferMemory 函数允许指定内存偏移。也就是说，可以将一个 VkDeviceMemory 中的一部分内存绑定到一个资源中，将另一部分内存绑定到另一个资源中。

由于 Vulkan 默认应用层进行显存的二次分配，所以很多 GPU 驱动实现的 vkAllocateMemory 函数的性能会较差，依赖显存的二次分配优化性能。但是，有的资源使用单独的内存可以获得更好的性能，在这种情况下，Vulkan 提供了 VkMemory-DedicatedRequirementsKHR 扩展，可以判断某个资源是否属于这种情况，从而进行独立的显存分配。

同一块不会修改的显存内容可以映射到不同的资源中进行显存复用，叫作 Memory Aliasing。

2. 根据资源的内存需求申请不同类型的内存

vkAllocateMemory 函数用于申请内存，并可以直接指定所申请的内存的位置。通过将申请的内存与 VkBuffer 绑定，可以使 VkBuffer 使用这块内存，声明如下：

```
typedef struct VkMemoryAllocateInfo {
    VkStructureType    sType;
    const void*        pNext;
    VkDeviceSize       allocationSize;
    uint32_t           memoryTypeIndex;
} VkMemoryAllocateInfo;

VkResult vkAllocateMemory(
    VkDevice                                    device,
    const VkMemoryAllocateInfo*                 pAllocateInfo,
    const VkAllocationCallbacks*                pAllocator,
    VkDeviceMemory*                             pMemory);
```

VkMemoryAllocateInfo 结构体用于提供内存分配的参数，包括内存类型和大小等。因为 AMD GPU 等显卡为渲染资源（在驱动中叫作 BO）的创建提供了指定多个内存位置的能力。例如，一个 BO 可以同时指定了显存和 GTT 内存。在驱动实现中，当显存资源充足时，优先在显存中申请资源；而当显存资源不足时，则会使用 GTT 内存。驱动提供的这种能力也是来自渲染 API 的要求，OpenGL 和 Vulkan 等都允许用户指定多种用途，Vulkan 的 vkAllocateMemory 函数还可以指定申请的内存位置，所以 VkMemoryAllocateInfo 是一个链表，代表可用的多个资源内存位置（对应 AMD GPU 中的 Placement）。

一个显卡硬件支持的 BO 的分配位置是有限的，Vulkan 可以通过 vkGetPhysicalDeviceMemoryProperties 函数获得该显卡支持的内存位置列表 VkPhysicalDeviceMemoryProperties，其定义如下：

```
typedef struct VkPhysicalDeviceMemoryProperties {
    uint32_t           memoryTypeCount;
    VkMemoryType       memoryTypes[VK_MAX_MEMORY_TYPES];
    uint32_t           memoryHeapCount;
    VkMemoryHeap       memoryHeaps[VK_MAX_MEMORY_HEAPS];
} VkPhysicalDeviceMemoryProperties;
```

Vulkan 都是从 Heap 内存中申请资源的，Heap 内存代表显卡可以用来渲染使用的内存。例如，RX7900XTX 中获得的 Heap 内存包括 GTT 内存和 VRAM 内存。memoryHeaps 中描述了这两种 Heap 内存的大小，用 Vulkan 的术语来描述是渲染使用的 Heap 内存主要包括 Host Local Heap 内存和 Device Local Heap 内存两种。

每种 Heap 内存中都可能有多种不同类型的内存，这些内存存放在 memoryTypes 中。VkMemoryType 的定义如下：

```
typedef struct VkMemoryType {
    VkMemoryPropertyFlags    propertyFlags;
    uint32_t                 heapIndex;
} VkMemoryType;
typedef enum VkMemoryPropertyFlagBits {
    VK_MEMORY_PROPERTY_DEVICE_LOCAL_BIT = 0x00000001,
    VK_MEMORY_PROPERTY_HOST_VISIBLE_BIT = 0x00000002,
    VK_MEMORY_PROPERTY_HOST_COHERENT_BIT = 0x00000004,
    VK_MEMORY_PROPERTY_HOST_CACHED_BIT = 0x00000008,
    VK_MEMORY_PROPERTY_LAZILY_ALLOCATED_BIT = 0x00000010,
    VK_MEMORY_PROPERTY_PROTECTED_BIT = 0x00000020,
    VK_MEMORY_PROPERTY_DEVICE_COHERENT_BIT_AMD = 0x00000040,
    VK_MEMORY_PROPERTY_DEVICE_UNCACHED_BIT_AMD = 0x00000080,
```

```
    VK_MEMORY_PROPERTY_RDMA_CAPABLE_BIT_NV = 0x00000100,
} VkMemoryPropertyFlagBits;
```

一个内存类型是上述标志的组合。RX7900XTX 中的 Host Local Heap 内存有如下 4 种类型：①VK_MEMORY_PROPERTY_HOST_VISIBLE_BIT|VK_MEMORY_PROPERTY_HOST_COHERENT_BIT；②VK_MEMORY_PROPERTY_HOST_VISIBLE_BIT|VK_MEMORY_PROPERTY_HOST_COHERENT_BIT|VK_MEMORY_PROPERTY_HOST_CACHED_BIT；③ VK_MEMORY_PROPERTY_HOST_VISIBLE_BIT|VK_MEMORY_PROPERTY_HOST_COHERENT_BIT|VK_MEMORY_PROPERTY_DEVICE_COHERENT_BIT_AMD|VK_MEMORY_PROPERTY_DEVICE_UNCACHED_BIT_AMD；④ VK_MEMORY_PROPERTY_HOST_VISIBLE_BIT|VK_MEMORY_PROPERTY_HOST_COHERENT_BIT|VK_MEMORY_PROPERTY_HOST_CACHED_BIT|VK_MEMORY_PROPERTY_DEVICE_COHERENT_BIT_AMD|VK_MEMORY_PROPERTY_DEVICE_UNCACHED_BIT_AMD。

VK_MEMORY_PROPERTY_HOST_VISIBLE_BIT 表示 CPU 可见，Host Local Heap 内存都是系统可见的，所以每种类型都包含这个标志。

VK_MEMORY_PROPERTY_HOST_COHERENT_BIT 表示 CPU 对该内存的读写不需要调用 vkFlushMappedMemoryRanges 和 vkInvalidateMappedMemoryRanges 函数来手动同步内容，内容会自动同步。COHERENT 表示 CPU 和 GPU 对同一块内存的读/写看到的内容不一致，一般由 Cache 引入，但是使用了 Cache，有的硬件（x86）也可以做到 COHERENT（ARM 做不到）。

VK_MEMORY_PROPERTY_HOST_CACHED_BIT 表示 CPU 访问该内存时使用 Cache，使用 Cache 访问的性能要优于不使用 Cache 访问的性能。但是不使用 Cache 的内存访问一定保证 COHERENT。

一般情况下，使用 VK_MEMORY_PROPERTY_HOST_CACHED_BIT、不使用 VK_MEMORY_PROPERTY_HOST_COHERENT_BIT 的性能是最优的，但是需要调用 vkFlushMappedMemoryRanges 和 vkInvalidateMappedMemoryRanges 函数来整体性地手动同步内容。如果调用太频繁，则性能反而会比 VK_MEMORY_PROPERTY_HOST_COHERENT_BIT 的差。可以认为 VK_MEMORY_PROPERTY_HOST_COHERENT_BIT 是交给硬件来自动同步内容的，通常情况下，硬件完成的效率比较高。但是如果用户可以做到更大批量地一次性同步很多内容，则用户手动同步内容的效率会比硬件自动同步内容的效率高。同时使用 VK_MEMORY_PROPERTY_HOST_COHERENT_BIT 和 VK_MEMORY_PROPERTY_HOST_CACHED_BIT 是绝大部分情况下的最优选择，不需要手动同步内容，同时具备大部分情况下优秀的性能。

VK_MEMORY_PROPERTY_DEVICE_COHERENT_BIT_AMD|VK_MEMORY_PROPERTY_DEVICE_UNCACHED_BIT_AMD 表示 AMD 显卡对该内存的使用是一

致且无 Cache 的。也就是正确性可以自动保证，但是不使用 Cache，性能较差。

Device Local Heap 内存有如下 4 种类型：①VK_MEMORY_PROPERTY_DEVICE_LOCAL_BIT；②VK_MEMORY_PROPERTY_DEVICE_LOCAL_BIT|VK_MEMORY_PROPERTY_HOST_VISIBLE_BIT|VK_MEMORY_PROPERTY_HOST_COHERENT_BIT；③ VK_MEMORY_PROPERTY_DEVICE_LOCAL_BIT|VK_MEMORY_PROPERTY_DEVICE_COHERENT_BIT_AMD|VK_MEMORY_PROPERTY_DEVICE_UNCACHED_BIT_AMD；④VK_MEMORY_PROPERTY_DEVICE_LOCAL_BIT|VK_MEMORY_PROPERTY_HOST_VISIBLE_BIT|VK_MEMORY_PROPERTY_HOST_COHERENT_BIT|VK_MEMORY_PROPERTY_DEVICE_COHERENT_BIT_AMD|VK_MEMORY_PROPERTY_ DEVICE_UNCACHED_BIT_AMD。

同一块 Heap 内存对应上述 4 种类型，选择这 4 种类型中的哪一种是根据内存访问性能进行排序的。也就是说，如果应用希望使用某种标志组合的类型的内存，就需要从头遍历 memoryTypes，找到 Heap 内存中的第一个满足需求的内存类型，这时就代表用户提供的内存申请需要的标志组合是可用的。物理内存类型用于检测用户希望使用的内存类型是否被显卡支持，如果支持，就会作为 vkAllocateMemory 函数中 VkMemoryAllocateInfo 的参数指定从这部分内存分配。

同一块 Heap 内存对应的不同类型是用于申请不同类型的资源的，如 1 个 VkBuffer 对象使用的类型、1 个 VkImage 使用的类型和多个 GPU 支持的深度类型。

3．完整的资源创建流程

一个完整的资源创建流程如下：①vkCreateBuffer 函数创建 VkBuffer 对象；②vkGetBufferMemoryRequirements 函数获得新创建的 VkBuffer 对象的内存类型需求；③vkGetPhysicalDeviceMemoryProperties 函数获得显卡支持的内存类型列表；④检查 VkBuffer 对象所需的内存类型是否被硬件支持；⑤如果支持，则使用 vkAllocateMemory 函数分配对应类型和 VkBuffer 对象描述大小的内存；⑥vkBindBufferMemory 函数将申请得到的内存与 VkBuffer 对象绑定。

4．AMD GPU 的 BO 与 Vulkan 资源

Vulkan 中会定义各种顶点和图像资源，这些资源在固定管线或计算管线的着色器中使用。每个资源都是 AMD GPU 中的一个 BO，这些资源可以位于系统内存中，也可以位于显存中。

Vulkan 使用 vkCreateBuffer 函数创建 VkBuffer 对象（也就是 AMD GPU 中的一个 BO），使用 vkAllocateMemory 函数分配系统内存或显存，使用 vkBindBufferMemory 函数将申请得到的内存与 VkBuffer 对象绑定。用 AMD GPU 的术语来描述就是这个绑定的过程相当于确定了 BO 的 Placement。

每个资源都需要一个描述符，用来描述这个资源。管线只接受绑定描述符，从而确定使用的资源。描述符的结构体为 VkDescriptorBufferInfo，其定义如下：

```
typedef struct VkDescriptorBufferInfo {
    VkBuffer        buffer;
    VkDeviceSize    offset;
    VkDeviceSize    range;
} VkDescriptorBufferInfo;
```

buffer 为资源对应的 VkBuffer 对象，offset 为在资源内存中的偏移，range 为该资源的可更新范围。如果设置 VK_WHOLE_SIZE，则代表从 offset 到最后的所有范围。通过 offset，可以为一个 VkBuffer 指定一个子集作为管线看到的 buffer。

输入着色器的多个资源要先组织到一起作为一个集合，再配置到管线，这个集合是 VkDescriptorSet。使用 vkUpdateDescriptorSets 函数将多个 VkBuffer 对象绑定到一个 VkDescriptorSet 中。在实际录制命令的时候，VkDescriptorSet 通过 vkCmdBindDescriptorSets 函数绑定到命令缓存（VkCommandBuffer）中。在实际绑定之前，识别并使用 VkDescriptorSet 代表的资源管线的结构必须被创建。所以，管线的创建会在不使用实际资源的情况下，为 VkDescriptorSet 中的资源提供管线中对应的资源位置。

由于 Vulkan 的内存灵活性，多个不同的 VkDescriptorSet 可以绑定同一个 VkBuffer 对象，只是使用不同的偏移，这在 Uniform Buffer 中用途很大。Uniform Buffer 通常用于着色器中的常量数据，但是 CPU 需要频繁修改这些数据。通常情况下，需要为每个 VkDescriptorSet 创建一个 Uniform Buffer，在每次录制命令的时候，绑定 VkDescriptorSet 就会用到不同的 Uniform Buffer。这种情况下对应的 VkDescriptorSet 的类型是 VK_DESCRIPTOR_TYPE_UNIFORM_BUFFER，Vulkan 还提供了 VK_DESCRIPTOR_TYPE_UNIFORM_BUFFER_DYNAMIC 类型的 VkDescriptorSet，可以通过指定在 Uniform Buffer 中的偏移让不同的 VkDescriptorSet 使用同一个 Uniform Buffer，从而减少 Uniform Buffer，提高资源的利用率。

3.4.4　BO 与 Vulkan 资源的使用：管线拓扑

对于渲染，Vulkan 资源的使用者是着色器程序，需要采用一种方式，将创建的资源与着色器的资源需求关联起来，这个关联的结果使得硬件管线在执行时可以找到所需的 BO。因为着色器是在管线中执行的，所以描述着色器的输入/输出资源的过程就是创建具备对应输入/输出的管线结构的过程。

一个计算管线的创建需要使用的创建信息是 VkComputePipelineCreateInfo，该结构体中需要指定使用的着色器和着色器使用资源的情况——VkPipelineLayout。

VkPipelineLayout 中规定了不同的资源位置，叫作描述符集合。每个待绑定的资源都对应一个描述符。绑定资源的集合是在 VkPipelineLayout 的创建结构体 VkPipelineLayoutCreateInfo 的 VkDescriptorSetLayout 中指定的。绑定两个资源的示例如下：

```
VkDescriptorSetLayoutBinding descriptorSetLayoutBindings[2] = {
    {
      0,
      VK_DESCRIPTOR_TYPE_STORAGE_BUFFER,
      1,
      VK_SHADER_STAGE_COMPUTE_BIT,
      0
    },
    {
      1,
      VK_DESCRIPTOR_TYPE_STORAGE_BUFFER,
      1,
      VK_SHADER_STAGE_COMPUTE_BIT,
      0
    }
};

VkDescriptorSetLayoutCreateInfo descriptorSetLayoutCreateInfo = {
  VK_STRUCTURE_TYPE_DESCRIPTOR_SET_LAYOUT_CREATE_INFO,
  0,
  0,
  2,
  descriptorSetLayoutBindings
};

VkDescriptorSetLayout descriptorSetLayout;
vkCreateDescriptorSetLayout(device,
&descriptorSetLayoutCreateInfo, 0, &descriptorSetLayout);
```

两个资源的 VkDescriptorSetLayoutBinding 对应的第一个参数分别是 0 和 1，即该管线所需的两个资源的编号分别是 0 和 1。在着色器中可以使用这个编号来索引着色器所需的资源。

创建需要两个资源的管线，并没有实际地把这两个资源绑定到管线上，只是创建了一个在特定的管线位置需要两个资源的管线结构。着色器的管线资源的绑定如图 3-1 所示。

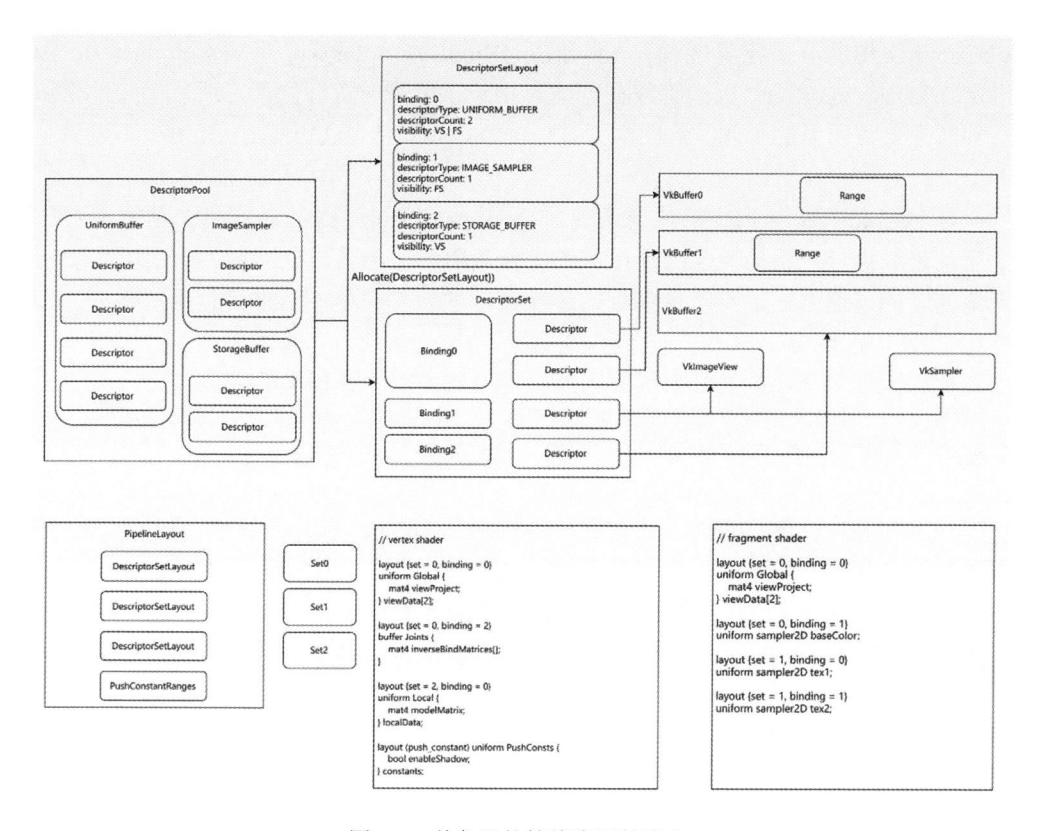

图 3-1 着色器的管线资源的绑定

3.4.5　job 与 VkCommandBuffer

AMD GPU 调度的执行任务单位是 job，一个 job 不一定是一个渲染任务，但是一个渲染任务一定是一个 job。Vulkan 使用 VkCommandBuffer 在用户空间进行命令录制，一次性将录制好的 VkCommandBuffer 提交到显卡执行，即提交一个 job 到 GPU 任务调度引擎。

一个最简单的计算管线的实际命令录制过程如下：

```
vkBeginCommandBuffer(commandBuffer, &commandBufferBeginInfo);
vkCmdBindPipeline(commandBuffer, VK_PIPELINE_BIND_POINT_COMPUTE, pipeline);
vkCmdBindDescriptorSets(commandBuffer, VK_PIPELINE_BIND_POINT_COMPUTE,
pipelineLayout, 0, 1, &descriptorSet, 0, 0);
vkCmdDispatch(commandBuffer, bufferSize / sizeof(int32_t), 1, 1);
vkEndCommandBuffer(commandBuffer);
```

除了录制开始和录制结束的两条指令，第一条 vkCmdBindPipeline 为 VkCommandBuffer 绑定管线，第二条 vkCmdBindDescriptorSets 为 VkCommandBuffer 绑定 VkDescriptorSet。因为管线在创建时指定了所需的资源位置，所以绑定的资源必须匹配管线所需的资源。最后通过 vkCmdDispatch 将 VkCommandBuffer 下发到显卡上。

以 vkCmd 开头的指令都是要录制到 CommandBuffer 中的。录制指令使得在 GPU 上启动管线执行一系列特定的操作可以看作调用一个函数，因为跨设备的函数访问，无论两者的延迟多低、吞吐量多大，逐次调用的效率总是不及批量调用的效率。即使在 CPU 内部的多个核心之间，频繁唤醒一个核心来执行任务的效率也不及唤醒一次该核心执行大量任务的效率，因为这样可以省去上下文切换的成本。

3.4.6　Vulkan 通用计算与 AMD 显卡的硬件并行结构

显卡的通用计算是指通过计算着色器程序在 GPU 上执行的任务。首先 CPU 将着色器程序和所需的数据传输到显卡上，然后使用 vkCmdDispatch 指定计算任务的执行方式，以便将这些任务拆分并分配到显卡的计算单元（WGP/CU）上。因为不同显卡硬件中的 WGP/CU 数不同，所以 Vulkan 需要检测硬件的并行计算能力（vkGetPhysicalDeviceProperties），上层应用通过硬件上报的并行计算能力来确定希望下发的并行计算的并行度。

拆分计算意味着在同一个计算过程中，数据被拆分为多份，分别在不同的 WGP/CU 上运行。同样的程序，不同的数据同时运行，这种工作模式类似 SIMD。数据的拆分是通过 vkCmdDispatch 指定的 x、y、z 三个维度和着色器指定的 x、y、z 三个维度的两个并行度共同完成的。三维的概念在硬件上并不存在，其代表的是数据拆分到硬件执行的拆分方式。当处理一维的缓存数据时，只需指定 x 维度，另外的 y、z 维度指定为 1。当处理二维纹理或图像等数据时，指定 x、y 维度能更有效地帮助硬件进行数据拆分。因为二维图像虽然在内存中是线性存储的，但是在图像的局部性上，同一列的数据并不相邻，而拆分计算要保持数据的局部性，所以对于二维图像的拆分，每个 WGP/CU 获得的数据在内存上是不相邻的，但是在二维图像上是上下相邻的点。三维纹理等数据也是类似的原因。

1. Workgroup

在 Vulkan 层面，开发者并不关注 AMD 硬件层面 Wave 的组织单元，而关注软件层面需要在同一个 CU 上运行的 Workgroup。Vulkan 中的 Workgroup 概念分为 Local Workgroup 和 Global Workgroup。vkCmdDispatch 指定的 x、y、z 三个维度代表 Global Workgroup 的大小，而着色器指定的 x、y、z 三个维度则代表 Local Workgroup 的大小。

Global Workgroup 和 Local Workgroup 的大小的乘积就是实际的并发计算需求。这种分层结构，即将计算任务分为 Local 和 Global 两个层次，并在每个层次上使用三个维度进行划分，在 AMD 和 NVIDIA 硬件上是一致的，在 Vulkan 层面也保持了统一的定义方式。甚至 CUDA 程序的 Grid 和 Block 两级切分任务也是对应的 Global Workgroup 和 Local Workgroup。这种划分的最核心分界点就是 Local Workgroup 内部的所有线程都可以使用高性能的 LDS 内存进行共享通信和同步执行。

一个 Local Workgroup 对应 GPU 前端 Workgroup 的概念，即在一个 CU 上运行的线程数，也就是可以使用 LDS 内存局部高性能共享数据的线程数。着色器通过如下语句指定维度：

```
layout (local_size_x=X, local_size_y=Y, local_size_z=Z)
```

这里的维度表示在一个 CU 上运行的线程数，其中 x 维度通常取值为硬件属性的一个 Workgroup 中的最大线程数 limits.maxComputeWorkGroupSize[0]，这个值就代表一个可以高性能共享数据的 Local Workgroup 中的最大线程数。因为一次 vkCmdDispatch 需要处理完所有的顶点，所以 Global Workgroup 就是所有数据的份数除以 limits.maxComputeWorkGroupSize[0]，代表本次计算横跨了多少个 Workgroup。例如，一个顶点缓存共有 n 个顶点，处理该顶点缓存的是计算着色器的 local_size_x，将其设置为 limits.maxComputeWorkGroupSize[0]，而 vkCmdDispatch 的 x 维度设置为 n/limits.maxComputeWorkGroupSize[0]。

这样相当于将所有顶点分成了 vkCmdDispatch 的 x 维度所指定的组数，一个组内的所有顶点都可以放入一个 Local Workgroup 中执行。

在 Vulkan 中，一个 invocation 对应一个硬件线程，它是在 CU 内的 SIMD 流处理单元上执行的最小任务。limits.maxComputeWorkGroupInvocations[0] 限制 x 维度的最大 invocation，这个值必须小于或等于 limits.maxComputeWorkGroupSize[0]，也就是一个 Local Workgroup 最多有多少个 invocation 是单独限制的。

limits.maxComputeWorkGroupCount 代表硬件上的最大 Local Workgroup，由 vkCmdDispatch 指定的 x、y、z 维度不能超过这个值，也就是需要限制 n/limits.maxComputeWorkGroupSize[0]<limits.maxComputeWorkGroupCount[0]。

vkCmdDispatch 代表本次运行计算着色器时使用了多少个 Local Workgroup，也就是使用了多少个硬件上的 CU，只要少于硬件上的 CU 总量就可以继续派发并行。所以充分设计的计算着色器需要根据硬件上的 CU 总量来设计并行度，以尽可能充分地利用硬件。

2. Subgroup

一个在 CU 上运行的 Local Workgroup 内的所有线程都可以高性能地共享数据，

但是因为一个 Local Workgroup 中的线程数是超过实际的硬件流处理器数的，Local Workgroup 内的线程需要排队并发执行，所以这种数据共享有性能瓶颈。

Vulkan 引入了 Subgroup 的概念，一个 Subgroup 中的所有 invocation 可以更高性能地共享数据，相当于缩小的 Local Workgroup。Subgroup 的大小就是实际 CU 并发执行的 invocation，GCN 的 Wave64 就是 64 个并发，也就是 Subgroup 的大小是 64。因为是 64 个 invocation 并发执行，所以在 Subgroup 中如果有数据共享的需求，则可以立刻获得共享的数据，而不是像 Workgroup 那样，不同线程的执行有先后顺序，数据共享需要跨单次线程执行保存。所以 Subgroup 在占用 LDS 内存大小和共享数据的访问性能上相比于 Workgroup 有优势。

由于 Subgroup 的大小等于一个 CU 在同一时刻并发执行的线程数，因此如果一个着色器的 Local Workgroup 的并发执行数量小于这个值（64），GPU 硬件就无法得到充分利用。如果将 local_size_x 设置为 16，那么 GPU 同时只能有 1/4 的硬件工作。

第 4 章

用户空间渲染驱动

4.1 OpenGL 与 Vulkan 的运行时

4.1.1 OpenGL 与 EGL

OpenGL 的标准函数是以 gl 开头的，GL 库是核心库；GLU 库是实用库，函数以 glu 开头是对 gl 的封装辅助；GLUT 库是实用工具库，GLAUX 库的函数以 aux 开头，包含窗口、输入/输出、基本形状。GLUT 库提供了基本的窗口界面，独立于 GL 库和 GLU 库，函数以 glut 开头，一般可以使用本地窗口系统替代。GLUT 库提供了简单的跨平台能力，但是 GLUT 库已经不更新，不再允许修改发布。FreeGLUT 库是 GLUT 库的一个开源替代版本。GLFW 库是一个开源跨平台的 OpenGL、OpenGL ES 和 Vulkan 的工具库，主要用来创建窗口、上下文和渲染表面，并接收处理事件。GLEW 库相当于胶水，可以帮助用户识别各种 OpenGL 的 API。FreeGLUT+GLEW 和 GLFW+GLEW 是比较简单的 OpenGL 编程方法。

EGL 是 OpenGL ES 和本地窗口系统之间的通信接口，OpenGL ES 的平台无关性就是 EGL 提供的，主要用于创建渲染表面 EGLSurface、图形渲染上下文 EGLContext 和显示器设备的抽象 EGLDisplay。EGLSurface 是 EGL 对用来存储图像的内存区域 FrameBuffer 的抽象，包括 Color Buffer、Stencil Buffer、DB。EGL 的实现也在 Mesa 内，在 Mesa 内实现 libgbm 库用来辅助 EGL 创建可以硬件加速的 GPU 渲染目标显存。OSMesa API 是 Mesa 内用于离屏渲染的 API，也可以用于 Mesa 的软管线。此外，Mesa 还实现了大量的扩展。

在库的层面，随着 Linux 操作系统的发展，OpenGL 出现了多个版本，库的名字也逐渐固定。标准的入口库主要包括 libEGL.so、libGL.so、libGLESv1_CM.so、libGLESv2.so、libGLESv3.so。OpenGL 与 OpenGL ES 的库依赖区别如图 4-1 所示。

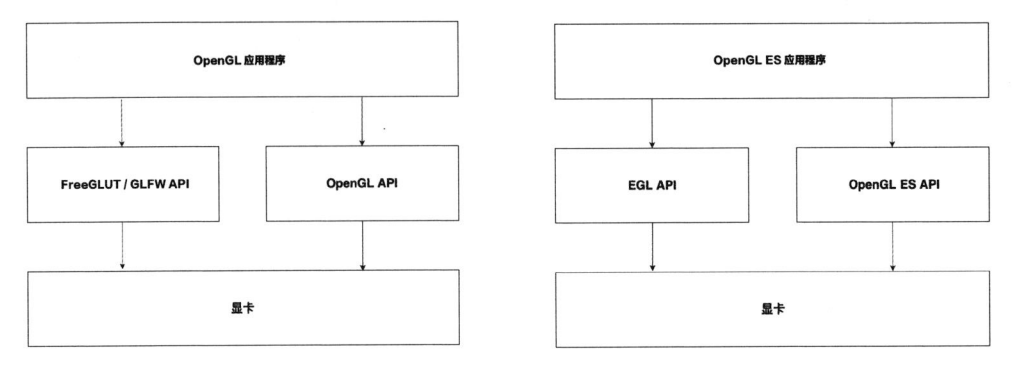

图 4-1 OpenGL 与 OpenGL ES 的库依赖区别

1. libEGL.so

要将图形渲染到系统窗口上，除了对渲染指令的支持，还需要与窗口系统进行交互。窗口系统会提供可以移动和改变大小的窗口，以及一个用于显示的画布。应用最后的 FrameBuffer 渲染结果需要绘制在画布上，以窗口内容的形式呈现给用户，所以显示程序的第一步就是与窗口系统进行交互，生成渲染所需的窗口和画布。在 Mesa 中与窗口系统进行交互的库就是 libEGL.so，在早期的 X 时代，一般直接用 libGLX.so 与 X 进行交互，但是 libEGL.so 可以与所有窗口系统进行交互，因此 libGLX.so 逐步被淘汰。

OpenGL/OpenGL ES 的 API 是纯粹的画图 API，并不包含如何将图像显示在设备的窗口上。要想在设备的窗口上显示特定的内容，需要使用设备提供的 API，并且不同的系统有不同的 API，如 Windows 操作系统和 Android 的窗口控制的 API 是完全不同的，甚至 Android 的不同版本或不同厂家的定制系统都可能不同。这些不同的 API 如果交给 OpenGL/OpenGL ES 的编程用户来处理，那么针对不同的平台调用不同的窗口 API 就非常困难。EGL 提供了一个统一的接口，封装了不同平台的窗口 API，OpenGL/OpenGL ES 程序只需使用 EGL API 就可以调用与平台相关的窗口显示功能，将图像显示在设备的窗口上。使用 EGL 绘制图像的一般步骤如下。

（1）通过 eglGetDisplay() 获取 EGLDisplay 对象。
（2）通过 eglInitialize() 初始化与 EGLDisplay 之间的连接。
（3）通过 eglChooseConfig() 获取 EGLConfig 对象。
（4）通过 eglCreateContext() 创建 EGLContext 对象。
（5）通过 eglCreateWindowSurface() 创建 EGLSurface 对象。
（6）通过 eglMakeCurrent() 连接 EGLContext 和 EGLSurface。
（7）通过 gl_*() 使用 OpenGL ES API 绘制图像。
（8）通过 eglSwapBuffer() 切换 Front Buffer 和 Back Buffer 送显。

（9）断开并释放与 EGLSurface 关联的 EGLContext 对象：eglRelease()。

（10）删除 EGLSurface 对象。

（11）删除 EGLContext 对象。

（12）终止与 EGLDisplay 之间的连接。

EGLDisplay 是对显示器的抽象，EGLSurface 是用来存储图像的内存区域。EGLContext 是 OpenGL 管线中用于管理管线状态、执行渲染指令的上下文。OpenGL/OpenGL ES 的指令大部分都是操作管线状态，但是不需要指定操作的是哪个上下文。因为 eglMakeCurrent() 函数会设置当前上下文，所有的 OpenGL/ OpenGL ES 指令都作用于当前上下文。

由于 libEGL.so 的必要性，在 Android 中，直接使用 libEGL.so 来决定加载哪个版本的 OpenGL 实现。而直接依赖 Mesa 的 Linux 发行版仍然使用 libGL.so 作为 OpenGL/OpenGL ES 具体版本的入口函数所在库。

2．libGL.so

Linux 发行版中最常用的用户空间图形库是 Mesa，入口库是 libGL.so，libGL.so 定义了以 gl 和 glX 开头的函数实现，gl 是 OpenGL 的函数前缀，glX 是 X Server 的扩展。但是 libGL.so 并没有完整地实现 OpenGL API，只是作为一个入口库存在，实际实现要通过 libGL.so 解析得到。libGL.so 还可以处理直接渲染和间接渲染，间接渲染就是 libGL.so 创建一个到 X 的 socket，把渲染指令传输给 X，让 X 进行实际的渲染。而直接渲染则是 libGL.so 直接在当前上下文中加载对应的驱动进行渲染。libGL.so 还可以处理多个显卡的情况，选择使用哪个显卡进行渲染。

Mesa 的 OpenGL 代码结构的入口是 src/mapi 目录，其定义了各种 OpenGL 渲染指令的跳转表，OpenGL 渲染指令的直接实现位于 src/mesa/main 目录中。

Android 的入口函数所在库是 libEGL.so，由 libEGL.so 根据硬件来选择对应的用户空间驱动。如果是模拟器虚拟硬件，则加载 libGLES_emulation.so（或类似的名字）；如果是高通的 GPU 硬件，则对应的库为 libGLESv2_adreno.so，许多智能手机都使用高通的 GPU 硬件，因此这种情况在市场上较为常见；如果是 AMD 显卡，则通常是 Mesa 库（libGLES_mesa.so，由 Mesa 加载 gallium_dri.so 后端驱动）。还有一些特殊的渲染结构，如将 OpenGL 转换为 Vulkan 的 ANGLE 库也可能被选择用来使用 ANGLE API 进行渲染。如果是 NVIDIA 的硬件并且加载官方的闭源驱动，那么它将使用 NVIDIA 提供的私有实现。在大多数情况下，设备的 OpenGL 实现会以类似 libGLES_emulation.so 的命名方式提供一个库，其中包含对所有 OpenGL 版本的支持。也可以分别提供不同版本的 OpenGL 实现，只要可以被 libEGL.so 找到具体的实现即可。这个决定 OpenGL 版本并寻找具体实现的过程定义在 libEGL.so 内的加载器中。

Android 仿照 Mesa 的库结构在系统层定义了一遍入口，因为对于 Android，Mesa 只是一个渲染选项，并不是唯一选项。事实上，大部分的 Android 智能手机都没有使用 Mesa，而是使用高通的 GPU 硬件驱动，对应的库是 libGLESv2_adreno.so。所以，AOSP 在/frameworks/native/opengl/libs 下实现了 libEGL.so、libGLESv1_CM.so、libGLESv2.so、libGLESv3.so 等 Mesa 也会实现的标准库入口。

libEGL.so 内的加载器定义在/frameworks/native/opengl/libs/EGL/Loader.cpp 文件中，加载哪个后端驱动是通过两个可配置的系统属性决定的：ro.hardware.egl 和 ro.board.platform，指定其中一个即可。指定之后，加载器加载的具体的后端驱动就是 libGLES_${ro.hardware.egl}.so 或 libGLES_${ro.board.platform}.so。

例如，要强制使用 SwiftShader 软管线，可以指定 ro.hardware.egl 为 swiftshader，加载 libGLES_swiftshader.so 进行软管线渲染；如果指定 ro.hardware.egl 为 mesa，就会使用 Mesa 加载 libGLES_mesa.so 进行实际的渲染。

4.1.2 Vulkan

1．Vulkan Loader

由于 OpenGL 具有多版本管理的经验，因此 Vulkan 在标准层面制定了 Vulkan Loader 的机制。在 Windows 操作系统上，Vulkan Loader 库名为 vulkan-1.dll；在 Linux 操作系统上，Vulkan Loader 库名为 libvulkan.so.1。Vulkan Loader 会根据当前配置选择实际的 Vulkan 实现库进行实际的 API 分发，这些库包括 GPU 硬件的驱动（如 libvulkan_intel.so、libvulkan_intel_hasvk.so、libvulkan_radeon.so）和 CPU 提供的软管线的实现（如 libvulkan_swiftshader.so、libvulkan_lvp.so）（Mesa 的 Lavapipe）。Vulkan Loader 是 Vulkan API 与实际的 Vulkan 实现（Vulkan Driver）之间的桥梁。Android 的 Vulkan 与 OpenGL 类似，/system/lib[64]/libvulkan.so 是加载器，根据 ro.hardware.vulkan 和 ro.product.platform 两个属性加载不同的 Vulkan 实现库。驱动一般位于/vendor/lib64/hw/vulkan.<ro.hardware.vulkan>.so 文件中。例如，vulkan.radv.so 代表的是 Mesa 的开源 AMD 显卡的 Vulkan 实现。

Khronos Group 实现了官方的 Vulkan Loader，支持除 Android 外的所有平台，Android 本身在/frameworks/native/vulkan/下实现了 Android 特有的 Vulkan Loader，但是在功能表现上，Android 实现的 Vulkan Loader 需要与官方的 Vulkan Loader 功能一致。Android 实现的 Vulkan Loader 延续了 Android 一贯的渲染 API 自动生成的机制，所以其提供的代码本质上是 Vulkan API 的生成代码和一个最小化的虚拟的名为 null_driver 的 Vulkan 驱动。Vulkan API 的声明和相关结构体的定义位于 external/vulkan-headers/registry/vk.xml 文件中，XML 文件是 AOSP 对渲染 API 的结构化抽象，生成逻辑可以使用 XML 文件生成不同用途的渲染 API，还可以生成用于串流的 API。

Vulkan Loader 还可以在具体实现之前注入其他 API 层，也就是将 Vulkan API 先转发到中间层，再转发到实际的 Vulkan API 实现驱动，如验证层用于验证 API 的调用参数、跟踪层用于跟踪记录 API 的调用过程、性能分析层用于分析 API 调用的性能。

Vulkan 标准规定的不同的后端驱动都使用可安装客户端驱动（Installable Client Driver，ICD）文件来描述，该文件一般位于/usr/share/vulkan/icd.d/目录中。例如，lvp_icd.x86_64.json 的内容如下：

```
cat /usr/share/vulkan/icd.d/lvp_icd.x86_64.json
{
   "ICD": {
      "api_version": "1.1.238",
      "library_path": "/usr/lib/x86_64-linux-gnu/libvulkan_lvp.so"
   },
   "file_format_version": "1.0.0"
}
```

api_version 代表 ICD 驱动支持的最大 Vulkan API 版本，可以使用 vulkaninfo 命令查看 VkPhysicalDeviceProperties 属性和当前安装的 Vulkan API 版本。

ICD 文件代表驱动的实现，默认在标准目录下进行搜索，可以使用 VK_DRIVER_FILES 变量覆盖搜索目录，以指定特定的 ICD 文件；VK_ADD_DRIVER_FILES 变量用于扩展搜索目录。Vulkan 标准规定这些变量只能在非 root 权限下使用；VK_LOADER_DRIVERS_SELECT 变量用于指定加载的 Vulkan 驱动范围；VK_LOADER_DRIVERS_DISABLE 变量用于排除加载已知的 Vulkan 驱动。

例如，通过 export VK_DRIVER_FILES=/swiftshader/build/Linux/vk_swiftshader_icd.json 指定一个 SwiftShader 的 ICD 文件，就可以使用 SwiftShader 来运行 Vulkan 程序。

Vulkan Loader 对外暴露的是 Vulkan 的标准 API，而实际的实现驱动暴露的是私有 API。Vulkan 标准约定了加载器识别的驱动导出符号的方式，加载器使用驱动的 vk_icdGetInstanceProcAddr 获得函数表，通过函数表获得具体的 Vulkan 函数实现。在技术上，加载器可以直接包含 Vulkan API 的实现。例如，SwiftShader 在编译时会生成一个直接实现 Vulkan API 的库，替换掉系统的 libvulkan.so.1 就可以使用。

Vulkan 并不兼容 OpenGL，随着渲染 API 的发展，Vulkan 逐渐成为主流，对 OpenGL 的支持也有了使用 Vulkan 模拟的方式。例如，Google 的 ANGLE 和 Mesa 的 Zink 都可以使用 Vulkan 来模拟实现 OpenGL。不仅如此，DXVK 还可以让 Vulkan 模拟实现 DirectX。

2. Vulkan 用户空间驱动的不同实现

在 AMD 硬件下，Mesa 早期实现了一套开源的 Vulkan 方案，叫作 RADV，后来

AMD 官方开源了 AMDVLK 的用户空间 Vulkan 实现。但是该实现的游戏性能很长时间比不上 RADV，Vulkan 实现是 AMD 从 Windows 操作系统的 Vulkan 闭源驱动中抽取出来的。此外，还有一种官方的闭源 Vulkan 实现——AMD GPU Pro。

Mesa 的 RADV 主要由 Valve、Red Hat、Google 三家公司共同实现。其中，RADV 使用 Valve 开源实现的 ACO 着色器编译器，该编译器主要追求游戏性能。而 AMDVLK 使用的 LLVM 编译器在游戏性能上一直不如 ACO 着色器编译器。除此之外，RADV 支持的 Vulkan 扩展和 AMDVLK 有比较大的区别，RADV 通常支持的是运行游戏常用的扩展，一些高级扩展（如多显卡运行游戏使用的 KHX_device_group_creation 设备组扩展和使用显卡内部硬件计数器评估渲染性能的 VK_AMD_gpa_interface 扩展等）RADV 并不支持，只被 AMDVLK 支持。这种只被 AMDVLK 支持的高级扩展有十几个，但是 RADV 也实现了一些 AMDVLK 不支持的扩展。AMDVLK 中的特性大都是从 AMD GPU Pro 中逐步开源的，也就是 AMDVLK 中存在的内容在 AMD GPU Pro 中也存在。AMD GPU Pro 是功能最齐全的驱动实现，如果只是运行游戏，则 Valve 实现的 RADV 的 ACO 着色器编译器是目前性能最好的编译器，带来了最好的游戏性能。

4.2 libdrm 与 KMS 用户空间接口

4.2.1 libdrm

1. libdrm 介绍

Mesa 是 Linux 操作系统下最广泛使用的用户空间开源图形驱动，主要提供 OpenGL、Vulkan 等图形 API 的用户空间实现。

由于现代 Linux 内核的 DRM 越来越成熟，所以 Mesa 主要通过 DRM 接口文件（/dev/dri/）使用 ioctl 系统调用来与显卡硬件进行交互。由于与硬件的 ioctl 交互具有独立性，ioctl 命令的维护比较复杂，并且其依赖的内核头文件 include/uapi/drm/ 会不受 Mesa 控制更新，所以 Mesa 抽象了 libdrm，作为最下层直接与不同的显卡硬件进行 ioctl 交互的库，以便独立更新。libdrm 的主要用户仍然是 Mesa，但是第三方也可以使用 libdrm 方便地与不同的显卡硬件进行交互，而较少考虑不同硬件的问题。

libdrm 是 Mesa 依赖的显卡交互库。用户空间与内核显卡驱动的主要交互方式是打开设备文件后使用 ioctl 系统调用，这个调用使用特定的 ioctl 命令来发送请求，构造每个带有特定命令定义的请求结构体，解析返回结果。构造 ioctl 命令时需要将多个 ioctl 命令通过移位组织到一个整数中，比较麻烦。libdrm 提供了对常见 ioctl 命令的封装和不同显卡的抽象,所以 libdrm 提供的显卡操作必定是不完整的,但是足够满足 Mesa 等图形库的使用要求。

libdrm 还会管理创建显卡对应的设备文件,如/dev/dri/card0 设备文件可以被 libdrm 在 drmOpen 函数打开的时候创建。libdrm 还会负责 DRM 接口文件中使用 ioctl 进行的权限管理。因为大部分情况下该设备文件已经存在,不需要额外创建,所以可以不使用 libdrm 的 drmOpen 函数打开该设备文件,而直接使用 libc 提供的 open 函数。因为 DRM 的权限设计,打开 render 节点需要授权,而使用 root 打开 card 节点是不需要授权的,所以鉴权步骤可以自己使用对应的 ioctl 命令完成,也可以直接使用 root 打开 card 文件。

libdrm 对 ioctl 的封装较为简单,如果只是打开设备文件进行少量的 ioctl 操作,则可以考虑直接使用 ioctl 系统调用,自己填充相关的结构体。内核头文件提供的构造一个 ioctl 命令的宏定义如下:

```
#define _IOC(dir,type,nr,size) \
    (((dir)  << _IOC_DIRSHIFT)  | \
     ((type) << _IOC_TYPESHIFT) | \
     ((nr)   << _IOC_NRSHIFT)   | \
     ((size) << _IOC_SIZESHIFT))
```

4 个参数组成一个 ioctl 命令,不使用 libdrm 就需要根据不同的请求手动构造不同的命令。而 libdrm 已经将常用命令封装好,对外提供一个简单的函数。所以 Mesa 是使用 libdrm 的,但是仍然会在少量 libdrm 没有提供封装的场景下直接使用 ioctl 向内核提交命令。

2. 直接使用 ioctl 操作显卡

直接使用 ioctl 操作显卡需要打开 DRM 接口文件,构造 ioctl 命令,进行 ioctl 系统调用并解析 ioctl 的返回值。读取一个获得 AMD GPU 信息的寄存器示例如下:

```
uint32_t read_reg(uint32_t offset){
    int fd = open("/dev/dri/card0", O_RDWR);
    uint32_t out = 0;
    struct drm_amdgpu_info request = {};
    request.return_pointer = (uintptr_t)&out;
    request.return_size = 1 * sizeof(uint32_t);
    request.query = AMDGPU_INFO_READ_MMR_REG;
    request.read_mmr_reg.dword_offset = offset;
    request.read_mmr_reg.count = 1;
    request.read_mmr_reg.instance = 0xffffffff;
```

```
request.read_mmr_reg.flags = 0;

unsigned long ioc = DRM_IOC( DRM_IOC_WRITE, DRM_IOCTL_BASE,
DRM_COMMAND_BASE + DRM_AMDGPU_INFO, sizeof(struct drm_amdgpu_info));
int ret;
do {
    ret = ioctl(fd, ioc, (void*)&request);
} while (ret == -1 && (errno == EINTR || errno == EAGAIN));
return out;
}
```

这里的实现仍然使用 libdrm 定义的宏，只是没有使用 libdrm 的实现。如果对 ioctl 的需求比较简单，则可以像上述方法一样直接进行 ioctl 系统调用，绕过 libdrm。而在 libdrm 中，上述逻辑被定义为一个可以直接被调用的函数 amdgpu_read_mm_registers。很多寄存器信息 AMD 并没有说明，但是 libdrm 中有直接使用这些没有文档的寄存器的方式，如果自己实现就需要研究和维护这些寄存器的用法。

由于 DRM 的权限设计，上述逻辑必须使用 root 运行，否则 ioctl 会返回-13（没有权限）。如果使用 amdgpu_read_mm_registers 函数，则在创建设备文件时，libdrm 会自动完成认证逻辑。

4.2.2　KMS 用户空间接口

1. 用户空间使用 libdrm 搭建 KMS 环境

libdrm 的对外接口定义在 xf86drm.h 中，主要的实现入口位于 xf86drm.c 中。xf86 本来是 Intel 驱动的前缀，这里是历史原因，并不特指。要访问/dev/dri/cardX 设备，可以使用 drmOpen 函数来打开该设备文件，随后，可以调用 drmGetVersion 函数获得当前图形驱动的版本，该函数实际上是对 ioctl 系统调用中 DRM_IOCTL_VERSION 参数的封装。检查驱动支持特性的函数是 drmGetCap，该函数就是 DRM_IOCTL_GET_CAP 的封装。libdrm 中对 ioctl 的封装并不包括用于硬件加速的渲染目标的管理。当进行硬件加速的渲染时，如 GPU 执行的 OpenGL 指令还需要一个渲染目标，提供这个功能的库在 Mesa 中是 GBM，用于支持 OpenGL 的 EGL 部分来创建渲染目标缓存，也就是最终在屏幕上显示的内容。如果不使用 GBM，则可以直接使用 libdrm 的 Dumb Buffer 进行无 GPU 硬件加速的软件渲染，因为 Dumb Buffer 上的内容就是现在屏幕上显示的内容。

使用 libdrm 必须包含 xf86drm.h 和 xf86drmMode.h 两个头文件，如果驱动支持 Dumb Buffer（DRM_CAP_DUMB_BUFFER），则 libdrm 的渲染可以直接往 Dumb Buffer 映射的内存上绘图，而不需要任何与驱动相关的逻辑。当然，如果要使用渲染管线，则只能使用 CPU 模拟的渲染管线。要想构建 KMS 结构，必须获取当前连接的显示器和 KMS 的其他相关组件信息，这些信息可以通过 drmModeGetResources 函数获得，该函数返回的结构体的定义如下：

```
typedef struct _drmModeRes {
    int count_fbs;
    uint32_t *fbs;
    int count_crtcs;
    uint32_t *crtcs;
    int count_connectors;
    uint32_t *connectors;
    int count_encoders;
    uint32_t *encoders;
    uint32_t min_width, max_width;
    uint32_t min_height, max_height;
} drmModeRes, *drmModeResPtr;
```

上述结构体描述了 4 种资源：fbs、crtcs、connectors 和 encoders，这 4 种资源是构建一个 KMS 结构的必备组件。plane 用于将图像内容显示到屏幕上，但 plane 的配置在构建 KMS 结构时并不是必需的。构建 KMS 结构的核心目的是在显示器上显示内容，显示器对应的是 connectors。所以，通过 drmModeRes 结构体的 connectors 列表，可以使用 drmModeGetConnector 函数或得到具体的显示器的模式信息，对应的结构体是 drmModeConnector，其定义如下：

```
typedef struct _drmModeConnector {
    uint32_t connector_id;
    uint32_t encoder_id;
    uint32_t connector_type;
    uint32_t connector_type_id;
    drmModeConnection connection;
    uint32_t mmWidth, mmHeight;
    drmModeSubPixel subpixel;

    int count_modes;
    drmModeModeInfoPtr modes;

    int count_props;
    uint32_t *props;
    uint64_t *prop_values;
```

```
    int count_encoders;
    uint32_t *encoders;
} drmModeConnector, *drmModeConnectorPtr;
```

Connector 显示器组件对应 CRTC，CRTC 使用 Encoder 将 FrameBuffer 中的图像内容转换为显示器所需的格式。Connector、Encoder、CRTC 可以认为是物理存在的组件，它们在一开始是没有产生联系的，如果产生了联系，就可以一直保持联系，后面的 KMS 可以复用之前产生的 3 个组件的结构。modes 域是当前显示器支持的显示模式（Mode），如显示器的分辨率就属于一种 Mode。drmModeConnector 结构体中的 encoder_id 代表当前 Connector 连接的 Encoder，从这里可以看到，一个 Connector 只能与一个 Encoder 处于连接状态。通过 drmModeEncoder *enc = drmModeGetEncoder (fd, conn->encoder_id)可以获得当前连接的 encoder_id 对应的 drmModeEncoder 结构体，其定义如下：

```
typedef struct _drmModeEncoder {
    uint32_t encoder_id;
    uint32_t encoder_type;
    uint32_t crtc_id;
    uint32_t possible_crtcs;
    uint32_t possible_clones;
} drmModeEncoder, *drmModeEncoderPtr;
```

这里有当前 Encoder 的 encoder_id，也有当前 Encoder 连接的 crtc_id，通过 drmModeGetCrtc 函数可以获得 crtc_id 对应的 CRTC 结构体 drmModeCrtc，其定义如下：

```
typedef struct _drmModeCrtc {
    uint32_t crtc_id;
    uint32_t buffer_id;

    uint32_t x, y;
    uint32_t width, height;
    int mode_valid;
    drmModeModeInfo mode;

    int gamma_size;
} drmModeCrtc, *drmModeCrtcPtr;
```

在初始状态下，drmModeConnector 结构体中的 encoder_id 为 0，也就是没有绑定 Encoder，但是 encoders 域是该 Connector 可以绑定的 Encoder 列表，可以通过 drmModeGetEncoder 函数逐个遍历列表中的 id 对应的 drmModeEncoder 结构体，找到一个空闲的 Encoder 进行绑定。

drmModeGetResources 结构体获得的信息中包含全局的所有 CRTC 列表 crtcs，drmModeEncoder 结构体中的 possible_crtcs 就是所有 CRTC 的位图。如果 possible_crtcs 的值为 0x4(1<<2)，就意味着该 Encoder 只可以使用 2 号 CRTC。通过 Encoder 支持的 CRCT 和全局的 CRCT 列表可以找到可用的 crct_id，通过 drmModeGetCrtc 函数可以获得 drmModeCrtc 结构体。

有了 Connector、Encoder 和 CRCT 的组合后，就可以创建渲染目标了。libdrm 中有一个 libkms 目录，里面封装了与 KMS 相关的操作，对外提供了用于创建 Dumb Buffer 的函数为 kms_bo_create，该函数通过调用 ioctl 的 DRM_IOCTL_MODE_CREATE_DUMB 指令来创建一个 Dumb Buffer。如果这个指令在系统中不可用，则尝试使用系统中的硬件特有的创建方法。

调用 drmModeAddFB 为刚创建的 Dumb Buffer 的 handle 创建真正的 FrameBuffer，这里的 FrameBuffer 是指 GPU 层面的渲染输出，是 GPU 操作的目标。FrameBuffer 的内容会通过 CRTC 输出到 Connector 上，而 Dumb Buffer 是一个可以映射 CPU 地址空间的显存，通过 ioctl 的 DRM_IOCTL_MODE_MAP_DUMB 和 mmap 操作映射到用户空间后，用户空间就可以像操作普通内存一样操作 FrameBuffer 的显示内容了。

上述步骤只是创建了 KMS 的组件，并没有实际地创建 KMS 结构。KMS 结构的核心是 CRTC，创建 KMS 结构就是创建 CRTC，drmModeSetCrtc 函数声明如下：

```
int    drmModeSetCrtc (int fd, uint32_t crtc_id, uint32_t fb_id, uint32_t x, uint32_t y, uint32_t *connectors, int count, drmModeModeInfoPtr drm_mode)
```

该函数中使用了 Connector 和前面找到的与 Connector 和 Encoder 兼容的 crtc_id，还使用了刚创建的 FrameBuffer 的 fb_id，同时指定了一个 Connector 支持的 Mode。相当于同时确定了 CRTC、Mode、Connector、FrameBuffer、Encoder 这 5 个元素，将独立创建的组件串成一个整体。

使用 DUMB_BUFFER 绘制简单图像的流程如下：①使用 drmOpen 函数打开设备文件/dev/dri/cardX。②使用 drmGetCap(fd, DRM_CAP_DUMB_BUFFER, &has_dumb) 函数判断设备驱动是否支持 DUMB_BUFFER。③使用 drmModeRes *res = drmModeGetResources(fd)函数获得当前的 KMS 结构信息。④从 drmModeRes 中得到的 Connector 列表使用 drmModeGetConnector 获得希望使用的显示器的结构体 drmModeConnector。⑤从 Connector 支持的 Encoder 中找到其支持的空闲的 CRTC。⑥使用 kms_bo_create 创建一个 Dumb Buffer，使用 drmModeAddFB 将创建的 Dumb

Buffer 变为 GPU 使用的 FrameBuffer，并且使用 DRM_IOCTL_MODE_MAP_DUMB 和 mmap 操作将 Dumb Buffer 映射到 CPU 地址空间。⑦使用 drmModeSetCrtc 绑定 CRTC 和其他创建的组件，完成整个 KMS 结构的创建过程。⑧使用 Dumb Buffer 映射到 CPU 上的地址进行绘图，往里写入的内容就是显示在选择的 Connector 上的内容。

2. 设备相关的 KMS 接口

通常不同的显卡驱动会扩展实现 KMS 的功能，如 AMD GPU 在/drivers/gpu/drm/amd/amdgpu/amdgpu_kms.c 下实现了大量可以获得显卡内部信息的 KMS 接口，使用这些接口的对应封装位于 libdrm 的 drm/amdgpu/amdgpu_gpu_info.c 中。这些接口都是非标准设备相关的，所以不能使用 xf86drm.h 头文件中的函数，而应该使用 drm/amdgpu 下设备专门的接口。例如，在 AMD 下希望获得设备的详细信息时可以使用如下逻辑：

```
int fd_ = open("/dev/dri/card0", O_RDWR| O_CLOEXEC);
if(fd_ == -1){
    return;
}
amdgpu_device_handle device_handle_;
int r = amdgpu_device_initialize(fd_, &major_version_,
&minor_version_, &device_handle_);
if(r < 0){
    return;
}
amdgpu_gpu_info gpu_info_;
r = amdgpu_query_gpu_info(device_handle_, &gpu_info_);
```

该逻辑完全不依赖 xf86drm.h 头文件中的通用接口，所以可以认为 libdrm 提供了两套不相关的调用入口：一套是通用接口，另一套是设备相关接口。

4.3 用户空间渲染驱动：Mesa

4.3.1 用户空间渲染驱动框架：Gallium3D

1. Classic 与 Gallium3D

Mesa 的 OpenGL 有两种实现框架：Classic 和 Gallium3D，Gallium3D 是对 Mesa 设备驱动模型的重新设计，是最新的 Mesa 框架，位于 src/gallium 中。新的 Vulkan API 则采用了全新的 Vulkan Runtime 的独立实现。

  Gallium3D 是一种用户空间渲染驱动框架，因为用户空间渲染驱动通常指的是 OpenGL、Vulkan 等渲染 API 的实现，所以 Gallium3D 提供的就是通用的实现渲染 API 的框架。在 Gallium3D 出现之前，存在大量用户空间渲染 API 的驱动实现，这些实现大都会重复实现一些共同的功能。Gallium3D 是对这些用户空间渲染驱动的抽象，将不同的 API 抽象为前端（State Trackers），将不同的系统和硬件抽象为后端（Winsys Driver 和 Pipe Driver），使用 Gallium3D 的通用中间层衔接。

  State Trackers 是用于实现渲染 API 的框架。使用这个框架实现的所有渲染 API 都会自动被所有的后端支持，也就是所有的 Gallium3D 后端的不同硬件和系统都直接支持该渲染 API，大幅度降低了实现新的渲染 API 的工作量。

  Gallium3D 的通用中间层提供从前端到后端的转换层，其中包括着色器的中间层表示 TGSI（Tungsten Graphics Shader Infrastructure），无论是 OpenGL、Vulkan，还是其他的前端 API，所使用的着色器都要先转换为 TGSI IR 语言，再往下转换到具体的设备格式。其中，TGSI 中的 Tungsten Graphics 是指 Gallium3D 早期的开发公司。除了 TGSI，Gallium3D 还提供了一系列的接口头文件，用于定义不同组件之间的交互。例如，State Tracker 和 Pipe Driver 之间的接口头文件是 p_context.h 和 p_srceen.h，State Tracker 和 Winsys Driver 之间的接口头文件是 p_winsys.h。

  Pipe Driver 代表不同硬件的后端驱动实现，Winsys Driver 用于处理与不同操作系统相关的系统功能。整体上 Pipe Driver 使用 Winsys Driver 来访问系统功能，State Tracker 则使用 Pipe Driver 和 Winsys Driver 作为后端。大体的流程如下：State Tracker（渲染 API）→Pipe Driver（硬件访问驱动）→Winsys Driver（操作系统访问驱动）→具体的 OS→OS 内核态 GPU 驱动→具体的 GPU 硬件。

  Gallium3D 定义了一种中间的 Pipe 对象，State Tracker 负责把上层库的 State（Blend Modes、Texture State 等）和 Draw Command（glDrawArrays、glDrawPixels）等转换成 Pipe 对象和操作。可以认为渲染 API 就是使用 State Tracker 来定义 Pipe 对象的。Pipe Driver 就是 Pipe 对象的驱动，将 Pipe 对象转换成硬件能理解的语言。

2. State Trackers

  OpenGL 系列的渲染 API 都是基于上下文的、有状态的（Vulkan 无状态）。所以可以从所有渲染 API 中抽象出 State Trackers，每种渲染 API 都实现为 State Trackers 的一种实例。状态实际上由一系列有效特性组成，这些特性在被启用后，渲染 API 就会表现出特定的行为，下面是打开一系列特性的方法：

```
glEnable(GL_DEPTH_TEST);
glEnable(GL_BLEND);
glEnable(GL_CULL_FACE);
glEnable(GL_LIGHTING);
glEnable(GL_TEXTURE_2D);
```

还可以使用 glDisable 来关闭特性，这样之后的 API 调用就会失去这部分特性。

src/gallium/frontends 包含多种前端 API 的实现，这些 API 并不只是渲染 API，还有如 VDPAU（Video Decode and Presentation API for Unix）这种视频解码 API 及与不同窗口系统交互的 GLX（让 OpenGL 与 X 交互）。

在 OpenGL 渲染指令中，主要元素包括上下文、渲染资源（纹理和顶点缓存）、状态控制器和着色器，这些元素最终都会依赖 Gallium3D 的对应元素进行实现。上下文对应的是 pipe_context，其中 pipe 的意思是渲染管线；渲染资源对应的是 PIPE_BUFFER 和 PIPE_TEXTURE_2D 等结构体；状态控制器对应 CSO（Constant State Object，常量状态对象）和非 CSO 状态，CSO 状态对应 OpenGL 管线中的混合、采样、光栅化、深度蒙版、着色器、顶点元素等状态资源，非 CSO 状态对应如裁剪状态等渲染过程用到的小状态；着色器对应 Gallium3D 中的 TGSI，是所有显卡驱动使用的着色器的中间语言，后过渡到 NIR（New Intermediate Representation，新中间表示）。

这些对应关系都是通过 Gallium3D 的统一状态跟踪器接口（Gallium3D State Tracker Interface）对 Mesa 其他部分提供的，包括 pipe 和 state_tracker 两个目录。Gallium3D 是给 OpenGL 调用硬件功能的桥梁。Gallium3D 同时提供不同显卡硬件的用户空间驱动的实现（Drivers）接口和用于操作不同系统的不同硬件的 winsys 层。显卡的用户空间驱动实现在 Gallium3D 的 Drivers 接口以下，用于支持 Gallium3D 接口的运行，可以认为显卡驱动层是与操作系统无关的显卡驱动部分。在硬件驱动层的下面就是 Gallium3D 的 winsys 层，winsys 层用于提供与操作系统无关的能力，winsys 层下面的内容都是依赖各操作系统的具体操作。例如，Linux 操作系统下的 drm 操作，在 winsys 层调用 libdrm 来使用 Linux 操作系统的 DRM 渲染子系统。Gallium3D 的核心价值就是一个用户空间 OpenGL 显卡驱动的编程框架。

3. Pipe Driver

Pipe Driver 包括各种硬件提供的渲染 API 的执行能力、夹层驱动、软管线和其他转换库，是 State Trackers 硬件相关部分的实现，只有 Pipe Driver 和具体的硬件有关系。不同的硬件要支持同一种渲染 API，只需提供对应的 Pipe Driver，不需要考虑渲染 API 的实现，只要该渲染 API 已经使用 State Trackers 支持。

夹层驱动也是一种 Pipe Driver，它是在硬件和接口之间添加的一个转换层。例如，在 Windows 操作系统中，D3D12 封装了转换层以提供 OpenGL 的实现；SVGA 3D 是 VMware 的虚拟 GPU 驱动；VirGL 是 QEMU 的渲染加速组件；Zink 是一种在 Vulkan 之上实现 OpenGL 的驱动。夹层驱动是对硬件的模拟，在 Gallium3D 中是硬件的一种，是用于支持 State Trackers 渲染 API 的模拟硬件。

软管线是指使用 CPU 进行渲染的管线，在 Mesa 中主要包括 LLVMpipe 和

Softpipe（统称 swrast），LLVMpipe 是用 LLVM IR 来实现的整个渲染管线，Softpipe 是 Gallium 硬件抽象层的软管线参考实现。swrast 将渲染指令转换为对 Xlib 库的调用，从而在 X Server 上显示，这也是 Mesa 最早的工作方式。Mesa 在使用时会先尝试用硬件加速渲染，如果无法使用，则会使用软管线，如 swrast 转换库 Softpipe 或 LLVMpipe。

4．中间表示 IR

Gallium3D 刚出现的时候，为所有驱动实现了 TGSI 中间 IR。但是 TGSI 在使用过程中发现了很多问题，难以对不同的硬件进行专门优化。后来 Intel 开发了 NIR，在很长一段时间内，NIR 与 TGSI 共存于 Mesa 作为 Gallium3D 的中间 IR。但是越来越多的驱动实现正在从 TGSI 转换到 NIR。

NIR 并没有采用 LLVM 作为其基础架构，相比之下，Intel 和 AMD 各自维护基于 LLVM IR 的驱动版本。AMDVLK 开源 Vulkan 驱动中也使用 LLVM IR，而 Mesa 实现的 AMD 开源 Vulkan 驱动 RADV 则过渡到使用 NIR。

Vulkan 并没有定义新的着色器语言，而是复用支持 GLSL 和 HLSL 进行编写的着色器。但是 Vulkan 规定了 SPIR-V（Standard Portable Intermediate Representation for Vulkan），也就是 GLSL 和 HLSL 编写的 Vulkan 着色器语言需要先被编译为 SPIR-V，再被编译为 GPU 二进制文件。

SRIR-V 是由 Khronos Group 提出的统一的 IR 语言。DirectX11/12 使用的 IR 语言是 DXBC，DirectX12 还有自己专有的 IR 语言——DXIL。Vulkan 引入标准 IR 语言的原因是为着色器在显卡硬件上运行提供最大兼容性，这样显卡的 Vulkan 支持只需集中把 SPIR-V 的支持做好就可以支持 Vulkan。这种做法可以同时吸引 GLSL 和 HLSL 这两种着色器语言的使用群体。

在 Mesa 的 Vulkan 实现中，GLSL 和 HLSL 这两种着色器语言先被编译为 SPIR-V，再被编译为 Mesa 的通用中间层 NIR。

4.3.2　AMD Vulkan 实现：RADV

OpenGL 是面向图形硬件配置的，其 API 设计主要用于设置硬件的状态。由于 GPU 中专用图形硬件（如固定功能图形管线）的数量较少，OpenGL 不需要过多关注并发上下文问题，因此其软件设计为有状态的。随着 Vulkan 的出现，硬件发生了显著变化，通用计算和并行计算逐渐普及，硬件架构也转向任务驱动的形式。专用图形硬件在 GPU 中的占比越来越低，而对通用计算单元的需求则日益增加。因此，Vulkan 被设计为无状态的，基于任务提交的原生并发 API。

由于 State Trackers 代表的是有状态的渲染 API 的状态机，但是 Vulkan 是无状态的，因此 Mesa 专门为 Vulkan 实现了 Vulkan Runtime（src/vulkan）。Vulkan Runtime 与 Gallium3D 并列存在，是单独的一套无状态 API 框架，也是所有 Vulkan 实现的通用部分，而 AMD 的开源 Vulkan 实现 RADV 则位于 src/amd/vulkan 目录中。RADV 的 ACO 着色器编译器位于 src/amd/compiler 目录中，LLVM 编译器位于 src/amd/llvm 目录中。

Mesa Zink 对外提供 OpenGL 的 API 实现，但是其背后是使用 Vulkan 执行的。因此 Zink 的 OpenGL 调用会先转换为 Gallium3D 的 State Tracker，然后转换为 Vulkan 的调用。由于 Vulkan Runtime 也是标准的接口，所以 Zink 的这种转换可以直接用于所有基于 Vulkan Runtime 硬件的 Vulkan 实现。因此，当 Vulkan 成为主流之后，OpenGL 就可以完全使用 Zink 模拟转换到 Vulkan，Gallium3D 也会逐渐失去作用。

4.3.3 其他渲染 API 实现

作为一个 OpenGL 的实现库，Mesa 并不是唯一的，AMD GPU 和 NVIDIA 的闭源驱动都提供了各自的 OpenGL 实现。其他如 Vincent 是一个 OpenGL ES 的开源实现，Chromium 本身也提供了 OpenGL 的实现 API。ANGLE 属于 Chromium 内部的一个项目，提供各种渲染 API 之间的转换，Android 11 之后集成了单独的 ANGLE。通过 ANGLE 可以使用其他渲染 API 来提供 OpenGL API。Gallium Nine 是 Mesa 内部的一个使用 OpenGL 提供 DirectX9 实现的库，一般用于 Wine 项目，在 Linux 操作系统下支持运行 Windows 游戏，类似的项目还有 DXVK，用于在 Wine 项目中使用 Vulkan 来支持 DirectX9/10/11。Mesa 的 D3D12 则是反过来在 DirectX12 上提供 OpenGL 的组件。

4.3.4 着色器

1. 着色器语言

着色器是指在显卡上运行的程序。着色器与在 CPU 上运行的程序一样，都要用人类可读的语言进行编写，在运行的时候编译为显卡识别的二进制文件。着色器使用的指令集是显卡的指令集，类似 CPU 上的汇编指令集。但是着色器一般在游戏运行的时候进行编译，因为显卡的指令集不像 x86 一样标准化，缺少统一的标准导致无法提前编译处处可运行的二进制。另外，高版本显卡可能支持具有更优性能的指令，提前编译经常无法获得更优的性能。所以着色器目前仍然是运行时执行的，也就是说，一个游戏的着色器的源码是公开的。

着色器语言在用途上分为实时着色器和离线着色器两大类。实时着色器主要用于游戏渲染和并行计算，离线着色器主要用于离线渲染器。离线着色器的重点在于描述画质，力求表现最高画质，所以执行性能较差，而实时着色器更注重执行性能。

在实时着色器中，各种渲染图形 API 的不同实现带来了不同的着色器语言。最常见的是 OpenGL 使用的 GLSL（glslang）和 DirectX 使用的 HLSL，此外还有 Metal 使用的 MSL 和 WebGPU 使用的 WGSL。不同的着色器语言类似 CPU 上的 C 语言、Rust 等，虽然语法不同，但是编译生成的二进制文件所用到的指令集是一致的。

基于跨平台的目的，UE 和 Unity 都基于 HLSL 定义了上层的封装着色器语言，但是本质上还是 HLSL。PS 游戏主机定义的 PSSL 也是基于 HLSL 的兼容着色器语言，但是增加了额外特性。

2．着色器编译器：ACO

着色器编译器的实现质量可以显著影响游戏的运行性能。因为着色器大部分是在运行时编译的，第一次使用时会触发编译，编译后的结果会被缓存，以便在后续使用时直接调用。因此，编译过程的性能和编译后生成的着色器代码的效率都非常重要。高效的着色器代码能够更好地利用硬件资源，从而提高游戏的运行性能。而编译过程与 GCC 编译在 CPU 上运行的程序类似，就是选择指令和寄存器，进行各种优化过程，最终输出二进制。一个直观的对比是 GCC 使用 O0（表示优化级别）优化的执行性能会远差于使用 O2 优化的执行性能，做好着色器编译的优化也可以得到很大的性能提升效果。

不同于 GCC，着色器没有专门的编译器程序，AMD GPU 的着色器编译器一般是集成在 Mesa 中的，作为运行时的一部分在运行时进行编译。AMD 官方实现了一个 LLVM 的后端，使用 LLVM 的基础设施来提供着色器的编译。此外，AMDVLK 和 Windows 操作系统分别提供了各自的实现。Valve 在 Mesa 中实现了着色器编译器 ACO，该编译器直接基于 Mesa 的 NIR 中间着色器语言，并与 Mesa 深度集成，从而提供了更好的性能。自 Mesa 20.2 版本以来，ACO 已成为 AMD 显卡在 RADV Vulkan 实现中的默认着色器编译器。

3．着色器缓存

Mesa 实现了一套可以落盘的着色器缓存，位于/src/util/disk_cache.c 中，无论是 OpenGL 还是 Vulkan 的前端驱动实现，都是使用这套着色器缓存来存储着色器的编译结果的。因为着色器大部分是在运行时编译的，编译着色器是一个很花费时间的流程，会导致游戏卡顿。所以无论是显卡驱动厂商还是 Mesa，都会实现自己的着色器缓存。

着色器缓存在 OpenGL 的 API 中没有提供直接的接口，所以 Mesa 在设备创建时创建了对应的着色器缓存，并且提供了环境变量控制是否启用。NVIDIA 和 AMD 等闭源的显卡驱动也会在驱动中实现着色器缓存。由于着色器缓存的普遍需求，

Vulkan 在 API 层增加了着色器缓存的支持，在创建管线时需要选择是否传入自己通过 vkCreatePipelineCache 创建的 VkPipelineCache。OpenGL 的着色器是通过单独的 glCompileShader 函数编译的，而 Vulkan 的着色器是在创建 Pipeline 对象时编译的，所以 Vulkan 的着色器缓存叫作流水线缓存。无论是流水线缓存还是 OpenGL 的着色器缓存，存储的主要内容都是着色器的编译结果。

虽然 Vulkan 支持应用可以控制的着色器缓存，并且强烈建议应用使用，但是很多应用仍然没有使用额外的 API 去创建和维护流水线缓存。所以 Mesa 仍然为 Vulkan 提供在设备初始化时创建着色器缓存的能力，在用户没有提供的时候使用的就是设备的着色器缓存。该功能与 OpenGL 的逻辑保持了一致，复用了同样的落盘代码。

着色器缓存默认的落盘是采用多个文件的方式，一个着色器一个文件，但是这样会产生大量小文件。大量小文件主要存在两个问题：文件系统的文件最小值的限制会占用更多的磁盘空间；小文件过多会拖慢系统的 IO 性能。所以落盘逻辑提供了可以通过环境变量控制的单个大文件落盘能力。在缓存规模较小的时候，单个文件与多个文件看不出性能区别，但是文件较多时就有小文件带来的性能和空间占用上的区别。另外，由于 Vulkan 的 API 层的流水线缓存也是单个文件的设计，所以单个文件的优势在实践中会逐渐增大。

4.4 软管线：swrast 与 SwiftShader

4.4.1 Mesa 的软管线：swrast

软管线是指使用 CPU 进行渲染的管线。使用软管线时并不要求显卡存在，所以可提供最大的兼容性。但是 CPU 通常并不适合执行渲染任务，所以使用软管线通常会导致 CPU 占用高、帧率低等问题。由于特定的 GPU 硬件对 OpenGL 渲染指令的支持可能并不完整，如有的扩展功能不支持，实际中就无法使用不支持的功能。而 CPU 运行的软管线没有硬件支持的限制，可以最大化地支持所有的渲染特性。所以 Windows 操作系统下实现了 WARP 软管线，提供了所有的可用渲染特性作为硬件实现的功能参考。通常情况下，软管线只在 GPU 硬件不可用或渲染特性展示时使用。

Mesa 中的软管线主要包括 LLVMpipe 和 Softpipe（统称 swrast），LLVMpipe 是用 LLVM IR 来实现的整个渲染管线，是默认的软管线，如游戏引擎在检测到渲染硬件不存在时通常会自动回退到使用 LLVMpipe。Softpipe 是 Gallium 硬件抽象层的软管线参考实现，参考管线就意味着 Softpipe 的实现追求的是功能齐全，而不是性能，所以只要着色器程序稍微复杂，Softpipe 的性能就会急剧下降。运行产品中的软管线应该只使用默认的 LLVMpipe。

OpenSWR 是一个 OpenGL 软件渲染管线，其特点是在 x86 上利用多线程和向量化指令优化渲染。在顶点数据较多且光栅化操作较少的情况下，OpenSWR 的性能优于 LLVMpipe 的性能。Intel 曾将 OpenSWR 集成到 Mesa 中，作为 Gallium 3D 接口下的一个可选驱动。但随着 LLVMpipe 性能的提升，以及多线程和向量化指令的支持增加，Mesa 社区从主线分支中移除了 OpenSWR，随后 OpenSWR 的更新也停止了。

可以使用如下宏前缀来强制使用 LLVMpipe 进行渲染：

```
LIBGL_ALWAYS_SOFTWARE=1 [application] [arguments ...]
LIBGL_ALWAYS_SOFTWARE=1 glxgears
```

软管线的运行帧率可以与显卡的最大运行帧率对比，显卡的运行方式如下：

```
vblank_mode=0 glxgears
```

Mesa 中的 Vulkan 软管线实现是 Lavapipe，Lavapipe 是使用 LLVMpipe 实现的 Vulkan API。

OSMesa（Off-Screen Mesa）是 Mesa 在使用软管线时使用的离屏渲染组件，总是配合 LLVMpipe 与 Softpipe 同时使用。

4.4.2 Google 的软管线：SwiftShader

Google 中的软管线叫作 SwiftShader，其性能与 Lavapipe 的性能没有太大的区别。SwiftShader 以前支持 OpenGL，但是后来移除了 OpenGL 的支持代码。如果希望在 SwiftShader 中再次使用 OpenGL，可以通过 ANGLE 提供的 OpenGL 接口来实现，ANGLE 会将 OpenGL 调用转换为 Vulkan 指令，从而配合 SwiftShader 实现软渲染。

Google 的软管线的设计思路是核心 OpenGL 或其他 API 软管线（Angle）基于 Vulkan 软管线（SwiftShader）。在 Android 模拟器中，Google 已经不推荐使用 Mesa 软管线（LLVMpipe），默认使用 SwiftShader。Google 控制的 Android 将逐步在底层只支持 Vulkan，上层的 OpenGL 兼容性将通过 ANGLE 进行转换，SwiftShader 是 Google 开源生态系统中的一部分，旨在提供软渲染支持。但是 SwiftShader 对于如压缩纹理的无压缩映射等高级特性的支持仍然不够好。

1. SwiftShader 的整体结构

SwiftShader 从上到下分为 API 层、渲染层、Reactor 层和 JIT 层。当前，API 层仅支持 Vulkan，而其他图形 API（如 OpenGL）则依赖 ANGLE 将调用转换为 Vulkan。渲染层就是实际的渲染管线的实现，如典型的 VS 管线阶段和 PS 阶段。Reactor 层是 SwiftShader 特有的运行时的代码生成层，其思路是使用 JIT（即时编译）技术生成执行性能更高的代码，充分利用当前运行机器的向量指令支持。动态生成的部分主要是管线执行的逻辑和性能损耗的核心着色器部分。着色器会先在运行时转换为 Reactor 的代码类，然后由 Reactor 动态生成二进制代码。

因为着色器需要在 CPU 上运行，而着色器是运行时编译的，如果后端是 LLVM IR，就需要先把着色器生成 LLVM IR，再生成 CPU 上运行的二进制代码。这个动态代码生成的步骤是必不可少的，所以 Reactor 层可以统一这部分的逻辑。Reactor 层定义了一种所见即所得的 C++，简单地说就是把 C++ 的首字母大写。例如：

```
C++:
float a=1.1;
Reactor:
Float a=1.1;
```

这些 Reactor 层逻辑是嵌入正常的 C++ 逻辑中的，但是运行时动态生成的是更高性能的二进制文件。Reactor 层的设计是将着色器在 CPU 上运行的编译过程抽象成一个统一的 C++ 框架，该框架下不仅着色器可以在运行时编译，普通的 C++ 代码逻辑也可以在运行时编译。整个管线的运行，包括着色器的执行都使用这个框架。

SwiftShader 的高性能还依赖多线程的支持，其可以将一个渲染管线的执行拆分为多个并行的线程，每个线程都独立地处理顶点计算到像素计算的过程。SwiftShader 的多线程结构示意图如图 4-2 所示。

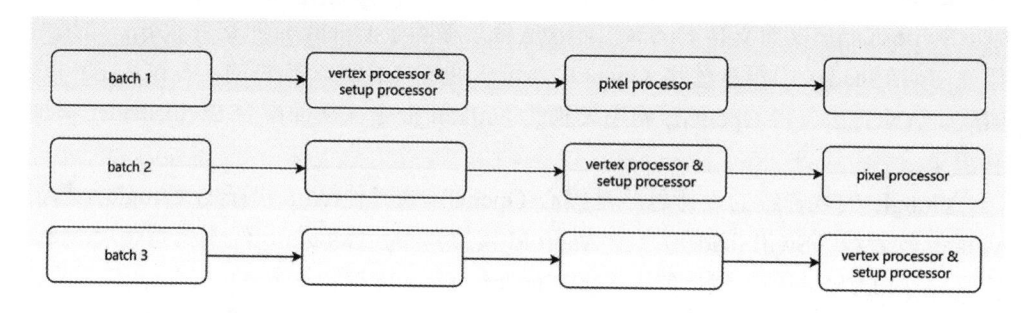

图 4-2　SwiftShader 的多线程结构示意图

以顶点着色器的运行为例，SwiftShader 先将管线输入的顶点按照批次拆分成多组顶点，每组顶点都组成了 marl 的 task 任务，并行地交给 marl 调度执行所有的顶点处理。相当于着色器在多个 CPU 上拆分处理输入的顶点，每个任务负责一部分顶点的计算，但是计算逻辑是一致的。marl 是 Google 的并行计算库，被 SwiftShader 用于并发着色器任务执行。

2. SwiftShader 的使用

SwiftShader 的推荐使用方式是直接将编译生成的 libvulkan.so.1 拷贝到二进制

目录中，绕过 Vulkan Loader。但是由于 Vulkan 的 API 包括设备查询和选择（类似 Windows 操作系统下单独的 DXGI 库），所以实际在使用 SwiftShader 时很难做到无感知替换。

例如，Unreal 会检查显卡的 Vendor，而 SwiftShader 的 Vendor 是 Google，Unreal 并不能识别，就无法运行。即使增加了对 Vendor 的支持，Unreal 使用的 SDL2 在使用 Vulkan 默认的 Loader 行为时（VK_DRIVER_FILES 变量指定 SwiftShader 的 ICD 文件）也会出现初始化问题。Unreal 在选择显卡的时候会识别是 CPU 模拟的显卡还是 GPU 硬件显卡，还必须使用 AllowCPUDevices 参数才能正确选择 SwiftShader。

SwiftShader.ini 是 SwiftShader 的配置文件，也放在二进制目录中，用于指定 SwiftShader 的运行参数，如 SwiftShader 默认最多使用 16 个 CPU 核，可以通过 ThreadCount 和 AffinityMask 参数修改 CPU 的使用。SwiftShader 支持的参数相对较少，其大部分参数与性能分析相关。

4.4.3　SwiftShader 与 Lavapipe 的对比

从硬件的迭代角度来看，OpenGL 短期内会比较稳定成熟，所以 Mesa 的方案在过渡期会比较合理。但是长期来看，Vulkan 必然替代 OpenGL 成为硬件的主要支持，所以 SwiftShader 的设计比较合理。但是 Mesa 也会逐渐过渡到以 Vulkan Runtime 为主，两者的设计发展方向是类似的。

SwiftShader 目前还缺少如映射压缩纹理的 VkImage 支持，依赖类似特性的游戏将无法运行。Lavapipe 与 SwiftShader 都基于 LLVM 进行着色器到 CPU 二进制的编译，但是 SwiftShader 的 LLVM 支持比较复杂，本地有对 LLVM 的直接修改，导致用户无法自己更新 LLVM 版本，而 SwiftShader 维护的 LLVM 版本的更新速度并不快。Lavapipe 使用了优秀的 Gallium3D，作为 Gallium3D 的其中一个前端，使得代码量极小，运行代码大量复用了成熟的用于其他硬件 Vulkan 驱动的代码，比较稳定。

SwiftShader 提供了独立的带导出符号的库，可以像使用普通 Vulkan Loader 一样使用 SwiftShader 的库，而 Lavapipe 作为 Mesa 对 Vulkan 的标准实现，是遵守 Vulkan 通过 ICD 文件加载和使用库的流程的。这在正常使用下是没有问题的，用户要么使用 Mesa 的独立显卡驱动，要么使用 Lavapipe 驱动。但是 SwiftShader 的实现方式可以做到同时使用独立显卡和软管线，因为 SwiftShader 的库是带 Vulkan Loader API 的，相当于独立的一份 Vulkan 实现。

4.5 渲染 API 的自动化生成：FrameGraph

4.5.1 RenderPass 与 FrameGraph 的产生

游戏引擎的发展积累了大量的渲染优化技术，这些技术被一个个地实现在游戏引擎中。不同的设备、不同的场景使用的技术可能不同，所以在游戏引擎中的不同位置会有大量的 if else 语句判断什么渲染优化技术需要使用，什么渲染优化技术不需要使用。时间久了，这些技术的可扩展性和可维护性就会给游戏引擎的开发人员带来大量的复杂性。

Vulkan API 出现的时候，游戏引擎积累的大量技术就存在了，所以 Vulkan 直接从 API 层设计了可以统一利用这些技术的概念——RenderPass。这样，开发者可以通过 Vulkan 进行统一的渲染过程管理，这个管理系统被称为 FrameGraph、RenderGraph 或 Render Dependency Graph。FrameGraph 是一个新的渲染框架，在 GDC2017 中由 Frostbite 提出。FrameGraph 由 RenderPass 和 Resource 构成，其中 RenderPass 与 Vulkan 的 RenderPass 对应，Resource 则代表 RenderPass 使用的 Pipeline State Object、Texture、RenderTarget、ConstantBuffer、着色器等资源。每个 RenderPass 都会指定对应的 Input 和 Output 资源，这样 RenderPass 和 Resource 就形成了有向非循环图（DAG）结构。

FrameGraph 首先分析各 RenderPass 之间的依赖关系，然后可以确定每个 Resource 生命周期的范围，也就可以获得各 RenderPass 所需的资源的依赖关系。利用这些信息可以去除无效的渲染动作，还可以做很多关于 Barrier 的优化，可以按批次合理地处理 Barrier，并且选择最优的同步点，保证并行度尽量高以减少 GPU 的停顿。计算任务是否可以有效地利用 GPU 的计算队列也依赖 FrameGraph 判断的时机。使用分析出的渲染资源信息就可以利用 Vulkan 的物理内存和逻辑内存相分离的特性，通过 Memory Aliasing 充分复用物理内存，以减少整体的内存占用。

由于 RenderPass 和 Resource 的依赖关系是 DAG 结构，因此可以很方便地做到可视化，这对现代游戏的复杂渲染管线的调试来说有着很大的帮助。拥有一帧的完整信息可以帮助简化渲染管线的配置，允许渲染模块更加独立和高效。

4.5.2 FrameGraph 下的 Vulkan 使用方式

正常的 Vulkan 程序需要编程者手动地创建和管理资源，在渲染的时候录制命令，将资源绑定到管线上。现代游戏的场景非常复杂，一帧的渲染通常涉及多次渲染计算，如渲染森林、渲染人物、渲染河流等步骤，最后将这些步骤的结果进行合并，这些步骤就对应 Vulkan 和 FrameGraph 的 RenderPass。

渲染的资源管理和渲染步骤管理都会给编程者带来沉重的负担。FrameGraph 标准化了这个过程，将资源管理全部交给 FrameGraph，相当于把 Vulkan 本身的函数式编程变成 FrameGraph 的配置式编程。配置好 FrameGraph 后，资源管理和对应的 Vulkan 指令都会由 FrameGraph 自动生成和优化。

FrameGraph 相当于对 Vulkan 做了一层高层语义的封装，因此着色器必然对应地增加封装，需要从 FrameGraph 中往着色器绑定资源，而不是直接使用 Vulkan API。例如，AMD Render Pipeline Shaders（RPS）SDK 库中就同时提供了 FrameGraph 和封装后的着色器。Unreal 一直有高层封装的着色器，在现代游戏引擎中，不建议用户使用 Vulakn 层面的 GLSL 或 HLSL，而应该使用更高层封装的着色器语言。

第 5 章

DRM 与 AMD GPU 显卡驱动

5.1 DRM 子系统

5.1.1 KMS、GEM 与 TTM、SCHED

DRM 是 Linux 操作系统目前主流的图形显示框架，相比 FrameBuffer，DRM 更能适应当前日益更新的显示硬件，如 FrameBuffer 原生不支持 KMS、多层合成、VSYNC、DMA-BUF、异步更新、Fence 机制等技术。DRM 除了原生支持这些技术，还统一管理 GPU 和 Display 驱动，使得软件架构更为统一。

现代 Linux 内核的几乎所有显卡驱动都要通过统一的 DRM，DRM 通用地定义了 KMS，意味着 KMS 对绝大部分的显卡驱动来说是强制实现的。drivers/gpu/drm/tiny/中的每个文件都是一个最小的 GPU 驱动，可以用来学习最简单的 DRM 驱动结构。

Linux 操作系统下的 DRM 子系统主要包括 3 部分功能：KMS、GEM 与 TTM、SCHED（渲染任务调度），此外，还有一些辅助功能，如权限认证和显存跨设备共享机制（PRIME）。同时，DRM 子系统提供了一些功能组件，如 Sync 对象、VMA 偏移管理器、地址范围分配器和 DRM Buddy 分配器，这些组件可以被驱动程序使用。DRM 接口是指在 Linux 操作系统下使用/dev/dri/中的显卡文件打开显卡，并且进行渲染操作的 ioctl 接口。

由于显示器和显卡是两个不同的硬件，显示器支持的分辨率、颜色深度和刷新率等信息需要显卡的支持，并且两者的支持范围可能不同。为了确保显卡能够在显示器上正常显示内容，显卡的配置必须与显示器的设置相匹配。因为显示器的设置是用户通过外置的单独菜单控制的，所以这个匹配对 DRM 而言只限于配置显卡。显卡的不同显示配置叫作 Modeset，通过 DRM 接口提供的设置 Modeset 的机制叫作 KMS。KMS 中的 Plane、CRTC、Encoder、Connector 等组件，以及 KMS 使用的原子设置、VBlank、颜色空间、Bridge 等组件都是在 DRM（/drivers/gpu/drm）下直接定义的。

GEM 是一个显存对象管理接口，其设计上包括两部分功能：显存管理和渲染命令执行入口。但是渲染命令的执行目前只实现了 Intel i915，相当于 GEM 当前只作为一个渲染用到的显存对象的管理入口。TTM 是早期的显存管理框架，后提取出 GEM 作为对外的统一接口，TTM 仍然作为显存分配器。显存和内存管理是站在 GPU 的视角设计的，也就是为了 GPU 使用显存和系统内存进行数据存储和交换的组件。

渲染任务被组织成称为 job 的工作单位，这些工作单元会在一个独立的 GPU 任务调度模块（SCHED）中进行调度，然后提交给 GPU 硬件，SCHED 充当了软件渲染需求和硬件任务执行之间的桥梁。驱动会使用内存模拟出多个不同类型的 job 队列用于任务排队，这些模拟的队列会被映射到实际的硬件队列上。

Intel 显卡是最早拥抱 Linux 内核开源驱动的，是 GEM 的主要作者。Intel 最早使用现代 DRM，从 TTM 中抽象 GEM 并实现的 Intel 显卡驱动叫作 i915。i915 是奔腾 4 的芯片组的名字，是 2004 年加入内核的芯片组驱动。后来，Intel 在实现集成显卡驱动时，直接将其集成到 i915 的内核驱动框架中。因此，长时间以来，Intel 的显卡驱动在内核中被称为 i915 显卡驱动，尽管集成显卡与 i915 已经没有直接关系。在 6.8 版本内核中，出现了专门的 Xe 显卡驱动（drivers/gpu/drm/xe），该驱动未来会完全替代 i915 显卡驱动，包含 i915 的兼容性头文件，但是在 6.8 版本内核中仍保留了 i915 显卡驱动。Intel Xe 显卡架构是 Intel 为了应对 AMD 和 NVIDIA 的独立显卡的竞争而推出的新独立显卡指令集。

5.1.2 DRM ioctl 标准接口

DRM 的 ioctl 接口分为通用的标准化部分和驱动私有的部分。几乎所有的 KMS 接口都已被 DRM 标准化，驱动程序很少提供私有的 KMS 接口。例如，AMD GPU 仅在标准接口之外，额外提供了一个用于获取内部硬件信息的 KMS 查询接口。由于 SyncObj 是一个内核标准组件，因此 DRM 也对 SyncObj 进行了标准化。除了这些标准化的接口，还有一些由各个驱动程序提供的私有接口，这些私有接口通过 libdrm 库被封装为函数，供用户空间的其他程序使用。libdrm 本质是把 DRM 文件的 open、close 和 ioctl 操作封装为语义层面容易理解的函数定义。内核的修改通常伴随 libdrm 的修改，两者密切配合才能共同演进。

DRM 的整个结构建立在打开的 DRM 文件的基础上。所以 DRM 的上下文与进程无关，一个进程可以把一个 DRM 上下文通过 fd 文件交给另一个进程，这种工作方式也是 Android 下跨进程渲染架构的底层基础。一个进程还可以打开多个 DRM 文件，同时创建多个上下文。每个打开的 DRM 文件都对应独立的地址空间（GPUVM），所有的对象句柄都是独立编号。因此，要想获得一个进程的 GPU 占用，实际上要以

进程打开的所有 DRM 文件为入口。例如，要想获得一个进程的 GPU 使用情况，对应的方法应该是先使用 lsof -p [pid] 2>&1|grep dri 找到所有打开的 DRM 文件中的 fd 文件，再使用/proc/[pid]/fdinfo/[fd]查看 fd 文件中的 GPU 使用情况。

1. AMD GPU 的 ioctl 接口

DRM 的主要操作都通过 ioctl 接口，DRM 定义了一些由 DRM 提供入口的 ioctl 函数定义，而大量的渲染过程实际使用的 ioctl 命令由各驱动自己提供。例如，AMD GPU 提供的 DRM 的 ioctl 接口定义如下：

```
const struct drm_ioctl_desc amdgpu_ioctls_kms[] = {
    DRM_IOCTL_DEF_DRV(AMDGPU_GEM_CREATE, amdgpu_gem_create_ioctl, DRM_AUTH|DRM_RENDER_ALLOW),
    DRM_IOCTL_DEF_DRV(AMDGPU_CTX, amdgpu_ctx_ioctl, DRM_AUTH|DRM_RENDER_ALLOW),
    DRM_IOCTL_DEF_DRV(AMDGPU_VM, amdgpu_vm_ioctl, DRM_AUTH|DRM_RENDER_ALLOW),
    DRM_IOCTL_DEF_DRV(AMDGPU_SCHED, amdgpu_sched_ioctl, DRM_MASTER),
    DRM_IOCTL_DEF_DRV(AMDGPU_BO_LIST, amdgpu_bo_list_ioctl, DRM_AUTH|DRM_RENDER_ALLOW),
    DRM_IOCTL_DEF_DRV(AMDGPU_FENCE_TO_HANDLE, amdgpu_cs_fence_to_handle_ioctl, DRM_AUTH|DRM_RENDER_ALLOW),
    /* KMS */
    DRM_IOCTL_DEF_DRV(AMDGPU_GEM_MMAP, amdgpu_gem_mmap_ioctl, DRM_AUTH|DRM_RENDER_ALLOW),
    DRM_IOCTL_DEF_DRV(AMDGPU_GEM_WAIT_IDLE, amdgpu_gem_wait_idle_ioctl, DRM_AUTH|DRM_RENDER_ALLOW),
    DRM_IOCTL_DEF_DRV(AMDGPU_CS, amdgpu_cs_ioctl, DRM_AUTH|DRM_RENDER_ALLOW),
    DRM_IOCTL_DEF_DRV(AMDGPU_INFO, amdgpu_info_ioctl, DRM_AUTH|DRM_RENDER_ALLOW),
    DRM_IOCTL_DEF_DRV(AMDGPU_WAIT_CS, amdgpu_cs_wait_ioctl, DRM_AUTH|DRM_RENDER_ALLOW),
    DRM_IOCTL_DEF_DRV(AMDGPU_WAIT_FENCES, amdgpu_cs_wait_fences_ioctl, DRM_AUTH|DRM_RENDER_ALLOW),
    DRM_IOCTL_DEF_DRV(AMDGPU_GEM_METADATA, amdgpu_gem_metadata_ioctl, DRM_AUTH|DRM_RENDER_ALLOW),
    DRM_IOCTL_DEF_DRV(AMDGPU_GEM_VA, amdgpu_gem_va_ioctl, DRM_AUTH|DRM_RENDER_ALLOW),
    DRM_IOCTL_DEF_DRV(AMDGPU_GEM_OP, amdgpu_gem_op_ioctl,
```

```
DRM_AUTH|DRM_RENDER_ALLOW),
    DRM_IOCTL_DEF_DRV(AMDGPU_GEM_USERPTR, amdgpu_gem_userptr_ioctl,
DRM_AUTH|DRM_RENDER_ALLOW),
};
```

该定义将渲染过程使用的 GEM、VM、SCHED 等功能全部放在一起形成对 DRM ioctl 标准接口的补全，因此不同硬件的 GEM、VM、SCHED 的命名和实现可以不同。而与 KMS 相关的功能则大部分由 DRM ioctl 标准接口提供，驱动只负责实现 KMS 的对应概念。

AMD GPU 在 linux/include/uapi/drm/amdgpu_drm.h 中为用户空间提供了 gem、bo、ctx、vm、sched、fence、cs、info 这 8 套交互接口，统一通过 DRM 下的 ioctl 系统调用。

对于 AMD GPU 驱动和用户空间的命令传递，AMD GPU 设计了 CS 和 CHUNK 两个概念。CS 是 Command Submission 的简称，代表命令提交，一个 CS 中有多个 CHUNK。CHUNK 是 CS 提交的一个一个的命令，大部分都是 IB 类型（AMDGPU_CHUNK_ID_IB）。CHUNK 所有可能的类型定义如下：

```
#define AMDGPU_CHUNK_ID_IB                      0x01
#define AMDGPU_CHUNK_ID_FENCE                   0x02
#define AMDGPU_CHUNK_ID_DEPENDENCIES            0x03
#define AMDGPU_CHUNK_ID_SYNCOBJ_IN              0x04
#define AMDGPU_CHUNK_ID_SYNCOBJ_OUT             0x05
#define AMDGPU_CHUNK_ID_BO_HANDLES              0x06
#define AMDGPU_CHUNK_ID_SCHEDULED_DEPENDENCIES  0x07
#define AMDGPU_CHUNK_ID_SYNCOBJ_TIMELINE_WAIT   0x08
#define AMDGPU_CHUNK_ID_SYNCOBJ_TIMELINE_SIGNAL 0x09
```

这些 CHUNK 类型并不完全对应下发给 GPU 的不同 Primary Buffer 的数据包类型，而是提供给用户空间对应驱动的不同命令操作。AMDGPU_CHUNK_ID_IB 和 AMDGPU_CHUNK_ID_FENCE 对应 PM4 数据包中的 TYPE3 类型的显卡数据包，其他都是与渲染指令同步相关的 AMD GPU 层面的命令。一个用户空间下发的 AMDGPU_CHUNK_ID_IB 类型的 CHUNK 对应发送到 GPU 的一个 IB 中。

用户空间不是产生一个 CHUNK 就下发给内核的 AMD GPU 驱动，CS 的存在就是先将 CHUNK 在用户空间聚合，然后一次性提交给内核。在内核空间中，用户空间指定的 CS 提交被称为 job，所以一个 job 可以包含多个 CHUNK。

用户空间组织的数据结构在内核空间会被解析到 CS Parser 中，CS Parser 是 AMD GPU 用来解析和后续使用用户空间提交的 CS 的记录数据结构。用户空间提交的 CHUNK 也会先被内核拷贝到 CS Parser 的 CHUNK 中，然后被 CS Parser 的 CHUNK 数组填充到 job 的 IB 数组中。

2. DRM 的权限与认证

每个 DRM 显卡硬件在同一个时刻都只有一个 Master，Master 可以配置显示器的 KMS 架构，控制什么 FrameBuffer 通过什么样的混合方式输出到屏幕的什么部位，也就是成为显卡的管理者。

设备文件/dev/dri/cardX 是主要的渲染节点，同时包含 DRM 渲染和 KMS 功能，是屏幕显示区间的唯一控制者。使用者一般是操作系统的桌面管理器，如 X Server。打开/dev/dri/cardX 文件后，如果当前没有其他进程作为 Master，则打开该文件的进程将自动成为 Master。用户也可以通过 ioctl DRM_IOCTL_SET_MASTER 命令手动将当前进程设置为该设备文件所对应的设备的唯一管理者，而使用 ioctl DRM_IOCTL_DROP_MASTER 命令则可以放弃管理者身份。在已经存在 Master 的情况下，其他打开该文件的进程如果希望使用该文件，则需要经过授权。授权的方式是通过执行 ioctl 命令，使用 DRM_IOCTL_GET_MAGIC 参数获取一个 32 位的魔数，然后传给 Master。Master 收到此魔数后，执行 ioctl 命令，使用 DRM_IOCTL_AUTH_MAGIC 参数向 DRM 设备发送授权请求。DRM 设备随后会为持有该魔数的文件描述符（fd）授权。这样，第二个打开的 fd 就可以正常进行渲染。

鉴权是基于 fd 的，而不是基于进程的。当一个进程第一次打开设备文件（如/dev/dri/cardX）并通过鉴权后，就获得了一个 fd，这个 fd 代表对该设备的访问权限。这意味着一个已经获得授权的 fd 可以被其他进程使用，无须再次鉴权。然而，如果同一个进程第二次打开同一个设备文件，则仍然需要鉴权，因为授权是与第一次打开的 fd 相关联的，而不是与进程本身相关联的。因此，每个新的 fd 都需要单独鉴权。

Master 对于显卡硬件只有一个，但是 Master 可以创建多个子 Master，这些子 Master 的资源权限并不是天然的，而是由唯一的 Master 授予的，Master 可以随时撤销这种授予。子 Master 的权限也是基于 fd 的，也就是说 DRM 的权限管理主体是 fd。

之所以需要单个设备的认证过程，是因为用户看到的屏幕是一个整体，桌面是由桌面管理器统一管理的。如果不需要认证，则可以使用 KMS 接口，意味着有的程序可以直接绕过桌面管理器在桌面的任意位置绘图。例如，在任务栏的任意位置绘制三角形，这显然打破了桌面系统的定义。但是现代 AI 计算或离线渲染是不需要改动到桌面显示的，只需 GPU 的计算能力，这时认证步骤就多余了。所以 DRM 专门给出了/dev/dri/renderX 渲染节点，以进行这种不需要认证的纯 GPU 计算任务，其支持的 ioctl 操作是/dev/dri/renderX 渲染节点的子集，缓存共享上不支持不安全的 FLINK 旧接口，只支持新 PRIME 接口中使用的 DMA-BUF 的方式。

5.1.3 DRM 的模块参数

DRM 在内核中也是以一个单独的内核模块存在的，所以有一些可以在用户空间配置的模块参数，这些参数位于/sys/module/drm/parameters 中。通过 echo 0xff >

/sys/module/drm/parameters/debug 打开所有的 DRM 调试日志，可以比较清晰地从日志中看到整个 DRM 的运行流程。

还可以通过 edid_firmware 配置虚拟的显示器 EDID 信息，不检测实际的显示器，而是通过/lib/firmware 下的对应 EDID 信息固件来模拟虚假的 EDID。

与 DRM 相关的内核模块还有很多，如在 AMD GPU 中用于显存分配的 drm_buddy 内核模块，用于循环获得下发到内核的计算命令所使用的渲染资源的 drm_exec 内核模块，用于作为库函数提供给驱动选择性使用的 drm_display_helper、drm_kms_helper、drm_suballoc_helper、drm_ttm_helper 内核模块。在这些内核模块中，因为 GPUVM 需要，所以 drm_exec 内核模块已被默认内联编译为 DRM 的必备模块，而其他内核模块仍然是可选的。

5.1.4　DRM 与闭源驱动的现状

当前内核的 DRM 实现并不完整，因为它要求用户空间强烈耦合，还有 NVIDIA 的闭源驱动不一定会服从内核的改动。DRM 更多的是一个不断演进和设计的过程。由于早期的图形驱动大多是闭源的，DRM 实际上是一个开源的 Linux 内核框架，它随着 DRI 的进步，逐步从用户空间和内核空间中提取了闭源驱动代码的功能。直到现在，仍然存在大量必须耦合的用户空间和内核空间的设计，很多内核功能必须等到对应的用户空间代码合并进 Linux 内核后才允许合并进 Linux 内核主线，因为 NVIDIA 和 AMD 同时存在闭源的内核模块和用户空间驱动两部分。

现在 NVIDIA 和 AMD 逐渐统一了行为，内核模块主要负责内存和显存管理，支持 GEM 接口和 KMS 接口，核心的驱动逻辑放在用户空间中。内核空间逐渐开源而用户空间持续闭源成为趋势。用户空间的闭源驱动主要是硬件如何支持 OpenGL 和 Vulkan 这种 API 的渲染实现，NVIDIA 在这部分依然没有逐步开源的迹象，而 AMD 的 AMDVLK 开源且有开源社区性能很好的 Mesa 实现，反而 NVIDIA 不支持 Mesa 完全闭源实现 OpenGL 和 Vulkan，给社区带来了极大的困难。

AMD 的显卡驱动在内核中已经大范围开源，随着 ROCm 的推进，开源程度进一步提高，取代了在独立显卡上逐步落后的 Intel，成为 DRM 显卡驱动的标杆性实现。

5.2　AMD 显卡驱动 AMD GPU

5.2.1　AMD 显卡驱动

1. Linux 内核空间驱动的开源进程加速

由于 Linux 开源条款的变更，先实现一个中间层内核模块，然后基于该中间层内核模块实现闭源驱动的传统做法不再可用，因此一大批闭源硬件厂商开始推出开源驱动。随着本来闭源的 Paragon NTFS 驱动从 5.15 版本开始尝试合并进 Linux 内核，AMD 和 NVIDIA 的显卡驱动也逐步开启合并进程。AMD 在显卡市场上相比 NVIDIA 并不处于优势地位，因此其最早开始拥抱开源。

NVIDIA 的内核模块于 2022 年正式开始开源，在此之前，社区一直使用 Neoveau 开源驱动，该驱动对 NVIDIA 的显卡只做到了基本的支持。由于 NVIDIA 的开源驱动与 Linux 内核的标准 DRM 架构差异较大，所以 NVIDIA 很长时间都在自己维护的内核树中重构其开源代码。

在 NVIDIA 完善自有开源驱动的同时，Neoveau 开源驱动由于有了 NVIDIA 驱动的参考，开始合并一些 NVIDIA 开源驱动的特性。例如，在 6.8 版本内核中，GSP 固件被 Neoveau 开源驱动获得并使用。在同一个版本内核中，NVIDIA ReBAR 技术也被支持。从 6.6 版本内核开始，Mesa 基于 Neoveau 开源驱动实现了 Vulkan 的开源驱动——NVK。NVIDIA 的开源的行为和动作大幅度加速了 NVIDIA 开源驱动的发展。

2. 历史与现状

Linux 内核中早期的驱动叫作 Radeon，现在的是 AMD GPU。AMD GPU 可以支持 GCN 之后的显卡，Radeon 已经基本退出支持。AMD 官方还提供了一个闭源的 AMD GPU Pro 显卡驱动。大部分情况下，AMD GPU 的开源版本并不比闭源版本差。显卡的驱动分为内核空间和用户空间，在 Mesa 中，内核的 AMD GPU 驱动对应的是 Mesa Gallium3D 的 RadeonSI 驱动，内核的 Radeon 驱动对应的是 Mesa Gallium 3D 的 Radeon 驱动。Radeon 和 RadeonSI 驱动在 Mesa Gallium 3D 中用于支持 OpenGL 的实现。Mesa 的 RADV 驱动则提供使用内核空间 AMD GPU 驱动的 Vulkan 实现。而 AMD 官方开源的 Vulkan 驱动叫作 AMDVLK，其单独存在，并不属于 Mesa。相比 Mesa 中实现的 RADV，AMDVLK 有很多额外的扩展，如管线内部的计数器和光追（光线追踪计数器）只能通过 AMDVLK 获得。但是在性能上，RADV 有 Valve 贡献的 ACO 着色器编译器，在很多时候可以胜过 AMDVLK。

自从 ATI 收购显卡业务后，AMD 就将 TeraScale 架构升级为 GCN 架构，过渡期产品叫作 Southern Islands（简称 SI，对应 HD 7000 系列显卡），同时横跨了 TeraScale 和 GCN 架构。内核空间驱动层面也从 Radeon 驱动升级为 AMD GPU 驱动，Mesa 用户空间层面则从 Radeon 驱动升级为 RadeonSI 驱动。但是在过渡期之后的 GCN 和 RDNA 时代，RadeonSI 的名字被保留了。下一代 Sea Islands（简称 CIK，对应 HD 8000 系列显卡）是最早的全面切向 GCN 架构的硬件。SI 和 CIK 这两个早期的过渡期产品可以直接使用编译选项关闭支持：CONFIG_DRM_AMDGPU_CIK 和 CONFIG_DRM_AMDGPU_SI。但是由于 AMD GPU 驱动会根据不同的芯片调用不同的实际函数实现，所以增加 SI 和 CIK 的支持只增加 AMD GPU 驱动的大小，并不会影响实际的执行性能，为了增加驱动的硬件可用范围，这些支持默认都是开启的。

AMD 的显卡驱动经历了从 Radeon 到 AMD GPU 两个阶段，新的显卡都是 AMD GPU 驱动，Radeon 作为旧的、兼容模式的驱动。AMD GPU 自 2014 年发布后，也经历了一段闭源发展的时期，2015 年开始部分合并进 Linux 内核主线。因为 AMD GPU 本身是跨平台的，Windows 操作系统下也使用同样一套代码，因此 AMD GPU 合并进 Linux 内核主线的过程并不顺利。Linux 内核要求 AMD GPU 去除兼容层，变为专门为 Linux 操作系统开发的 DRM 驱动。

AMD GPU 在 Linux 内核主线中更新，并且如 amd_sched 这种本来专用于 AMD GPU 的 GPU 任务调度内核模块已经成为内核的公用 GPU 任务调度内核模块。最新的 AMD GPU 可以在 AMD 的并行计算开源项目 ROCm 中找到，AMD 官方还提供商业版本的 AMD GPU Pro 显卡驱动，这个驱动也是在开源的 AMD GPU 基础上增加了私有的闭源组件，这些组件主要是 OpenGL、OpenCL、Vulkan 和 AMF。对比 Mesa 18.5 和 19.0 版本的 OpenGL 实现，Mesa 的实现优于闭源实现。但是闭源实现中的 Vulkan 包含光追，而 Mesa 的实现不包含光追。闭源驱动中的 OpenCL 实现也比 Mesa 中的实现更完善。AMF 是 GPU 的编解码操作。也就是说，AMD GPU 代表 AMD 最新唯一可用的驱动版本，至于上层的渲染 API 实现，可以在闭源驱动和开源的 Mesa 中选择。

2022 年，ROCm 并行计算内核空间驱动 KFD（Kernel Fusion Driver）也被加入 AMD GPU，与 AMD GPU 的渲染驱动代码开始进行整合。虽然两者的功能不同，但是共享了很多驱动代码和硬件 IP。由于近年 AMD 对 ROCm 的巨大投入，合并进 Linux 内核主线的 AMD GPU 的改动速度明显落后于 ROCm 的发展需求。为了追求更高的迭代效率，AMD 仍然维护了单独的 amdgpu-dkms 内核代码。amdgpu-dkms 内核代码的更新速度要快于合并进 Linux 内核主线的 AMD GPU 的改动速度，但是 AMD 也在努力让尽可能多的新改动合并进 Linux 内核主线，这也导致在 ROCm 高速发展时期，Linux 内核的代码改动大量来自 AMD GPU 的更新。安装单独的 amdgpu-dkms 模块需要参考 ROCm 的安装文档，但是由于 ROCm 只适配 Linux 发行版的长期支持版和标准内核，如 Ubuntu 22.04，因此如果是自己编译的内核或使用了非长期支持版，则使用 amdgpu-dkms 模块遇到问题后将不会得到支持。

3. AMD GPU 的内核模块

AMD 的显卡驱动中包括如下内核模块：①AMDKFD，与用户空间的 ROCm/OpenCL 配合使用的计算模块。如果显卡只用于渲染，则可以不加载这个模块。在 Linux 内核主线中存在 AMDKFD 内核模块的部分代码，但不存在单独的 AMDKFD 内核模块。②amd_sched 与 gpu_sched，GPU job 调度的内核模块。单独从 AMD 维护的 AMD GPU 驱动中可以编译出 amd_sched 内核模块，如果从内核源代码编译就是 gpu_sched 内核模块。这是因为 amd_sched 内核模块最早由 AMD GPU

开发，但是被内核采纳作为所有显卡的 job 调度通用模块。③AMDGPU，显卡渲染驱动的核心模块，包括显卡管理、渲染和显示的核心逻辑，是 AMD GPU 的核心模块。④AMDTTM，内核中的 TTM 模块，只有单独编译的 AMD GPU 驱动才包含 AMDTTM 内核模块，AMDTTM 内核模块代表 TTM 的实现，是实际的显存和系统内存的分配管理器。⑤AMDKCL，单独编译 AMD GPU 驱动特有的模块，在内核树中的 AMD GPU 不会产生这个模块。AMDGPU 内核模块用于将一个 AMD GPU 的代码版本用在不同 Linux 版本内核上的兼容层。因为 Linux 内核不鼓励维护除内核树外的单独的驱动代码，所以一个 Linux 版本内核中的内核树的驱动实现不可以包含不同 Linux 版本内核的兼容代码。

1）AMDGPU 内核模块

在上述内核模块中，主要使用的是用于渲染的 AMDGPU 内核模块和用于并行计算的 AMDKFD 内核模块。

在 AMDGPU 内核模块中，主要分为 IP 模块的管理、GPUVM 与 BO 对象的管理、功耗管理和显示管理四大部分。

其中 IP 模块是组成 GPU 的不同硬件单元，不同的 IP 模块构成了整个显卡的硬件功能，直接驱动 IP 模块的通常是固件。AMD GPU 驱动负责加载管理固件，并且与固件进行通信以调用 IP 模块的功能。GPUVM 与 BO 对象是渲染过程的主要参与者，每个 BO 代表的是一个个的纹理和顶点等渲染资源。这些渲染资源的管理和使用依赖 CPU 和 GPU 对内存和显存的访问，也就是显卡的内存管理机制。功耗管理是显卡中很重要的一部分，随着硬件的发展，功耗管理越来越硬化。驱动的功耗管理逐渐变为与 SMU 硬件 IP 进行通信和对应的固件管理。显示管理主要是 KMS 驱动层面的实现。

应用程序使用显卡进行渲染和计算时先打开设备文件，然后通过 ioctl 等文件操作指令进行设备操作和命令下发。AMD GPU 渲染驱动由于接入了内核的 DRM 整体框架，所以设备文件位于标准的/dev/dri 目录中，并且设备文件的命名也采用 DRM 标准的/dev/dri/card0 和/dev/dri/renderD128 这种控制与渲染分离的组织方式。

2）AMDKFD 内核模块

AMDKFD 是 ROCm 维护的 amdgpu-dkms 内核空间驱动特有的内核模块，但是该模块的内容已经逐步合并进 Linux 内核主线。AMDKFD 内核模块在 Linux 内核主线中被称为 HSA（Heterogenous System Architecture，异构系统架构），作为系统的异构结构，对应的编译选项为 HSA_AMD，相关的文件属于 AMDGPU 内核模块的一部分。也就是说，在 Linux 内核主线中，AMDGPU 内核模块包含 AMDKFD 内核模块已经合并进 Linux 内核主线的功能。但是直接使用 Linux 内核主线的 AMDKFD 功能缺少用户空间环境，AMD 在用户空间使用的 ROCm 很长时间仍然需要配合其专门维护的 amdgpu-dkms 内核模块，该模块只会在知名发行版的 LTS 版本中支持。

而 Linux 内核中并没有并行计算的统一框架，因此 AMDKFD 内核模块的设备文件直接放在/dev/kfd 设备文件下。ROCm 就是使用该文件进行显卡的并行编程的，不同于 DRM 的设备模型下每个设备都有独立的设备文件，/dev/kfd 设备文件是所有 AMD 显卡硬件共享的，全局只有一个，也就是说一个 AMD GPU 驱动只会对用户空间提供一个统一的/dev/kfd 设备文件，不论有多少个硬件。

3）显示管理：DC 与 DM

DC（Display Core）的作用是从显存中读取一帧图像，经过与显示器需求匹配的变换后输送一帧图像到显示器。DC 分为与操作系统无关的显示核心部分（DC）和对接 DRM 的与操作系统相关的显示管理器（Display Manager，DM）。Linux 内核一直反对 DM 作为中间层的做法，因为如果每个厂商都开发一个中间层，就意味着需要维护大量的 HAL。AMDKCL 这种适配多个版本内核的中间层就不得进入内核。但是 AMD GPU 的重要性和其 DC 一直在按照社区的要求进行轻量化改造，最终得以进入 Linux 内核。DC 的代码位于/drivers/gpu/drm/amd/display 中，是独立于 AMD GPU 的单独部分，但是会被编译进 AMDGPU 内核模块。DC 从 AMD 维护的兼容层 DAL（Display Abstraction Layer，显示抽象层）演变而来，所以在代码中有很多以 DAL 为前缀的符号，可以认为 DAL 就是 DC。

DM 与 DRM 之间的交互主要是通过 CRTC、Plane、Encoder 和 Connector 这几个组件进行的。DM 相当于 DRM KMS 的下层实现入口。DM 将 DRM 的请求转变为 DC 的请求，将 DC 的返回结果转变为 DRM 的返回结果。

由于 DM 也是一个 IP 模块，所以其由对应的 struct amdgpu_ip_block_version 和 struct amd_ip_funcs 结构体定义，IP 模块函数就通过这些结构体进行调用。DC 会进行实际的颜色校正、颜色混合等操作，为 KMS API 和 AMD GPU 提供调用函数。

内核参数中可以通过 DC 参数来启用或禁用 DC。如果参数中指定了 virtual_display，则会创建一个由 AMD GPU 实现的 Dumb 虚拟显示器，这时必须使用 DC 来支持这个虚拟显示器的功能。

5.2.2　AMD GPU 的用户空间接口

除了通过 DRM 设备文件进行 ioctl 显示控制和渲染，用户空间还有其他渠道可以管理和控制 AMD GPU。

AMD GPU 内核模块的所有可用参数都需要在模块加载时指定，对显卡来说都需要在系统启动时指定，也就是大部分情况下，修改模块参数需要重启系统。

/sys/class/drm/card/device 目录下有许多文件，用于控制特定显卡的配置，如功率、频率信息和性能模式等。

/sys/kernel/debug/dri/是显卡的调试文件，其中包含大量显卡运行的细节数据，包括寄存器、传感器、功率、内存使用情况等，具体的定义如下。

- **amdgpu_discovery**：存放显卡的 discovery 二进制，显卡搜索的时候使用该二进制来匹配显卡。
- **amdgpu_gpu_recover**：手动触发一次 GPU Reset。
- **amdgpu_evict_gtt**：手动 evict 所有 GTT 内存。
- **amdgpu_evict_vram**：手动 evict 所有 VRAM 内存。
- **amdgpu_fence_info**：查看所有 RING 中上一次被 Signal 的 Fence 和上一次 Emit 的 Fence，对于 GFX 还有上一次的 Preempted 和 Reset。
- **amdgpu_firmware_info**：查看当前显卡使用的固件和 VBIOS 的版本和特性开关。
- **amdgpu_force_sclk**：通过将最小和最大 sclk 频率设置为设定值来强制设置 sclk 频率。
- **amdgpu_gca_config**：采用二进制的方式阅读 GFX 的当前配置数据，如 GFX 的 max_hw_contexts、mem_row_size_in_kb 等。
- **amdgpu_preempt_ib**：向其中写入 RING 的序号触发该 RING 的 IB 抢占。
- **amdgpu_sa_info**：3 类型 IB 池［延迟类型（正常排队进入管线）、立刻类型（插队进入管线）、直接类型（不通过队列直接提交）］的提交信息。
- **amdgpu_sensors**：显卡上的传感器数据读取，主要读取温度、功率、电压、风扇、频率。
- **amdgpu_test_ib**：触发每个 RING 的 IB 执行测试，如果测试没有通过就关闭该 RING。
- **amdgpu_vbios**：读取 VBIOS 的二进制内容。
- **amdgpu_vm_info**：查看每个线程的 VM 使用信息。
- **amdgpu_vram**：代表所有显存的文件，可以将所有的显存作为一个文件进行读取。
- **amdgpu_wave**：查看 Wave 的使用情况。

（1）RING 数据。amdgpu_ring_*：各 RING 的数据，可以直接读取，按照 PM4 的方式解包可得到显卡中消息的内容。

（2）PM。amdgpu_pm_info：与电源管理相关的配置信息。该文件包含较多的日常使用关心的内容，如显卡功率、温度、频率、GPU 负载、显存负载，以及各种电源管理特性的开关信息。

（3）GEM。amdgpu_gem_info：线程维度的显存或 GTT 内存占用情况；amdgpu_gds_mm：GDS 内存的使用情况；amdgpu_gtt_mm：GTT 内存的使用情况；amdgpu_gws_mm：GWS 内存的使用情况；amdgpu_oa_mm：OA（Ordered Append）内存的使用情况；amdgpu_vram_mm：VRAM 内存的使用情况。

（4）寄存器访问。amdgpu_regs：访问 GPU 任意寄存器的接口；amdgpu_regs2：

访问 GPU 任意寄存器的扩展接口；amdgpu_regs_didt：DIDT 寄存器访问；amdgpu_regs_pcie：PCIe 寄存器访问；amdgpu_regs_smc：SMC 模块寄存器访问；amdgpu_gca_config：GCA（图形和计算阵列）配置寄存器；amdgpu_sensors：传感器寄存器访问；amdgpu_wave：Wave 寄存器访问；amdgpu_gpr：GPR 寄存器访问。

（5）GFXOFF。amdgpu_gfxoff：GFXOFF 特性用于关闭 GFX 引擎的功能，用于省电；amdgpu_gfxoff_status：GFXOFF 的状态；amdgpu_gfxoff_residency：GFXOFF 状态分析，写入 1 开始记录，写入 0 暂停记录，用于分析 GFXOFF 状态在一段时间内的占比。

这些命令行的调试接口使用较为复杂，图形界面可以方便地使用 UMR 工具进行显卡调试。例如，有些寄存器只能使用命令流的形式写，而且无法读；有些寄存器可以通过 MMIO；有些寄存器可以通过/sys/kernel/debug；有些寄存器可以通过 SMC；有些寄存器可以通过 drm ioctl，不同的寄存器使用什么接口读写在 UMR 中都有较好的实现，直接使用命令行比较复杂。

5.3 IP 模块与显卡固件

5.3.1 IP 模块

1．IP 模块的组织

一个显卡是由多个不同功能的 IP 模块组成的，不同的显卡中特定的 IP 模块可能是相同的，有的 IP 模块则是版本不同。所以对应的驱动中也存在不同版本的 IP 模块，根据显卡使用的 IP 模块的版本选择对应驱动中的软件 IP 模块。

在 AMD GPU 中，各 IP 模块都被定义为一个 struct amdgpu_ip_block_version 结构体，该结构体中的 struct amd_ip_funcs 定义了 IP 模块的操作。在/drivers/gpu/drm/amd/amdgpu 下，带版本号的程序文件大部分是 IP 模块定义文件，也就是实现了 struct amdgpu_ip_block_version 结构体所需的 struct amd_ip_funcs 函数列表，命名方式是_v（如 gfx_v6_0）。这些 IP 模块在 amdgpu_discovery.c 中被统一组织。还有一些 SoC 层面的小的功能模块，属于核心的一部分，但不属于单独的 IP 模块，其代码就位于单独的 SoC 文件中，如 vi.c、soc15.c、nv.c。

显卡的 IP 模块配置文件叫作 discovery_bin，该文件位于显存的特定位置［显存总大小减去 DISCOVERY_TMR_OFFSET（64 << 10）的 DISCOVERY_TMR_SIZE（4 << 10）的显存区域］，内核空间驱动会在初始化时从这块区域中读取 discovery_bin 到内存使用。这个二进制文件的头部定义如下：

```
typedef struct binary_header
```

```c
{
    uint32_t binary_signature;
    uint16_t version_major;
    uint16_t version_minor;
    uint16_t binary_checksum;
    uint16_t binary_size;
    table_info table_list[TOTAL_TABLES];
} binary_header;
```

其中的 table_list 定义了二进制文件中的表,每个表的定义如下:

```c
typedef struct table_info
{
    uint16_t offset;
    uint16_t checksum;
    uint16_t size;
    uint16_t padding;
} table_info;
```

通过 table_list 可以找到每个表在该二进制文件中的位置,一共有 6 个表,定义如下:

```c
typedef enum
{
    IP_DISCOVERY = 0,    //用于硬件 IP 模块发现
    GC,
    HARVEST_INFO,    //定义了从软件层面关闭的 IP 模块,驱动不会使用 Harvest 表中定义的 IP 模块
    VCN_INFO,
    MALL_INFO,
    RESERVED_1,
    TOTAL_TABLES = 6
} table;
```

每个表都有对应的头部结构,并且在表的头部都会定义一个版本号,不同的版本号对应的表的头部的定义不同。这个二进制文件通过上述结构描述了当前 GPU 的硬件信息。硬件 IP 的版本号就放在 IP_DISCOVERY 的 die_info 定义的偏移位置中。每个 die 的头部之后就是 IP 定义,struct ip 是这个 IP 定义的头部,其中包含 IP 模块的版本信息。驱动会根据解析出来的版本信息加载对应版本的 struct amdgpu_ip_block_version 的实现。

2. IP 模块的种类

AMD 显卡的不同 IP 模块如下：

```
enum amd_ip_block_type {
    AMD_IP_BLOCK_TYPE_COMMON,    //GPU 通用信息
    AMD_IP_BLOCK_TYPE_GMC,       //显存控制器 (Graphic Memory Controller)
    AMD_IP_BLOCK_TYPE_IH,        //中断控制器 (Interrupt Handler)
    AMD_IP_BLOCK_TYPE_SMC,       //系统管理控制器 (System Management
Controller)
    AMD_IP_BLOCK_TYPE_PSP,       //平台安全处理器 (Platform Security
Processor)
    AMD_IP_BLOCK_TYPE_DCE,       //显示和混合引擎 (Display and Compositing
Engine)
    AMD_IP_BLOCK_TYPE_GFX,       //图形和计算引擎 (Graphics and Compute
Engine)
    AMD_IP_BLOCK_TYPE_SDMA,      //系统 DMA 引擎 (System DMA Engine)
    AMD_IP_BLOCK_TYPE_UVD,       //统一视频编码器 (Unified Video Decoder)
    AMD_IP_BLOCK_TYPE_VCE,       //视频压缩引擎 (Video Compression
Engine)
    AMD_IP_BLOCK_TYPE_ACP,       //音频协处理器 (Audio Co-Processor)
    AMD_IP_BLOCK_TYPE_VCN,       //下一代视频编解码 (Video Core/Codec
Next)
    AMD_IP_BLOCK_TYPE_MES,       //微引擎调度器 (Micro-Engine Scheduler)
    AMD_IP_BLOCK_TYPE_JPEG,      //JPEG 引擎 (JPEG Engine)
    AMD_IP_BLOCK_TYPE_NUM,       //IP 模块类型总数 (Total number of IP block
types)
};
```

GMC 模块定义了显存的缺页异常或 ECC 校验异常的处理方式，还提供了 GMC 固件加载、TMZ（Trusted Memory Zone，可信内存区域）、将显存映射到 CPU 的 GART 功能和显存的页表管理，是各 IP 模块想要访问显存或系统内存时必须使用的单元。所有由不同版本的 GMC 模块提供的方法都定义在 struct amdgpu_gmc_funcs 结构体中，实现在各版本的以 gmc_v8_0.c 命名的文件中，通用性的和框架类的方法定义在 amdgpu_gmc.c 中。但是 GMC 模块在比较新的硬件上已经没有单独的硬件单元，而是分散在各 IP 模块中作为访问显存的 Hub，只是在驱动中以单独的模块来管理。

IH 模块汇聚了所有 IP 模块的中断需求，对 CPU 产生中断，由 AMD GPU 驱动进行解析，判断中断来自哪个 IP 模块？是什么类型？解码出中断的详细信息（填充 struct amdgpu_iv_entry 结构体），然后进行处理。代码位于 amdgpu_ih.c 和 amdgpu_irq.c 中。

PSP 模块是一种同时存在于 AMD CPU 和 GPU 中的 IP 模块，也被称为 AMD Secure Technology，是 AMD 于 2013 年引入的可信执行环境，负责最高安全级别的启动、芯片安全相关特性管理和安全监控，还有随机数生成和 TPM 功能。PSP 模块中包含一个带有 TrustZone 扩展的 ARM CPU 作为协处理器，将操作系统的逻辑放在固件中。PSP 模块在 CPU 和 GPU 中都是最先运行的处理器，在 CPU 中甚至早于 UEFI 的运行。

在 GFX 核心的前面有 4 种微控制器（PFP、ME、CE、MEC），其作用是辅助核心的 GFX 模块运行，叫作 CP。还有一个 RLC（Run List Controller，运行列表控制器）用来处理 GFX 模块的功率控制，该命名不反映功能。一个 AMD GPU 驱动会带很多闭源固件，有些固件就是运行在这些微控制器上的。

DCE 模块是 CRCT、Connector、Encoder、HPD 和 VBlank 的实际实现者，其主要功能是将渲染结果和音频结果经过格式变换输出到显示器上。在 AMD GPU 驱动中对应一个单独的显示管理 DC，负责渲染之后的显示过程。

MES（Micro Engine Scheduler，微引擎调度器）模块的作用是将多个软件上的 Ring Buffer 映射到固定数量的硬件队列中，可以替代 AMDKFD 内核模块的 MEC（Micro Engine Compute，微引擎计算）的计算硬件调度器。MES 模块可以同时处理渲染、计算和 SDMA 三种队列，而 MEC 的计算硬件调度器只能处理计算调度能力。驱动通过预定义的 MES API 与 MES 固件进行交互。这些队列管理 API 定义在 drivers/gpu/drm/amd/ include/mes_api_def.h 中，其中包含每种 API 的参数。

SMU（System Management Unit，系统管理单元）模块不断地监控硬件且做出改变。例如，根据不同的负载情况动态地改变电压、根据不同的温度改变电源控制。SMU 模块是硬件的监控和改变单元，其目标是突发性地提高性能，在性能过剩时降低功率开销或高温保护。

除了物理存在的 IP 模块，还有驱动虚拟出来的 IP 模块，如 VKMS（Virtual KMS，虚拟 KMS）模块，其类型是 AMD_IP_BLOCK_TYPE_DCE。硬件上也存在这种 IP 模块，这里的 KVMS 模块是在设备模拟，或者硬件上不存在该模块，或者不使用硬件的显示器但是使用渲染输出（如服务器场景）时，充当一个模拟的 DCE 模块。例如，VBlank 就是 DCE 模块的功能，所以在 VKMS 模块中需要使用 hrtimer 模拟 VBlank。

在 RAS 子系统中用于错误上报的 MCA（Machine Check Architecture，机器检查架构）模块也属于 IP 模块，但是其并不在标准的 IP 模块列表里。

不同的 IP 模块对应不同的寄存器组，显卡的所有功能都可以通过寄存器配置，使用 AMD GPU 驱动，内核甚至用户空间的 root 用户拥有所有寄存器的读写能力，也就是拥有对显卡的完全控制权限。但是大部分寄存器无法从命名中推导得出其实际的意义，所以除了 AMD 员工，其他人只能通过 AMD GPU 驱动中已有的逻辑来推测 GPU 寄存器的使用方法。一些 IP 模块有对应的固件驱动，固件驱动对外会暴露寄存器之外的固件 API，这些固件 API，如 MES API，在内核空间驱动中有已有的使用方法，所以相当于公开了部分使用方法。

1）SDMA

SDMA 负责 CPU 和 GPU 之间的数据传输，渲染指令流和 GPU 上的页表更新等操作也是通过 SDMA 进行的。

从数据量上看，传输最多的内容是渲染资源。渲染时使用的资源大部分要求位于显存中，以便显卡更高效地访问资源，但是资源的准备却是在系统内存中进行的。因为大部分资源是从硬盘中加载到内存，或者在内存中由 CPU 进行处理的。所以从 CPU 中加载资源到 GPU 就是一个常见的资源准备操作。在 CPU 中创建的准备加载到显存的资源叫作 Staging Resource，这部分资源需要占用大量的系统内存和部分 CPU 进行处理，但是很多资源完全不需要处理，只需简单地从硬盘中加载然后加载到显存资源。为了优化这种使用需求，Mircrosoft 实现了 DirectStorage 技术，让资源可以直接从硬盘中加载到显存，从而避免了系统内存上的浪费。但是游戏的瓶颈很多，大部分存在于实际的绘图中，而不是为 GPU 准备资源的系统内存不足的问题上，所以 DirectStorage 技术在大部分情况下并不会太大。大型游戏的加载和显存资源初始化阶段会明显受益，用户的感受就是游戏的加载速度明显提高。

此外，GPU 访问内存需要使用页表，页表通常存放在显存中，也可以使用 CPU 来直接更新（通常在 Resizable BAR 打开的情况下）。CPU 对映射到 CPU 地址空间的显存的直接访问，本质上也是通过 SDMA 进行数据传输的。

GPU 较少直接改动系统内存的内容。但是如果通过 GTT 机制使用系统内存作为显存，那么渲染所使用的资源就会存放在系统内存中，渲染目标缓存等 GPU 可写内容也会存放在系统内存中。从 GPU 到系统内存的读写也需要通过 SDMA 进行数据传输。

2）DMA 操作的触发方式

SDMA IP 模块的 DMA 操作需要写寄存器来触发，而写寄存器的方式是使用 PM4 数据包实现的。有两种 DMA 操作的触发方式，最常用的是描述符表（Descriptor Table，DT），只需一个 TYPE0 的 PM4 数据包，还有一种是逐次地写 DMA 寄存器，每个 TYPE0 数据包中都包含一个描述符。

DMA 操作是由 32 字节的描述符进行描述的，多个描述符构成一个描述符表，向 DMA_xxx_TABLE_ADDR 寄存器写入描述符表的地址就会触发 DMA 操作。每个描述符都描述一次 DMA 操作，指明了传输的源地址、目的地址和大小。描述符表的最后一个描述符的类型是 EOL（End Of List）。

DMA 操作的 4 个双字（32 字节）分别是源地址、目的地址、指令和保留字节。其中，指令双字的 32 位的定义如下：

```
31 EOL End Of List Marker
30 INTDIS Interrupt Disable
29 DAIC Destination Address Increment Control
28 SAIC Source Address Increment Control
27 DAS Destination Address Space
26 SAS Source Address Space
25:24 DST_SWAP Destination Endian Swap Control
23:22 SRC_SWAP Source Endian Swap Control
20:0 BYTE_COUNT[20:0] Byte Count of Transfer
```

对于在显卡上执行的指令，可以访问 GPU 的寄存器，寄存器也是编码的地址偏移，是单独的寄存器地址空间。指令向特定的寄存器地址空间写内容就是写寄存器。SAS 和 DAS 用于 DMA 操作指定源地址和目的地址的地址空间。

3. DRM 对外的 AMD GPU IP 模块类型

在 DRM 下驱动要对外暴露 KMS 查询接口，这个接口包括不同 IP 模块类型的信息。但是由于历史原因，DRM 对外暴露的 IP 模块类型和实际在驱动内部的 IP 模块类型并不完全一致，对外暴露的 IP 模块类型少于实际在驱动内部的 IP 模块类型。DRM 对外暴露的 IP 模块类型如下：

```
#define AMDGPU_HW_IP_GFX          0 //AMD_IP_BLOCK_TYPE_GFX
#define AMDGPU_HW_IP_COMPUTE      1 //AMD_IP_BLOCK_TYPE_GFX
#define AMDGPU_HW_IP_DMA          2 //AMD_IP_BLOCK_TYPE_SDMA
#define AMDGPU_HW_IP_UVD          3 //AMD_IP_BLOCK_TYPE_UVD
#define AMDGPU_HW_IP_VCE          4 //AMD_IP_BLOCK_TYPE_VCE
#define AMDGPU_HW_IP_UVD_ENC      5 //AMD_IP_BLOCK_TYPE_UVD
#define AMDGPU_HW_IP_VCN_DEC      6 //AMD_IP_BLOCK_TYPE_VCN
#define AMDGPU_HW_IP_VCN_ENC      7 //AMD_IP_BLOCK_TYPE_VCN
#define AMDGPU_HW_IP_VCN_JPEG     8 //(amdgpu_device_ip_get_ip_block(adev,
AMD_IP_BLOCK_TYPE_JPEG)) ?AMD_IP_BLOCK_TYPE_JPEG :
AMD_IP_BLOCK_TYPE_VCN;
#define AMDGPU_HW_IP_VPE          9 //AMD_IP_BLOCK_TYPE_VPE
```

在视频编解码的 IP 模块类型中，GFX 和 COMPUTE 实际上都对应同一个 GFX IP 模块，只是使用了不同的 Ring（环形缓冲区），这种设计反映了硬件实现与软件接口之间的关系，尽管在软件上看起来不同，但它们共享相同的硬件资源。

5.3.2 显卡固件

1. 内核固件加载

Linux 内核提供了一个固件加载框架,可以从用户空间可见的文件系统中加载固件到内核,一般用于 CPU 微码或驱动固件。用户空间可加载的固件位于 /lib/firmware/ 目录中,这个是与内核的约定。可以通过 /sys/module/firmware_class/parameters/path 内核模块参数增加固件的搜索路径,firmware_class 是固件加载内核模块的名称。固件也可以直接编译到内核中,不需要依赖 firmware_class 模块的动态加载能力。但是主要问题是固件更新需要重新编译内核,并且编译进内核的固件要求是 GPL(通用公共许可协议)开源,而放到用户空间中的固件没有开源要求。

除了正常的内核内置固件、/lib/firmware/ 目录和 /sys/module/firmware_class/parameters/path 参数指定加载路径,常用的还有固件缓存和 sysfs 固件加载两种固件加载方式,这两种固件加载方式都是对从文件系统中直接加载的补充。当系统从挂起状态恢复时需要重新初始化硬件,这时需要重新加载固件。但是在恢复过程中,文件系统可能出现短暂的不可用现象,文件系统的挂载需要时间。这时固件缓存自动生效,无法从硬盘中加载的固件直接从固件缓存中加载。sysfs 固件加载通过 sysfs 文件系统进行,在目录中搜索固件失败时,设备的 sysfs 文件系统下会出现一个固件设备,这个固件设备包括 2 个文件:/sys/DEVPATH/loading 和 /sys/DEVPATH/data。在 /sys/DEVPATH/loading 文件中写入 1 表示开始写入固件,固件的内容写入 /sys/DEVPATH/data 文件;在 /sys/DEVPATH/loading 文件中写入 0 表示固件写入完成,整个写入操作要在 /sys/class/firmware/timeout 文件规定的时间内完成。

2. AMD GPU 固件

AMD GPU 固件用于驱动不同的 IP 模块,但是并不是每个 IP 模块都有固件,一个 IP 模块也不一定只有一个固件,比较大的 IP 模块如 GFX 就有多个固件,用于执行不同的功能。有的固件并不直接对应某个 IP 模块,可以将其看作函数库。

固件一般是不开源的,但是 AMD 开放了 openSIL 的源代码。openSIL 是 AMD GPU 固件的 PoC 实现,可以认为是开源版本的固件。但是其中并不包含显卡的固件,显卡的固件目前都是不开源的。

固件中的函数直接被 AMD GPU 驱动调用,AMD GPU 驱动中定义了对不同固件的操作接口,可以认为固件的用法和头文件位于 AMD GPU 驱动中。很多固件本身是运行在硬件上的独立程序,因为 IP 硬件中也可能存在一个个小型的可以执行程序的 CPU,这些固件就是运行在这些 CPU 上的操作系统。例如,PSP IP 硬件中就有一个 ARM CPU,PSP 固件就是运行在 ARM CPU 上的操作系统。

5.4 显卡命令执行队列

5.4.1 PM4 数据包与 CP

1. AMD GPU 驱动执行渲染的操作方式

要想让显卡工作的代码执行在 CPU 上，CPU 需要先为显卡准备渲染的内容和下达渲染的指令，然后通知显卡按照指定的方式进行渲染。从实现的角度来看，这个过程可以抽象成 CPU 对 GPU 发送命令，这些命令主要是资源传输、执行特定的指令流。

CPU 对 GPU 发送命令有两种模式，一种是直接写入 GPU 的寄存器，这也是在其他设备中常见的硬件操作模式，叫作 Push 模式，也叫作 PIO（Programmed IO）模式。另一种推荐使用在 AMD 显卡中，叫作 Pull 模式。在 Pull 模式下，AMD 显卡与 CPU 在内存中开辟了一块缓存区，CPU 把要写入 GPU 的命令都写入该缓存区，之后 GPU 就会去该缓存区读取命令并执行。这种模式在现代网卡设备上被广泛使用，适用于 CPU 操作高性能的外部硬件。Linux 操作系统下 AMD 显卡的命令提交也是采用 Pull 模式。AMD 官方建议 Push 模式只作为调试目的或在 CPU 内存带宽受限的情况下使用。

CPU 与 GPU 共享的命令提交内存空间被组织为 Ring Buffer，命令被组织为环形缓冲，CPU 向其中写入，GPU 从其中读取，是单向通信的，读到最后会重新回到开头进行读取。环形缓冲的结构也被用于 CPU 与网卡之间的数据交换，其已经成为 CPU 与高性能外设之间进行数据交换的标准结构。Ring Buffer 的每个单位的大小是固定的，但是渲染命令的大小是不固定的，所以在 Ring Buffer 之外还有另外一块共享内存（Indirect Buffer），用于存放实际的渲染指令，Ring Buffer 本身则作为控制数据包存在，AMD 称 Ring Buffer 为 Primary Buffer。所以下发给 GPU 的大部分渲染指令要同时包括 Primary Buffer 中的控制数据包和 Indirect Buffer 中的实际指令，其中 Primary Buffer 中的控制数据包是必需的。Ring Buffer 的整体结构如图 5-1 所示。

在开源的 AMD GPU 中，每个应用层的 GPU 内部 IP 单元功能每次只会写入一个命令，执行完这个命令才会写入下一个命令，并没有充分利用硬件层面的 Ring Buffer。

2. 执行队列

HWS 还负责将不同硬件单元支持的有限队列数扩展为更多的软队列，其实现方式是通过在显卡驱动中创建一系列多于实际硬件支持队列数的软队列，HWS 将这些软队列通过时分复用的方式映射到实际硬件支持队列上。HWS 绑定软队列到硬队列的方式可以通过将 sched_policy 设置为 2 来关闭 HWS，从而使软/硬队列一一对应。

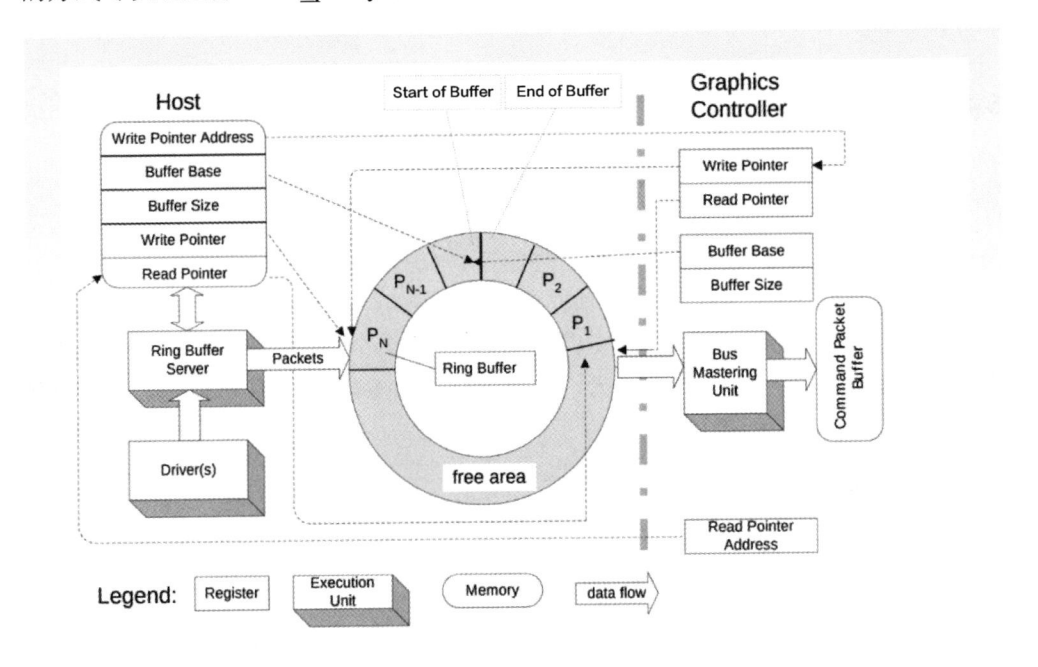

图 5-1　Ring Buffer 的整体结构

KIQ（Kernel Interface Queue，内核接口队列）是一个由驱动使用的控制队列，用于在 AMD GPU 驱动中管理其他 GFX 和计算队列的映射添加与删除。

在显卡渲染场景下，显卡命令数据包通过 ioctl 系统调用进入内核，下发到显卡。但是在 ROCm 计算场景下，软队列是放在用户空间中可直接访问的内存，通过用户空间直接向内存写入数据包就可以完成命令的下发，不需要通过系统调用，这极大地降低了命令下发的成本，该机制在软件上使用 Doorbell 的 MMIO 映射区域实现。显卡通过使用 CP 硬件的 ME 固件支持这种用户空间队列，轮巡地检查软队列中是否有新的数据包加入。一旦检查到新的数据包，CP 就启动该数据包的处理过程。

显卡的所有 IP 都是通过 Ring Buffer 接收 PM4 数据包来运行的，不同的指令所需的时间不同，有的指令还可能产生异常导致执行卡住。这时显卡需要能自动从这种卡住的状态恢复，恢复的办法是设置执行的超时时间。有 4 种类型的指令：gfx、compute、sdma、video，对应 4 个超时时间。lockup_timeout 是 AMD GPU 的模块参数，用来按顺序配置这 4 个超时时间，以逗号分隔，以 ms 为单位。例如，超时时间都设置为 60s 的配置如下：

```
lockup_timeout=60000,60000,60000,60000
```

如果不进行配置，则 compute 指令的超时时间默认是 60s，其他 3 个指令的超时时间默认是 15s。

5.4.2 PM4 的格式

Primary Buffer 中的控制数据包的格式叫作 PROMO4（PM4），分为 Header 和 IT_BODY（Information Body）两部分，Header 的长度固定是 32 位，前 2 位的意义是相同的，代表 PM4 数据包的类型 TYPE（0、1、2、3）。

TYPE0 数据包用于写寄存器地址空间的寄存器，一个 TYPE0 数据包可以一次写入多个连续的寄存器数据。TYPE1 数据包用于向 2 个不需要连续的寄存器位置写入 2 个不同的数据，TYPE1 数据包无法索引所有的寄存器，并且其功能可以由 TYPE0 数据包替代，所以实际中几乎不使用 TYPE1 数据包，只使用 TYPE0 数据包。TYPE2 数据包具有对齐填充作用，没有实际意义。

TYPE3 数据包则是所有的其他非寄存器显卡操作指令，包括最常见的渲染指令。其头部包括 4 部分：2 位的 TYPE、14 位的 COUNT、8 位的 IT_OPCODE 和 8 位的保留位。COUNT 表示 IT_BODY 大小减 1，以 4 字节（双字）为单位。IT_OPCODE 用于区别渲染命令的类型，如区别 IB 包或 Fence 包（EOP，End Of Pipe 命令）。Fence 包的作用是让 GPU 在执行到这条指令时给 CPU 一个中断，通过修改一个特定的内存位置通知 CPU 这条指令已经完成。由于渲染指令是顺序的，因此 CPU 会知道该指令之前的所有指令都已经完成。AMD Fence 常见的使用方式是 CPU 启用一个定时器，周期性地检查特定的内存地址的内容是否发生改变来确定 Fence 是否完成。

TYPE3 数据包的 IT_BODY 大小随 IT_OPCODE 的不同而不同，已知的不同 IT_OPCODE 的定义参考 "si programming guide v2"。这些不同的指令就像 CPU 的汇编语言一样，用于指示 GPU 完成不同的渲染和计算操作。最新的列表可以参考 umr 工具的 pm4 解析逻辑（src/lib/pm4_decode_opcodes.c），对 AMD 显卡的数据包的使用参考 umr 工具的实现。

解析 PM4 命令，并发分发到显卡内部的各 IP 模块的硬件单元叫作 CP。CP 也叫作 gfx/compute 的前端，由 PFP、ME、CE、MEC 等一系列微控制器组成，这些微控制器上都运行固件。其中，MEC 专门用于控制计算队列。

显卡中常见的模块除了 GFX 模块，还有 COMPUTE 模块和 SDMA 模块，这些模块都接收 Ring Buffer 方式的命令输入，所以上层往 GPU 发送指令需要指定发往哪个模块，AMD GPU 驱动根据指定的模块将渲染指令批量地放入显卡对应模块的 Ring Buffer 中。

5.5 中断与异常

5.5.1 AMD 显卡的中断结构

现代中断一般使用 MSI（Message Signaled Interrupts，消息信号中断），AMD GPU 通常默认使用 MSI，但是可以在模块参数中通过设置 MSI 参数来关闭 MSI，转而使用传统的中断方式。MSI 是 PCIe 提供的一种内存映射中断。在 PCI 总线中，所有需要提交中断请求的设备，必须能够通过 INTx 引脚提交中断请求，而 MSI 是一个可选机制。在 PCIe 总线中，PCIe 设备必须支持 MSI 或增强版的 MSI-X，可以不支持 INTx 中断消息。现代硬件所说的 MSI 都是指 MSI-X。

AMD GPU 中的每个中断都由 struct amdgpu_irq_src_funcs 结构体定义，该结构体有 2 个函数指针，一个是 set，用于打开或关闭中断；另一个是 process，用于在中断发生时处理中断。该结构体的定义如下：

```
struct amdgpu_irq_src_funcs {
    int (*set)(struct amdgpu_device *adev, struct amdgpu_irq_src *source,
          unsigned type, enum amdgpu_interrupt_state state);

    int (*process)(struct amdgpu_device *adev,
            struct amdgpu_irq_src *source,
            struct amdgpu_iv_entry *entry);
};
```

struct amdgpu_irq_src 用于在驱动启动前静态地定义一个驱动，struct amdgpu_iv_entry 代表中断发生时的中断信息，其定义如下：

```
struct amdgpu_iv_entry {
    struct amdgpu_ih_ring *ih;
    unsigned client_id;
    unsigned src_id;
    unsigned ring_id;
    unsigned vmid;
    unsigned vmid_src;
    uint64_t timestamp;
    unsigned timestamp_src;
    unsigned pasid;
    unsigned pasid_src;
```

```
    unsigned src_data[AMDGPU_IRQ_SRC_DATA_MAX_SIZE_DW];
    const uint32_t *iv_entry;
};
```

src_id 是预定义的中断号，叫作中断源 ID。每个中断源 ID 的意义都是确定的，注册中断时使用的 amdgpu_irq_add_id 函数需要指定 src_id 和 struct amdgpu_irq_src，将中断描述结构体与中断源 ID 进行关联。在中断发生时，通过描述中断的 struct amdgpu_iv_entry 中的 src_id 就知道产生中断的对应中断源 ID。一个 struct amdgpu_irq_src 中断源描述结构体可以对应多个 src_id。例如，VISLANDS30_IV_SRCID_GFX_PAGE_INV_FAULT（146）和 VISLANDS30_IV_SRCID_GFX_MEM_PROT_FAULT（147）两种缺页中断对应同样的 adev->gmc.vm_fault 这个 struct amdgpu_irq_src 结构体。

src_data 则是根据中断的不同而不同，其中存储的是中断的额外信息。

PASID（Process Address Space Identifier）是任务地址空间标识器，用于通过 amdgpu_vm_get_task_info 函数根据中断找到引起该中断的任务。例如，在产生缺页异常时用于打印引起缺页异常的进程和线程信息。在显卡发生异常（job Timeout）时，用户空间可以通过 ioctl 命令使用 AMDGPU_INFO_GUILTY_APP 命令标识符来获取异常的上下文信息。该 ioctl 命令会返回发生异常的 IB 地址和大小，VMID 中的进程相关信息就是发生异常时的 PASID 提供的。

与 CPU 重度依赖中断来完成系统功能不同，GPU 的中断一般会引入比较高昂的成本，通常不是频繁发生的。大部分中断通常被认为是异常的，容易导致整个显卡的 Reset。

5.5.2 显卡的异常处理：GPU Reset

在 AMD GPU 中，显卡发生异常，最终的解决方法是 GPU Reset。如果是 VM Fault，也就是显存缺页异常，会先尝试恢复缺页异常，只有无法恢复时才进行 GPU Reset。如果是 GFX 模块在处理 Ring 中的命令时超时，就会先尝试软恢复，软恢复就是丢弃当前造成异常的着色器，方法是直接无条件触发着色器对应的 job 的完成 Fence，如果无法恢复，则进行 GPU Reset。

GPU Reset 可以使用 reset_method 内核参数来设置。legacy：AMD 收购 ATI 之前的芯片使用的传统 Reset 方法，只在旧芯片上有效；mode0：复位整个芯片；mode1：部分模块掉电，VRAM 掉电，影响所有进程；mode2：只复位 gfxhub，只影响 Guilty 进程；baco：Bus Active，Chip Off，只重启芯片来复位显卡，是很多显卡默认的 Reset 方法。在这种 Reset 方法下，显卡上的当前所有渲染上下文都会损坏，只有 Reset 结束后新创建的上下文才可以正常使用。也就是用户空间中所有已经打开的界面程序都会黑屏，只有重启进程才能恢复。pci：使用 PCI 的 Reset 流程，这个流程成本较高，通常对应 PCI 的掉电和重新上电，重新进行硬件检测。

5.6 AMD GPU 使用的 Linux 公共子框架

5.6.1 传感器与硬件监控框架

1．传感器与总线

1）传感器的种类

大部分硬件都由硬件上的传感器来检测状态，这些传感器包括频率、功率、能量、温度、风扇、电压、电流、湿度。这些不同的传感器虽然位于不同的硬件中，但是由于其普遍存在，所以 Linux 内核对这些传感器进行了统一的抽象，叫作硬件监控框架（hwmon）。用户空间中的 lm-sensors 就是直接使用 hwmon 的数据进行传感器读写的。

很多厂商会用私有的数据传输接口来访问传感器数据，而不使用 hwmon。这种传感器除非使用厂商的专用软件，否则通过 hwmon 是无法访问到数据的。AMD GPU 显卡传感器就使用了 hwmon，并且对 hwmon 的支持比较全面。

2）风扇

风扇分为 DC 风扇和 PWM 风扇两种。DC 风扇有 3 个引脚，通过电压控制风扇的转速和启停。PWM 风扇有 4 个引脚，运行时电压恒定，通过专门的 PWM 信号来控制风扇的转速和启停。PWM 信号相当于控制风扇通电的时间占比，取值为 0～255，255 代表风扇一直通电，也就是最高转速。PWM 风扇通常比 DC 风扇更耗电，但是可以更精准地控制风扇的转速。DC 风扇有最低的电压输入要求，因此无法实现很低的转速。而 PWM 风扇的转速可以调得很低，因为它的工作原理是持续输入高电压，通过调节脉宽来控制转速。

DC 风扇通常用于机箱风扇，在比较稳定的转速下低功耗地工作。而 PWM 风扇一般位于 CPU 或 GPU 等温度变化波动比较大的硬件中，提供比较灵敏的变化能力。

在主板上有 4 针脚的插头用于连接机箱风扇，DC 风扇只需连接其中的 3 个针脚，而 PWM 风扇需要连接 4 个针脚，多出来的 1 个引脚就是 PWM 信号。

AMD GPU 的风扇控制支持 hwmon 的 DC 和 PWM 两种模式进行配置，但是只能使用其中的一种。

3）温度

一台计算机有多个温度传感器，虽然温度传感器也是通过 hwmon 暴露的，但是哪个硬件有几个温度传感器并没有统一的标准。每个硬件的温度传感器数据仍然需要根据硬件的不同而采用不同的读取方法。

主板上也有很多不同位置的温度传感器。例如，ASUS 主板的 asus-ec 内核模块就通过 hwmon 对用户空间暴露了主板上的一些温度传感器。其中一个传感器为 CPU 温度传感器，由于该传感器位于主板中，所以其代表的温度就是在主板上观测到的 CPU 温度。

AMD 的 CPU 会在 Linux 内核中插入一个 k10temp 内核模块，这个内核模块会通过 hwmon 对外暴露 AMD 的 CPU 上的几个温度传感器。如果卸载这个内核模块，这些数据就无法在用户空间中获得。而且，这个内核模块并没有暴露所有的温度传感器，暴露的温度传感器的温度的概念也并不一定是我们认识的 CPU 外部感受温度。例如，k10temp 内核模块会通过 hwmon 暴露 2 个温度传感器：Tctl 和 Tccd1。Tctl 代表的是整个 CPU 最热位置的温度，如任何一个核或 Cache 或传输通道上的最高温度，通常用于指示风扇的转速和启停。CCD 是硬件上的 CPU 封装（DIE），一个 CPU 可以有多个 CCD，也就对应多个 CCD 温度。CCD 温度更符合我们感受到的温度，与在主板上观测到的 CPU 温度比较接近。

AMD GPU 也是通过 hwmon 的温度模块对外呈现的显卡温度信息，并且可以显示多个不同位置的温度数据。

2. hwmonm 的 sysfs 接口

Linux 操作系统的 hwmon 为不同的设备驱动提供了统一的传感器数据接口。支持 hwmon 的驱动每发现一个设备，就在 /sys/class/hwmon 下创建一个目录，代表一个 hwmon 实例。新创建的目录是指向具体设备下对应的 hwmon 目录的软链接，如 AMD GPU 显卡的 hwmon 目录的内容如下：

```
root@b:/sys/class/drm/card1/device/hwmon/hwmon6### ls
device              freq1_input         name                power1_cap_min
subsystem           temp2_crit          temp3_crit_hyst
fan1_enable         freq1_label         power               power1_label
temp1_crit          temp2_crit_hyst     temp3_emergency
fan1_input          freq2_input         power1_average      pwm1
temp1_crit_hyst     temp2_emergency     temp3_input
fan1_max            freq2_label         power1_cap          pwm1_enable
temp1_emergency     temp2_input         temp3_label
fan1_min            in0_input           power1_cap_default  pwm1_max
temp1_input         temp2_label         uevent
fan1_target         in0_label           power1_cap_max      pwm1_min
temp1_label         temp3_crit
```

传感器的命名都有固定模式，如 AMD GPU 显卡有 3 个温度传感器，分别是 temp1、temp2、temp3。在其中的后缀中，input 代表当前测量的结果，也就是传感器的当前值，如 temp1_input 代表 AMD GPU 显卡的 temp1 温度传感器的当前值；crit 代表最大值；label 代表传感器的名称。

AMD GPU 显卡一共有 fan1（风扇）、pwm1（风扇）、freq1（频率）、freq2（频率）、in0（电压）、power1（功率）、temp1（温度）、temp2（温度）、temp3（温度）这 9 个传感器。其中 fan1 和 pwm1 指的是同一个风扇，fan 接口可以通过转速来控制风扇，pwm 接口可以通过调制宽度来控制风扇，两者同时只能使用一个。

在文件权限方面，有些文件是可写的，如可以通过写入 pwm1 来控制风扇的转速。此外，显卡的最大功率可以通过写入 power1_cap 来调整功率限制。以 GPU 的 hwmon 输出为例，这些文件的权限和功能使得用户能够灵活地管理和监控显卡的性能。

GPU 温度的接口文件（单位是毫度）。temp1_input：GPU 的内部温度；temp1_label：温度信道的标识，如 edge 代表边缘信息，在温度变化时的值；temp1_crit：GPU 内部可以达到的最高温度；temp1_crit_hyst：最高温度的滞后值，代表刚达到 temp1_crit-temp1_crit_hyst 就可以认为达到最高温度。如果温度达到 temp1_crit，很可能对硬件产生永久性破坏，因此实际上都会选择一个适当低一些的温度，为最高温度留有一些余量。temp1_crit_hyst 就是这个余量。

GPU 电源（单位是微瓦特）。power1_average：SoC 的平均功率，APU 下该值同时包含 CPU 和 GPU；power1_cap_min：支持的最小功率；power1_cap_max：支持的最大功率，该值可以设置，可以人为地调小以防 GPU 运行功率过大，也可以人为地调大来让 GPU 超负荷运行；power1_cap：当前显卡的选择运行功率，并不是当前的实际运行功率，该值受当前选择的时钟和电压、运行的硬件模块等的影响。

GPU 风扇。pwm1：0~255 控制风扇的转速，255 代表最高转速，如果要设置风扇转速，必须将 pwm1_enable 设置为 1；pwm1_enable：风扇的控制方法，0 表示没有控制，1 表示手动地通过 PWM 文件进行控制，2 表示由硬件进行自动化控制；pwm1_min：风扇转速的最小值，默认是 0；pwm1_max：风扇转速的最大值，默认是 255；fan1_min：风扇的 RPM 的最小值；fan1_max：风扇的 RPM 的最大值；fan1_input：风扇当前的 RPM 值；fan1_target：期望达到的风扇转速；fan1_enable：打开或关闭风扇传感器。

pwm 接口和 fan 接口是控制风扇的两个不同的维度。pwm 接口从风扇的调制角度出发。fan 接口从风扇转速的角度出发，两者不可以同时用来设置风扇转速。否则 pwm 接口会被 fan 接口覆盖。

GPU 频率。freq1_input：GFX/COMPUTE 模块的当前运行频率；freq2_input：显存的当前运行频率。

3. lm-sensors

lm-sensors 是用户空间读取 hwmon 的软件包，首先使用 sensor-detect 检测传感器，然后使用 sensors 列出传感器的可视化内容。当然也可以直接通过 sys 目录进行传感器内容的手动读取和设置。

很多机箱风扇和电源风扇是不被 hwmon 管理的，也就无法通过 lm-sensors 检测到，这种风扇只能在 BIOS（UEFI）中控制，但是仍然可以通过 dmidecode 命令看到它们的存在。例如，Intel 的 NUC 计算机的风扇就是电源和机箱一体化的风扇，无法被 Linux 操作系统检测到，只能在 BIOS 中控制风扇曲线，该风扇使用主板上的温度传感器在 BIOS 中配置风扇曲线。

大部分的服务器机箱风扇也是不被 hwmon 管理的，厂商会提供单独的风扇管理软件进行独立管理。如果该软件运行在用户空间，而不是像 NUC 一样运行在 BIOS 层面，那么如果该软件不支持 Linux 操作系统，则在 Linux 操作系统下将无法控制对应的风扇。

AMD GPU 显卡由于对 hwmon 的支持较好，所以可以比较容易地支持 lm-sensors。

5.6.2 PCIe BAR

1. AMD GPU 的 PCIe BAR

PCIe BAR 用于描述一个 PCIe 设备所需的地址空间的大小和属性。Linux 内核可以根据需要将这些设备地址空间映射到 CPU 地址空间，也就是 MMIO 技术。UEFI 通过所有设备的 BAR 信息构建一张完整的关系图，描述系统中的资源分配情况，然后合理地将地址空间配置给每个 PCIe 设备。为了保持与 32 位操作系统的兼容性，分配的地址通常位于低地址中。并且由于大部分设备是开机时统一分配的，所以分配的地址通常是一大块连续的空间。

标准的 PCI 配置空间中只有 6 个 BAR，但是实际的硬件可能会暴露给 CPU 的资源数量超过 6 个。例如，在 Linux 内核中，第 7 个资源通常是 ROM。Linux 内核为 PCIe 设备定义了一个枚举，以映射到 CPU 的资源，具体如下：

```
enum {
    /* #0-5: standard PCI resources */
    PCI_STD_RESOURCES,
    PCI_STD_RESOURCE_END = PCI_STD_RESOURCES + PCI_STD_NUM_BARS - 1,

    /* #6: expansion ROM resource */
    PCI_ROM_RESOURCE,
```

```
    /* Device-specific resources */
#ifdef CONFIG_PCI_IOV
    PCI_IOV_RESOURCES,
    PCI_IOV_RESOURCE_END = PCI_IOV_RESOURCES + PCI_SRIOV_NUM_BARS - 1,
#endif

/* PCI-to-PCI (P2P) bridge windows */
#define PCI_BRIDGE_IO_WINDOW        (PCI_BRIDGE_RESOURCES + 0)
#define PCI_BRIDGE_MEM_WINDOW       (PCI_BRIDGE_RESOURCES + 1)
#define PCI_BRIDGE_PREF_MEM_WINDOW  (PCI_BRIDGE_RESOURCES + 2)

/* CardBus bridge windows */
#define PCI_CB_BRIDGE_IO_0_WINDOW   (PCI_BRIDGE_RESOURCES + 0)
#define PCI_CB_BRIDGE_IO_1_WINDOW   (PCI_BRIDGE_RESOURCES + 1)
#define PCI_CB_BRIDGE_MEM_0_WINDOW  (PCI_BRIDGE_RESOURCES + 2)
#define PCI_CB_BRIDGE_MEM_1_WINDOW  (PCI_BRIDGE_RESOURCES + 3)

/* Total number of bridge resources for P2P and CardBus */
#define PCI_BRIDGE_RESOURCE_NUM 4

    /* Resources assigned to buses behind the bridge */
    PCI_BRIDGE_RESOURCES,
    PCI_BRIDGE_RESOURCE_END = PCI_BRIDGE_RESOURCES +
            PCI_BRIDGE_RESOURCE_NUM - 1,

    /* Total resources associated with a PCI device */
    PCI_NUM_RESOURCES,

    /* Preserve this for compatibility */
    DEVICE_COUNT_RESOURCE = PCI_NUM_RESOURCES,
};
```

在 PCIe 设备中，除了前 6 个标准的 BAR（基地址寄存器），根据不同的设备类型，还可以映射更多的资源。每个映射的 BAR 都叫作一个 Resource，一个硬件当前所有的 Resource 都位于设备 sys 目录下的 device/resource 文件中。例如，WX5100 的 Resource 如下：

```
root@b:/sys/class/drm/card0/device### cat resource
0x000000fa00000000 0x000000fbffffffff 0x000000000014220c
```

```
0x0000000000000000   0x0000000000000000   0x0000000000000000
0x000000fc00000000   0x000000fc001fffff   0x000000000014220c
0x0000000000000000   0x0000000000000000   0x0000000000000000
0x00000000000f000    0x00000000000f0ff    0x0000000000040101
0x00000000fcf00000   0x00000000fcf3ffff   0x0000000000040200
0x00000000fcf40000   0x00000000fcf5ffff   0x0000000000046200
0x0000000000000000   0x0000000000000000   0x0000000000000000
0x0000000000000000   0x0000000000000000   0x0000000000000000
0x0000000000000000   0x0000000000000000   0x0000000000000000
0x0000000000000000   0x0000000000000000   0x0000000000000000
0x0000000000000000   0x0000000000000000   0x0000000000000000
0x0000000000000000   0x0000000000000000   0x0000000000000000
```

每行都是一个 Resource，一共有 13 个，但是实际只有前 7 个 Resource 有值（第 2 个和第 4 个为空），也就是标准的 6 个 Resource 和 1 个 ROM。通过 Resource 指定的位置就可以读取 ROM 的内容。一个 Resource 中包括 3 个域，分别是开始物理地址、结尾物理地址和标志。如上面提到的 WX5100 中的第 1 个 Resource，开始物理地址和结尾物理地址之间的差值是 0x000000fbffffffff−0x000000fa00000000=8GB。这 8GB 就是这个显卡的显存大小，也就是这个显卡的显存全部可以映射到 CPU 地址空间，说明显卡所在的计算机打开了 PCIe Resizable BAR 功能，否则默认一个 BAR 的最大值是 256MB。Resource 的开始物理地址是由 Linux 内核按照 BAR 的地址大小要求分配的映射地址空间，所以无论 BAR 是 32 位还是 64 位，在 64 位系统下分配的起始地址都是 64 位。

标准的前 6 个 Resource 都对应同目录下的资源文件。例如，第 1 个 8GB 的 Resource 对应的是 resource0 文件。通过打开映射这个资源文件就可以任意读写该映射中的内容，这里的 resource0 就是整个显存的内容。

这里显卡的第 3 个 Resource 是 resource2（内核从 0 开始编号），也就是 Doorbell 映射，CPU 可以通过写入这段内存区域来触发显卡的操作。由于在 AMD GPU 下，Doorbell 映射的是寄存器，所以可以通过映射 resource2 来直接在用户空间中读写显卡寄存器。

2. IO BAR 与 Memory BAR

一个 BAR 可以表示映射到 IO 地址空间（IO BAR），也可以表示映射到内存地址空间（Memory BAR），由只读的第 0 位来区分。

因为 x86 的 IO 地址空间一共有 16 位，所以 IO BAR 的高 16 位地址总是 0，该地址空间很容易耗尽，所以 PCIe 设备的大量内存空间的需求不会使用 IO BAR，而会使用 Memory BAR。所有的 IO 映射和 BAR 都可以在/proc/ioports 文件中看到。所谓的内存映射，就是映射到 CPU 的物理地址空间，系统内存也位于 CPU 的物理地址空间中，CPU 要访问物理地址空间，需要通过页表转换将线性地址转换为物理地址。

系统当前的所有 Memory BAR 都可以在/proc/iomem 文件中看到，其中就是每个设备的 Resource 的物理地址范围。例如，AMD GPU 的 resource2 位于 0x000000fc00000000 中，可以在/proc/iomem 文件中找到这个地址的映射说明。

Linux 操作系统的地址空间设计是内核地址空间被所有应用共享，MMIO 的物理地址与内核地址空间是完全对应的。所以可以通过打开/dev/mem，然后 mmap 对应的物理地址的方式来访问所有的 MMIO 地址。例如，AMD GPU 的 Doorbell BAR 中是寄存器，就可以通过这种方式来访问显卡的寄存器。

第 6 章

GPU 任务调度器

6.1 job 与 GPU 任务调度器

6.1.1 job 与 GPU 任务调度器的概念

用户空间使用渲染 API 产生的渲染命令在下发到显卡时要封装成 job。job 内是显卡执行的命令数据包，除了渲染指令，还有大量的控制命令。这些数据包都是以 PM4 的格式通过环形队列排队下发到显卡执行中的。来自不同进程的不同用途的 job 以什么样的顺序和并行度下发到显卡的决策过程叫作 GPU 任务调度，调度的单位就是 job。

Linux 的 GPU 任务调度器就是 gpu_sched 内核模块，该内核模块来自 AMD 显卡驱动，后被提升为整个 Linux 内核的 GPU 任务调度器。在该调度器中，每个被调度的实体叫作 Entity。

6.1.2 Entity 与 Entity 优先级队列

一个系统中可能同时存在多个使用渲染 API 进行渲染的进程，这些进程之间会互相争抢 GPU 的使用权，争抢的方式就是希望自己提交的 job 及时得到运行。但是资源的有限性是永恒的话题，一个 GPU 的计算资源是有限的，并且从硬件的角度来看，job 必须逐个进入 GPU（有最大的硬件并发数）。这就意味着即使 job 已经下发到硬件执行队列，也可能被推迟一段时间才执行，因为 GPU 正在执行其他命令缓存。

GPU 中有硬件的 job 队列，现代的硬件会有多个硬件队列。AMD GPU 在硬件队列的基础上封装映射了一层硬件队列，使得 Linux 内核可以看到更多的硬件队列。从封装的硬件队列到实际的硬件队列的映射是由 AMD GPU 固件内部完成的。对于

Linux 内核，封装后的队列就是硬件队列。Linux 内核中也建模了 job 队列的概念，一个硬件队列对应多个软件队列。软件队列的存在给了硬件队列弹性，因为成本的原因，硬件队列不能无限长、无限多，但是渲染的需求却可以无限增长，所以在硬件队列的基础上增加可以无限增长的虚拟的软件队列是必然的。这些软件队列的优先级是不同的，也就是 Linux 的 GPU 调度算法是通过不同的优先级队列管理送到硬件队列的命令缓存的。

优先级队列有 4 个：MIN、NORMAL、HIGH、KERNEL。优先级的调度逻辑非常简单，从高优先级队列往低优先级队列顺序调度，只要高优先级队列中还有一个 Entity，就不会调度低优先级队列中的 Entity。Entity 是每个优先级队列中的调度实体，所有的 Entity 在一个队列中都是简单地按照 FIFO（First Input First Output，先入先出）实时调度策略被调度的。

Entity 并不是渲染任务直接对应的结构体，而是固定数量的结构体，可以提前创建，也可以在用到的时候再创建然后加入优先级队列。Entity 通常与各 IP 的 Ring Buffer 的数量对应。在 AMD GPU 下，一个用户空间的渲染上下文就有一份对应硬件 IP 模块固定数量的 Entity 生成。Entity 中维护一个 FIFO 的 job 队列，job 才是渲染命令。后来 AMD GPU 逐步实现红黑树来替代单个 Entity 中的 FIFO 队列。

一个 Entity 不一定一直位于同一个 GPU 任务调度器中，而是每次有新的 job 创建时都会使用 drm_sched_entity_select_rq 进行一次 GPU 任务调度器的选择。由于一个 GPU 任务调度器对应一个内核线程，一个 Entity 可以对应多个 GPU 任务调度器，Entity 的这种迁移相当于在不同的 GPU 调度器线程之间进行。这里的 Entity 的迁移主要从负载均衡的角度考虑，一个 Entity 的所有支持的 GPU 调度器线程之间的负载应该是均衡的，这个均衡操作是在每次有新的 job 创建时进行的。

6.1.3 GPU 任务调度器

内核中可以有多个 GPU 调度器线程，每个线程都对应一个 GPU 任务调度器。GPU 调度器线程是 AMD GPU 驱动在发现显卡硬件时创建的，一般同一个 IP，一张显卡对应一个 GPU 调度器线程。

一个 GPU 任务调度器（struct drm_gpu_scheduler）包含独立的 4 个优先级队列（struct drm_sched_rq）。一个显卡可以有多个不同类型的 GPU 任务调度器，也可以对同一种 GPU 任务调度器产生多个负载均衡的 GPU 调度器线程。多个不同类型的 GPU 任务调度器通常意味着 GPU 可以接收多种不同的命令，一个是必然存在的渲染指令调度器（Command Submission，CS），还可能存在视频编解码调度器。同一种 GPU 任务调度器生成多个负载均衡的 GPU 调度器线程的情况一般意味着显卡的该种命令有多个可以并发接收指令流的 Ring Buffer。

在 Entity 创建时会进行第一次的队列选择，因为初始化 Entity 的函数是

drm_sched_entity_init，该函数输入了 sched_list，也就是 GPU 调度器线程列表。这时第一次选择运行队列（rq）的逻辑如下：

```
entity->sched_list = num_sched_list > 1 ? sched_list : NULL;
if(num_sched_list)
    entity->rq = &sched_list[0]->sched_rq[entity->priority];
```

也就是说无论提供了几个 GPU 任务调度器，entity->rq 只选择第一个 GPU 任务调度器的指定优先级队列。而如果给出了超过一个的 GPU 任务调度器，就将 entity->sched_list 设置为 GPU 调度器线程列表。只有一个的话则不进行设置。这样设计对应的语义是如果只提供了一个 GPU 调度器线程给一个 Entity，那么在特定优先级的情况下，队列只需选择一次。如果提供了多个 GPU 调度器线程，那么 Entity 需要在不同的 GPU 调度器线程中进行平衡。平衡的逻辑位于为该 Entity 增加 job 时，对应的函数是 drm_sched_job_init，初始化 job 时调用的是 drm_sched_entity_select_rq。该函数是 GPU 调度器线程的负载均衡函数，函数开头如下：

```
if (!entity->sched_list)
    return;
```

相当于 Entity 初始化时如果只提供了一个 GPU 调度器线程，这个函数就不会继续运行，也就是 GPU 调度器线程不会被二次选择。

6.2　Fence、DMA Reservation 与 DMA-BUF

6.2.1　Fence

1．GPU Fence

在跨设备异步执行时，典型的是显卡执行渲染指令流，CPU 在将指令流交给显卡后，并不会阻塞地等待显卡执行到特定的指令流位置，但是有的 CPU 代码只能等待 GPU 执行到特定位置才能执行。GPU Fence 就是这样一种概念，在交给 GPU 执行的指令流中加入 GPU Fence，CPU 在执行需要 GPU 执行到 Fence 位置的代码时，就可以等待这个 GPU Fence。等 GPU 执行完，CPU 就可以继续执行，保证了资源访问的顺序。例如，必须等到 GPU 绘制出一个特定的纹理，CPU 才能使用这个纹理进行存储操作，这时就可以在绘制这个纹理的结束位置增加一个 GPU Fence，存储纹理的线程阻塞地等待这个 GPU Fence 完成后才可以读取这个纹理。例如，OpenGL 可以使用 Sync 对象在渲染指令流中插入一个 GPU Fence。

显卡执行命令都是通过向对应的 IP 模块的 Ring Buffer 中提交指令进行的，GPU

Fence 也是一种指令，在 AMD GPU 下支持 GPU Fence 指令的是 EOP，EOP 是一种提交到 Ring Buffer 的数据包格式，其被 GPU 执行会产生一个中断，在中断响应函数中可以实现 GPU Fence，因为中断响应函数被调用就意味着这条指令被执行，也就是前面的指令都已经执行完成。

所有能使显卡产生中断的行为都可以用来实现 GPU Fence，甚至轮询方式发现事件发生的机制也可以用来实现 GPU Fence。GPU Fence 只是一种事件完成的通知机制，其核心在于解决异步执行的同步问题，GPU Fence 可以发生在不同线程之间的同步，也可以发生在 CPU 和 GPU 之间的同步，也可以是两者的组合。

2．DMA Fence

1）DMA Fence 的原理

GPU Fence 是 CPU 与 GPU 同步的硬件机制。Linux 内核提供了一种通用的跨设备通知的 Fence 机制，叫作 DMA Fence。DMA Fence（对应的结构体为 struct dma_fence）是一种类似 Linux 内核中 completion 的机制，表示在特定条件变量满足的情况下可以继续执行，但是两者并不共享代码。DMA Fence 是 Linux 内核的公共组件，但是 completion 机制只提供框架，需要希望支持 DMA Fence 的设备驱动自己实现具体的功能函数，包括如何等待 Fence 完成、Fence 完成时如何触发相应的回调、Fence 如何被释放等。为了支持 DMA Fence，设备驱动需要实现一套定制接口，这些接口定义了如何与 DMA Fence 进行交互，通过定义 dma_fence_ops 结构体中的方法表来实现。

DMA Fence 的跨设备跨进程同步依赖驱动的支持，而内核的 completion 机制则是调度系统的纯软件机制。AMD GPU 下，DMA Fence 就是通过 GPU Fence 实现的，也就是通过显卡队列的 EOP 指令。AMD GPU 继承扩展的 DMA Fence 叫作 struct amdgpu_fence，对应的实现位于/drivers/gpu/drm/amd/amdgpu/amdgpu_fence.c 中。

DMA Fence 使用 dma_fence_wait 函数来等待被唤醒，使用 dma_fence_signal 函数来唤醒所有的等待者。DMA Fence 是一个一次性的结构体，意思是一个 DMA Fence 只会从 unsignaled 状态到 signaled 状态切换一次，也就是一个 DMA Fence 在创建时是 unsignaled 状态，当使用 dma_fence_signal 通知该 Fence 达成后，该 Fence 就永远是 signaled 状态。所以 dma_fence_signal 可以调用多次，但是后续的调用是没有意义的。一旦一个 DMA Fence 被 signal，该 Fence 上的所有 dma_fence_wait 函数都会返回。不同于 completion 这个单纯的同步机制，DMA Fence 的使用方法是提前注册回调函数，并且可以注册不止一个。当 DMA Fence 被 signal 后，所有的回调函数都会在 signal 的上下文被调用执行。这里的设计与先阻塞地等待然后执行的一个最大的区别就在于回调函数的执行上下文是在调用 signal 的线程。也就是说，DMA Fence 相当于一个 wait 线程向 signal 线程注入几个函数，让 Fence 条件达到的时候由 signal 线程调用执行。

DMA Fence 是一种非常简单的通知结构，只有 signal 和 unsignal 两种状态，创建时是 unsignal 状态，被 signal 后无法再回到 unsignal 状态，所以是一个一次性的消耗品。DMA Fence 是一个纯软件的实现，目的是封装一种语义，让等待 DMA Fence 完成的任务阻塞，而在 DMA Fence 完成后继续执行。驱动 signal 的一般是中断，外设的特定任务完成时会通过中断来通知 CPU，此时中断回调函数就会在 CPU 上执行，这时可以驱动对应的 DMA Fence 的 signal。signal 不只可以由硬中断来驱动，一个线程轮巡地检查任务是否完成，在任务完成时触发 signal 也是可行的。

2）DMA Fence 的跨设备同步能力

渲染和显示并不是一个设备，虽然两者都存在于现代的显卡上。一张图像要想显示在屏幕上，需要先渲染出结果，然后才能输送到显示器。这个渲染结果可以配置位于 GPU 的显存中，也可以位于 GTT 内存中。一个正常的流程是 CPU 提交任务给渲染设备渲染出一个结果，等待渲染结束，然后返回用户空间，用户空间将该结果提交给显示设备。在这期间，CPU 需要阻塞地等待渲染结束，因为其要在渲染结束后将结果立刻提交给显示设备进行显示。

DMA Fence 可以解决这个问题，让两个硬件设备在不需要 CPU 参与的情况下就进行数据同步和顺序地完成任务。使用 DMA Fence 进行渲染时，在提交的渲染命令中增加一个 DMA Fence 结构，为 DMA Fence 增加一个回调函数，当 GPU 渲染结束后，触发该回调函数，就可以直接将渲染结果同步给显示设备。所以在渲染期间，CPU 可以去做其他事情，不需要等待渲染结束。DMA Fence 将 CPU 和 GPU 两个硬件操作连接起来，让其在内核中通过中断的方式自动衔接。

DMA Fence 虽然连接了两个硬件设备的流程，但是仍然通过运行在 CPU 上的回调函数来触发连接。因此，DMA Fence 本质上还是利用了 GPU 到 CPU 之间的同步能力。

现代渲染指令流中的 Fence 也是使用 Linux 内核的 DMA Fence，主要通过 DMA Fence 封装的可以在用户空间使用的 Sync 对象来实现的。Linux 内核中的 Fence 都是指 DMA Fence。例如，在 GPU 调度中用到的 DRM Sched Fence 是 struct drm_sched_fence，这个结构体就是 struct dma_fence 的封装。

3）AMD GPU 的 DMA Fence 实现支持

AMD GPU 中每个 job 都有一个 DMA Fence，当一个 job 在 Ring 上被实际调度时，就会在 Ring 中写入一个 GPU Fence。当这个 Fence 被触发时，代表 job 已经执行完毕，所有在 Fence 之前的 job 使用的资源都被释放。CPU 或其他硬件就可以放心地使用这些资源，不用担心被异步地修改或修改资源内容会导致 GPU 执行发生数据错误。

显卡的每个 Ring 都有特定数量上限的 Fence，这个数量上限就是硬件的并发提交数量，在驱动参数 sched_hw_submission 中指定，默认是 2。一个 Ring 上的所有

Fence 都是使用同一个地址来实现 Fence 的到期修改的。当一个 Fence 到期时，会将该地址的值加 1，通过这个值就能知道是哪个 job 当前到期触发了 Fence，还可以通过这个值计算得到一个 Ring 上的 job 发生的数量和频率。AMD GPU 的 job 执行速度就是通过这个机制计算得到的。

每个 Ring 都有一个定时器，当定时器到达时就通过 Ring 的地址序号内容检查 Ring 上的 Fence 状态，如果有 DMA Fence 到期，就触发该 DMA Fence 的 signal 函数。

3. Sync 对象

DMA Fence 对象不能直接被用户空间使用，按照 Linux 内核的范式，用户空间使用内核空间对象要通过句柄。因此，DRM 定义了 Sync 对象（struct drm_syncobj），Sync 对象是一个对 DMA Fence 的封装，在 DMA Fence 的基础上增加了引用计数和文件句柄的功能，用户空间还可以对 Sync 对象增加 eventfd，使用已经提供给用户空间的 eventfd 事件等待的语义。与 DMA-BUF 类似，Sync 对象可以获得一个整数的 fd 在用户空间访问，可以跨进程跨设备共享。Sync 对象主要用于实现渲染 API（主要是 Vulkan）的 Fence 和 Semaphores。

从用户空间的渲染 API 来看，Sync 对象是用来进行 CPU 和 GPU、GPU 和 GPU 之间的同步的。Fence 是 Sync 对象的一种类型，也是 OpenGL 下的唯一一种类型。Sync 对象不属于 OpenGL 的上下文，只要创建就会被插入指令流，创建的 OpenGL 指令如下：

```
GLsync glFenceSync(GLenum condition, GLbitfield flags)
```

A 线程使用 glFenceSync 函数创建并插入了 Sync 对象（也就对应内核的 DMA Fence）后，B 线程等待这个 Fence 就可以实现同步。渲染指令的下发到 GPU 的执行一般是异步的，积攒一定的指令后一次性下发。glFinish 是早期用来阻塞当前线程，直到 OpenGL 完成所有之前的绘制命令的函数，但是无法做到多线程和 OpenGL 语句之间的同步。glFlush 函数则是触发当前的所有渲染命令立刻执行，但是是立即返回的，并没有 CPU 线程层面的同步作用。单线程下，如果一个指令依赖前一个指令的执行结果，而被依赖的指令还没有得到执行，那么驱动会自动保证指令之间的同步，确保两个指令按顺序执行，叫作隐式同步。在 GPU 任务调度器里，实现这种隐式同步的方法比较简单，就是使用一个 FIFO 队列确保一个线程先下发的指令先得到执行。

但是多线程的渲染指令之间也可能有依赖关系，如 B 线程的指令要用到 A 线程渲染的一个纹理作为输入。而这种需求无法简单地通过 FIFO 队列来确保顺序，因为用户空间在两个线程中并发下发的指令，进入 FIFO 队列的先后顺序是不确定的，这时就需要显式同步。多线程渲染已经成为趋势，一个线程等待另一个线程的渲染命令执行完成是多线程渲染的必要能力。在 A 线程渲染一个纹理之后加入一个 Fence，这个 Fence 结束时就说明该纹理已经渲染结束，可以放心使用，从而使 B 线程继续运行。B 线程的等待一般是指 CPU 上的等待，在用户空间看来就是 B 线程被阻塞了，在等待 A 线程的纹理渲染结束。但是还有一种等待是 GPU 等待，B 线程可以继续执行，但是依赖 A 线程纹理绘制完成的后续 B 线程下发的渲染指令都将在 GPU 驱动中排队，直到 Fence 完成才会继续下发到 GPU。这种 GPU 等待可以让 B 线程的 CPU 执行并不阻塞，但是 B 线程下发的后续渲染指令不实际执行，在用户空间看来 B 线程仍然在继续运行。OpenGL ES 有两条 Fence（Sync 对象）等待指令，glWaitSync 是在 GPU 上阻塞等待的，glClientWaitSync 是在 CPU 上等待的。对于显卡，CPU 是 Client。

6.2.2 DMA Reservation

1. DMA Reservation 的定义

Fence 是一个很小的同步单位，在业务场景很多时需要等待的是一系列的 Fence，所以 DMA Fence 在 Linux 内部多以 Fence 集合的方式使用，通用的 DMA Fence 集合叫作 DMA Reservation（struct dma_resv），该数据结构由一系列 DMA Fence 集合和一个管理 Fence 集合的锁组成。

一个使用 Fence 作为通知机制的资源（BO）在各硬件或同一个硬件的不同队列之间同步使用时需要一个同步语义。使用 BO 时，有可能是不同的用途，如读或写。当一个 BO 被使用时，需要确认是否存在其他对该 BO 的特定用途的使用，以决定自己的用途能否被满足。例如，A 希望使用一个 BO 进行写操作，但是此时 B 在使用该 BO 进行读操作，那么写操作的需求就无法被满足，需要等待读操作结束才能进行写操作。

Fence 代表资源的使用动作，BO 代表资源本身。每个对 BO 的操作（job）都对应一个 Fence，一个 BO 同时存在很多正在使用的 Fence，也就对应多个 job，这些不同用途的 Fence 被组织成一个 DMA Reservation 结构体，其定义如下：

```
struct dma_resv_list {
    struct rcu_head rcu;
    u32 num_fences, max_fences;
    struct dma_fence __rcu *table[];
};

struct dma_resv {
    struct ww_mutex lock;
```

```
    struct dma_resv_list __rcu *fences;
};
```

dma_resv 是一个可变大小的结构体，table 表的大小是在使用 dma_resv_list_alloc 创建 dma_resv 时指定了 max_fences 得到的，通过动态内存申请获得整个 dma_resv 结构体。所以在增加 fence 时可以先使用 dma_resv_reserve_fences 函数进行 Fence 预留，该函数会在 Fence 数量不足时重新申请 Fence 列表。

对 table 的访问（dma_resv_add_fence 函数增加 Fence）不需要加锁，通过 RCU（Read, Copy, Update，读、拷贝和更新）保护。存在一种对 dma_resv 整体的互斥访问锁 lock，主要用于 BO 的 CPU 映射和 dma_resv 作为 DMA-BUF 的一部分使用时来自 DMA-BUF 的需求。例如，遍历所有 Fence 进行打印，在 BO 发生缺页异常时，进行 shrink 的扫描都需要 lock 加锁。lock 是一个 WW Mutex，也就是结构体中包含 struct dma_resv 域的 BO 是支持乱序批量加锁的。

2. Fence 的用途

因为 Fence 代表 BO 的使用动作，这些使用动作对应 Fence 的用途。DMA Reservation 对应当前对 BO 的所有使用动作，每个使用动作都有不同的用途。Fence 的 4 种用途定义如下：

```
enum dma_resv_usage {
    DMA_RESV_USAGE_KERNEL,
    DMA_RESV_USAGE_WRITE,
    DMA_RESV_USAGE_READ,
    DMA_RESV_USAGE_BOOKKEEP
};
```

不同用途的 Fence 加入 dma_resv 之后，如果希望等待特定用途的 Fence，就使用 dma_resv_wait_timeout 函数阻塞地等待 dma_resv 中特定类型的所有 Fence 都被 signal，其定义如下：

```
long dma_resv_wait_timeout(struct dma_resv *obj, enum dma_resv_usage
usage,bool intr, unsigned long timeout)
{
    long ret = timeout ? timeout : 1;
    struct dma_resv_iter cursor;
    struct dma_fence *fence;

    dma_resv_iter_begin(&cursor, obj, usage);
    dma_resv_for_each_fence_unlocked(&cursor, fence) {
```

```
        ret = dma_fence_wait_timeout(fence, intr, ret);
        if (ret <= 0) {
            dma_resv_iter_end(&cursor);
            return ret;
        }
    }
    dma_resv_iter_end(&cursor);

    return ret;
}
```

dma_resv 结构体中并没有单独存储 Fence 用途的域，所有的 Fence 都是把指针放在 fences 链表中的，Fence 用途放在 Fence 指针中。设置 Fence 用途的函数如下：

```
static void dma_resv_list_set(struct dma_resv_list *list, unsigned int index, struct dma_fence *fence, enum dma_resv_usage usage){
    long tmp = ((long)fence) | usage;
    RCU_INIT_POINTER(list->table[index], (struct dma_fence *)tmp);
}
```

因为 Fence 只有 4 种用途，只占最低的 2 位，而最低 2 位的 Fence 指针永远为 0，所以可以用来存储用途。

使用 dma_resv_add_fence 函数可以添加特定用途的 Fence，该函数不需要对 dma_resv 加锁，也就是说在任何时候，任何线程都可以并发地增加新的 Fence 到 dma_resv。

3. WW Mutex

1）Mutex 的死锁问题

如果正常使用 Mutex 的接口，是不可以出现死锁问题的。如果内核中出现了 Mutex 的死锁，则属于需要被修复的 Bug，不应该用专门的数据结构来解决。只有 Mutex 的实现在功能层面无法满足需求时，才有必要对 Mutex 进行扩展。这种需求在只有 CPU 访问共享资源的情况下不可能出现，因为 CPU 之间的任何类型的静态资源访问都可以使用已有的锁机制实现。

死锁的形成是因为已经获得 A 锁的任务希望获得 B 锁，而另一个任务已经获得 B 锁希望获得 A 锁，从而形成死锁，即 ABBA 死锁问题。ABBA 死锁问题并不是说只有两个锁和两个任务参与，只要有多个锁和多个任务互相尝试获得对方已经获得的锁，就可能出现 ABBA 死锁问题。示例如下：

```
A:
   lock-list: B0, B1, B2, B3
   locked:    B0, B1, B2
   locking:   B3
B:
   lock-list: B1, B3, B4
   locked:    B3
   locking:   B1
```

一共有 5 个锁：B0、B1、B2、B3、B4，上述逻辑出现的死锁是因为 A 已经获得 B1 希望获得 B3，B 已经获得 B3 希望获得 B1，从而形成了 ABBA 死锁问题。这些锁都对应一个需要共享互斥访问的资源。

两个任务在没有逻辑问题的情况下，要想出现上述情况，必须满足两个条件：同时获得两个锁才能继续执行；获得锁的前后顺序无法保证。

满足上述两个条件的最典型和几乎唯一的场景是 CPU 向 GPU 提交任务。在渲染指令提交到 GPU 前，需要等待所有依赖的资源可用，也就是同时获得所有资源的锁。而这些资源可能来自不同的硬件，如有的资源是 CPU 准备的，有的资源是 GPU 上次渲染产生或使用的，由于上次的渲染指令还没有执行结束，所以资源没有就绪。还有的资源是 GPU 中的显存调度算法从显存移动到内存的，还处于 DMA 传输阶段没有使用完。

一个任务的逻辑无法确定这些依赖资源的就绪顺序。如果只有一个任务希望同时获得这些资源的锁，即使顺序再乱也没有关系，只要全部就绪就可以了。但是如果有两个任务都希望获得这些资源的锁，就构成了同时满足上述两个条件的环境。

2）Wait-Die 算法与 Wound-Wait 算法

ABBA 死锁问题发生的情况是任务之间互相等待对方释放已经获得的锁，所以死锁发生的情况必然是任务加入一个锁的等待队列后。死锁的表现也就是任务一直在等待却无法获得锁。

所以对 ABBA 死锁问题的避免有两种思路：在进入等待队列时判断可能会死锁从而决定不进入等待队列，或者进入等待队列后在可能发生死锁时解除等待。这两种思路本质上都是在加锁时导致加锁失败。第一种思路叫作 Wait-Die 算法，第二种思路叫作 Wound-Wait 算法。

Wait-Die 算法与 Wound-Wait 算法最早在数据库中被使用，定义了 Younger 和 Older 的概念。Older 就是上下文的早期使用者，可以认为是 AB 锁中早期获得锁的一方，Younger 就是上下文的后期使用者，也就是 AB 锁中后期获得锁的一方。这样 Older 可以先获得 AB 锁中的 A 锁，Younger 可以后获得 AB 锁中的 B 锁。

当发生 ABBA 冲突，或者说可能发生 ABBA 死锁问题时，应该倾向于让尝试获得 AB 锁的 Older 获得 AB 锁，Younger 获得 AB 锁失败，而不是两者都持续阻塞地等待从而导致死锁。Wait-Die 算法和 Wound-Wait 算法是两种不同的达到上述目的的死锁避免算法。

Wait-Die 算法的核心逻辑：当 Older 试图获得 Younger 已经获得的锁时，Older Wait。当 Younger 试图获得 Older 已经获得的锁时，Younger Die。Wait 的意思是阻塞地等待获得锁，Die 的意思是获得锁失败（返回-EDEADLK）。或者说 Die 是检测到如果进入加锁的等待队列会死锁，就拒绝加锁返回加锁失败。

Wound-Wait 算法的核心逻辑：当 Older 试图获得 Younger 已经获得的锁时，Older Wait 并标记当前获得锁的 Younger 为 Wounded，唤醒 Younger。Younger 被唤醒后可以抓紧运行逻辑从而早点释放锁。所有的等待者只要发现本次事件被标记了 Wound，就 Die。这样如果 Younger 想要获得 AB 锁中剩下的那个锁，就会 Die，从而避免了死锁。当 Younger 试图获得 Older 已经获得的锁时，Younger Wait。Wound 就是通知的意思，告诉 Younger 有比 Younger 更应该获得锁的 Older 希望获得锁。

在 Wound-Wait 算法中，Older 通过 Wound 操作唤醒的 Younger 目标并不是其他的等待者，而是已经获得 AB 锁中的其中一个锁的获得者。Wound 操作的目的是希望获得者尽早释放锁，好进行下一次获得者的选举。其方式是通过将获得者的上下文标记为 Wound，从而让获得者在被唤醒后想要获得其他锁时发现自己是 Wound，从而无法获得锁，直接返回失败。

3）WW Mutex 的两个核心问题

Linux 内核的 WW Mutex 专门用于多个任务分别需要同时获得多个锁的情况，因为只有这种情况才有可能出现死锁，所以本质上 WW Mutex 要处理的是多个锁的同时上锁问题。这个静态场景在 DRM 并发下发 job 时，每个 job 需要同时使用多个相同的渲染资源比较常见。

WW Mutex 的方案是把多个锁看作一个锁，后来的任务对这些锁进行上锁时，只要其中一个锁已经被之前的任务获得，就认为这些锁被获得，需要等待或放弃已经获得的所有锁。这里面有两个不容易定义的点：如何区分谁是后来者；如何把多个锁看作一个锁。

WW Mutex 解决上述两个核心问题的原则是复用 Mutex 互斥锁，也就是 WW Mutex 仍然是 Mutex 的一部分，相当于为 Mutex 增加了死锁避免的能力。因此 struct ww_mutex 结构体的定义就可以直接继承 struct mutex，定义如下：

```
struct ww_mutex {
    struct mutex base;
    struct ww_acquire_ctx *ctx;
};
```

一个名为 lock 的 Mutex 仍然可以通过 container_of（lock, struct ww_mutex, base）

获得该 Mutex 对应的 ctx，从继承上说，struct ww_mutex 是对 struct mutex 的继承，只是增加了 ctx 指针域。

4）对两个核心问题的解决方案

当使用 WW Mutex 时，同一批次的 WW Mutex 指针在上锁成功时会指向同一个 ctx，在释放锁后 ctx 会设置为空。所以在上锁时，如果发现 WW Mutex 的 ctx 已经有值并且与当前给定的 ctx 相等，就可以直接返回，因为已经上锁成功。这是在 Mutex 的快速路径之后、中速路径之前的 WW Mutex 特有的快速路径。

WW Mutex 对第一个核心问题的解决方案是为 Mutex 引入了上下文的概念（struct ww_acquire_ctx）。Mutex 在上锁时如果传入了一个 struct ww_acquire_ctx 上下文结构体，加锁逻辑就可以识别本次加锁为 WW Mutex 的批量原子上锁。同时本次上锁的信息可以记录到这个结构体中，使得同批次的下一个 Mutex 在上锁时可以直接获得。struct ww_acquire_ctx 结构体中有一个单调递增的整数 stamp 域，代表当前加锁请求的年龄，stamp 大的是 Younger，stamp 小的是 Older。

WW Mutex 对第二个核心问题的解决方案就是 Wait-Die 算法与 Wound-Wait 算法。Mutex 锁本身只能锁住单个资源的并发访问，即使把多个锁看作一个锁，其本质上还是多个锁，需要逐个上锁，所以上锁失败时有可能已经获得部分锁。WW Mutex 与 Mutex 的语义必须一样（因为 WW Mutex 是 Mutex 的扩展），所以每次只能有一个任务可以成功获得同一个上下文的一批锁。WW Mutex 中 WW 的意思就是 Wait-Die 与 Wound-Wait。

WW Mutex 的 Wait-Die 与 Wound-Wait 和标准的定义一致。Wait-Die 是一种非剥夺策略。Older 等待 Younger 释放资源，即若 A 比 B 老，则等待 B 执行结束，否则 A 回滚释放所有已经获得的锁。一段时间后 A 会以原先的时间戳继续申请，Older 才有等待的资格，Younger 回滚。Wound-Wait 是一种剥夺策略。如果 A 比 B 年轻，则 A 等待；若 A 比 B 老，则杀死 B，B 回滚。Older 会杀死所有的 Younger，而 Younger 只能等待 Older。一个上下文是 Wound 代表该上下文不可以继续获得锁，使用该上下文获得锁的尝试都会失败。

WW Mutex 同时支持 Wait-Die 算法与 Wound-Wait 算法，但是这两种算法不能同时使用。为了同时支持两种不能同时运行的死锁避免算法，WW Mutex 设计了 struct ww_class 结构体，该结构体的实例有两种：wait-die 与 wound-wait，代表两种不同的算法。在使用上下文结构体 struct ww_acquire_ctx 之前，需要使用 struct ww_class 对其初始化（ww_acquire_init 函数）。不同 struct ww_class 结构体的定义如下：

```
#define __WW_CLASS_INITIALIZER(ww_class, _is_wait_die)      \
    { .stamp = ATOMIC_LONG_INIT(0) \
    , .acquire_name = #ww_class "_acquire" \
```

```
        , .mutex_name = #ww_class "_mutex" \
        , .is_wait_die = _is_wait_die }

#define DEFINE_WD_CLASS(classname) \
    struct ww_class classname = __WW_CLASS_INITIALIZER(classname, 1)

#define DEFINE_WW_CLASS(classname) \
    struct ww_class classname = __WW_CLASS_INITIALIZER(classname, 0)
```

struct ww_class 中的 is_wait_die 用来区别当前的 WW Mutex 是 Wait-Die 还是 Wound-Wait。stamp 就是 struct ww_acquire_ctx 中 stamp 单调递增的值的维护者，当 ww_acquire_init 对 ctx 进行初始化时会用 class 的 stamp 对 ctx 的 stamp 进行复制。实现如下：

```
ctx->stamp = atomic_long_inc_return_relaxed(&ww_class->stamp);
```

struct ww_class 代表的是一组 WW Mutex 锁的整体状态，而 struct ww_acquire_ctx 代表的是一组 WW Mutex 锁获得一次锁的一次性的上下文结构体。

5）WW Mutex 的 Mutex 等待队列特点

Mutex 的等待者被组织成了等待队列。普通的 Mutex 在无法获得锁时会顺序地进入等待队列，而 Wait-Die 算法的等待队列中永远只有一个 Older 等待者。这是因为在 Wait-Die 算法中，希望获得锁时，如果等待队列中存在一个相对于当前 stamp 的 Older，那么当前事件相对于已经存在的等待者是 Younger。根据 Wait-Die 算法的定义，Younger 遇到 Older 获得锁（Older 等待者会先于 Younger 获得锁）时，需要自己 Die，所以当前任务需要执行 Die 语义。也就是说，加锁时，如果等待队列中存在比当前 Older 的等待者，当前获得锁的操作就 Die。

而如果是一个比等待队列中的等待者更老的等待者在尝试获得锁，已经存在的 Older 等待者就会变成相对于当前试图获得锁的 Younger，应该被唤醒并从等待队列中移除，从而 Die。

换个角度解释，在等待队列中，Younger 永远在 Older 后面顺序排列。Wait-Die 算法要求 Younger Die，等待队列中就不能出现两个等待者，因为第二个等待者一定是 Younger。

在 Wound-Wait 算法中，由于检测到死锁导致的 Die 发生在正在获得锁的加锁行为时，而不是等待队列中的 Wait 操作，所以等待队列中可能会有很多任务。

Wait-Die 算法的 Die 操作会导致对已经获得的锁进行直接回退释放，所以在 Die 操作比较多时性能成本较高。但是 Wait-Die 算法只会涉及 Younger 和 Older 两个任务，等待队列中总是只有一个任务（在唤醒和 Die 之间的小段时间内可能出现两个等待者）。而 Wound-Wait 算法是支持抢占的，因为可以有多个任务 Wound Younger，而最后只会选择一个 Older 获得锁。当有大量 Older 都在 Wound Younger 时，实现带来的运行复杂度会显著提高。所以 Wound-Wait 算法用于静态规模不大时，可以提供抢占能力和更低回退成本。Wait-Die 算法因为队列的管理复杂度不随等待者数量的增加而增大，用于静态规模较大时的静态处理。

6）struct ww_acquire_ctx

WW Mutex 中串联多个 Mutex 的关键数据结构是 struct ww_acquire_ctx。该数据结构在一个任务每次希望批量获得锁时定义一次，代表一次的批量上锁事件或一次批量加锁请求。所以 struct ww_acquire_ctx 一般直接放在栈上，不需要动态申请和释放。典型的使用方式如下：

```
struct ww_acquire_ctx ww_ctx;
ww_acquire_init(ww_ctx, &ww_ctx);
...acquire...
ww_acquire_done(ww_ctx);
```

struct ww_acquire_ctx 定义如下（已经排除调试功能对应的域和 rt_mutex）：

```
struct ww_acquire_ctx {
    struct task_struct *task;
    unsigned long stamp;
    unsigned int acquired;
    unsigned short wounded;
    unsigned short is_wait_die;
};
```

stamp 就是第一个核心问题的关键域，语义是单调递增的年龄，代表当前上下文的年龄，来自 struct ww_class 的 stamp 域。is_wait_die 来自 struct ww_class 的 is_wait_die 域，代表当前获得锁的事件是 Wait-Die 或 Wound-Wait。WW Mutex 的等待队列中的等待者就是按照 stamp 的大小进行排序的，stamp 越小表示越老，排在更前面，就越早获得 Mutex 锁。

一个 struct ww_acquire_ctx 是要依次用于多个 WW Mutex 进行上锁的，有一个 WW Mutex 上锁成功，就会增加 acquired 域，代表该上下文成功获得锁的次数，只要该值大于 0 就说明该上下文当前已经有成功获得的锁。

6.2.3 DMA-BUF

DMA Fence 是 DMA-BUF 功能的一部分，DMA-BUF 可以让 DMA 缓存在不同的设备和进程间共享。渲染使用的 BO 可以通过 DMA-BUF 进行跨设备跨进程共享。

DMA-BUF 最初的原型是 shrbuf，由 Marek Szyprowski 于 2011 年 8 月首次提出，他最早在三星的 V4L2 驱动中实现了 Camera 与 Display 不同硬件的硬件内存共享。后来各厂商使用类似的思路解决同样的问题，但是内核一直没有公共的框架。因此 Sumit Semwal 基于 Marek Szyprowski 的实现在 3.3 版本内核中实现了 DMA-BUF 的核心代码。此后 DMA-BUF 作为解决跨设备内存共享问题的通用框架被广泛应用于内核多媒体驱动开发，尤其是在 DRM 子系统中得到了充分应用。

在 DMA-BUF 中，导出自己的 DMA 缓存给其他驱动使用的驱动叫作导出者（Exporter），导入其他驱动导出的 DMA 缓存来使用的驱动叫作导入者（Importer）。DMA 缓存本质上就是 CPU 和设备都可以访问的内存，这个内存可以是系统内存也可以是设备内存。

在 Linux 中，一切皆文件。DMA-BUF 如果要跨进程共享，就必须以文件的形式提供。因此 DMA-BUF 本质上就是缓存+文件，其中文件作为 Linux 内核定义的抽象概念和结构，只是为了给缓存赋予文件操作，DMA-BUF 所需的最重要的文件操作就是跨进程传输 fd 来共享文件。DMA-BUF 的整体结构如图 6-1 所示。

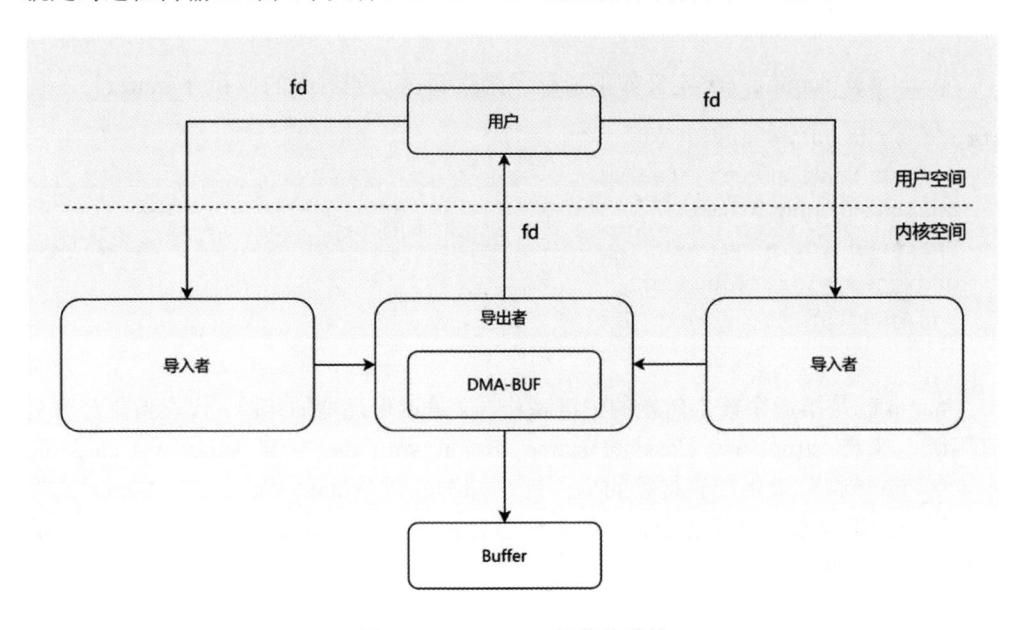

图 6-1 DMA-BUF 的整体结构

DMA-BUF 可以同时做到跨设备访问和跨进程访问。在 CPU 中，访问通过 mmap 系统调用将 DMA-BUF 映射到进程的地址空间中。映射设备的 DMA-BUF 到进程 CPU 地址空间可以在驱动中实现获得 DMA-BUF 的 fd 的调用（通常通过 ioctl 命令），然后映射该 fd。也可以直接对设备文件的 fd 增加 mmap 映射 DMA-BUF 的能力，从而不需要用户空间额外获得一次 DMA-BUF 的 fd。无论是否获得 fd，DMA-BUF 都是对应 fd 的。

在内核路径中可以使用 kmap 或 vmap 将 DMA-BUF 映射到 CPU 地址空间进

行，kmap 与 vmap 在 DRM-BUF 场景下对应 dma_buf_kmap()与 dma_buf_vmap()函数。kmap 与 vmap 的区别：vmap 可以映射一组物理内存页，这些物理内存页可以不连续，但 vmap 映射之后得到的虚拟地址是连续的。而 kmap 一次只能映射一个物理内存页到虚拟地址空间。

但是 CPU 访问 DMA-BUF 的用法不如跨设备使用的场景多，因为 DMA-BUF 设计之初就是为了满足那些大内存访问需求的硬件，如 GPU/DPU。对 CPU 访问的支持是后来在 3.4 版本内核中才增加的。

跨设备使用主要是各硬件对 DMA-BUF 的 DMA 操作。在设备之间使用时要先调用 dma_buf_attach()，然后调用 dma_buf_map_attachment()将该 DMA-BUF 映射到硬件的地址空间。dma_buf_attach()用于建立一个 DMA-BUF 与设备的连接关系，用 struct dma_buf_attachment 表示，绑定设备之后 DMA-BUF 在设备的视角叫作 Attachment。dma_buf_map_attachment()则需要使用 struct dma_buf_attachment 对象将 Attachment 映射到设备的地址空间。因此绑定和映射是两个操作，但是不能颠倒执行顺序。

DMA-BUF 包括三部分：①DMA-BUF 文件句柄，可以用于在不同的设备和进程中共享 DMA 缓存，在内核中对应一个 sg_table 的离散内存。②Fence，由于多个硬件和进程可能访问同一块 DMA-BUF，Fence 作为信号通知机制和同步机制，用于通知其他组件一个设备已经完成 DMA-BUF 的访问。③预留对象（struct dma_resv），Fence 包括可并发的共享访问和独占访问两种，但 Fence 只是一个同步语义，并没有并发访问的控制能力。预留对象中可以添加多个共享 Fence 或独占 Fence，如何支持共享访问和独占访问是预留对象的责任。

用户空间可以在/sys/kernel/debug/dma_buf/bufinfo 文件中看到当前 DMA-BUF 的使用信息。

6.3　job 的下发：GPU 调度器线程

6.3.1　GPU 调度器线程的主要回调函数

不同的硬件驱动对应的 GPU 任务调度器对应的操作不一样，但都定义了需要驱动提供实现的 4 个回调函数，对应的结构体 struct drm_sched_backend_ops 如下：

```
struct drm_sched_backend_ops {
    struct dma_fence *(*dependency)(struct drm_sched_job *sched_job,
struct drm_sched_entity *s_entity);
    struct dma_fence *(*run_job)(struct drm_sched_job *sched_job);
```

```
    enum drm_gpu_sched_stat (*timeout_job)(struct drm_sched_job
*sched_job);
    void (*free_job)(struct drm_sched_job *sched_job);
};
```

  dependency 函数在一个 job 被调度之前调用，用来判断是否满足 job 的依赖关系。如果依赖关系满足，则该函数返回 NULL，GPU 调度器线程将直接调用 run_job 函数下发命令缓存。如果依赖关系没有满足，则返回一个 struct dma_fence，GPU 调度器线程将在该 dma_fence 上阻塞地等待，直到依赖关系满足并触发 dma_fene，从而唤醒 GPU 调度器线程继续执行 run_job 函数。

  run_job 函数返回一个 dma_fence 结构体，因为 run_job 函数只是将 job 提交给硬件，然后立刻返回，这时 job 在 GPU 硬件中还没有执行完。run_job 函数返回一个 dma_fence 结构体，当 job 在 GPU 中执行完时就会触发 dma_fence，意味着 job 执行完成，这时就会调用 free_job 将 job 从 Entity 中移除，并且销毁 job。job 的生命周期就结束了。

  job 有执行的超时时间，如果 GPU 执行一个 job 所花费的时间超过了设置的超时时间，就会触发 timeout_job 回调函数。job 执行超时对 GPU 任务调度器来说是一件很严重的事情，驱动认为在这种情况下 GPU 运行出现异常，需要暂停所有的 GPU 调度器线程，复位 GPU 硬件，然后启动被暂停的 GPU 调度器线程进行 job 的调度。由于 job 在被执行完之前不会从 Entity 中移除，所以 job 在这种情况下可以被再次提交到 GPU 硬件执行。如果复位 GPU 可以解决问题，job 可以正常执行，就会返回 DRM_GPU_SCHED_STAT_NOMINAL；如果复位 GPU 无法解决问题，则会返回 DRM_GPU_SCHED_STAT_ENODEV，意味着内核认为 GPU 已经被拔出，该硬件已经不再可用。

  一个 job 如果有对其他 job 的完成依赖，则会阻塞地等待，从而导致 GPU 任务调度器无法正常工作。这时除非 job 执行完，否则只有依赖 job 的超时才能恢复。所以 job 的下发顺序非常关键，通常要求按照 Entity 收到 job 的顺序下发 job。如果出现 Entity 中正在下发的 job 依赖还没有下发 job 的情况，就会锁死整个 GPU 调度器线程。

  GPU 调度器线程采用 FIFO 实时调度策略，其优先级高于所有 NORMAL 优先级，但是在所有 FIFO 优先级的线程中属于最低的。该线程的主要逻辑就是循环地从各优先级队列的 Entity 中获得 job，下发到 GPU，并且清理已经完成的 job。由于 job 的完成是异步的，异步调用的回调函数会唤醒 GPU 调度器线程，因此清理该 job 仍然是在 GPU 调度器线程上下文中完成的。

  在运行大型 3D 游戏的时候，job 的数量可能会很多，执行每个 job 的完成时间可能是微秒或毫秒级的。但是 GPU 调度器线程的逻辑非常简单，所以 GPU 调度器线程的 CPU 利用率并不会很高，但是调度的延迟要求却很高。

6.3.2 GPU 调度器线程的主体逻辑

1. drm_sched_main

GPU 调度器线程可以处理在运行过程中删除 Entity 的情况，Entity 的清理分为两步：从优先级队列中摘下和销毁 Entity。从优先级队列中摘下是为了防止 Entity 中的 job 被再次调度下发到 GPU，销毁 Entity 则包括阻塞地等待 Entity 中已经下发的 job 执行完成和将所有的 job 销毁。这里的销毁步骤是因为 job 是异步完成的，已经下发的 job 在 Entity 从调度优先级队列中摘下后有可能完成，这时触发的回调函数需要保证该 job 仍然存在，也就是 Entity 不能从优先级队列中摘下后立刻销毁 job。

一个 job 有两个 DMA Fence，分别是 scheduled 和 finished。scheduled 代表 run_job 被调用，也就是命令缓存被下发到 GPU。finished 代表 job 执行完成。

GPU 任务调度器的主体逻辑如下：

```
static int drm_sched_main(void *param)
{
    struct drm_gpu_scheduler *sched = (struct drm_gpu_scheduler *)param;
    int r;
//将当前线程设置为 FIFO 实时调度策略的最低优先级
    sched_set_fifo_low(current);

    while (!kthread_should_stop()) {
        struct drm_sched_entity *entity = NULL;
        struct drm_sched_fence *s_fence;
        struct drm_sched_job *sched_job;
        struct dma_fence *fence;
        struct drm_sched_job *cleanup_job = NULL;
//阻塞等待三种情况中的一种为真才可以继续执行。第一种是有已经执行完成的 job 需要清
//理，第二种是有新的 job 可以继续下发到 GPU，第三种是内核线程需要退出。这三种情况可以
//同时发生
        wait_event_interruptible(sched->wake_up_worker,
                (cleanup_job = drm_sched_get_cleanup_job(sched)) ||
                (!drm_sched_blocked(sched) &&
                 (entity = drm_sched_select_entity(sched))) ||
                kthread_should_stop());
```

```
//如果第一种情况发生了，也就是发现有已经执行完成的 job，就执行 free_job 清理掉已经
执行完成的 job。cleanup_job 从 pending_list 中获得
        if (cleanup_job)
            sched->ops->free_job(cleanup_job);
//如果第二种情况没有发生，也就是没有新的 job 可以继续下发到 GPU，就重新开始循环，继
续阻塞地等待三种情况的一种
        if (!entity)
            continue;
//将 job 从 Entity 中移除并返回。调用 dependency 函数判断 job 是否有依赖，如果有依
赖，就在该函数死循环等待依赖条件满足，出现异常或 Entity 的队列为空就会返回 NULL
        sched_job = drm_sched_entity_pop_job(entity);

        if (!sched_job) {
//由于不返回 job，要么是队列为空，要么是出现异常，这时该 Entity 允许销毁，通过
entity_idle 通知希望进行销毁的等待者
            complete(&entity->entity_idle);
            continue;
        }

        s_fence = sched_job->s_fence;
//获得 job 就可以发送到 GPU 了，增加发送到 GPU 的次数计数器，启动 job 的超时定时器。
并且将 job 加入 pending_list，使得前面的 cleanup_job 可以找到对应的 job
        atomic_inc(&sched->hw_rq_count);
        drm_sched_job_begin(sched_job);

        trace_drm_run_job(sched_job, entity);
//执行将 job 下发到 GPU 的操作
        fence = sched->ops->run_job(sched_job);
//该 Entity 允许销毁。entity_idle 是 Entity 是否可以销毁的 completion，当 Entity
没有在使用，允许被销毁时就会调用 complete 函数通知销毁者可以继续进行销毁操作
        complete(&entity->entity_idle);
//触发该 job 的 scheduled fence，通知等待者 job 已经被调度，也就是被下发到 GPU
        drm_sched_fence_scheduled(s_fence);
//run_job 返回的 Fence 是用来在 job 执行完成时进行回调的，这里要执行的回调函数就是
drm_sched_job_done。如果设置错误或不返回 Fence，就直接执行回调函数 drm_sched_
job_done 来触发完成 Fence，使得在阻塞地等待这个 job 完成的任务可以继续。并且最后还
会唤醒 GPU 调度线程依赖的 wake_up_worker，使得 GPU 调度线程被唤醒来执行 free_job
清理 job
        if (!IS_ERR_OR_NULL(fence)) {
```

```c
            s_fence->parent = dma_fence_get(fence);
            r = dma_fence_add_callback(fence, &sched_job->cb,
                       drm_sched_job_done_cb);
            if (r == -ENOENT)
                drm_sched_job_done(sched_job);
            else if (r)
                DRM_DEV_ERROR(sched->dev, "fence add callback failed (%d)\n",
                      r);
            dma_fence_put(fence);
        } else {
            if (IS_ERR(fence))
                dma_fence_set_error(&s_fence->finished, PTR_ERR(fence));

            drm_sched_job_done(sched_job);
        }
```
//一次job调度完成,表示Entity可以从优先级队列中摘下。销毁一个Entity分为两步:从运行队列中摘下和执行销毁。摘下要确保当前GPU调度器线程没有执行调度操作。销毁则是前面的两个complete操作,代表该Entity上的job已经下发到GPU或已经完成job的清理工作
```c
        wake_up(&sched->job_scheduled);
    }
    return 0;
}
```

从上述流程中可以看出,这个线程的主循环每次都会处理完所有 Entity 中的job,以及所有已经完成job的清理才会进入睡眠。所以在加入新的 job 时,如果 Entity 中当前没有job,就需要触发一次GPU调度器线程的唤醒;如果其中还有job就不需要。

因为job之间存在顺序要求,有的job必须在其他job结束后才能提交处理。所以在处理job时要先进行peek操作,以检查其依赖关系。在确定依赖关系满足后,进行pop操作,这是因为如果某个job的依赖关系没有满足,则该job和后续的 job 都不能进行处理。job 之间的依赖关系通过 GPU 任务调度器结构体 struct drm_gpu_scheduler的操作函数dependency来判断,在AMD GPU下,该函数对应amdgpu_job_dependency函数,返回一个job满足依赖关系的Fence,只有该Fence完成后该job和后续的job才能被继续处理。然后线程逻辑调用drm_sched_entity_add_dependency_cb添加 Fence 的回调函数,将该 Entity 的 dependency 设置为返回的阻塞地等待的Fence。直到Fence满足,dependency才会被清除。这之前该 Entity 中的 job 无法继续 pop 处理,GPU 调度器线程会发生高 CPU 占用的死循环阻塞。如果Fence返回NULL,则表示该job没有Fence依赖,可以直接执行。

2. job 的并发与公平问题

struct drm_gpu_scheduler 的 hw_rq_count 表示当前下发到硬件的 job 数，每次下发一个 job 就加 1，每完成一个 job 就减 1。一个硬件能接受的最大同时下发的 job 数是 struct drm_gpu_scheduler 中的 hw_submission_limit，这个值是 GPU 任务调度器结构体创建时由驱动指定的，创建之后不再变化。GPU 任务调度器运行过程判断调度器是否可用的方式就是比较 hw_rq_count 是否小于 hw_submission_limit，对应的判断函数如下：

```
static bool drm_sched_ready(struct drm_gpu_scheduler *sched)
{
    return atomic_read(&sched->hw_rq_count) <
        sched->hw_submission_limit;
}
```

当 GPU 调度线程处理 job 时，需要先选择 Entity。一个 Entity 在被选择后，需要 pop 该 Entity 中的一个 job，而此时该 Entity 中仍然可能有其他 job 存在。但是每次只选择一个 Entity，下一次从当前选择的 Entity 的下一个开始选择，也就是一个 Entity 一轮只处理一个 job，从而保证了大体公平。这里的公平是不精准的，因为不同 job 的执行时间是不一样的，选择 Entity 的公平是 job 数量层面的公平，不是计算能力层面的公平。每个 job 所需的计算能力是不同的。

在标记上一次使用的 Entity 和选择下一次使用的 Entity 之间有一定的间隔。在这个间隔内，Entity 有可能因为负载均衡移动到其他 GPU 调度器线程的优先级队列中，也有可能被销毁，还有可能被人为地触发 flush 操作，导致该 Entity 的 job 被清空。这三种情况都可能导致上一次的 Entity 失效，如果继续使用的 Entity 失效，就会从头开始选择准备就绪的 Entity。

公平也不是时间上的公平。因为上述的选择策略并不能保证先到达的 job 会先被执行。简单数量上的公平同时会导致先到达的 job 可能后被执行。所以后来 GPU 任务调度器额外实现了一种时间上的公平，叫作 FIFO 选择策略。时间上的公平可以让 job 的执行不至于延迟太久，因为渲染是一个对延迟非常敏感的行为，所以时间上的公平有时候比数量上的公平更加重要，但是实现相对麻烦。数量上的公平更接近计算能力上的公平。

3. GPU 任务调度器的优先级

GPU 任务调度器的优先级是通过在多个队列里选择一个 Entity 的位置记忆的方法做到的。GPU 任务调度器有 4 个优先级队列，每个优先级队列中都有很多 Entity。在一个队列中 Entity 的选择是有记忆的，下一次的选择继续上一次的记忆，但是在最外层的从高优先级队列到低优先级队列的遍历是没有记忆的，每次都是从最高优先级队列到最低优先级队列遍历。这就带来一个效果是一个队列中的 Entity 是被均衡选择的，但是低优先级队列的 Entity 是在高优先级队列完全选择不到 Entity 时才会被选择的。也就是说高优先级队列的内部是 FIFO，但是相对于低优先级队列，高低优先级队列整体是 FIFO，只有所有高优先级队列中的所有 Entity 的渲染需求都被满足才会满足低优先级队列的渲染需求。GPU 调度器线程选择 Entity 的入口函数是 drm_sched_select_entity，其定义如下：

```
static struct drm_sched_entity *
drm_sched_select_entity(struct drm_gpu_scheduler *sched)
{
    struct drm_sched_entity *entity;
    int i;

    if (!drm_sched_ready(sched))
        return NULL;
    for (i = DRM_SCHED_PRIORITY_COUNT - 1; i >=
DRM_SCHED_PRIORITY_MIN; i--) {
        entity = drm_sched_rq_select_entity(&sched->sched_rq[i]);
        if (entity)
            break;
    }

    return entity;
}
```

这个函数代表的是外层的优先级队列的逐个遍历，由于每次调用这个函数时只选择一个 Entity 就会返回，所以相当于每次调用这个函数时都从最高优先级队列往最低优先级队列中寻找，只要找到 Entity 就返回。也就是高优先级队列只要有 Entity 就一定被优先选择。而在一个队列内部选择哪个 Entity 是有记忆的，虽然每次调用 drm_sched_rq_select_entity 函数时都只会选择一个 Entity，但是该函数在 rq 中记忆了上次选择的 Entity，下次就继续该 Entity 往后进行选择，对应的函数定义如下：

```
static struct drm_sched_entity *
drm_sched_rq_select_entity(struct drm_sched_rq *rq)
{
    struct drm_sched_entity *entity;

    spin_lock(&rq->lock);
```

```c
        entity = rq->current_entity;
        if (entity) {
            list_for_each_entry_continue(entity, &rq->entities, list) {
                if (drm_sched_entity_is_ready(entity)) {
                    rq->current_entity = entity;
                    reinit_completion(&entity->entity_idle);
                    spin_unlock(&rq->lock);
                    return entity;
                }
            }
        }

        list_for_each_entry(entity, &rq->entities, list) {

            if (drm_sched_entity_is_ready(entity)) {
                rq->current_entity = entity;
                reinit_completion(&entity->entity_idle);
                spin_unlock(&rq->lock);
                return entity;
            }

            if (entity == rq->current_entity)
                break;
        }

        spin_unlock(&rq->lock);

        return NULL;
}
```

在 rq 中选择 Entity 的函数包括两部分，第一部分是从记忆的部分往后进行选择，第二部分是从头遍历到记忆的部分，两部分都执行一遍就是完整地遍历了整个 rq。在这种设计下，由于每个 Entity 内部都有一系列 job，当把一个 Entity 的 job 执行完，而新 job 还没有产生的时候，current_entity 就会推进到下一个 Entity。即使上一个 Entity 产生了新 job, current_entity 也只会继续往后进行选择，不会选择之前的。也就是说这个流程是一个顺序满足的机制，在大部分情况下是公平的，能保证各 Entity 公平地获得渲染资源，反映在现象上就是如果运行 6 个同样的游戏，每个游戏的帧率大概是相同的。但是存在一种特殊的情况，即 GPU 的处理能力太差，而第一个 Entity 持续不断地产生新 job，这样 current_entity 永远不会往后进行选择，也就是所有渲染资源都被第一个 Entity 获得，这种情况目前的驱动无法处理。

优先级队列是针对 Entity 的，并不是针对 job 的，struct drm_sched_entity 结构体中的 priority 域就是用来标识 Entity 的优先级的。对于 job，下发到什么样的 Entity 就意味着 job 具备该 Entity 的优先级，每个 Entity 的优先级都是由上下文直接决定的。在 AMD GPU 中，修改优先级的方式是通过 amdgpu_sched_ioctl 函数的两个标志：AMDGPU_SCHED_OP_PROCESS_PRIORITY_OVERRIDE 和 AMDGPU_SCHED_OP_CONTEXT_PRIORITY_OVERRIDE。前者会修改与特定进程相关的所有上下文的优先级，后者只会修改特定上下文的优先级。而进程的优先级实际上是指打开一次文件创建的所有上下文的优先级，如果这个文件 fd 被跨进程使用了，那么只要使用这个文件创建的所有上下文的优先级都会受到影响。还可以是渲染上下文创建时直接指定的，如在 libdrm 中的 amdgpu_cs_ctx_create2 函数可以指定创建使用的优先级，如果上下文创建时指定了优先级，则该上下文的所有 Entity 都是该优先级的。遗憾的是，GPU 任务调度器中没有上下文的概念，所以目前只有通过存在于特定驱动中的上下文来间接地修改 Entity 优先级。优先级同时表现在软件和硬件两个层面，软件上不同的优先级对应不同的调度优先级队列，硬件上不同的优先级对应不同的 GPU 调度器线程，AMD GPU 下只有 AMDGPU_HW_IP_COMPUTE 模块有硬件优先级。

一个 rq 中有很多 Entity，尤其在云游戏场景下，一张显卡可能会运行很多游戏。每多一个 Entity 就需要在遍历的时候额外检查一遍，很多 Entity 是很空闲的，有的极限情况下用户空间恶意地创建了大量没有实际工作的渲染上下文。AMD GPU 采用的方式是 Entity 的创建和 Entity 加入 rq 都是实际需要的时候才进行的，只是 AMD GPU 的 GPU 调度模块被作为内核通用的调度部分，而 Entity 的创建位于 AMD GPU 驱动中，Entity 加入 rq 位于 GPU 调度模块中。所以 Entity 是否在一个 rq 上，不只是通过 rq 域进行的设置，关键是将 Entity 的 list 域加入 rq 链表，这样 rq 才能找到并执行这个 Entity。执行上述关键使用的函数是 drm_sched_rq_add_entity，发生在第一次往一个 Entity 中添加 job 的时候，而不是在 Entity 创建的时候。调用这个函数之前，Entity 在创建的时候选择了 rq。drm_sched_rq_add_entity 函数在每次 Entity 为空的时候都会进行调用，但是开头的部分判断了如果 entity->list 有值，也就是已经添加到 rq，就直接返回。所以可以保证 Entity 只会加入 rq 一次。

然而，在大多数情况下，如果只有一个调度器（sched），那么在 Entity 初始化时就会设置好 rq，后面不会进行选择，也就不会发生 rq 的变化，使用 drm_sched_entity_set_priority 函数动态地修改一个 Entity 的优先级就不会生效，该函数的定义如下：

```
void drm_sched_entity_set_priority(struct drm_sched_entity *entity,
                enum drm_sched_priority priority)
```

```
{
    spin_lock(&entity->rq_lock);
    entity->priority = priority;
    spin_unlock(&entity->rq_lock);
}
```

这里的 spin_lock 是没有必要的。当 GPU 调度器线程数为 1 时，Entity 应该具备切换 rq 的能力。该问题的原理就是 GPU 调度器线程的负载均衡函数 drm_sched_entity_select_rq，该函数在产生新 job 后调用 drm_sched_job_init 函数进行初始化时发生，也就是说 GPU 任务调度器的负载均衡发生在每个新产生的 job 的初始化时。

6.3.3　DRM Sched Fence 与 job 异常处理

GPU 调度中的 struct drm_sched_fence 是 Entity 中参与调度的 job（struct drm_sched_job）的一个元素，其包含两个特定功能的 DMA Fence，定义如下：

```
struct drm_sched_fence {
    struct dma_fence          scheduled;
    struct dma_fence          finished;
    struct dma_fence          *parent;
    struct drm_gpu_scheduler  *sched;
    spinlock_t                lock;
    void                      *owner;
};
```

scheduled 是当一个 job 在主逻辑中被下发到 GPU 的 Ring Buffer，也就是调用 run_job 后被 signaled。finished 是一个 job 执行完成时被 signaled。parent 对应的是在驱动层面执行 run_job 返回的 Fence，这个 Fence 与 finished 并不是同一个，parent 这个 Fence 才是加入 GPU 的 Ring Buffer 执行队列的 GPU Fence，该 Fence 被 signaled 后的回调函数中才会 signal finished 这个 Fence。所以 finished 这个 Fence 只是一个对 parent Fence 的封装中继。这是因为 run_job 有可能不返回 Fence，这种场景一般是因为 job 异常。这时该 job 不会下发到 GPU，而是直接执行完成，finished Fence 会直接被主动触发。这个 job 在 GPU 任务调度器层面看来是已经执行完成的，但是实际上没有执行。所以在 GPU 任务调度器中如果要废弃执行一个 job，并不是直接将 job 从队列中摘下销毁，而是使用如下函数来标记 finished Fence 为异常：

```
dma_fence_set_error(&sched_job->s_fence->finished, -ECANCELED);
```

这样在 job 被下发到 GPU 时，GPU 驱动可以选择不执行该 job，也不返回一个有效的 Fence，但是该 job 的 finished Fence 会被 signal，该 job 就可以正常地被销毁。

这种机制用在 GPU 任务调度器的 job 超时处理中，当一个 job 超时后，该 job 所在的 Entity 被标记为 guilty。在 pop job 时，同一个 Entity 中的其他没有超时的 job 在判断 Entity 被标记为 guilty 后会调用上面的函数直接跳过执行，也就是说一个 Entity 中如果有一个 job 超时，该 Entity 中其他 job 都不会被执行。只有调用 drm_sched_reset_karma 函数将所有 job 复位才能解除 Entity 的 guilty 状态，而该函数只在 GPU 复位函数 amdgpu_device_gpu_recover_imp 中被调用。一个 job 的超时会导致 GPU 复位函数被调用，所以整个语义相当于当 job 超时时复位 GPU，在复位 GPU 期间，该 job 所在的 Entity 中的所有 job 都不会被 GPU 实际地执行。

6.3.4 AMD GPU 的 Entity 扩展

AMD GPU 中继承 struct drm_sched_entity 的结构体是 struct amdgpu_ctx_entity，其定义如下：

```
struct amdgpu_ctx_entity {
    uint32_t           hw_ip;
    uint64_t           sequence;
    struct drm_sched_entity entity;
    struct dma_fence   *fences[];
};
```

由于 struct drm_sched_entity 中已经包含 job 管理、每个 job 维度的调度和两个完成 Fence，但是没有硬件的 IP 信息和 job 数量的控制能力。struct drm_sched_entity 中的 job 是不限制数量的链表，而 struct amdgpu_ctx_entity 中的 hw_ip 则代表硬件 IP，如 GFX 渲染 IP，在 GPU 调度层唯一接近的信息是 GPU 任务调度器的名字也是以 gfx 开头的。sequence 和 fences 则是 job 的数量控制域。最大同时存在的没有完成的 job 数量是 amdgpu_sched_jobs，默认是 32，超过这个值就会产生 WARN_ON 警告。由于硬件 IP 对应的 Entity 是每个上下文一个，所以这里的限流是针对一个渲染上下文的。

这里如果只是为了限流，那么意义不大，可以在调度部分更容易地完成这个工作。另一个目的是获得一个加入 GPU 任务调度器的 job 的完成 Fence 的引用，这样这个 Fence 即使在 GPU 任务调度器层面完成了，也不会被销毁，这样做可以在 AMD GPU 层面进行依赖处理。例如，用户空间主动等待一个 job 执行完成就是通过在 AMD GPU 层面获得对应的 Fence，而不是在 GPU 任务调度器层面。

这个机制还有一个计时功能，用来计算当前 Entity 的 job 在 GPU 上执行的累计耗时。因为 job 可能有完成和超时两种结束状态，这里的计时不是在完成或超时时进行的累计，而是在同时存在的 amdgpu_sched_jobs（32）个 job 计算完之后进行的，方法是强制将 32 个 job 中最早加入的一个进行时间结算。这个计时方法并不准确，首先会有滞后性，其次超过 32 个只是会警告，而不是崩溃，这就意味着实际的 GPU 占用可能大于这个计算值。每个 Fence 在完成时都有完成时间，这样做也避免了超时 job 重新加入 Entity 引起的计算混乱，实现比较简单。计算一个 job 的执行耗时算法如下：

```
ktime_sub(s_fence->finished.timestamp, s_fence->scheduled.timestamp);
```

　　这个算法就是使用 GPU 任务调度器中的调度 Fence 和完成 Fence 的触发时间戳相减得到的。GPU 任务调度器中有时间纠正机制，因为软件上认为的下发到 GPU 的时间并不一定是 GPU 实际执行该 job 的时间，GPU 的内部也有硬件队列排队执行，所以以驱动下发到硬件的时间为 job 的开始时间是不恰当的。GPU 任务调度器在上一个 job 结束时会修改下一个待结束的 job 的调度时间为刚结束的 job 的结束时间。这个做法是认为 GPU 在执行两个连续的 job 之间是没有时间空隙的，使用的是全 GPU 调度器线程级别的下一个 job，也就是跨 Entity 的硬件队列上的下一个 job。如果上一个 job 完成时下一个 job 刚被加入 GPU 队列，就有一个短暂可以忽略的没有被统计到的时间空隙。

6.4　job 的产生

6.4.1　GPU 调度器线程负载均衡

　　一个硬件的 IP 模块可能会对应多个 GPU 调度器线程，这几个 GPU 调度器线程共享同样的 Entity 集合，Entity 需要在不同的 GPU 调度器线程之间移动来让多个 GPU 调度器线程负载均衡。例如，可能存在两个负责 DMA 的 GPU 调度器线程：sdma0 和 sdma1，对应同样一个 DMA 硬件模块，都是下发 DMA 相关的 job 到该硬件的。正常情况下，一个 GPU 调度器线程的 CPU 占用并不高，但是延迟非常敏感，使用两个线程就意味着可以使用两个 CPU 并行地运行，可以进一步降低 job 的延迟。多个 GPU 调度器线程还有一个重要的作用是打乱同优先级队列下 Entity 的顺序，因为 Entity 以使用的顺序加入特定优先级的 rq，在实际执行渲染时是在一个 rq 内逐个遍历的，如果出现了两个关联的 Entity，它们之间的延迟就是固定的。例如，Android 下的 SurfaceFlinger 和一个游戏进程，即使把游戏的渲染 job 指令全部完成也无法进行下一帧的渲染，因为 SurfaceFlinger 的合成操作还没完成，对桌面来说就是游戏的这一帧还没有绘制完成，这可能只是简单地由于两个 Entity 之间还有很多其他的 Entity 存在。通过多个 GPU 之间的负载均衡，Entity 在不同的 GPU 调度器线程中的移动是整体随机的，就更容易避免这种问题。

新产生的 job 在初始化时会调用 drm_sched_entity_select_rq 函数进行 GPU 调度器线程负载均衡，该函数的定义如下：

```
void drm_sched_entity_select_rq(struct drm_sched_entity *entity)
{
    struct dma_fence *fence;
    struct drm_gpu_scheduler *sched;
    struct drm_sched_rq *rq;

    if (!entity->sched_list)
        return;

    if (spsc_queue_count(&entity->job_queue))
        return;

    smp_rmb();

    fence = entity->last_scheduled;

    if (fence && !dma_fence_is_signaled(fence))
        return;

    spin_lock(&entity->rq_lock);
    sched = drm_sched_pick_best(entity->sched_list,
entity->num_sched_list);
    rq = sched ? &sched->sched_rq[entity->priority] : NULL;
    if (rq != entity->rq) {
        drm_sched_rq_remove_entity(entity->rq, entity);
        entity->rq = rq;
    }
    spin_unlock(&entity->rq_lock);

    if (entity->num_sched_list == 1)
        entity->sched_list = NULL;
}
```

如果动态地修改了优先级，在有多个 GPU 调度器线程的情况下，上面的逻辑可以在 Entity 切换 GPU 调度器线程的同时切换优先级队列；而如果只有一个 GPU 调度器线程，负载均衡不会生效，直接返回，也就不会动态地修改优先级。

6.4.2 job 的 ioctl 入口

1. job 的 ioctl 下发流程

job 大都是通过 ioctl 系统调用产生的，而产生的主要方法定义在驱动中，GPU 调度框架中并没有定义通过 ioctl 系统调用产生 job 的逻辑。

每个 job 要先生成再加入 Entity，之后由提前创建好的 GPU 任务调度器进行调度下发执行。这个阶段包括：①drm_sched_job_init 初始化 struct drm_sched_job 结构体，将该结构体与 Entity 关联，并且调用 drm_sched_entity_select_rq 对 Entity 进行队列之间的负载均衡；②drm_sched_job_arm 继续初始化 struct drm_sched_job 结构体，主要是初始化其中的 Fence；③drm_sched_entity_push_job 将初始化的 job 加入 Entity 队列，这个阶段会触发 Entity 的 GPU 调度器线程负载均衡选择。

每个 Fence 都有一个序号，这个序号也是 DMA-BUF 的 Fence 初始化函数 dma_fence_init 所需的最后一个参数，在 Entity 内部是递增的，对应 struct drm_sched_entity 结构体中的域是 fence_seq。只有调用 drm_sched_job_arm，才会为当前处理的 job 获得一个 fence_seq，同时这个序号会递增。在某些情况下，这个序号所代表的 Fence 的顺序必须和插入 spsc 队列的顺序一致，所以 drm_sched_job_arm 和 drm_sched_entity_push_job 在同一个锁的保护下进行调用。这也是为什么有了 drm_sched_job_init 函数初始化 job 内存，还需要一个 drm_sched_job_arm 再次初始化 job 结构体的主要原因。早期所有的 job 提交都有这个顺序性保证，后来将 job 的顺序性保证移动到需要保证的特定类型的 job 下，不需要顺序性保证的就可以直接并发地 push 了。但是前面有介绍如果有依赖关系的 job 被乱序地加入队列，就会导致 GPU 调度器线程永久性卡死，这里又允许并发乱序，这是因为 job 的依赖关系只会出现在同一个线程的前后指令上。并发的线程产生的 job 之间是没有依赖关系的，所以加入队列时就可以乱序。但是应用层仍然有办法产生并发互相依赖的 job，实际上一个 job 加入什么样的 Entity 是用户层决定的，所以用户层驱动是需要遵守内核空间驱动层的约定的。

Entity 通常与功能相关，如 AMD GPU 中有 4 种 Entity：负责内存到显存之间数据移动的 Entity、负责 UVD（视频解码）的 Entity、负责 VCE（视频编码）的 Entity、负责页表映射的 Entity。普通图形指令中每个硬件单元的每个 Ring 都对应一个 Entity。AMD GPU 下通过 ioctl 的 AMDGPU_CS 指令来下发渲染指令流，硬件一般有多个 Ring Buffer 接口，每个硬件接口都对应软件上的一个 Entity。这些硬件接口可以并发地接收下发的 job，也就相当于多个 Entity 可以同时下发到硬件 job。AMD GPU 下对应的渲染指令 GPU 任务调度器为 gfx 线程，gfx 是 graphics 的谐音。

游戏运行的时候 job 的数量会很多，游戏的延迟敏感性很强，所以 job 是否可以得到及时的调用是一个很关键的问题。gfx 线程并不繁忙，但是其中处理 job 的逻辑却是尽可能无锁的。ioctl 可能并发地被调用，也就是说下发任务对应的 Entity 的 push 操作是可并发的，但是旧版本的 drm_sched_entity_push_job 在执行 push 操作之前获得了 Entity 的自旋锁，创造了单并发的环境。job 执行完成后，是在 GPU 调度器线程中逐个处理的，一个 Entity 同时只可能存在于一个 GPU 调度器线程，所以 pop 操作并没有并发的问题，也就是说 Entity 的 job 队列是单生产者单消费者模型。Entity 使用了一种管理 job 的无锁队列，叫作 spsc 队列，因为 Entity 的 push 和 pop 操作虽然可以并发访问，但是同一时间进行 push 或 pop 操作的只有一个。后来人们发现很多 push 操作并发并没有问题，直接拿掉了队列的自旋锁，这样 spsc 这个名字就不恰当了，只是被继续沿用了下来。

在 AMD GPU 下，一个 CS job 下发到哪个 Entity 是在用户空间指定的，指定的方法是通过一个与 struct drm_amdgpu_cs_chunk_ib 结构相同的数据结构，这个数据结构指定的 ip_type、ip_instance 和 ring 将作为获得 Entity 的函数的 3 个对应参数，获得 Entity 的函数声明如下：

```
int amdgpu_ctx_get_entity(struct amdgpu_ctx *ctx, u32 hw_ip, u32
instance, u32 ring, struct drm_sched_entity **entity)
```

hw_ip 对应 ip_type，instance 对应 ip_instance，ring 就对应 Ring，这个函数的实现也很简单，就是返回 hw_ip 和 ring 组成的数组，而忽略 instance，关键代码如下：

```
*entity = &ctx->entities[hw_ip][ring]->entity;
```

所以，整个获得 Entity 的过程就是用户空间通过 struct drm_amdgpu_cs_chunk_ib 结构体指定，内核空间驱动层通过提供的索引直接获得预先创建好的 Entity。从中也可以看出渲染引擎可以有多个 IP，每个 IP 可以有多个 Ring。struct drm_amdgpu_cs_chunk_ib 结构体的定义如下：

```
struct drm_amdgpu_cs_chunk_ib {
    __u32 _pad;
    __u32 flags;
    __u64 va_start;
    __u32 ib_bytes;
    __u32 ip_type;
    __u32 ip_instance;
    __u32 ring;
};
```

job 不一定要先进入 GPU 任务调度器才能传到显卡，还存在直接调度的 job，不经过 GPU 任务调度器直接加入显卡的执行队列。无论是否经过 GPU 任务调度器，向 GPU 实际地提交渲染指令也有两种方式：一种是直接提交到硬件，另一种是将命令以特定的格式放到内存的特定区域，然后将这个内存区域的指针提交给 GPU。这个内存区域叫作 IB（Indirect Buffer）。

2. AMD GPU 的 job 解析

job 通过 ioctl 下发到内核后会调用 amdgpu_cs_ioctl()函数，该函数是 AMD GPU 处理下发的 job 的总入口。

AMD GPU 定义了一个从用户空间指定的 CS 参数到内核空间参数的解析器——Parser（struct amdgpu_cs_parser）。Parser 中包含需要用户空间指定的内容和内核内部特有的命令下发上下文内容。整个解析过程如下：①初始化 Parser 的基础内容，如获得 AMD GPU 的对应上下文，创建一个 AMD GPU Sync 对象，创建下发命令需要用到的 drm_exec。②从用户空间拷贝 chunks 数据到 Parser，并对 chunks 进行内核空间的处理。③准备该 job 用到的 BO，包括确保 BO 用到的系统内存和显存的页表已经映射，确保 BO 没有被其他任务占用（通过 drm_exec 机制），在移动限制达到之前将 BO 从当前内存位置移动到合适的位置，如系统内存或显存。④UVD/VCE 对 job 的特殊处理（称为 Patch）。⑤GPUVM 页表确保用到的 BO 都已经映射。因为 AMD GPU 的 BO 出于性能目的是延迟批量映射的，批量映射的位置就在命令下发用到 BO 时。⑥处理上下文同步。⑦提交到队列。

6.5　GPU 任务调度器的内部结构

6.5.1　GPU 调度器线程的主要数据结构

GPU 调度器线程主要使用 struct drm_gpu_scheduler 结构体来存放 GPU 任务调度器相关的信息，其定义如下：

```
struct drm_gpu_scheduler {
    const struct drm_sched_backend_ops  *ops;
//向 GPU 的对应 IP 模块并发下发的最大 job 数量
    uint32_t            hw_submission_limit;
    long                timeout;
//GPU 任务调度器的名称，可以在用户空间使用的 ps 命令中看到
    const char          *name;
    struct drm_sched_rq   sched_rq[DRM_SCHED_PRIORITY_COUNT];
    wait_queue_head_t     wake_up_worker;
    wait_queue_head_t     job_scheduled;
```

```
//向硬件下发的处于没有完成状态的job，也就是GPU任务调度器对应的硬件IP最大可以并
行执行的job数量。这个值不能超过hw_submission_limit，否则无法继续下发job
    atomic_t            hw_rq_count;
//当前GPU任务调度器累计处理的job数量
    atomic64_t          job_id_count;
    struct workqueue_struct     *timeout_wq;
    struct delayed_work     work_tdr;
    struct task_struct      *thread;

    struct list_head        pending_list;
    spinlock_t          job_list_lock;
//GPU任务调度器对于每个job都会尽可能地下发，如果job超时异常，异常次数超过hang_limit
之后就会被丢弃
    int             hang_limit;
//GPU调度器线程的打分制度，Entity在每次job初始化选择GPU任务调度器时都会依赖每
个调度器的打分
    atomic_t                *score;
//score指向的默认值，默认是0，如果score在初始化时不提供，score就指向_score
    atomic_t                _score;
//用来在选择GPU任务调度器时标识当前调度器是否可用，在创建和终结调度器时设置
    bool                ready;
    bool                free_guilty;
    struct device           *dev;
};
```

在job的处理流程中，job先从Entity的list中pop出来，然后在准备下发到GPU之前，会把job加入pending_list。job_list_lock用于保护pending_list，确保在多线程环境中对该list的安全访问。此外，在将job加入pending_list后，会启动一个超时定时器。超时时间是上面的timeout域，超时后会执行一个函数。这个机制是通过内核的workqueue延迟执行机制进行的，对应上面的域是timeout_wq延迟执行队列和work_tdr放到延迟执行队列上的延迟任务。work_tdr封装的函数是drm_sched_job_timedout，该函数会与drm_sched_cleanup_jobs并发地对pending_list进行操作。drm_sched_cleanup_jobs在job正常执行完成的情况下对job进行处理，而drm_sched_job_timedout则在job迟迟没有执行完成的情况下对job进行处理。但是有一种可能是超时函数被调用的时候，job刚好执行完，这时两者都希望处理最前面的job。所以两者的主要逻辑是在job_list_lock保护下进行，在并发情况下，如果先调用了drm_sched_cleanup_jobs，drm_sched_job_timedout就会调用到下一个job，显然这是不正确的，这时就会出现job内存泄漏。

如果出现超时，可能的情况有 3 种：①因为 GPU 太忙或 job 的执行流程过长导致的执行时间超过了设置的超时值，这种情况只需重试或丢弃 job。②GPU 状态出现了异常，这种情况可以通过复位来恢复。③GPU 硬件不可用，这种情况无法恢复，所有已经存在的 job 都要丢失，显卡不再可用。

drm_sched_job_timedout 被调用时，从 pending_list 的开头拿下来的 job 需要调用 job->sched->ops->timedout_job 进行状态判断。这个 timedout_job 是由驱动实现的，表示发现一个超时的 job，希望驱动感知到。在驱动认为需要重置时进行驱动层面的重置，也就是让驱动处理第二种情况。如果驱动认为不需要重置 GPU 或已经重置成功，那么驱动的 timedout_job 就会返回 DRM_GPU_SCHED_STAT_NOMINAL，表示正常。drm_sched_job_timedout 函数会在驱动认为硬件恢复正常后重置 job 超时定时器。硬件如果无法恢复，则整个 GPU 任务调度器都无法正常工作。

如果驱动认为 job 出现了异常，则可以标记 job 对应的 Entity 为 guilty，这样之后从该 Entity 上 pop 出来的 job 就会带有异常的标记，驱动就可以不执行。这个带有异常标记的 job 对应的 Entity 是 guilty 的操作是 drm_sched_increase_karma_ext，karma 是一个 job 的计数器，代表 job 异常的次数，从这个函数的命名上可以看出这个函数会增加 job 的 karma 值。这个机制只由驱动来触发生效，GPU 调度部分只是被动地在这个机制生效的情况下进行特定的操作。AMD 执行这个函数的位置在 job 超时时，如果 GPU 需要重置，进行 GPU 重置的逻辑中。这个函数属于 GPU 重置恢复的一部分。

在 AMD GPU 下，硬件 IP 可以接受的并发 job 数 hw_submission_limit 默认是 2，对应的变量为 amdgpu_sched_hw_submission，SDMA 模块的默认值是 256。一个 job 的最大失败次数 hang_limit 是 amdgpu_job_hang_limit，默认值是 0，也就是 job 异常一次就立刻丢弃。

在选择 GPU 调度器线程的时候，依赖每个线程的 score。GPU 任务调度器中每增加一个 Entity 就加一分，去除一个 Entity 就减一分。向 Entity 中加入一个 job，Entity 所在的调度器加一分，完成一个 job，job 所在的调度器减一分。score 反映了该调度器的工作量，但是是从统计计数的角度考虑的。Entity 的增减和 job 的增减不是一个数量级，所以实际上主要是 job 的增减决定调度器的 score，由于这个打分完全按照次数，而不是实际 job 的运行时间，所以并不能反映每个调度器的实际负载情况。例如，A 调度器虽然次数少，但是负载比较高，job 执行得比较慢，此时却可能选择 A 调度器，导致调度延迟增大。

6.5.2　AMD GPU 的调度上下文

DRM 的 GPU 调度逻辑是从 AMD GPU 中提取出来的，但是并不包括渲染必须用到的上下文的概念，而在 AMD GPU 中确实有完整的上下文的概念，大部分的显卡实现渲染也都是需要上下文的概念的。上下文才是组织 Entity 的最主要结构，优先级队列只是 GPU 任务调度器调度 Entity 的结构。

一个显卡是由多个 IP 组成的，每个 IP 代表一个功能，都有固定数目上限的 Entity，也就是可以并发下发到该 IP 的硬件 Ring Buffer。例如，AMD GPU 下的 IP 包括：

```
const unsigned int amdgpu_ctx_num_entities[AMDGPU_HW_IP_NUM] = {
    [AMDGPU_HW_IP_GFX]      =   1,
    [AMDGPU_HW_IP_COMPUTE]  =   4,
    [AMDGPU_HW_IP_DMA]      =   2,
    [AMDGPU_HW_IP_UVD]      =   1,
    [AMDGPU_HW_IP_VCE]      =   1,
    [AMDGPU_HW_IP_UVD_ENC]  =   1,
    [AMDGPU_HW_IP_VCN_DEC]  =   1,
    [AMDGPU_HW_IP_VCN_ENC]  =   1,
    [AMDGPU_HW_IP_VCN_JPEG] =   1,
};
```

GFX 对应渲染指令流，COMPUTE 对应计算着色器，DMA 对应内存和显存之间的数据传输，UVD 对应视频解码，VCE 对应视频编码，UVD_ENC 对应带编码功能的 UVD 模块，VCN 是替代 UVD 和 VCE 的技术，同时支持视频编解码。CS 相关的 Entity 都是使用时再创建的，通过 amdgpu_ctx_get_entity 函数实现。一个显卡硬件对应一个/dev/drm/cardX 文件，打开这个文件一次可以创建多个上下文，可以打开多次，在一个打开的文件中的多个上下文是用 struct amdgpu_ctx_mgr 来管理的。每个打开的文件都对应一个 struct drm_file 结构体，该结构体中的 driver_priv 域代表驱动私有的内容，AMD GPU 中为 struct amdgpu_fpriv，struct amdgpu_ctx_mgr 就位于这个驱动私有内容的 ctx_mgr 域中，其定义如下：

```
struct amdgpu_ctx_mgr {
    struct amdgpu_device    *adev;      //对应的设备结构体
    struct mutex            lock;       //操作上下文管理结构体的锁
    struct idr              ctx_handles;//每个上下文的指针
    atomic64_t              time_spend[AMDGPU_HW_IP_NUM];   //记录每个硬件 IP 处理
上下文所花费的时间
};
```

该结构体包括本次打开文件创建的所有上下文和各硬件 IP 模块所花费的时间。所有的 IP 模块对应的 Entity 都放在 AMD GPU 的上下文结构体 struct amdgpu_ctx 的 entities 域指向的二维数组中。struct amdgpu_ctx 就是对应的用户空间进行渲染需要创建的渲染上下文。也就是说，用户空间每创建一个渲染上下文，对应在内核空间就会创建同样一份针对各 IP 的 Entity。不同上下文所使用的 Entity 是不同的，所以使用同一个 Entity 的一定是同一个渲染上下文。驱动中用户空间下发的渲染命令是通过 ioctl 的 AMDGPU_CS 指令调用 amdgpu_cs_ioctl 函数的，用户空间传入的数据对应的结构体如下：

```
union drm_amdgpu_cs {
    struct drm_amdgpu_cs_in in;
    struct drm_amdgpu_cs_out out;
};

struct drm_amdgpu_cs_in {
    __u32    ctx_id;       //对应上下文的 ID，通过这个 ID 在上下文管理器中找到内核
的上下文结构体
    __u32    bo_list_handle; //内存和显存的 BO 列表
    __u32    num_chunks;   //有多少个 chunk
    __u32    flags;
    __u64    chunks;       //用户空间的 chunks 结构体的指针数组，每个 chunk 都是一
个 struct drm_amdgpu_cs_chunk 结构体
};

struct drm_amdgpu_cs_out {
    __u64 handle;
};
```

每提交一个 CS job，输入的都是 CS 相关的指令和资源信息，输出的 handle 参数就是 Entity 对应的序号，每对一个 Entity 输入一个 job，就会返回一个 Entity 维度的自增序号。

amdgpu_cs_ioctl 中对用户空间传入的 union drm_amdgpu_cs 结构体使用 struct amdgpu_cs_parser 来解析，该结构体主要是将用户空间输入的信息转变为内核空间的格式，主要是 BO 列表和用户空间 struct drm_amdgpu_cs_chunk 的结构体指针数组的解析，该结构体的定义如下：

```
struct drm_amdgpu_cs_chunk {
    __u32    chunk_id;
    __u32    length_dw;
    __u64    chunk_data;
};
```

该结构体对应的内核空间结构体是 struct amdgpu_cs_chunk，其定义如下：

```c
struct amdgpu_cs_chunk {
    uint32_t        chunk_id;      //对应struct drm_amdgpu_cs_chunk的chunk_id
    uint32_t        length_dw;     //对应struct drm_amdgpu_cs_chunk的length_dw
    void            *kdata;        //指向的内容通过用户空间的chunk_data拷贝得到
};
```

在从用户空间的 DRM 相关结构体到内核空间结构体解析的过程中,还会处理语义信息,如上面的 chunk_id,可能的取值共有 9 种:

```c
#define AMDGPU_CHUNK_ID_IB                       0x01
#define AMDGPU_CHUNK_ID_FENCE                    0x02
#define AMDGPU_CHUNK_ID_DEPENDENCIES             0x03
#define AMDGPU_CHUNK_ID_SYNCOBJ_IN               0x04
#define AMDGPU_CHUNK_ID_SYNCOBJ_OUT              0x05
#define AMDGPU_CHUNK_ID_BO_HANDLES               0x06
#define AMDGPU_CHUNK_ID_SCHEDULED_DEPENDENCIES   0x07
#define AMDGPU_CHUNK_ID_SYNCOBJ_TIMELINE_WAIT    0x08
#define AMDGPU_CHUNK_ID_SYNCOBJ_TIMELINE_SIGNAL  0x09
```

这 9 种 chunk 代表用户空间下发的 9 种 CS 命令,用户空间相关的下发代码可以从 Mesa 代码的 src/gallium/winsys 目录中找到,这个目录是 Mesa 和操作系统之间的桥梁。

IB 是渲染指令的存储结构,对应的结构体为 struct amdgpu_ib,这个结构体是被 AMD 的硬件识别的,向这个结构体的对应位置写入要求的内容,硬件就可以解析这个结构体并执行渲染指令。

AMDGPU_CHUNK_ID_BO_HANDLES 代表的是用户空间传入的 BO 列表,每个列表元素对应的用户空间结构体都是 struct drm_amdgpu_bo_list_in,该结构体包含一个用户空间 BO 句柄列表,该列表属于上下文,在内核中有对应的 BO 内存。对于用户空间,最重要的就是渲染指令的提交和渲染所用的内存和显存。

第 7 章

GEM、TTM 与 AMD GPU 对象

7.1 GEM 与 TTM 的整体概念

7.1.1 GEM 与 TTM

1. GEM 与 TTM 的历史

最早的显存管理接口叫作 TTM，为 GPU 同时提供系统内存和独立显存的管理。GPU 通过 TTM 可以管理显存和由 GART 支持的系统内存访问。TTM 将所有 GPU 使用的资源定义为 BO。BO 的称呼被延续下来，成为渲染资源对象的通用表达方式。TTM 最早出现在 2007 年的 2.6.25 版本内核中，试图提供一套包含所有独立显卡和集成显卡的显存管理框架。但是，这种兼容并包的方式很快就被证明过于臃肿。

每个具体的显卡驱动都要实现大量的重复代码，即使不需要独立显存的集成显卡也不得不带有 TTM 的独立显存管理负担。经过多年的发展，TTM 在对用户空间接口上逐渐形成了更精简的来自实际使用的需求。为了让集成显卡更简单有效，同时为用户空间提供更精简有效的接口，Intel 在自己的集成显卡 i915 实现驱动时开发了 GEM。GEM 本质上是将 TTM 中各驱动实现的重复代码提取到内核通用框架里，但是 GEM 原生只支持 UMA，也就是使用系统内存做显存的集成显卡方式。其原因是 GEM 最早是由服务于 Intel 的集成显卡的显存管理实现的。因此，GEM 并没有专门对独立显存设计一套实现，对于独立显存，GEM 仍然依赖 TTM 做显存管理后端。GEM 为用户空间提供了稳定的接口，为显卡驱动提供了一系列帮助函数，减轻了显卡驱动的工作量。

2. GEM 与 TTM 的现代结构

对于 TTM，可以认为 GEM 是 TTM 的通用管理接口，要想使用这个接口的

驱动，需要在设备结构体中设置 DRIVER_GEM 标志位来注册驱动。如果内核加载驱动时发现此标志位被设置，就会为该驱动加载和初始化 GEM 子系统，否则只使用 TTM。当前 Mesa 中的 AMD 显卡的 Radeon 驱动程序和 NVIDIA 显卡的 Nouveau 驱动程序都是使用 GEM API 作为上层使用显卡的入口。所以 GEM 已经成为事实上的渲染资源管理的入口，而 TTM 则是实际的内核内部的内存和显存的资源管理器。

GEM 面向用户，TTM 面向驱动，作为驱动所依赖的框架结构存在。两者都是 DRM 通用代码的一部分，TTM 和 GEM 所需的一系列回调函数大都是由具体的驱动实现的。TTM 框架代码中也提供了如果驱动不提供回调实现情况下的部分默认回调实现。驱动中也会存在 amdgpu_gem.c 和 amdgpu_ttm.c 这种接口的回调函数实现文件，通常驱动实现的回调函数会复用 TTM 框架默认提供的函数，只是会额外地增加新的逻辑。

GEM 的整体思路是面向对象的继承体系，GEM 是从 TTM 中抽象出来的公共部分，从实现上 TTM 继承自 GEM，驱动的内部结构体继承自 TTM。

在独立显存的情况下，TTM 几乎是必需的。因为 TTM 可以通过 GART 使用系统内存来存放渲染资源，并且会在发现显存资源不足时在显存和内存之间进行数据交换以获得更多的显存。即使对于系统内存的使用本身，TTM 也提供了系统内存的交换能力，可以将 TTM 使用的系统内存在内存不足时交换到专门的交换文件中以节省系统资源，但是这样做通常会导致较高的渲染延迟。对于独立显卡，渲染过程仍然会尽可能地将 BO 都放到显存中以获得最高的 GPU 访存速度。

目前 DRM 的 GEM 和 TTM 代码都位于/drivers/gpu/drm 目录下的文件中，该目录下的各子目录则为各显卡驱动和 TTM。

7.1.2　BO 的类型与关系

BO 是所有渲染 API 使用的资源的内核组织方式，是对渲染资源对象的统称，GEM 下的 BO 就叫作 GEM BO，TTM 下的 BO 叫作 TTM BO，AMD GPU 下的 BO 叫作 AMD GPU BO。AMD GPU 驱动本身也会使用 BO，称为内核 BO。内核 BO 不是由用户创建的，而是由驱动内部创建、内部使用的。例如，用于存储页表信息的显存空间也是使用的 BO。

GEM 是从 TTM 中抽象出来的，GEM 对象的独立显存管理功能仍然需要通过 TTM 对象来实现。TTM BO 当前可以认为是 GEM BO 的封装扩展，其结构体中包含 GEM BO。各独立显卡驱动的 BO 是通过扩展 TTM BO 提供的，其中包含完整的 TTM BO。用面向对象的思路解释就是 AMD GPU BO 继承自 TTM BO，TTM BO 继承自 GEM BO。

虽然 GEM 试图隐藏驱动的不一致性，但是隐藏得并不彻底。显卡厂商的"寡头局面"（显卡厂商竞争者较少的情况）也决定了各厂商更倾向于自己独立暴露接口，由于先有 Intel 是 GEM 的主要贡献者，后有 AMD GPU 对 Linux 的大幅度开源，GEM 框架的通用性越来越强。但是反映在 DRM 核心的 ioctl 指令上，很多命令的实现仍然是各驱动独立提供的。例如，GEM 对象的创建在 AMD GPU 下的 ioctl 指令是 AMDGPU_GEM_CREATE，如果可以进一步通用化，这个 ioctl 指令就应该是 GEM_CREATE。

7.1.3 用于 CPU 渲染的 VGEM

如果系统中没有显卡，只是使用 CPU 模拟的软管线进行渲染，则理论上不需要创建 GEM 对象。但是内核中的 GEM 有关键的 Fence 同步能力，还可以使用 DMA-BUF 机制进行跨进程跨设备共享。Mesa 用户空间的 CPU 软管线渲染驱动也倾向于与普通硬管线一样使用 BO 进行资源组织的结构。因此内核开发了 VGEM 驱动（/drivers/gpu/drm/vgem），用于支持软管线的情况，主要是与 Mesa 软管线的配合。Mesa 软管线仍然可以申请 GEM 对象，但是申请到的是虚拟的 GEM 对象，GEM 的内存只位于系统内存中。

软管线使用 VGEM 使得 BO 具备内核提供的同步能力和 DMA-BUF 导出共享能力，软管线不需要在用户空间模拟实现这些行为，从而提高了软管线的执行性能。

7.2 显存类型：GEM Domain 与 TTM Place

7.2.1 GEM Domain

1. Domain 的种类与定义

在渲染指令（如 DirectX11）中创建一个资源，如纹理资源，需要指定其用途和属性。属性的指定是强制的，没有指定就会使用默认值。DirectX11 的用途和属性如下：

```
typedef enum D3D11_USAGE {
  D3D11_USAGE_DEFAULT = 0,
  D3D11_USAGE_IMMUTABLE = 1,
  D3D11_USAGE_DYNAMIC = 2,
  D3D11_USAGE_STAGING = 3
} ;
```

D3D11_USAGE_DEFAULT 表示只能由 GPU 读写，而不能被 CPU 读写，这种也是默认行为；D3D11_USAGE_IMMUTABLE 表示只能被 GPU 读，不能被 GPU 写，

也不能被 CPU 读写；D3D11_USAGE_DYNAMIC 表示只能被 CPU 读和 GPU 写；D3D11_USAGE_STAGING 表示能被 CPU 和 GPU 读写。不同的选择对显存和系统内存的使用是有区别的。

OpenGL 也有类似的标识资源位置的能力。这种标识资源位置就对应 AMD GPU 驱动中的 Domain，AMD GPU 中定义的 6 种 Domain 如下：

AMDGPU_GEM_DOMAIN_CPU：资源位于系统内存中，GPU 不可以访问
AMDGPU_GEM_DOMAIN_GTT：资源位于系统内存中，GPU 通过 GART（IOMMU）使用 GPU 的虚拟内存进行访问
AMDGPU_GEM_DOMAIN_VRAM：资源位于显存中
AMDGPU_GEM_DOMAIN_GDS：GDS 用于在多个着色器执行之间共享数据。LDS 是一个 CU 内部执行一个 Wave64 的共享内存，性能很高。GDS 则是多个 CU 共享的数据，是 LDS 的大范围版本。
AMDGPU_GEM_DOMAIN_GWS：GWS 用于同步多个 Wave64 的执行(一个 CU 中的 Wave 有 64 个线程)
AMDGPU_GEM_DOMAIN_OA：OA（Ordered Append）用于 GFX/COMPUTE 模块追加数据
AMDGPU_GEM_DOMAIN_DOORBELL：一块类寄存器显存区域，可以用于用户空间直接访问显卡硬件功能

Domain 代表的是 BO 可以位于的内存位置。一个 BO 的 Domain 可以有多个，AMD GPU 驱动并不限制任何 Domain 之间的互斥关系，也就是一个 BO 可以同时指定位于 6 种 Domain 的内存位置。但是用户空间显卡驱动（如 Mesa）通常会指定创建时 AMDGPU_GEM_DOMAIN_GTT 和 AMDGPU_GEM_DOMAIN_VRAM 不能同时出现。因为这两个都是服务于 GPU 芯片计算时直接访问的内存这一种功能，创建时用户空间驱动倾向于指定其中一种。但是在显存不足时，AMD GPU 显卡驱动仍然会将 AMDGPU_GEM_DOMAIN_VRAM 变为 AMDGPU_GEM_DOMAIN_VRAM|AMDGPU_GEM_DOMAIN_GTT|AMDGPU_GEM_DOMAIN_CPU，以便可以往系统内存中移动。实际上，AMD GPU 会在用户空间只指定了 AMDGPU_GEM_DOMAIN_VRAM 时，将 BO 的 allowed_domains 修改为 AMDGPU_GEM_DOMAIN_VRAM | AMDGPU_GEM_DOMAIN_GTT。在提交渲染任务时，可以指定 BO 位于 VRAM 中，也可以位于 GTT 内存中。

而 AMDGPU_GEM_DOMAIN_GTT 是 GPU 芯片直接访问的系统内存，也叫 GTT 内存，是从 GPU 视角通过 GART（IOMMU）硬件看到的系统内存，默认是所有可用内存的一半大小。这种将系统内存作为显存来使用的方式在 AMD 的技术栈里早期称为 HyperMemory，在 NVIDIA 中称为 TurboCache，在技术上可以统称 GTT。但是并不是所有的 GTT 内存都能被显卡使用，可以使用多少取决于显卡访问系统内存的硬件机制（GART）。AMD GPU 显卡初始化时 GART 通常较小，导致 GTT 内存无法被

充分利用。可以通过 AMD GPU 的模块参数 gartsize 指定 GART 的最大可用大小。

AMDGPU_GEM_DOMAIN_CPU 虽然也是系统内存，但是 GPU 芯片无法直接访问这部分内存，也就是没有配置 GART（IOMMU）的页映射关系的系统内存。使用这种系统内存的 BO 通常不作为 GPU 渲染会用到的资源，但是可以作为 Staging Resource 存在。Staging Resource 就是为 GPU 中的 BO 准备内容时，渲染 API 需要已经存在一个 BO，CPU 使用该 BO 从硬盘或其他位置加载资源的实际内容，加载完成后，将该 BO 的内容拷贝到渲染使用的 BO 中。这种只存在于系统内存，只被 CPU 操作的 BO 大部分都是作为 Staging Resource 存在的。

AMDGPU_GEM_DOMAIN_GDS、AMDGPU_GEM_DOMAIN_GWS、AMDGPU_GEM_DOMAIN_OA 都是 GPU 芯片中的内存，属于片上内存（显存是单独的显存颗粒，不在芯片上）。它们比较特殊，都不能被 CPU 直接访问，也不属于某一个 GPUVM，是全局性的芯片存储资源。而在着色器中常用于 CU 内部线程共享数据的 LDS 内存，无法被指定为一个 BO 的 Domain。

由于 Domain 是 GEM 层使用的内存位置概念，所以可以称 Domain 为 GEM Domain。

2. Domain、Prefered Domain 与 Allowed Domain

一个 AMD GPU BO 在创建时可以指定 Domain 和 Prefered Domain，但是用户空间创建 AMD GPU BO 时只可以指定 Domain 一个参数，Prefered Domain 在这种情况下会自动等于 Domain。

在提交 job 时，job 用到的 BO 的位置优先取决于 Prefered Domain，只有 BO 的移动频率过高时才会使用 Allowed Domain。Allowed Domain 通常包含 BO 当前所在的位置，如已经从 VRAM 移动到 GTT 的 BO，其 Allowed Domain 中包含 GTT，但是 Prefered Domain 是 VRAM。在没有达到移动数据量瓶颈时，job 任务提交流程会将该 BO 从 GTT 移动回 Prefered Domain 进行使用。

Allowed Domain 也是用于 job 提交时的，主要用于处理当前 BO 被 Evict 的情况。例如，用户空间创建的只允许放在 VRAM 中的 BO，AMD GPU 会自动为该 BO 的 Allowed Domain 增加 GTT。

7.2.2 TTM Place

1. Place 的集合：Placement

Place（struct ttm_place）是 TTM 层对 BO 实际分配的内存位置的称呼，是指在特定的 Domain 下的实际内存分配。Placement（struct ttm_placement）是指一个 BO 的所有可用的 Domain 的 Place 的总和。一个 BO 创建时会指定一系列 Domain，TTM 需要使用这些 Domain 进行实际的资源分配决策。例如，要选择实际使用哪些

Domain，TTM 就会为这些 Domain 创建 Placement，描述所有 Domain 的分配方式，在 Placement 中构造每个 Domain 的 Place。

TTM 层定义了 3 种通用的 Place，定义如下：

```
#define TTM_PL_SYSTEM          0   //放入系统内存，对应用户空间的 AMDGPU_GEM_
DOMAIN_CPU，GPU 不可以访问
#define TTM_PL_TT              1   //放入 GPU 可以直接访问的 GTT 管理的系统内存，
对应用户空间的 AMDGPU_GEM_DOMAIN_GTT，CPU 和 GPU 都可以访问
#define TTM_PL_VRAM            2   //放入 GPU 显存，对应用户空间的 AMDGPU_GEM_
DOMAIN_VRAM，CPU 不可以访问
```

AMD GPU 在这 3 种通用的 Place 的基础上进行了扩展，定义如下：

```
#define AMDGPU_PL_GDS       (TTM_PL_PRIV + 0)
#define AMDGPU_PL_GWS       (TTM_PL_PRIV + 1)
#define AMDGPU_PL_OA        (TTM_PL_PRIV + 2)
#define AMDGPU_PL_PREEMPT   (TTM_PL_PRIV + 3)
```

其中 TTM_PL_PRIV 为 3，代表驱动特有 Place 开始的编号。TTM 系统目前最多支持 8 种 Place 定义，也就是驱动最多扩展实现 5 种 Place。在 AMD GPU 下，从 Domain 到 TTM Place 的映射函数是 amdgpu_bo_placement_from_domain，该函数实现的定义关系如下。AMDGPU_GEM_DOMAIN_VRAM：TTM_PL_VRAM；AMDGPU_GEM_DOMAIN_DOORBELL：AMDGPU_PL_DOORBELL；AMDGPU_GEM_DOMAIN_GTT：flags&AMDGPU_GEM_CREATE_PREEMPTIBLE；AMDGPU_PL_PREEMPT：TTM_PL_TT；AMDGPU_GEM_DOMAIN_CPU：TTM_PL_SYSTEM；AMDGPU_GEM_DOMAIN_GDS：AMDGPU_PL_GDS；AMDGPU_GEM_DOMAIN_GWS：AMDGPU_PL_GWS；AMDGPU_GEM_DOMAIN_OA：AMDGPU_PL_OA。

如果不指定 Domain，就使用 TTM_PL_SYSTEM 作为默认 Place。AMD GPU 驱动规定一个 BO 创建时最多可以有 3 种 Place（AMDGPU_BO_MAX_PLACEMENTS），也就是 GEM 创建时最多可以指定 3 种 Domain。

创建 BO 时多种 Domain 指定的内存分配管理器对应一个 struct ttm_placement 结构体，该结构体中对每种指定的 Domain 都有一个 struct ttm_place 结构体对应。struct ttm_placement 定义如下：

```
struct ttm_placement {
    unsigned          num_placement;
    const struct ttm_place  *placement;
    unsigned          num_busy_placement;
    const struct ttm_place  *busy_placement;
};
```

struct amdgpu_bo 的 Placement 域中存放了该 BO 的 ttm_placement 结构体。BO 在初始化时，指定了多少个 Domain，就会将 Placement 域的 num_placement 和 num_busy_placement 初始化为多少，placement 和 busy_placement 指向同样的 struct ttm_place 结构体。

正常应该在 Placement 域指定的 Place 中申请内存，但是当 Placement 域中的所有 Place 的内存都不足时，就会依次在 busy_placement 的 Place 中进行 Evict 操作，以在这些 Place 中获得内存。因为 Place 有顺序性，整体的 Evict 顺序会先从低 256MB 拷贝到 VRAM 的其他位置，然后从 VRAM 拷贝到 GTT 或系统内存。busy_placement 的作用只发生在从低 256MB 拷贝到 VRAM 的其他位置时，让 busy_placement 只包含 VRAM 之后的 GTT 或系统内存的 Evict 位置。这样就可以人为地构造从低 256MB 拷贝到 VRAM 的其他位置，然后从 VRAM 拷贝到 GTT 或系统内存的 Evict 顺序。256MB 的边界是 PCIe 默认的可被 CPU 直接访问的显存大小。

因为 amdgpu_bo_placement_from_domain 中对 ttm_placement 的填充是有固定顺序的，也就是 placement 和 busy_placement 中的 Place 是有固定顺序的。这个优先级是：AMDGPU_GEM_DOMAIN_VRAM>AMDGPU_GEM_DOMAIN_DOORBELL>AMDGPU_GEM_DOMAIN_GTT>AMDGPU_GEM_DOMAIN_CPU>AMDGPU_GEM_DOMAIN_GDS>AMDGPU_GEM_DOMAIN_GWS>AMDGPU_GEM_DOMAIN_OA>TTM_PL_SYSTEM。也就是说当指定了多个 BO 内存的时候，会优先按照上述规则放置资源。如果指定了 AMDGPU_GEM_DOMAIN_VRAM，就会优先放入显存。

2. Place 的定义

Place 的定义如下：

```
struct ttm_place {
    unsigned    fpfn;//限定地址空间的第一个页框编号
    unsigned    lpfn;//限定地址空间的最后一个页框编号
    uint32_t    mem_type;//内存类型，本 Place 会发生的内存位置，如 TTM_PL_VRAM
    uint32_t    flags;//内存 Place 的标志
};
```

一个 BO 创建后，可以使用的 Placement（也就是 Place 的集合）就确定了，Placement 中的每个 Place 都定义了该 BO 的分配情况。大部分情况下，一个 BO 的分配都是动态地由对应类型的内存分配管理器进行分配的地址，这时 fpfn 和 lpfn 是 0，而通过设置 fpfn 和 lpfn 为非 0 可以限制只允许分配在这些限定的地址空间中。例如，只允许 BO 分配在前 256MB 的 CPU 可见显存就是通过设置 lpfn 到 256MB 的边界来实现的。

在同一时刻，一个 TTM 对象只会使用一个 ttm_place 作为实际的资源分配方式。

ttm_placement 中定义的是该 BO 可用的所有资源分配集合，在创建 BO 时会使用第一个可用的 ttm_place 来初始化 TTM 对象的资源分配方式。

Mesa 中创建 AMD GPU 的 BO 的代码位于 src/gallium/winsys/amdgpu/drm/amdgpu_bo.c 的 amdgpu_create_bo 函数中，Mesa 中 BO 的创建是针对每种 GPU 的，DRM 并没有统一的创建入口。

Placement 用于管理 TTM 对象的内存分配信息，并不属于 TTM 对象的一部分。TTM 对象使用 Placement 来指导 TTM 对象的创建和资源申请方式，所以 Placement 信息一般放在 TTM 对象的上层 amdgpu_bo 中。

3. Resource

Place 用于描述当前 BO 的内存请求，Place 要变为实际的内存分配需要 Resource 对象（struct ttm_resource）。Resource 对象一旦生成就会实际分配内存或显存资源，因此实际分配内存是 Resource 的工作。一个 BO 的 Place 可以发生变化，如当显存资源不足时需要移动到系统内存（Evict），TTM 就会根据 Placement 选择一个不同的 Place 来请求内存。此时，如果 Place 与 BO 当前的 Resource 不一致，就会进行原 Resource 的销毁和新 Resource 的创建，也就对应 BO 原资源位置的销毁和新资源位置的重建。

由于分配了 BO 资源是可以被映射到 CPU 地址空间从而被 CPU 访问的，所以 Resource 还提供了用于 CPU 映射访问的信息。struct ttm_resource 的定义如下：

```
struct ttm_resource {
    unsigned long start;
    size_t size;
    uint32_t mem_type;
    uint32_t placement;
    struct ttm_bus_placement bus;
    struct ttm_buffer_object *bo;
    struct list_head lru;
};
```

Resource 是对 Place 的具象化，start 代表该 Resource 实际的开始地址，size 是该 Resource 的大小。mem_type 是 Place 的 mem_type。placement 是当前内存分配的标志，是从 Place 的 flags 域直接赋值得到的。这 4 个域与 Place 的 4 个域的区别在于把 Place 的分配起始范围变成了具体的开始位置和大小。这个过程需要内存分配管理器的参与。

bus 用于将该资源映射到 CPU 地址空间，其中使用了需要映射到 CPU 地址空间的地址和映射的缓存方式等参数。bo 是 Resource 对应的 TTM BO 对象的指针，因为一个 Resource 只可能属于一个 TTM BO。

lru 是服务于全局的显存资源管理，用于记录所有 Resource 最近使用的顺序。所有的当前可用的 Resource 被组织成一个 lru 链表，链表最后就是不常使用的 Resource。在显存不足的时候，可以通过 Evict 算法从 lru 链表的最后开始对 BO 进行 Evict。

TTM 对象在同一个时刻只有一个 Resource，根据 mem_type 的不同，Resource 可能需要创建用于 GTT 内存交换文件机制的 TTM。TTM_PL_TT、AMDGPU_PL_PREEMPT、TTM_PL_SYSTEM 这 3 种需要使用系统内存的分配器需要创建 TTM。

7.3 GEM BO、TTM BO 与 AMD GPU BO

7.3.1 GEM BO

1. GEM BO 的定义

显存的使用是按照 BO 组织的，如一个纹理就是一个 BO。但是一个纹理并不一定使用显存，在大部分情况下，只有实际执行渲染命令时才需要决定是否分配显存。带有显存 Domain 的 BO 在创建时会默认分配显存，但是在 Evict 之后，BO 的内容有可能被移动到系统内存，甚至交换文件中。无论 BO 的内容在什么内存中，该 BO 仍然对应同样的 GEM BO 结构体。

GEM 将一个渲染对象的存储抽象为一个 GEM BO（struct drm_gem_object），一个 GEM BO 可以包括实际的显存也可以不包括。用于存放资源的显存或内存叫作 GEM 对象的资源，只有 GEM 对象在被使用时才需要有位于实际内存或显存中的 GEM 资源。drm_gem_object 定义如下：

```
struct drm_gem_object {
    struct kref refcount;
    unsigned handle_count;
    struct drm_device *dev;
    struct file *filp;
    struct drm_vma_offset_node vma_node;
    size_t size;
    int name;
    struct dma_buf *dma_buf;
    struct dma_buf_attachment *import_attach;
    struct dma_resv *resv;
    struct dma_resv _resv;
```

```
    const struct drm_gem_object_funcs *funcs;
    struct list_head lru_node;
    struct drm_gem_lru *lru;
};
```

GEM 对象有 refcount 和 handle_count 两个引用计数器。用户空间创建的 GEM 使用 handle_count，内核空间使用 refcount。当 GEM 创建的时候，会为 handle 增加一个 refcount，相当于 GEM 对象被 handle 获得了。用户空间的使用 handle 的调用在用到 GEM 对象时需要增加 handle_count，当 handle_count 变为 0 时，会销毁所有的 DMA-BUF（FLINK）等用户空间的 GEM 引用，然后减少 refcount。如果此时 GEM 对象没有被内核的其他逻辑持有，就会将 refcount 降为 0，从而触发位于内核中的 GEM 对象的内存回收。

filp 是在使用集成显卡时模拟出来的显存，使用 shmem 内存文件实现，在 /proc/[pid]/maps 下体现为以 drm mm object 为名称的文件，使用独立显卡 filp 为空。独立显卡的显存管理由显卡驱动使用 TTM 框架完成。

vma_node 用于管理将 GEM 对象通过 mmap 映射到 CPU 地址空间的内存地址区间。

funcs 为 GEM 对象的方法表，其中给出了执行打开、关闭、映射等操作的方法。为了支持 mmap，还提供了内核通用内存管理需要的 struct vm_operations_struct 方法表。缺页异常的实现函数就位于该方法表中。funcs 要求驱动实现，但是 TTM 提供了通用的实现独立显存 mmap 操作的功能函数，驱动可以简单封装调用 TTM 中的函数库完成实现。

当前 GEM 框架并不直接提供 GEM 对象的创建接口，而是通过实际的驱动对外提供直接创建继承了 GEM 对象的功能更丰富的继承对象。AMD GPU 下内核空间是 AMDGPU_GEM_CREATE。GEM 框架只对 GEM 对象感知，但是实际创建却在显卡驱动中进行，继承自 GEM BO 的 AMD GPU BO，返回的 AMD GPU BO 指针就是指向 GEM BO 基类的。

2．GEM 对象的用户空间索引

在用户空间中的 GEM 对象有 3 种索引方法：32 位的 Handle、32 位的命名、DMA-BUF 文件句柄。

Handle 为创建 GEM 对象的返回值，这个值是本次打开的 DRM 文件内局部的（不同的打开文件对应的 Handle 可以重复），在其他打开的 DRM 文件中是不可用的。每个创建的 GEM 都会立即分配一个 Handle，希望在本次打开的 DRM 文件中索引到这个 GEM 对象就需要使用这个 Handle。Handle 是决定 GEM 对象生命周期的引用计数。对 Handle 的获得意味着引用计数的增加，释放意味着引用计数的减少，归零意味着 GEM 对象的释放。

使用 DRM_IOCTL_GEM_FLINK 可以给一个句柄命名一个 32 位的整数，其他的进程使用 DRM_IOCTL_GEM_OPEN 就可以打开对应名字的句柄。Flink 命名整数是跨 DRM 文件打开的全系统唯一整数，但是使用前必须先转换为局部的句柄 Handle。但是使用 GEM 名称共享缓冲区并不安全。一个恶意的第三方进程访问同一 DRM 设备可能会试图通过探查 32 位的整数来猜测其他两个进程共享缓冲区的 GEM 名称。一旦找到 GEM 名称，就可以访问和修改其内容，从而导致安全问题。

后来使用了 DMA-BUF 来解决这个问题，因为 DMA-BUF 将用户空间中的缓冲区表示为文件描述符，而不再是一个 32 位的整数，所以可以通过内核的 SCM（Socket-level Control Message，套接字层控制通信）机制跨进程地传输文件句柄，可以安全地共享它们。但是 DMA-BUF 最早并不是为解决安全问题而设计的，它用于独立显卡和集成显卡下共享 FrameBuffer，或者摄像头与显卡之间共享缓存，以降低显示数据的复制开销。

2010 年 2 月 9 日，英伟达发布了双显卡同时工作的技术——Optimus Technology，该技术默认使用集成显卡，当集成显卡计算能力不足时，将一部分工作交给独立显卡完成，两个显卡可以同时工作，充分利用了计算能力，并且在不需要独立显卡的时候不需要启用独立显卡，可以省电。Dave Airlie（RedHat 工程师，DRM 社区 maintainer）希望将 Optimus Technology 在 Linux 的 DRM 下实现，实现完成后命名为 PRIME 技术，这个命名来自 Optimus Prime（擎天柱）这个虚构人物，所以 PRIME 没有对应的技术意义。PRIME 就是 Linux 下的多显卡渲染的技术方案。DMA-BUF 最开始就是在 PRIME 技术中被实现的。

DMA-BUF 用在 GEM 对象共享的原理就是将共享的内存变为文件，把内存共享问题变为文件共享问题。DMA-BUF 是用于 DMA 的内存，所以主要由 DMA 硬件访问，但是仍然可以映射到 CPU 的内存空间被 CPU 访问，这种语义与 GEM 对象的需求几乎一致。有了 DMA-BUF，Flink 的显存共享方式逐渐不被使用。

3 种命名方法最后要使用 GEM 对象的时候都需要用到局部的句柄 Handle，Handle 是 GEM 对象的唯一标识，是通过在 GEM 对象创建时使用 drm_gem_handle_create 函数和 IDR 整数分配器分配的整数。drm_gem_handle_create 函数还会增加 GEM 对象的引用计数，创建的 GEM 对象在返回用户空间时，Handle 对应的 GEM 对象的引用计数为 1。

7.3.2　TTM BO

TTM BO（struct ttm_buffer_object）是 GEM BO（struct drm_gem_object）的扩展，负责实际的资源分配。struct ttm_buffer_object 结构体的定义如下：

```
struct ttm_buffer_object {
    struct drm_gem_object base;
    struct ttm_device *bdev;
    enum ttm_bo_type type;
    uint32_t page_alignment;
    void (*destroy) (struct ttm_buffer_object *);
    struct kref kref;

    struct ttm_resource *resource;
    struct ttm_tt *ttm;
    bool deleted;
    struct ttm_lru_bulk_move *bulk_move;
    unsigned priority;
    unsigned pin_count;

    struct work_struct delayed_delete;
    struct sg_table *sg;
};
```

TTM BO 继承自 GEM BO，因此第一个 base 域就是 GEM BO。每个 TTM 对象都有一个类型 type，enum ttm_bo_type 一共有 3 种类型定义：①ttm_bo_type_device。可以被用户空间使用，可以映射到用户空间的普通 TTM BO，只有该类型的 BO 可以 Evict 到系统内存为应用程序提供更多的显存空间。②ttm_bo_type_kernel。只被内核空间使用的 TTM BO。在 AMD GPU 中，内核（AMD GPU 驱动）只用这种类型的 BO 来做 GPU 页表管理。③ttm_bo_type_sg。从别的设备通过 DMA-BUF 导入的 TTM BO。

resource 负责实际的内存分配，ttm 包括 TT 机制，用于在 GTT 内存不足时将 GTT 中使用的系统内存交换为普通文件，该功能在实际使用环境下较少被使用，因为只要使用了就必然会引入比较明显的渲染延迟，导致游戏掉帧。

7.3.3　AMD GPU BO

GEM 对象的创建是通过 ioctl 直接下发到 AMD GPU 的，对应的 ioctl 指令是 AMDGPU_GEM_CREATE，对应的 ioctl 函数是 amdgpu_gem_create_ioctl，使用的参数是 drm_amdgpu_gem_create，该参数包含输入和输出两部分：

```
struct drm_amdgpu_gem_create_in  {
    __u64 bo_size;
    __u64 alignment;
    __u64 domains;
    __u64 domain_flags;
```

};

```
struct drm_amdgpu_gem_create_out {
    __u32 handle;
    __u32 _pad;
};

union drm_amdgpu_gem_create {
    struct drm_amdgpu_gem_create_in     in;
    struct drm_amdgpu_gem_create_out    out;
};
```

输入参数指明了要创建的 GEM 的大小（bo_size）、地址对齐要求（alignment）和 Domain 信息，输出参数就是唯一索引 GEM 对象的一个 32 位的局部 Handle，该 Handle 对应的对象是 struct drm_gem_object。所以从用户空间创建往下看，希望创建的对象是 drm_gem_object，用面向对象的思维来理解就是返回的基类指针。由于 drm_gem_object 位于 amdgpu_bo 的 tbo 域中，所以最后会创建能容纳更多信息的 amdgpu_bo。

AMD GPU 允许用户空间通过 ioctl 的 AMDGPU_GEM_METADATA 命令为一个 BO 配置一些用户空间希望关联的数据内容，这个机制是通过在 amdgpu_bo 之上封装一层 amdgpu_bo_user 实现的。amdgpu_bo_user 结构体的定义如下：

```
struct amdgpu_bo_user {
    struct amdgpu_bo        bo;
    u64             tiling_flags;
    u64             metadata_flags;
    void            *metadata;
    u32             metadata_size;
};
```

除 bo 外的其他域都是用于 AMDGPU_GEM_METADATA 命令的用户空间额外数据保存的，所以在创建 amdgpu_bo 的时候实际上是创建的 amdgpu_bo_user。一个 BO 对象的创建的元素关系如下：

amdgpu_bo_user->amdgpu_bo->tbo->drm_gem_object->handle

1）面向对象的 amdgpu_bo_user 创建过程

在面向对象的语言中，对象的创建过程都是先申请内存，然后从基类开始逐级向下调用构造函数进行创建。amdgpu_bo_user 是典型的面向对象的创建过程。

创建 GEM 的 AMDGPU_GEM_CREATE 命令对应的方法是 amdgpu_gem_create_

ioctl 函数，通过调用 amdgpu_gem_object_create 函数完成 BO 创建。amdgpu_gem_object_create 函数首先通过 amdgpu_bo_create_user 创建一个 amdgpu_bo_user（amdgpu_bo_user 会调用 amdgpu_bo_create 创建 BO），返回&bo->tbo.base 作为 drm_gem_object，代码如下：

```
*obj = &bo->tbo.base;
(*obj)->funcs = &amdgpu_gem_object_funcs;
```

创建 amdgpu_bo 的函数 amdgpu_bo_create 的流程：①AMD GPU 层。为 amdgpu_bo 分配空间，由于 tbo 域是 amdgpu_bo 的成员，所以 tbo 的空间会自动分配，GEM BO 是 tbo 域的成员，也会自动分配。②GEM 层。调用 drm_gem_private_object_init 初始化 tbo 域中的 tbo.base。③TTM 层。调用 ttm_bo_init_reserved 初始化 tbo 对象，并分配实际的 BO 内存资源占用（resource）。

AMD GPU BO（amdgpu_bo）的创建分为 GEM BO 创建和 GEM BO 使用的资源创建两部分。

amdgpu_bo 的定义如下：

```
struct amdgpu_bo {
    u32         preferred_domains;
    u32         allowed_domains;
    struct ttm_place        placements[AMDGPU_BO_MAX_PLACEMENTS];
    struct ttm_placement    placement;
    struct ttm_buffer_object    tbo;
    struct ttm_bo_kmap_obj      kmap;
    u64         flags;
    struct amdgpu_vm_bo_base    *vm_bo;
    struct amdgpu_bo    *parent;
    struct kgd_mem      *kfd_bo;
};
```

placements 是从创建时指定的 Domain 直接解析而来的 Place 数组。BO 刚创建时，struct ttm_placement 中的 placement 和 busy_placement 是一样的，都是指向初始的 placements。初始的 preferred_domains 和 allowed_domains 都等于创建 GEM 指定的 Domains。因为填充 placements 是有固定顺序的，所以相当于用户指定的不同的 Domain 在初始化时也是有固定顺序的。

由于 GTT 相当于 VRAM 的功能拓展，所以 AMD GPU 驱动在应用程序创建普通 BO 的时候，如果只指定了 AMDGPU_GEM_DOMAIN_VRAM，就会在 allowed_domains 中增加 AMDGPU_GEM_DOMAIN_GTT。

tbo 域包含 GEM BO。kmap 用于 TTM 的 mmap 映射 BO 到 CPU 地址空间功能。

2）Domain 标志

struct drm_amdgpu_gem_create_in 中的 domains 域代表 6 种 AMD 显卡下可用的内存区域。domain_flags 则是一些特殊的指定 Domain 相关的标志，并不是所有的 Domain 可以使用所有的标志，什么 Domain 可以使用什么标志需要理解每个标志的作用。这些标志将辅助 Domain 到 Place 的实际分配和使用方式，主要包括辅助 Place 过程、辅助 Evict 过程、指定 BO 的内容特性、指定 BO 的同步特定和内核专用标志这五类。

（1）辅助 Place 过程。①AMDGPU_GEM_CREATE_CPU_ACCESS_REQUIRED：该 BO 需要被 CPU 访问。代表的是需求，不是客观条件。也就是需要该 BO 被 CPU 访问（可以 mmap），实际分配时必须为该 BO 分配可以被 CPU 访问的 Domain。如果没有指定该标志，CPU 仍然可以访问（mmap 会成功）。②AMDGPU_GEM_CREATE_NO_CPU_ACCESS：该 BO 无法被 CPU 访问。代表的是客观条件，不是需求，也就是 mmap 会直接失败。例如，位于 AMDGPU_GEM_DOMAIN_GDS、AMDGPU_GEM_DOMAIN_GWS、AMDGPU_GEM_DOMAIN_OA 三个 Domain 中的 BO 都会被驱动强制加上该标志。③AMDGPU_GEM_CREATE_VM_ALWAYS_VALID：让该 BO 在该 VM 中总是有效的，也就是说除非用户主动改变 Place，否则该 BO 不会被 invalid。invalid 属于 BO 状态机的一个状态，代表该 BO 有对应的页表映射。这个标志的实际作用就是将该 BO 的父 BO 设置成 VM root BO，并且让该 BO 直接获得 root BO 的 resv。位于 AMDGPU_GEM_DOMAIN_GDS、AMDGPU_GEM_DOMAIN_GWS、AMDGPU_GEM_DOMAIN_OA 三个 Domain 中的 BO 由于是片上的 BO，不属于任何 VM，所以不能有这个标志。

（2）辅助 Evict 过程。①AMDGPU_GEM_CREATE_PREEMPTIBLE：该 BO 在可抢占上下文中使用。可抢占上下文的 BO 不由 AMD GPU 驱动管理，而是由用户空间或 DMA-BUF 单独管理，所以不会被 Evict，也不会限制 GTT 内存大小的使用。②AMDGPU_GEM_CREATE_DISCARDABLE：该 BO 的内容在显存不足的时候可以被直接丢弃。Evict 过程中如果检测到 BO 有这个标志，将直接回收 BO，不会保存其中的数据。

（3）指定 BO 的内容特性。①AMDGPU_GEM_CREATE_VRAM_CLEARED：如果 BO 的 Place 位于 VRAM 独立显存中，就将 VRAM 独立显存的内容清零。②AMDGPU_GEM_CREATE_VRAM_WIPE_ON_RELEASE：该 BO 在销毁的时候，VRAM 中的内容必须清零，主要用于信息保密。在设备和驱动支持 RAS 的时候，驱动会为 BO 自动增加 AMDGPU_GEM_CREATE_VRAM_WIPE_ON_RELEASE，不需要用户空间额外指定。③AMDGPU_GEM_CREATE_ENCRYPTED：BO 的内容被加密存储。必须硬件支持 TMZ 内存，若不支持，则创建 BO 失败。这种 BO 一般用于播放 HDCP 版权内容。

（4）指定 BO 的同步特性。①AMDGPU_GEM_CREATE_EXPLICIT_SYNC：代表 resv 无法同步该 BO 的 Fence，必须手动同步。②AMDGPU_GEM_CREATE_COHERENT：可一致性访问的跨设备共享的 BO。因为 GPU 访问 BO 带缓存，所以需要使用 GPU 刷缓存指令显式地清零缓存，进行数据同步。通常对应特定的一致性内存区域和页表。③AMDGPU_GEM_CREATE_UNCACHED：非缓存 BO，通知 GPU 不使用缓存来访问该 BO。通常对应特定的非缓存内存区域和页表。④AMDGPU_GEM_CREATE_EXT_COHERENT：可一致性访问的跨设备共享的 BO。⑤AMDGPU_GEM_CREATE_CPU_GTT_USWC：指示 GPU 在访问 AMDGPU_GEM_DOMAIN_GTT 时使用 WC（Write Combine，写合并）方式，也就是将一个个的小的写操作合并为一个大的写操作以提高性能。USWC（Uncachable，Speculative Write-Combining，不缓存投机写合并）并不是写缓存，不涉及 Cache，而是将多个写操作合并在一起的类似 SIMD 的行为，一般专用于显卡这种外设内存访问。

（5）内核专用标志。①AMDGPU_GEM_CREATE_CP_MQD_GFX9：内核空间驱动 GFX9 版本图形核心专用的（不能被用户使用）分配标志。②AMDGPU_GEM_CREATE_VRAM_CONTIGUOUS：BO 占用连续物理内存的显存空间，一般是内核使用的 BO，如页表。

7.4　TTM BO 的创建与内存分配

7.4.1　TTM BO 的创建

1. TTM BO 创建的总流程

在创建更外层的 struct amdgpu_bo 对象时创建 TTM BO，对应的初始化函数是 ttm_bo_init_reserved。Reserve 在 TTM 中的意思就是实际分配内存。因为创建 TTM BO 时确定了 BO 的大小，但还不知道 BO 的内容。所以 TTM 在创建 BO 的时候先分配 BO 所需的内存（显存）。这个已经分配而没有对内容初始化的过程叫作 Reserve。

因为每打开一个 DRM 文件就会创建一个独立的 DRM 地址空间，因此不同于普通文件的映射，BO 在 DRM 地址空间内的映射地址是在创建 TTM BO 时确定的。后续映射到 CPU 地址空间就是先直接获得提前确定的 DRM 地址空间的映射地址，再进行 CPU 地址空间的二次映射。

在创建 TTM BO 时，BO 占用的存储空间大小和 Placement 已知，所以在类型是 ttm_bo_type_device 或 ttm_bo_type_sg 时就会把该 BO 加入打开的设备文件的虚拟地址管理器中的节点（ttm_bo_type_kernel 的驱动内部使用的类型不需要）。之后 mmap 的时候可以根据句柄 Handle 获得一个地址偏移，它是在创建 TTM 的时候插入 TTM

设备的地址空间的，该地址偏移可以用于 mmap 操作。

ttm_bo_init_reserved 最后会调用 ttm_bo_validate 利用 struct amdgpu_bo 指定的 Placement 进行 resource 域和对应的 ttm 域的分配（如果需要）。ttm_bo_validate 函数的作用是确保 BO 与给定的 Place 兼容，如果不兼容就进行内存移动，来确保一致。当一个 BO 刚创建还没有申请 Resource 的时候，Place 和 Resource 就是不兼容的，因为当前还没有 Resource，所以创建申请 Resource 也属于 validate 语义的一部分。

2. ttm_bo_validate 函数

TTM 没有为创建 BO 和 Evict 移动 BO 设计两套不同的函数调用，而是将这两种情况抽象成一种。因为无论是新创建的 BO 还是移动已经创建好的 BO 的位置，本质上都是 Place 与 Resource 不兼容。新创建的 BO 没有 Resource，需要移动的 BO 的 Place 已经被修改为移动目标的新位置，而 Resource 还在旧位置。还有一种情况是删除一个 BO 已经存在的 Resource，只需让 Place 变为空，已有的 Resource 与 Place 不兼容，就会删除 Resource。这种不同用途的统一资源分配的判断函数就是 ttm_bo_validate。

ttm_bo_validate 函数可以用在任何需要确保 Place 与 Resource 兼容的情况，包括新创建的 BO 和移动 BO 的位置后。

分为如下情况：①给出的 Placement 中没有指定任何的 Place，就调用 ttm_bo_pipeline_gutting 删除所有的资源。相当于清空 BO 的资源占用，包括 resource 和 ttm 域。②使用 ttm_bo_move_buffer 处理 Placement 与当前 Resource 不兼容的情况。因为当前 Resource 还没分配，但是给出了 Placement，所以一定是不兼容的。也就是这个函数在这里充当了从给定的 Placement 中申请 Resource 的能力。ttm_bo_move_buffer 分为两步，第一步是调用 ttm_bo_mem_space 为 BO 创建 Resource（ttm_resource_alloc）。ttm_bo_mem_space 逐个遍历 Placement 中可用的 Place，发现第一个有空间的可用 Place 就返回。因为 AMD GPU 的 Placement 中 Place 是有顺序的，所以如果有 VRAM，VRAM 总是第一个被返回。如果所有的 Place 都没空间，则使用 busy_placement 函数进行空间回收来满足申请。因为给定的 Placement 中会同时指定常规 Placement 和在常规 Placement 内存不足时使用的 busy_placement，ttm_bo_mem_space 就是使用这两种 Place 来申请内存的。只有 busy_placement 会触发阻塞地通过 ttm_bo_mem_force_space 函数进行的强制内存回收的流程。但是由于创建 BO 时 busy_placement 和正常的 Placement 是一样的，所以相当于对 Placement 进行内存回收。第二步是调用 ttm_bo_handle_move_mem 把新创建的 Resource 赋值给新创建的 BO。ttm_bo_handle_move_mem 的作用是将 BO 原来的 Resource 位置移动到新给出的 Resource 位置。而用在初始化函数时，因为原来的 Resource 还没有赋值，新的 Resource 刚创建还没有设置到 BO，相当于将新创建的 Resource 设置到 BO。

③如果创建 Resource 失败，也就是 TTM 分配失败，或者分配的 Resource 是 TTM_PL_SYSTEM，则创建对应的 struct ttm_tt。

虽然 TTM 申请内存可以进行 Evict 来获得内存，但是还存在其他的情况也会导致分配失败，如 BO 指定的 Domain 范围太小或显存的线性地址空间分配器中没有连续的地址空间。对于 BO 指定的 Domain 范围太小导致的分配失败问题，可以通过在驱动层面自动增加 Domain 进行补救。如果创建 BO 时指定了 AMDGPU_GEM_CREATE_CPU_ACCESS_REQUIRED，则分配失败后可以去除该标志再尝试分配。因为在没有打开 Resizeable BAR 的情况下，该标志只允许在前 256MB 的显存中进行分配。这种情况会导致 CPU 无法直接访问，但是 AMD GPU 在 CPU 访问 BO 发生缺页异常之前增加了额外的处理逻辑，会将该 BO 再移动回 CPU 可见的 VRAM 或 GTT 内存。如果上述尝试还是无法分配 BO，且只指定了 AMDGPU_GEM_DOMAIN_VRAM，则可以增加 AMDGPU_GEM_DOMAIN_GTT 再尝试分配。

7.4.2 TTM 内存分配管理器

1. TTM 内存分配管理器的分类

当前 Linux 内核的物理显存的分配与系统内存的基于 Page Fault 的分配不同，物理显存一旦分配，就被占有，访问就不会发生 Page Fault。GPU 中发生了 Page Fault 就是异常，通常会导致 GPU Reset。也就是说用户申请的显存就是要使用的显存，分配了页框之后需要立刻进行页表更新才能使用。所以 TTM 内存分配管理器在分配地址空间的同时，会减少系统的可用显存数，显存是否充足可以直接由 TTM 内存分配管理器决定。

BO 所使用的内存有多种 Domain，每种 Domain 都对应一个单独的 TTM 内存分配管理器。TTM 内存分配管理器的主要工作是找到地址空间中的空洞并进行分配。对应最多的 8 种 Domain，TTM 内存分配管理器最多也可以有 8 个（TTM_NUM_MEM_TYPES）。

TTM 内存分配管理器的命名都遵守特定的格式，如 TTM_PL_SYSTEM 位于 ttm_sys_manager.c 中，TTM_PL_TT 位于 amdgpu_gtt_mgr.c 中，TTM_PL_VRAM 的内存分配定义在 amdgpu_vram_mgr.c 中，其他内存分配管理器都是由驱动实现的，这些内存分配管理器都在 TTM 设备创建的时候（也就是打开 DRM 文件的时候）固定创建并初始化。AMD GPU 定义的 4 种内存类型的 TTM 内存分配管理器都在 amdgpu_ttm.c 中创建，其中 AMDGPU_PL_PREEMPT 类型被单独定义在 amdgpu_preempt_mgr.c 中，因为 AMDGPU_PL_PREEMPT 也对应用户空间的 AMDGPU_GEM_DOMAIN_GTT，是一种特殊的可抢占的 TTM_PL_TT，这种类型的内存不参与内存不足时的 Evict 过程。

每种 TTM 内存分配管理器都对应一个 struct ttm_resource_manager_func 结构体，

用来定义内存分配管理器函数。GTT 内存分配管理器的结构体的定义如下：

```
static const struct ttm_resource_manager_func amdgpu_gtt_mgr_func = {
    .alloc = amdgpu_gtt_mgr_new,
    .free = amdgpu_gtt_mgr_del,
    .debug = amdgpu_gtt_mgr_debug
};
```

TTM 内存分配管理器的结构体的定义如下：

```
struct ttm_resource_manager {
    bool use_type;
    bool use_tt;
    struct ttm_device *bdev;
    uint64_t size;
    const struct ttm_resource_manager_func *func;
    spinlock_t move_lock;
    struct dma_fence *move;
    struct list_head lru[TTM_MAX_BO_PRIORITY];
    uint64_t usage;
};
```

use_tt 代表是否使用 GTT 内存，VRAM、Doorbell、GDS、OA、GWS 这 5 种显卡上的显存和片上内存是不使用 GTT 内存的，也就是 use_tt 为 false。因为 GTT 内存是系统内存，系统内存的特点是线性地址到物理地址的映射不固定，也就是页的内容可以迁移，可以交换到文件。这种不固定的特性在 TTM 中是通过 struct ttm_tt 来实现的。所有使用 GTT 内存的 BO 都要使用 struct ttm_tt 来管理这种不固定的特性。因此，use_tt 可以同时指定申请的 BO 是否使用 struct ttm_tt 来管理系统内存和 BO 是否使用 GTT 内存。

size 是当前内存分配管理器的内存地址空间大小，usage 是当前内存分配管理器已经分配的大小。每当有新的地址被分配或释放时，就需要对应地修改 usage 登记。usage 不可以超过 size，如果新申请的内存会导致 usage 超过 size，就表示空间不足。但是空间不足还有可能是因为内存分配管理器没有分配需要的连续地址范围。

func 就是指向 ttm_resource_manager_func 的内存分配方法表。

每种 TTM 内存分配管理器都使用 ttm_set_driver_manager 函数向 TTM 子系统注册，AMD GPU 扩展的 Doorbell、GDS、GWS 和 OA 这 4 种 TTM 内存分配管理器使用 ttm_range_man_init 函数注册（内部会调用 ttm_set_driver_manager 函数），使用的是 TTM 模块定义的通用内存分配管理器。这个通用内存分配管理器是在 DRM 模块中实现的，叫作 drm_mm，本质上是类似进程内存 VMA 地址空间分配器的基于节点的内存空间管理器。

AMD GPU 的 GTT 内存同样使用 drm_mm 内存分配管理器,但是与 TTM 模块定义的通用内存分配管理器不同,AMD GPU 的 GTT 内存分配管理器的实现增加了地址范围限制,超出限制就不分配内存。而 TTM 模块的通用内存分配管理器默认的地址空间是内存分配管理器所能管理的所有大小,只有在内存分配管理器管理的大小范围内找不到可用空间时才会分配地址失败。

VRAM 使用的是 drm_buddy 内存分配管理器,该内存分配管理器的原理类似系统内存的伙伴系统(Buddy System),每次申请 2 的整数次方个页。drm_buddy 最早是在 Intel 的 i915 显卡驱动中实现的,后来被内核提升到 DRM 层。在 5.19 版本内核中,AMD GPU 也将 VRAM 的分配切换到 drm_buddy 内存分配管理器。

内存分配管理器创建时会指定大小,所有的内存分配管理器都是一个从 0 地址开始指定大小的线性地址范围分配器。当从不同的地址分配器申请内存时,内存分配管理器的基本工作只是根据 Place 参数分配地址空间,并不实际分配内存,实际分配内存是在分配完地址空间后,由显卡驱动显式地设置页表来完成的。Place 参数中可以指定 BO 分配位于的地址范围,内存分配管理器要服从该地址范围指定进行分配。

所有的地址分配器返回的都是 Resource(struct ttm_resource),Resource 只是对内存分配的描述。由于 TTM 基于 drm_mm 实现的内存分配管理器是基于节点的,所以 TTM 的通用内存分配管理器实际使用的是扩展之后的 Resource(struct ttm_range_mgr_node),定义如下:

```
struct ttm_range_mgr_node {
    struct ttm_resource base;
    struct drm_mm_node mm_nodes[];
};
```

内存分配管理器所做的事情就是为扩展的 struct ttm_resource 结构体申请内存并按照 Place 要求进行初始化,并且初始化扩展的域,在内存分配管理器整体的统计域进行登记,返回初始化的 struct ttm_resource 结构体。由于 VRAM 使用的是 drm_buddy 内存分配管理器,并不存在节点的概念,所以 AMD GPU 为 VRAM 的内存分配管理器专门基于 Resource 扩展了 struct amdgpu_vram_mgr_resource,用于描述 VRAM 的内存分配。

2. BO 内存分配的要求与特点

如果申请 VRAM 有连续性的要求,则只能寻找大块连续的显存,否则可以将申请拆分为多个默认 2MB 大小的内存块。一般应用层的申请都是要求连续的,内核使用的 BO 一般支持不连续的内存范围。相比现代越来越大的显存,内核的不连续 BO 的需求量并不大。因此,实际系统中的大部分内存申请都是有连续性要求的。

内核全局预留的显存内容包括在显卡上执行的固件占用的显存、用于 IP 发现和内存训练的 TMR 内存、TTM 的全局性 VGA 模拟显存、GART 表、Doorbell，以及各 IP 模块的内部数据等。在用户空间没有打开一个 DRM 文件的情况下，AMD GPU 单个显卡的整体基础显存的占用量是 8MB 左右，具体的值会根据显卡型号的不同而不同。

GTT 内存使用通用的 DRM 内存分配管理器，内存分配管理器可以分配的 GTT 内存的大小由 GART 大小决定，并不由 GTT 本身配置的大小决定。GART 的大小由 AMD GPU 内核模块参数 gart_size 配置。

GTT 一般默认配置是系统内存的一半，并且与其他内核对系统内存的占用一样，GTT 占用的系统内存也不计算在应用程序占用的系统内存中。从用户空间来看，可以认为是泄漏，因为 GTT 内存较大，所以可能出现大量泄漏的情况。GTT 占用的这一半系统内存是指整个 GTT 内存，而不对应单个显卡，GTT 内存分配管理器则是针对单个显卡的内存分配管理器。

7.4.3 TTM 系统内存的非固定映射管理器：struct ttm_tt

1．系统内存的管理：TT 机制

TTM_PL_GTT、AMDGPU_PL_PREEMPT 和 TTM_PL_SYSTEM 对系统内存的分配主要通过 TT 机制进行，TT 机制是系统内存的非固定映射的管理机制。因为系统内存的管理方式不同于显存，系统内存在内核中支持随时地将线性地址和物理地址绑定与解除绑定，使用时还可以通过 Page Fault 进行动态绑定。这种管理特点就允许系统内存被临时压缩或交换到文件中保存，从而扩展系统内存的可用大小。TTM 没有复用 Linux 内核的页框管理代码，而是独立实现了 TT 机制进行类似的支持。

TT 机制主要包括一个位于系统内存的可 DMA 的内存池——struct ttm_pool，该内存池大小的上限是系统可用内存的一半，也就是所有的 GTT 内存。struct ttm_tt 管理的系统内存就是从 struct ttm_pool 中分配的。

struct ttm_pool 将内存根据使用属性和大小分为以下几类：

```
static struct ttm_pool_type global_write_combined[MAX_ORDER];
static struct ttm_pool_type global_uncached[MAX_ORDER];

static struct ttm_pool_type global_dma32_write_combined[MAX_ORDER];
static struct ttm_pool_type global_dma32_uncached[MAX_ORDER];
```

每类的内存都是一个内存缓存，当释放该类型的内存时先释放到缓存中，而不是直接释放给内存池，以便下次分配可以快速进行。当判断内存不足的时候，就通

过释放这些缓存来释放内存，这个机制使用的是通用内核的 shrinker 接口。

2．struct ttm_tt

TTM 对象在系统内存中的实际分配结构体 struct ttm_tt 的定义如下：

```
struct ttm_tt {
    struct page **pages;
    uint32_t page_flags;
    uint32_t num_pages;
    struct sg_table *sg;
    dma_addr_t *dma_address;
    struct file *swap_storage;
    enum ttm_caching caching;
};
```

pages 是 struct page 指针数组，表示 TTM 对象从 struct ttm_pool 分配得到的页地址，这些页地址都位于系统内存中。

swap_storage 是 TTM 判断当前 TTM 对象需要换出系统内存时动态生成的共享内存，也就是创建 GEM 对象时创建的 shmem 文件，共享内存的名称是 ttm swap，当产生交换到系统内存的显存时，可以在/proc/[pid]/maps 下看到。当该 TTM 对象被交换到系统内存时，就是从 pages 指向的可 DMA 内存拷贝到 swap_storage。当 TTM 对象被再次使用就会换入显存，也就是从 swap_storage 拷贝到 pages 指向的可 DMA 内存。因为这里的 struct page 代表的是可 DMA 的物理内存，所以可 DMA 内存在 CPU 上直接访问首先要使用 dma_map_page 进行映射。

page_flags 代表这些可 DMA 内存页的属性，如被交换到 shmem 文件后就会设置 page_flags 的 TTM_TT_FLAG_SWAPPED 标志。num_pages 代表页的数量，也就是 pages 的指针数量，sg 就是包含 ttm_tt 的 TTM 对象（struct ttm_buffer_object）的 sg，dma_address 代表该段内存的 DMA 地址，caching 代表 CPU 使用该段内存时运行的 Cache 模式，主要是读写都不 Cache、写合并和读写都 Cache 三种。

ttm_tt 还有一个 populate 的概念，与内存的 populate 类似，都是确保 pages 执行的内存中数据可用。因为这时数据可能已经被交换到 shmem 文件，需要换入，也有可能还没有实际地从 struct ttm_pool 中分配，需要分配。populate 还可以让该内存对显卡可见，所以 AMD GPU 会在这个调用中将对应页的 mapping 地址空间指针设置为显卡硬件的 mapping 地址空间 ttm->pages[i]->mapping = bdev->dev_mapping，dev_mapping 对应这个显卡的匿名 inode。通过确保地址空间为 GPU 的地址空间，GPU 可以通过 DMA 访问该页。

虽然 shmem 和 struct ttm_pool 代表的都是系统内存，但是并不是同一片内存。

shmem 是在 TTM 对象判断内存不足时进行交换的系统内存，提供数据存储的能力，而 struct ttm_pool 则是显卡直接使用的系统内存，提供数据访问的能力。shmem 内存由于不会直接被硬件索引，所以可以被压缩和交换到磁盘上以节省系统内存。

7.5 TTM 的显存交换机制：Evict

7.5.1 Evict 的作用

Evict 也叫作 Swapout，与系统内存的交换文件类似。Evict 是指某个 Place 内存不足的时候，将不足的 Place 的内容移动到其他有空间的 Place 中。因为一个 BO 的 Placement 可以包含多个可用的 Place，代表这个 BO 放到任何一个可用的 Place 中都可以，所以当某一个 Place 内存不足的时候，BO 仍然可以放到支持的有空间的 Place 中。但是只要有一个新创建的 BO 支持的所有 Place 都无法获得内存，就会触发对应 Place 的 Evict。

BO 的内存申请不能被满足并不意味着内存不足，可能是在指定的地址范围内无法申请得到。例如，设置了只可以申请显存，但是给出了 CPU 可访问的约束，这个约束要求在 256MB 的地址空间之内连续显存（没有打开 Resizable BAR 的情况下，256MB 是 PCIe 的 CPU 可见内存的默认范围），这个时候 256MB 之内就有很大概率无法满足申请需求。但是大于 256MB 还有大量的显存可用，也会触发 Evict 将前 256MB 内的 BO 移走以释放空间给当前的 BO 申请。所以 Evict 的触发并不代表资源的紧张，而代表资源需求无法被满足。

通过 Place 的 fpfn 和 lpfn 约束了地址范围而无法获得内存的情况，Evict 只会尝试对 fpfn 和 lpfn 指定的地址范围的 BO 进行 Evict。

显卡的调试文件目录位于/sys/kernel/debug/dri/1（1 为显卡编号）中，该目录下有可以手动触发 Evict 的文件：amdgpu_evict_gtt 和 amdgpu_evict_vram。分别可以手动触发 GTT 和 VRAM 的 Evict，该触发是全量的，会回收到所有的指定内存。

7.5.2 Evict 的流程

1. Evict 的整体流程

Evict 的整体流程：遍历新创建的 BO 可选的 Place（busy_placement），从一个 Place 空间内在 LRU 上逐个选择 BO，进行 Evict，然后在该 Place 中进行新创建的 BO 的内存申请尝试。直到在其中一个可选 Place 上 Evict 的 BO 内存大小足够满足新创建的 BO 的内存需求。因为新创建的 BO 的 busy_placement 就是有固定优先级顺序的 Place 排序（VRAM 最优先），所以大部分情况就是在 VRAM 上找到最不常使用的 BO 进行

Evict，腾出 VRAM 空间让新创建的 BO 获得。这种 LRU 链表是通过在每次提交命令（CS）时，将该命令相关的 BO 移动到 LRU 链表的底部来更新维护的。

Evict 对帧率的影响较大。因为渲染要求低延迟，而 Evict 通常需要同步地将一个 BO 从显存拷贝到系统内存，是一个阻塞操作，所以通常会导致帧率下降。但是大部分情况下只要 BO 没有被 pin 到显存，并且系统内存中有空间，BO 就是可被 Evict 的，显存就是可申请的。因为 GTT 空间较大，还可以使用交换文件，所以显存几乎一直是充足的，只是会因为持续的 Evict 而降低性能和帧率。

如果被 Evict 的 BO 有 AMDGPU_GEM_CREATE_DISCARDABLE 标志，则可以直接丢弃，加速 Evict 过程。

在 TTM 层面，Evict 由 ttm_bo_mem_space 函数为 BO 申请内存发现给定的 Placement 不够分配时（BO 的资源需求大小大于内存分配管理器的剩余空闲内存大小），调用 ttm_bo_mem_force_space 函数触发。触发时只代表给定的系统 Placement 资源情况无法满足 BO 的 Place 需求，并不能代表系统的特定 Place 资源太少。如果 BO 需要申请连续的 100GB 的内存，那么即使此时 Place 中有 90GB，也无法满足这次申请，仍然会触发 Evict。

ttm_bo_mem_force_space 函数是在一个死循环中先调用 ttm_resource_alloc 函数，尝试在特定的 Place 位置分配 Resource，如果返回没有空间（-ENOSPC），就调用 ttm_mem_evict_first 函数进行空间释放。

ttm_mem_evict_first 函数遍历特定 Place 资源管理器的所有 BO，通过 ttm_bo_evict_swapout_allowable 判断该 BO 是否满足交换条件（该 BO 是否位于 Place 的 fpfn 和 lpfn 约束范围，该 BO 本身是否可以交换），如果满足条件，就对该 BO 调用 ttm_bo_evict 函数进行实际的 Evict。

ttm_bo_evict 函数对一个 BO 进行 Evict 首先要为该 BO 选择可用 Domain 的 Place，然后使用新的 Place 再次调用 ttm_bo_mem_space。这里会出现从 ttm_bo_mem_space 调用到 ttm_bo_mem_space 的嵌套情况，但是两者的 Place 不一样。最早的 Place 是 BO 的 Place，希望为 BO 获得内存。ttm_bo_evict 调用 ttm_bo_mem_space 使用的 Place 是为内存回收确定的新 Place，并且使用的 BO 也不是最早需要内存的 BO，而是为了获得内存而进行的与 Evict 的新 Place 兼容的 BO。ttm_bo_evict 在为 BO 获得 Evict 的内存后，对该 BO 调用 ttm_bo_handle_move_mem 将其移动到新内存。由于 Place 兼容的 BO 已经将自己的内存移动到别的 Place，因此 ttm_bo_mem_force_space 可以再次尝试申请获得 BO 所需的内存。

2. 被 Evict 的 BO 的新 Place 选择

一个 Place 的回收是遍历该 Place 下内存分配管理器的所有 Resource，由于每个 Resource 都对应一个 BO，所以找到一个匹配 Place 的 fpfn 和 lpfn 约束（如果存在）

就进行一次 Evict，然后重新在该 Place 下进行申请。选择这个 BO 的新 Place 的函数位于 ttm_bo_evict 调用的 evict_flags 中。evict_flags 是驱动注册在 TTM 框架的回调函数，用于决定一个 BO 可以被 Evict 到的 Place。AMD GPU 下的实现是 amdgpu_evict_flags。该函数是为一个 BO 选择新 Place 的函数。

AMD GPU 的 BO 移动顺序与整体的从 256MB VRAM->VRAM->GTT->系统内存的四级流程一致。规则如下：①如果 BO 当前是 GDS、GWS、OA、Doorbell 类型的 Place，则不允许 Evict，需要尝试下一个 BO。②TTM_PL_TT 和 AMDGPU_PL_PREEMP 使用 AMDGPU_GEM_DOMAIN_CPU 作为新 Domain，这个 Domain 对应的 Place 就是 TTM_PL_SYSTEM。也就是说把 GPU 可访问的系统内存空间的 BO 交换到只有 CPU 可以访问的系统内存位置（相当于从 GTT->系统内存的流程）。③BO 当前在显存中，也就是当前的 Place 是 TTM_PL_VRAM 类型时，BO 进行交换，有三种情况。第一种是如果显卡正在进行初始化或 Reset 等特殊操作，则暂停内存分配管理器相关操作（mman.buffer_funcs_enabled 为 false）。这时 VRAM 只可以交换到 AMDGPU_GEM_DOMAIN_CPU。第二种是如果显存不是全部可见的（Resizable BAR 没打开，CPU 只可见 256MB），没指定 BO 需要 CPU 访问，并且当前 BO 位于前 256MB 显存中，就设置为 AMDGPU_GEM_DOMAIN_VRAM |AMDGPU_GEM_DOMAIN_GTT |AMDGPU_GEM_DOMAIN_CPU，并且 busy_placement 跳过 VRAM，也就是只选择 GTT 或 CPU，lfpn 设置为跳过映射显存的大小（256MB）。这个情况相当于不需要 CPU 访问的 BO 占用了 CPU 映射部分的内存，就将其移动到 CPU 不可见的显存区域或在显存不够的情况下直接移动到系统内存区域。相当于将 BO 从 CPU 可见的显存部分移走。第三种是其他位于 VRAM 中的情况，移动到 AMDGPU_GEM_DOMAIN_GTT |AMDGPU_GEM_DOMAIN_CPU，也就是先移动到 GPU 可见的 GTT 内存，如果 GTT 内存不足就移动到只 CPU 可见的系统内存。

因此，在显存利用率较高并且没有打开 Resizable BAR 时，驱动要尽可能避免将不需要 CPU 访问的 BO 分配在前 256MB 显存。用户空间要尽可能不为 BO 使用 AMDGPU_GEM_CREATE_CPU_ACCESS_REQUIRED 标志。

3．ttm_mem_evict_first 回收量

整个回收的过程并没有指定回收量为多少时停止，而是以能否满足当前申请内存的 BO 的申请需求为标志。Place 中虽然可以指定开始和结束的页框限制，但是 Place 的指定代表的是申请内存所位于的空间范围约束，而不是待申请内存的大小。待申请的内存大小位于 bo->base.size 中，而要申请的 BO 结构体是不传输到 ttm_mem_evict_first 函数中的，所以实际的 ttm_mem_evict_first 回收无法指定回收量，只能通过回收一个 BO 之后能否满足当前申请内存的 BO 的申请需求来判断。

ttm_mem_evict_first 就是 Evict 与 BO 相同 Domain 的 LRU 链表中的最后一个 BO 的函数。

1）BO 的遍历

ttm_mem_evict_first 遍历 BO 并不是按照地址的从低到高或从高到低进行的，而是按照 LRU 链表进行的。LRU 链表内的存储单元是 Resource，并不是 BO，但是一个 BO 在同一时刻只有一个 Resource，所以是等价的。遍历的方法如下：

```
#define ttm_resource_manager_for_each_res(man, cursor, res)     \
    for (res = ttm_resource_manager_first(man, cursor); res;    \
         res = ttm_resource_manager_next(man, cursor, res))

struct ttm_resource *
ttm_resource_manager_first(struct ttm_resource_manager *man,
            struct ttm_resource_cursor *cursor)
{
    struct ttm_resource *res;

    lockdep_assert_held(&man->bdev->lru_lock);

    for (cursor->priority = 0; cursor->priority < TTM_MAX_BO_PRIORITY;
         ++cursor->priority)
        list_for_each_entry(res, &man->lru[cursor->priority], lru)
            return res;

    return NULL;
}
```

从内存分配管理器管理的 TTM_MAX_BO_PRIORITY 个优先级的内存中逐个遍历，先遍历 0 优先级再遍历 1 优先级，数值越高优先级越高。BO 的优先级是 TTM 提供的机制，让一个 BO 使用的内存分为 TTM_MAX_BO_PRIORITY（4）个不同的优先级。在 AMD GPU 中，默认所有 BO 的优先级都是 0，只有内核使用的 BO（用于存放 GPU 页表数据）的优先级是 1。

所有 BO 使用的 Resource 都按照优先级组织在内存管理的 LRU 链表中，这样在 Evict 的时候从低到高进行回收。由于 AMD GPU 只把驱动使用的 BO 设置为 1 优先级，所以内核使用的 BO 是最后被 Evict 的。

BO 有 pin 和 unpin 的概念，pin 就是让该 BO 的 Resource 不能被 Evict，使用方法就是不让该 BO 的 Resource 加入内存分配管理器的 LRU 链表。unpin 就是让 Resource 重新加入内存分配管理器的 LRU 链表。

在统计上，与系统内存类似，显存也有一个可用显存的概念。可用显存就是指显存总量减去 pin 的显存。因为没有被 pin 的显存都可以通过 Evict 交换到系统内存。

2）BO 是否满足 Evict 条件

ttm_mem_evict_first 使用 ttm_bo_evict_swapout_allowable 函数来判断一个 BO 是否满足 Evict 条件。ttm_bo_evict_swapout_allowable 函数实际上是通过调用驱动定义的函数来判断的，AMD GPU 下是 amdgpu_ttm_bo_eviction_valuable 函数。

BO 不满足 Evict 条件：①ttm_bo_type_kernel 类型的 BO 所在的 VM 不可以被回收，也就是页表 BO 不可以被回收。②BO 有在被使用的 Fence。③AMDGPU_PL_PREEMPT 类型的 BO 不可以被回收。④BO 的 Place 是 TTM_PL_TT 且是加密的（用 AMDGPU_GEM_CREATE_ENCRYPTED 创建的）。⑤BO 与待回收的 Place 限制不重叠，也就是对 BO 进行 Evict 对 Place 内存不足来说没有用。

这里最常见的不可以被回收的原因是⑤，也就是回收 BO 对 Place 内存不足来说是没有改善意义的。另外一种是①，也就是 BO 正在被使用。

3）内存的实际移动函数

在 ttm_bo_handle_move_mem 函数中，要想移动 BO 的实际 Resource 到指定的新 Place，需要先把 BO 的所有映射 unmap。如果新 Place 需要使用系统内存，则需要先创造 struct ttm_tt 结构体，然后调用设备的 move 函数进行实际的移动。在 AMD GPU 下，设备的 move 函数是 amdgpu_bo_move，根据 BO 原内存和新内存的不同情况有不同的行为。整体上都是将新 Resource 赋值给 BO，删除 BO 的原 Resource。

实际拷贝内存时会使用 amdgpu_move_blit 函数，如果该函数不可用，就会在都是 CPU 可见内存的情况回退到由 CPU 进行的 memcpy。amdgpu_move_blit 函数会在 BO 设置了 AMDGPU_GEM_CREATE_VRAM_WIPE_ON_RELEASE 标志的情况下，生成一个 job，把移动出去的 Resource 的内存数据覆盖掉，该功能会在打开 RAS 的情况下自动启用。

7.6 BO 的 CPU 映射访问

7.6.1 GEM BO 的 mmap 映射

1. DRM 上下文的 BO CPU 映射地址空间

由于 GEM BO 不对应打开的文件，但是对应 DMA-BUF 句柄，所以可以通过 DMA-BUF 来映射使用 GEM BO。此外，GEM BO 还提供了另外一种无文件句柄的 mmap 支持。DRM 对 BO 的映射并没有额外地增加文件句柄，而是使用 BO 在当次打开的文件的局部 Handle，这个 Handle 对应一个专门用于存放 BO 所在 CPU 内存位置的地址空间。这个地址空间虽然也是每个打开的 DRM 文件一个，但是与用于 GPU 对 BO 访问的 GPUVM 不同，这个地址空间是专门用于映射 BO 到 CPU 线性地址空间的，叫作 CPU 映射地址空间。

mmap 系统调用可以指定映射的文件的偏移，通过让不同的 GEM BO 对应不同的偏移，就可以通过 mmap 映射打开的 DRM 文件，指定特定的偏移就映射特定的 GEM BO。

每个 GEM BO 在 CPU 映射地址空间的偏移都是创建时确定的。每个 GEM BO 在创建时的资源大小都是确定的，该 GEM BO 的大小会被加入本次打开的文件对应的 DRM 的 CPU 映射地址空间。这样每个打开的 GEM BO 都会在 CPU 映射地址空间中有一个地址，这个地址是无法进行索引的，它仅代表该 GEM BO 的唯一偏移。这个偏移用于将该 GEM BO 使用 mmap 映射到用户空间中的偏移域。

2．CPU 映射地址空间的地址分配

DRM 中存在一个 DRM 设备的概念（struct drm_device），在 GEM 层看到的显卡硬件是 struct drm_device，在 TTM 层看到的显卡硬件是 struct ttm_device，在 AMD GPU 层看到的显卡硬件是 struct amdgpu_device。这三个不同层对显卡硬件的表示本质上是指向同一个设备。但是这三种设备并不像 BO 那样有明确的继承关系，而是 struct amdgpu_device 中同时包含 struct drm_device 和 struct ttm_device，也就是 DRM 设备和 TTM 设备是互相独立的。GEM 设备是 AMD 显卡硬件的对外抽象表示，TTM 设备则是 GEM 设备的 VMID 内存空间的表示。因此 AMD GPU 设备中的 GEM 设备是在 PCI 初始化检测时与 AMD 显卡硬件一起创建的，而 TTM 设备是在 GMC IP 模块初始化时创建的。

由于 GEM 也是 TTM 的抽象，所以 TTM 设备所使用的 CPU 映射地址空间也是 GEM 设备使用的线性地址空间管理器 struct drm_vma_offset_manager，是创建 GEM 设备时一起创建的，叫作 VMA 偏移管理器。VMA 偏移管理器用来将 GEM 通过 mmap 映射到用户内存的位置，其主要工作是虚拟地址空间的分配、删除和查找。VMA 偏移管理器以页为单位，所有的内存都是页对齐的。VMA 偏移管理器只是 drm_mm 内存分配管理器的一个简单封装，定义如下：

```
struct drm_vma_offset_manager {
    rwlock_t vm_lock;
    struct drm_mm vm_addr_space_mm;
};
```

这里对 drm_mm 的使用与分配 GTT 内存等的用途不同，并不是用于分配 GPU 访问的内存地址空间，而是用于分配 CPU 访问的在 DRM 上下文的 BO CPU 映射地址空间。

每个 GEM BO 中都包含一个虚拟内存中的映射节点——struct drm_vma_offset_node vma_node。GEM 对象的 vma_node 域就是 VMA 偏移管理器管理的映射节点。所以通过映射的 VMA 偏移管理器从 GEM BO 的映射地址中可以找到对应的 GEM BO。

与普通的文件映射或匿名内存映射类似，新 mmap 的 BO 内存是不实际分配物理内存的，而是通过缺页异常进行内存内容填充。GEM BO 的映射内存的填充是由驱动实现的 struct vm_operations_struct 结构体方法，该结构体是 Linux 内核中普通的内存申请所使用的虚拟内存操作结构体，其中定义了缺页异常等操作的实现，也就是说 GEM 内存管理与 Linux 内核的普通内存管理使用的是统一的结构。

驱动可以选择在缺页异常发生时才为 GEM 对象申请内存，也可以选择提前申请好，等到缺页异常发生时直接使用提前申请好的内存。甚至可以选择直接将 GART 对应的物理内存作为映射使用的物理内存，但是这样做可能会导致内存一致性问题。

7.6.2 TTM BO 的 CPU 内存访问操作

1. struct vm_operations_struct 内存操作表

在渲染 API 中，通常会有将渲染资源映射到 CPU 访问的需求。将 BO 映射到 CPU 地址空间供 CPU 访问是由 TTM 负责的。内核通过 ioremap 函数将 BO 映射到 CPU 线性地址空间。

TTM 要求驱动提供的 BO 函数表中有 mmap 和对应的内核内存管理通用的 struct vm_operations_struct *vm_ops 域。TTM 子系统提供了默认的 vm_ops 实现 ttm_bo_vm_ops（/drivers/gpu/drm/ttm/ttm_bo_vm.c），包括如下默认的函数实现：

```
static const struct vm_operations_struct ttm_bo_vm_ops = {
    .fault = ttm_bo_vm_fault,
    .open = ttm_bo_vm_open,
    .close = ttm_bo_vm_close,
    .access = ttm_bo_vm_access,
};
```

open 和 close 只是简单的 BO 内核引用计数的管理。access 是读取 BO 的内容到 CPU 给出的缓存。fault 是在访问 BO 映射出现缺页异常时调用的函数。

如果驱动没有提供 vm_ops，就会在 mmap 时将 BO 的 vm_ops 设置为 ttm_bo_vm_ops。否则就直接使用驱动提供的函数表。AMD GPU 提供的函数表如下：

```
static const struct vm_operations_struct amdgpu_gem_vm_ops = {
    .fault = amdgpu_gem_fault,
    .open = ttm_bo_vm_open,
    .close = ttm_bo_vm_close,
```

```
    .access = ttm_bo_vm_access
};
```

相比默认行为只修改了缺页异常处理函数 fault。amdgpu_gem_fault 的主要逻辑与 ttm_bo_vm_fault 一致，但是增加了对 Evict 的感知和处理。

amdgpu_gem_fault 首先对 BO 的 dma_resv 进行加锁，然后为 BO 增加 AMDGPU_GEM_DOMAIN_VRAM 和 AMDGPU_GEM_DOMAIN_GTT 两个 Domain 的 Placement。最后调用 ttm_tt_populate 将实际内容映射到地址。amdgpu_gem_fault 在调用实际的缺页异常处理函数 ttm_bo_vm_fault_reserved 之前增加了 amdgpu_bo_fault_reserve_notify 函数调用。该函数的作用是在 BO 对 CPU 不可见时，将 BO 移动到 CPU 可见区域。CPU 可见区域优先是 VIS VRAM（不打开 Resizable BAR 时，CPU 可见区域是前 256MB），当 VRAM 不足时就移动到 GTT 内存。因此，在 Evict 时，当一个需要 CPU 访问的 BO 位于 CPU 可见的 VRAM 中时，也可以被移动到 CPU 不可见的 VRAM 区域。但是 AMD GPU 驱动并没有这样做，而是移动到 GTT 内存。因为如果移动到 CPU 不可见的 VRAM 区域，CPU 映射时仍然需要再次移动，很有可能导致同一个 BO 的反复移动。

但是对于新创建的 BO，如果带了 AMDGPU_GEM_CREATE_CPU_ACCESS_REQUIRED 标志无法创建成功，就会选择去除该标志再次尝试创建。CPU 映射的问题 AMD GPU 在 Page Fault 的时候会进行处理，再将该 BO 移动到 CPU 可见区域。

2. 缺页异常：ttm_bo_vm_fault_reserved

无论是 AMD GPU 封装的函数还是 TTM 自己提供的缺页异常函数，最后都是使用 ttm_bo_vm_fault_reserved 进行缺页异常处理。因为 CPU 访问的 BO 内存有可能位于 VRAM 或 GTT 中两种情况，所以缺页异常处理也要分两种情况进行处理。这两种情况的区别在于获得缺页异常对应的页编号的方法不同。对于 VRAM，需要 ttm_bo_io_mem_pfn 进行获得（AMD GPU 会注册其中的回调函数）。对于 GTT，需要先确保页内容已经存在于系统内存（GTT 可以将页内容通过 ttm_tt 机制交换到 shmem 文件），然后直接根据地址计算得到页框。

因为 CPU 访问 VRAM 使用的是 MMIO，与访问 GTT 的接口是一样的。所以获得页编号之后，使用同样的页框插入函数 vmf_insert_pfn_prot 进行页表管理更新。

7.6.3 Resizable BAR

由于显存需要映射到 CPU 地址空间才能被 CPU 使用，而 CPU 可以访问的显存的大小是有限的，PCIe 默认只有 256MB 的访问空间，这就导致很多地址空间的控制操作。PCIe 有一个叫作 Resizable BAR 的特性，可以让 CPU 直接访问所有的显存，这个特性一般可以提高游戏性能。

Resizeable BAR 可以让大于 256MB 的显存映射到 CPU 地址空间，这样 CPU 可以把显存作为内存直接访问使用。Resizeable BAR 需要主板支持，所以需要在 BIOS 中打开。如果打开了显卡，驱动就会自动映射所有的显存到 CPU 地址空间。可以在 /sys/class/drm/card0/device/mem_info_vis_vram_total 中查看当前映射的显存的数量。AMD 显卡下，这个全部映射到 CPU 的特性叫作 SAM（Smart Access Memory）。

一般情况下，256MB 的 CPU 可见区域会很快用完。当使用渲染图形 API 进行渲染时，如果不使用 Resizable BAR 进行显存资源的 CPU 访问，那么 GPU 通常需要从 256MB 的 CPU 可见内存中将一部分资源移动到 CPU 不可见的显存区域，或者直接使用 GTT 内存交换到系统内存，这会触发额外的内存拷贝。

渲染 API 一个常见的资源数据拷贝的用法是先创建一个只存在于显存中的资源，该资源 CPU 不可见，然后创建一个叫作 Staging Buffer 的资源，位于 CPU 可见的系统内存中。CPU 的所有数据修改都作用于 Staging Buffer，通过专门的拷贝指令，将 Staging Buffer 中的内容拷贝到实际资源的显存中。这种做法不依赖 Resize BAR，但是需要额外增加一次 CPU 到 GPU 的内存拷贝。如果有 Resize BAR 功能，就意味着所有的显存对 CPU 可见。此时，渲染 API 的用户就可以直接将资源映射到 CPU 地址空间，直接修改显存内存，可以完全去除 Staging Buffer 这一额外的资源和额外的内存拷贝行为，从而带来性能的提升。

在 Vulkan 中，vkMapMemory 可以将一个 VkDeviceMemory 映射到 CPU 地址空间，但是这个映射的执行成本在有的驱动实现中可能比较高，并且如果没有打开 PCIe Resize BAR，那么只有 256MB 的显存可以被映射到 CPU 地址空间，此时调用 vkMapMemory 很可能将这 256MB 中已经存在的资源转移到显存的 CPU 不可映射区间，导致额外的显存移动开销。

如果只调用 vkMapMemory 映射数据，在使用完后不使用 vkUnmapMemory 解除映射，叫作持久性映射。持久性映射会固定地占用一部分 256MB 的 CPU 可见显存的地址空间，但是可以降低损耗。所以在打开 PCIe Resize BAR 的情况下应该尽可能使用，而没有打开时尽可能不使用。

第 8 章

应用使用的显卡地址空间：GPUVM

8.1 GPU 的地址空间：GPUVM 与 VMID

8.1.1 前 IOMMU 时代：UMA 与 GART

显卡有集成显卡和独立显卡两种，集成显卡直接使用系统内存作为显存，所以理论上可用显存大小只受到系统内存制约（还有一些可配置的软性限制）。独立显卡使用独立显存，在显存不够时会使用系统内存作为显存交换，也就是将当前不需要的显存资源转移到系统内存，以腾出空间来执行新的渲染内容。渲染过程会使用着色器、纹理、顶点等渲染资源，这些资源在独立显卡的情况下，在渲染任务实际执行时是放在显存中的。曾经 NVIDIA 有 TurboCache，AMD 有 HyperMemory 来直接使用系统内存扩展独立显卡的显存，但是通常受到 PCIe 总线带宽的限制，性能比较差。CXL、NVLINK 等技术依赖的高速总线可以解决这个问题，所以独立显卡直接使用系统内存甚至跨显卡硬件，公用显存也成为可能。

集成显卡使用的 CPU 内存的结构叫作 UMA。Linux 内核必须提供一个统一的接口进行 UMA 和独立显存的管理。内存管理需要处理内存的申请和释放、换入和换出、映射、缺页异常、NUMA 等。显存管理需求也是类似的，并且由于显存可以使用 CPU 内存或显卡自带的显存，而且独立显存与 CPU 内存之间还需要进行 DMA 传输数据，所以显存管理格外复杂。

最早期的让显卡使用系统内存的方法是 AGP 缝隙。AGP 缝隙需要在 BIOS 中配置，直接从系统内存中预留一部分内存给显卡使用，之后系统内存便无法再使用这部分内存。AGP 缝隙由于需要提前分配，锁定占据大量的系统内存空间，因此系统启动后即使显卡没有在工作，这部分内存也被显卡占用，无法作为系统内存使用。GART 取代了 AGP 缝隙，但是大部分主板仍然会兼容 AGP 缝隙。

让显卡可以通过 DMA 直接访问系统内存的机制叫作 GART，被独立显卡直接使用的系统内存或其他设备映射到 CPU 地址空间的 MMIO 内存叫作 GTT 内存。GART 通过系统物理地址到显卡物理地址之间的转换来实现连续的系统内存地址，但是实际的系统内存可以是不连续的。GART 页表的存在使得 GPU 可以动态地使用系统内存，而不需要提前分配，锁定占据大量的系统内存空间，这就解决了 AGP 缝隙的最大问题。GART 是 GPU 的页表，对于 GPU，GART 只提供一个页表，也就是只有一个独立的地址空间。虽然这个页表可以用于访问系统内存或其他硬件的映射内存，但是现代 GPU 逐渐发展到多地址空间的架构。由于多地址空间可以让 GPU 同时存在多个不同的页表，因此无论是虚拟化还是复杂任务管理情况，多地址空间都有显著优势。

GART 是一种简单的只有一个 GPU 地址空间的 IOMMU 机制，因此 GART 很快被 GPUVM 这种有多个 GPU 地址空间的 IOMMU 机制替代。与 GART 类似，GPUVM 可以将系统内存和 GPU 的显存全部映射到统一的 GPU 地址空间。但是 GPUVM 可以同时存在多个地址空间，也就是 GPU 可以同时存在多个不同的页表。AMD GPU 的第一个驱动初始化时默认创建的地址空间就对应传统的 GART 页表，因为 GPUVM 的页表管理与 GART 表是兼容的。虽然 GART 已经被 GPUVM 替代，但是 GART 的名称被 AMD GPU 驱动保留下来，在 GPUVM 下，GART 就是驱动初始化时创建的第一个地址空间使用的 GPUVM 页表，一般只在驱动内部使用。除此之外其他应用层使用的 GPUVM 页表都是在使用时动态创建和销毁的。

8.1.2 现代 AMD GPU 的内存访问：GPUVM

1. GPU 的内存访问固件：GMC

CPU 可以访问系统内存和 GPU 中的显存，GPU 也可以访问显卡中的显存和系统内存。CPU 通过使用 MMIO 将 GPU 中的显存映射到 CPU 地址空间来访问显存，GPU 通过 GART/IOMMU 将系统内存映射到 GPU 地址空间来访问系统内存和其他设备的内存。CPU 与 GPU 都可以通过虚拟的线性地址来访问映射的物理地址，这个映射的物理地址可能是系统内存，也可能是显存。也就是说，两者的线性地址部分可能会同时映射同一个系统内存或显存，所以访问时需要确保乱序带来逻辑问题和缓存的同步。AMD GPU 看到的线性地址空间在驱动中叫作 GPUVM，用于管理 GPU 看到的显存和系统内存的映射及页表维护。

GPU 访问显存和通过 IOMMU 访问系统内存时需要用到 GMC IP 模块，在比较新的硬件中，GMC 不对应单独的硬件 IP 模块，而是以 Hub 的形式分散在不同的硬件 IP 模块前面。但是 GMC 模块在驱动中仍然单独存在，作为整体的模块抽象使用 Hub 模块提供的方法来实际地访问显存和内存。GMC 的核心功能是提供 GPUVM 所需的地址空间，叫作 VMID。系统内存和 VRAM 都是要映射到 VMID 地址空间才能被访问的。

内存管理 Hub 包括 GFX Hub 和 Mem Hub 两种，两者都会提供使能 GART、设置页表的调用，同一类型不同 Hub 版本的硬件会对同样的函数实现同样的方法。Mem Hub 中会提供 Power Gating 和 Clocking 的使能操作，GFX Hub 中会提供 SRIOV 等 GFX 特有的内存访问支持。GMC 驱动通过使用 Hub 提供如下功能：页表配置、GART 管理、AGP Aperture 配置（GMC 9.0 版本之后支持）、GPU 缺页异常处理、RAS、GPU TLB 管理、PASID 管理、TMZ 管理。

2．DRM 文件句柄对应的 GPUVM（struct amdgpu_vm）地址空间

CPU 下每个进程都对应一个地址空间，而在 Linux 操作系统的 DRM 下，每个打开的 DRM 文件句柄都对应一个地址空间，也就是会新创建一个 GPUVM，对应一个 16 位的 PASID。无论实际的硬件有几个 Hub，每个 GPUVM 都有固定的 Hub 布局（8 GFX Hub + 4 Mem Hub 0 + 1 Mem Hub 1）。

每个 GPUVM 在发布 job 的时候，都可以向 job 对应 Hub 的 VMID 管理器申请使用一个 VMID 赋值给 job。同一时刻一个 GPUVM 可以有多个 job，也就可以同时使用多个不同的 VMID。

每个 GPUVM 都对应一个用来存放页表的 BO 和用来更新页表的 job。

8.1.3　GPUVM 的地址空间：VMID

1．VMID 的定义

CPU 下每个进程对应的地址空间都是虚拟地址，在实际使用时会映射到物理地址，不使用时通常不进行实际的映射。大部分情况下，映射的物理地址都是物理内存，也可以是通过 MMIO 映射到 CPU 空间的设备内存。每个进程的内存映射都对应一个独立的页表，由于每个进程并不会使用到所有的内存页，所以每个进程的页表相对较小，只包含自己所需的页表条目。

GPU 与 CPU 类似，也可以有多个地址空间，但是 AMD 显卡硬件限制了从每个 Hub 看到的地址空间最多只有 16 个，每个地址空间都由一个 VMID 表示，也就是 16 个 VMID。所有的 GPU 组件都是通过一个 VMID 访问显存的，如 IB 里面的指令大都需要指定是通过哪个 VMID 访问显存的，每个 VMID 都对应一个页表映射。每个 Hub 都对应一个 VMID 管理器（struct amdgpu_vmid_mgr），负责管理 VMID 资源。

CPU 虽然支持多个应用程序的地址空间，但是一个核在任何时刻都只有一个地址空间处于活跃状态，甚至内核代码在运行的时候，是直接使用物理地址的。多核 CPU 可以同时在每个核上使用不同的地址空间。但是 GPU 的管线很长，一个渲染动作的渲染管线很长，执行一个 job 所需的时间也很长，所以 GPU 有命令队列，也有位于不同硬件单元上并发执行的计算任务。GPU 不但同一时刻有多个不同的任务使用不同的 VMID 进行 job 提交，还有多个相对独立的不同的 IP 模块，这些 IP 模块可以彼此独立使用，每个 IP 模块都可以使用不同的 VMID。所以，同一时刻 GPU 上可以有多个 VMID 处于活跃状态。

在 GMC 中，一个 VMID 的地址空间包括 VRAM、GART 和 AGP 三种内存，VMID 初始化时分别将这三种内存映射到 GMC 地址空间的不同位置范围。其中 VMID 0 是内核使用的地址空间，在驱动初始化时就完成了 VMID 0 的初始化。VMID 0 中的系统内存需要通过页表来访问，GPUVM 的线性地址通过解析页表获得实际系统内存的 DMA 地址进行 DMA 访问。而 VMID 0 中的 VRAM 是没有页表的，直接线性批量地映射到 GPUVM。AGP 几乎不再使用。

其他 VMID 1～15 都是用户使用的，按需进行初始化。所有 VMID 的地址空间配置寄存器都位于 GMC 模块中，用户应用程序使用 VMID 1～15，其中渲染使用的 Graphic/Compute 硬件模块使用 VMID 1～7，通用计算 KFD 使用 VMID 8～15。用户应用程序使用的系统内存和显存都是通过 GPUVM 的页表进行访问的。

AGP 的兼容支持是在 GMC 9 中引入的，但是其存在大量问题，所以很快就在 GMC 11 中删除了。由于 AGP 已经退出历史舞台，所以可以认为目前 Linux 操作系统下 AMD 显卡不支持 AGP 缝隙。

ME 是 GPU 中执行固件微码的引擎，一个 GPU 中包含多个 ME。其中，一个 ME 执行的固件叫作 HWS，负责将 CPU 进程的 PASID 映射到 VMID。HWS 通过 PASID 到 VMID 的映射保证了同时执行的 CPU 进程使用的 GPU 页表可以不同且互相独立。

VMID（struct amdgpu_vmid）的定义如下：

```
struct amdgpu_vmid {
    struct list_head        list;
    struct amdgpu_sync      active;
    struct dma_fence        *last_flush;
    uint64_t                owner;

    uint64_t                pd_gpu_addr;
    uint64_t                flushed_updates;
```

```
    uint32_t          current_gpu_reset_count;

    uint32_t          gds_base;
    uint32_t          gds_size;
    uint32_t          gws_base;
    uint32_t          gws_size;
    uint32_t          oa_base;
    uint32_t          oa_size;

    unsigned          pasid;
    struct dma_fence  *pasid_mapping;
};
```

其中，active 用于存放所有使用当前 VMID 的 job 的 Finished Fence；pd_gpu_addr 代表当前 VMID 页表的地址；gds、gws、oa 分别对应 3 种 GPU 使用的 Placement，是不同用途的显存；pasid 代表当前和 VMID 绑定的 PASID。

2. VMID 管理器

渲染计算对应的 VMID 管理器是 struct amdgpu_vmid_mgr，管理 VMID 1~7，其定义如下：

```
struct amdgpu_vmid_mgr {
    struct mutex         lock;
    unsigned             num_ids;
    struct list_head     ids_lru;
    struct amdgpu_vmid   ids[AMDGPU_NUM_VMID];
    struct amdgpu_vmid   *reserved;
    unsigned int         reserved_use_count;
};
```

struct amdgpu_vmid_mgr 只管理非 KFD 的 VMID，所以 num_ids 为 8（对应 first_kfd_vmid 变量）。

VMID 1~15 可以位于 ids_lru 中，也可以被预留位于 reserved 中。同一时刻一个 Hub 只能有一个用户空间的 VMID 被预留。只有第一个 GFX Hub 能使用 AMDGPU_VM_OP_RESERVE_VMID ioctl 命令预留 VMID。VMID 的预留操作可以让渲染 GFX 使用特定的 VMID。对同一个 VMID 管理器的预留操作可以进行多次，但是一个 VMID 管理器中同时只允许一个 VMID 被预留，预留多次通过

reserved_use_count 引用计数进行管理。预留的 VMID 会从 ids_lru 中摘除，设置到 reserved 指针指向。

job 在下发到硬件队列之前，需要关联一个 VMID（struct amdgpu_vmid）。关联的方法是优先使用 reserved 的 VMID（只有 GFX 有 reserved），如果没有 reserved，就尝试从已经被使用的 VMID 中复用。如果无法复用，就从 ids_lru 中找到空闲的 VMID。在 job 下发到内核后、入调度队列之前的 prepare_job 流程中，检查如果没有指定 VMID，就调用 amdgpu_vmid_grab 函数分配一个 VMID。非 KFD 的用户空间下发的 job 是不带 VMID 的，在驱动中动态地分配。而 KFD 的 job 由用户空间指定 VMID 的。

在 amdgpu_vmid_grab 分配 VMID 时，如果当前 GPUVM 有 reserved 的 VMID，就使用 reserved 的 VMID，没有 reserved 的 VMID 就会找非 reserved 的 VMID。优先找已经被分配给 GPUVM 的 VMID 进行复用，如果无法复用，就申请获得一个当前没有被任何 GPUVM 使用的 VMID。

8.1.4 PASID 与 VMID 的映射

1. PASID

CPU 上有多个地址空间，大部分系统都将每个用户空间的进程组织成一个单独的地址空间，在不同的地址空间中访问同一个线性地址对应的内容是不同的。而早期的 PCIe 总线只有一个地址空间，也就是在配置 PCIe 地址时（可能是正在设置 DMA 操作），指定的 PCIe 地址在不同的应用看来是一致的，即不同的应用地址空间对应同样的 PCIe 地址空间。这在非虚拟化的 Linux 操作系统下是没问题的，因为 Linux 操作系统下的所有应用地址空间共享同样的内核地址空间。而 PCIe 地址的配置一定是在内核中进行的，也就是全系统会使用同样的 PCIe 地址空间。

但是在虚拟化情况下，有多个虚拟化的内核，它们访问的 PCIe 地址空间是不同的，物理上是有冲突的。因为 PCIe 在物理上只有一个，多个虚拟化 Linux 内核都认为自己独占该硬件，所以不同的虚拟机在访问 PCIe 地址时需要进行区分。PASID 是 PCIe 设备并发访问的机制，本质上是在 PCIe 数据包上增加一个 20 位的 PASID 地址前缀。例如，不同的虚拟机使用同一个 PCIe 地址作为参数访问同一个 PCIe 设备，同一个地址可能对应不同的物理地址。若没有 PASID，则无法区分访问的是哪个 PCIe 地址空间，PASID 就是用于设备区分不同地址空间的 20 位地址前缀。例如，软件访问一个 0x1000 的 PCIe 地址，如果不使用 PASID，则是 PCIe 物理意义上的 0x1000 地址，如果使用了 PASID，则可以实际地对应完全不同的地址空间。例如，一个进程的 0x1000 被解析为 0x2000 物理地址，另一个进程的 0x1000 被解析为 0x3000 物理地址。

PCIe 本身并不提供实际的设备地址空间管理，只提供 20 位的 PASID 地址前缀能力。具体 PASID 的分配和到设备上的地址空间映射需要 PCIe 设备自己支持。例如，AMD GPU 只使用了 16 位的 PASID 地址前缀，进行了从 PASID 到 VMID 之间的映射。

在 AMD GPU 中，每个 VMID 都包含独立的对系统内存和显存的访问的线性地址空间。在 AMD GPU 中维护了映射到 VMID 的 PASID 的进程信息：

```
struct amdgpu_task_info {
    char     process_name[TASK_COMM_LEN];
    char     task_name[TASK_COMM_LEN];
    pid_t    pid;
    pid_t    tgid;
};
```

该信息一般只用于调试目的，如在出现页访问异常时打印出问题的 PASID 对应的进程和线程信息。

AMD GPU 驱动中申请的 PASID 限定为 16 位，也就是 PCIe 的 20 位 PASID 中只使用了 16 位。每个打开的 DRM 文件句柄都对应一个不重复的 PASID，所以 PASID 的数量可能会远多于应用层可用的 15 个 VMID 的数量。

2. PASID 与 VMID 的关联

由于一个 GPUVM 对应一个 PASID，一个 PASID 代表打开的 DRM 设备文件的上下文。在该上下文中，可以发起多个 job，这些 job 可以分别绑定到不同的 VMID 中。而同一时刻一个 VMID 只能绑定一个 job。但是设置 job 的 VMID 和 PASID 发生在 job 下发时，而 VMID 绑定 PASID 是在 job 实际加入执行队列时对 VMID 进行 flush 操作之后才进行的。VMID 的 flush 操作就是对该 VMID 之前使用的 TLB 进行清空，VMID 绑定 PASID 是需要将 PASID 写入对应 VMID 的硬件寄存器（mmIH_VMID_0_LUT + vmid）中的。

8.2　VMID 页表与 BO 状态机

8.2.1　VMID 页表

1. 从 GART 到 VMID

AMD GPU 中存在两套页表管理逻辑，一套是 GMC 专门提供给内核使用的 GART

页表，也就是 VMID 0 的系统内存访问所需的页表（/drivers/gpu/drm/amd/amdgpu/amdgpu_gmc.c）。另一套是提供给用户空间使用的 GPUVM 页表（/drivers/gpu/drm/amd/amdgpu/amdgpu_vm_pt.c），也就是 VMID 1～15 使用的页表。

这种 VMID 划分结构也反映了 VMID 是从 GART 发展过来的。不仅 GART 的名称被保留，占用 VMID 0 的 GART 页表也与用户空间使用的动态 VMID 页表有区别。

VMID 地址空间包括 VRAM 和 GART 两部分（不考虑 AGP）。VMID 0 页表只包括 GART 页表，并且是驱动初始化时静态映射完成的。因为 VRAM 是直接线性映射到 GMC VMID 0 的地址空间的，使用线性地址减去特定的映射偏移就是实际的 VRAM 物理地址。

但是用户空间使用的 VMID 1～15 在访问 VRAM 和 GART 指向的内存时都通过页表，并且页表条目是动态管理的。页表是存放在动态创建的 BO 中的，每个页表 BO 都对应一个位于 GTT 内存中的备份，叫作 Shadow BO，用于在 GPU Reset 丢失显存数据之后恢复页表。

使用页表来寻址的 MMU 都会配套地需要 TLB。为了节省 TLB 条目的数量，AMD GPU 实现了 Fragment 机制，一个 TLB 可以连续地表示多个连续内存页。因为一般 BO 对象占用的内存都是超过一个内存页的连续较大的内存块，所以 Fragment 机制可以显著地减少 TLB 条目，可以通过 vm_fragment_size 参数来配置。一般 vm_fragment_size 参数的值越大越好，最大为 9，也就是 2MB。但是用户空间的 Mesa 驱动会在申请 BO 时将大小超过一个 Fragment 的 BO 对齐到 Fragment 对应的大小，因此会增加显存的额外占用开销。

2. GART 页表

GART 页表只包括从系统内存映射到 GPU 的地址范围，并不包括显存本身。但是其他 GPU 或硬件可以将自己的显存通过 MMIO 映射到 CPU 的线性地址空间，这样 GPU 也可以通过 GART 页表映射访问其他 GPU 的显存。还可以将自己的显存先通过 MMIO 映射到系统内存，再通过 GART 页表访问，但是这样操作意义不大。

GART 页表位于 VRAM 中，GART 的大小可通过 gartsize 参数来配置。如果不配置，则默认是 256MB 或 1GB（不同芯片的大小不同）。假设系统内存的页大小是 4KB，GART 页表中一个 PTE 页表条目也是指向的 4KB 系统内存。所以如果 GART 内存配置过大，GART 页表就会占据较大的 VRAM 空间。同样地，可以通过调大系统内存的页大小降低 GART 页表的占用大小。

默认地，VMID 0 中的 GART 页表只有 1 级页表，而 VMID 1～15 中的 GART 页表有 4 级页表，但是都是可以在 1～5 级配置选择的。不同的 VMID 可以配置不同的 GART 页表，也就是系统中可能存在多达 16 组不同的 GART 页表。

如果只使用 GART，没有 GPUVM，则 GMC 只有一个 VMID 0 可用。驱动会让 VMID 0 的地址空间从 0 开始排列，先是 VRAM，然后是 GART。此时无论是 VRAM 内存还是 GTT 内存，都是通过 VMID 0 进行访问的。VMID 0 这种 VRAM 不使用页表，GART 使用 1 级页表的做法可以让驱动层面访问显存和系统内存的成本最低，因为页表管理的开销和 TLB 的开销较低。

3. GPUVM 页表

一个 GPUVM 的线性地址空间的总大小是可以通过 vm_size 参数指定的，这个大小是通过物理内存计算得到的。由于机器上的其他显卡可以通过 MMIO 映射到 CPU 地址空间，其他显卡的显存也可以被 GPUVM 通过页表访问，相当于预留来自其他显卡或其他设备的 MMIO 内存，而这部分的大小是不能确定的，只能估算。所以，估算得到的 vm_size 要比物理内存大。

但是如果在服务器场景下，系统内存极大，就会计算得到一个非常大的 vm_size。vm_size 并不是没有成本的，vm_size 和 vm_block_size 的大小直接决定了 GPUVM 要使用几级页表。页表的级数越大，寻址成本越高，页表占用的显存大小就越高。

GPUVM 页表可以有 4 级：PDB2→PDB1→PDB0→PTB，最少要有 2 级：PDB0→PTB。绝大部分情况下只需使用 2 级（如 1TB 的 vm_size），如果 vm_size 配置得过大，就需要额外的页表级数。PDB2→PDB1→PDB0 的 3 级页表中每级都是固定能覆盖的 9 位，也就是一个 PDB2 页表或 PDB1 页表或 PDB0 页表中固定有 512 个条目（PDE）。如果 vm_size 不是对齐的，则最上面一级的页表条目可能会小于 512 个。

支持的最大页表深度也受到硬件限制，如 GMC 8.0（如 Polaris 10）只支持最大 2 级页表深度，GMC 9.0 之后支持最大 4 级页表深度。如果硬件支持最大 2 级页表深度，那么 vm_size 即使再大也只能使用 2 级页表，部分地址空间将无法访问。

vm_block_size 代表的是一个 PTB 页表中包含多大的内存。一个 PTB 页表中的条目数量的计算方法如下：

```
#define AMDGPU_VM_PTE_COUNT(adev) (1 << (adev)->vm_manager.block_size)
```

如果 vm_block_size 为 10，那么一个 PTB 页表中有 1024 个 PTE 页表条目，对应 4MB 的内存地址空间。在 vm_block_size 为 10 的情况下，一个 2 级页表 PDB0 对应的内存地址空间就是 9+10+12=31 位，也就是 2GB。如果系统是 2 级页表，那么存在 2^9 个 PDB0 页表，一共可以表示 40 位，也就是 1TB 的内存地址空间。GPU 可以访问 1TB 的内存地址空间在绝大多数情况下都是足够的。

如果不指定 vm_block_size，vm_block_size 将由 vm_size 计算得到，vm_size 越

大，对应的 block_size 越大，最后一级的一个 PTB 页表占用的内存地址空间就越大。

4．页表更新：SDMA 或 IOMMU

CPU 使用的页表通常位于系统内存中，GPU 使用的页表通常位于显存中。但是 CPU 控制页表更新的代码运行在 CPU 上，而 GPU 控制页表更新的代码运行在 CPU 的 GPU 驱动上。也就是说，GPU 的页表更新是由 CPU 触发完成的。

页表本身是一个位于显存中的 BO，所以在 CPU 中运行的驱动代码要更新 GPU 页表有两种方式，一种是通过 SDMA，另一种是通过 CPU（amdgpu_vm_cpu.c），可以通过 vm_update_mode 参数来指定。默认情况是只有 PCIe 才有 Large Bar，也就是对应 PCIe Resize BAR 特性可用的情况才使用 CPU，否则默认使用 GPU。这是因为直接映射到 CPU 地址空间通过 CPU 来直接更新没有专门启动 DMA 传输的额外步骤，有 CPU 直接访问的方便优势。但是如果没有 PCIe Resize BAR 特性，显卡就只有 256MB 可以被直接映射到 CPU 地址空间，这时如果 CPU 来更新页表，就会造成页表占据 256MB 中过多的地址范围，从而导致其他 BO 频繁被 Evict，影响性能。

使用 SDMA 更新页表就是每次更新都相当于 CPU 到 GPU 的一次 DMA 请求，每个 struct amdgpu_vm 都对应 2 个用于 GPU 页表更新的 SDMA 调度器的 Entity，分别是 struct amdgpu_vm 结构体中的 immediate 和 delayed 域，这两个 Entity 使用 SDMA 来更新页表。使用 CPU 更新页表就是先将页表所在的显存映射到 CPU 的地址空间，然后 CPU 就可以直接访问更新。所以，使用 CPU 更新页表的性能比使用 SDMA 更新页表的性能要好，因为 SDMA 是异步的，需要经过 GPU 任务调度器进行调度排队。

在 SDMA 更新模式下，需要更新的页表在计算好后，会被封装为一个 job 提交给 GPU。在 CPU 更新模式下，需要更新的页表范围在计算阶段会被映射到 CPU，在更新提交阶段的 CPU 上直接写入页表内容即可。更新页表的性能要求比较高，所以驱动采用批量更新的方式。例如，要更新一段内存的页表，AMD GPU 会将所有需要更新的页表计算记录到 struct amdgpu_vm_update_params 中，统一进行更新。

页表更新有 4 种方法：map_table、prepare、update 和 commit。CPU 和 SDMA 各实现了一遍这 4 种方法。

5．VM Flush

GPU 也有 Cache，如果访问的显存或内存被 CPU 修改了，则 GPU 的 Cache 无法得到及时通知，会出现数据错误。GPU 访问内存的页表映射也会有 TLB，TLB 中存放的是最近使用的页表映射，是由硬件自动填充管理的。如果页表被 CPU 修改了，TLB 硬件无法及时更新就会出现错误。

VM Flush 是指一个 VMID 的 Cache 和 TLB 同时进行无效操作，一般发生在 job 下发时。如果使用 CPU 更新页表（vm_update_mode=1），就固定地在每次 job 下发绑定 VMID 时进行一次 VM Flush。

Pipeline Sync 是指阻塞地等待队列中的所有前序任务执行完成，是一个成本比较高的操作，通常发生在 GPU 任务调度器的上下文切换时，也就是前后 job 的 s_fence 的调度 context 不同，对应 DMA Fence 的 context 域不同。也可能发生在队列需要进行 Pipeline Sync 的其他时候。例如，AMD GPU BO 发生移动的时候，需要 GPU Reset。

无论是 Pipeline Sync 还是 VM Flush，都是向硬件队列添加一个 PM4 数据包来完成的。也就是 Pipeline Sync 和 VM Flush 都是 GFX IP 模块需要提供的实现函数。

8.2.2 BO 状态机

1. GPUVM 的线性地址分配

BO 申请的 GTT 内存位于系统内存中，但是要被 GPU 直接访问的，所以需要将该 BO 映射到 GPU 地址空间，记录这个映射关系的结构体是 struct amdgpu_vm。用户空间通过 AMDGPU_VA_OP_MAP 这个 ioctl 调用驱动的 amdgpu_vm_bo_map 函数，该函数调用 amdgpu_vm_bo_insert_map 将映射关系插入 struct amdgpu_vm 的红黑树表示的地址空间。

在创建 BO 之后，如果希望一个 BO 对 GPU 可见，则用户空间需要主动地使用 AMDGPU_VA_OP_MAP 将 BO 映射到 GPU 地址空间。这个创建 BO 并且主动映射的逻辑位于 Mesa Gallium 3D 下的 AMD GPU 的 BO 创建函数中。但是映射到 GPUVM 的线性地址需要用户空间提供，AMD GPU 驱动中并没有提供一种方法来决定一个 BO 位于 GPUVM 的什么线性地址位置。所以 libdrm 中实现了一个 GPUVM 地址空间管理器，Mesa 在使用 AMDGPU_VA_OP_MAP 进行实际的 BO 在 GPU 地址空间映射之前，使用 libdrm 提供的 amdgpu_va_range_alloc 分配 GPUVM 中的线性地址位置，将分配得到的起始位置传递给 AMDGPU_VA_OP_MAP。

每个 GPUVM 地址空间都被组织成一棵红黑树，红黑树上的每个节点就是创建的 BO 在 GPUVM 地址空间的映射，也就是 GPU 访问该 BO 所使用的线性地址。

2. GPUVM BO VA

GPUVM 定义了 AMD GPU BO 的属性扩展，叫作 GPUVM BO VA。在用户空间使用的 GPUVM 中，每个 struct amdgpu_bo 都对应一个 struct amdgpu_bo_va。但是这个扩展并不是继承关系，而是一对一的绑定映射关系。因为 BO 不一定要有 BO

VA，只有被用户空间通过 GPUVM 访问的 BO 才需要创建 BO VA。

struct amdgpu_bo_va 代表的是 BO 在 GPUVM 中的状态，主要与页表映射的状态有关。所有 struct amdgpu_bo_va 都位于 GPUVM 的某个链表中，这些不同的 GPUVM 链表组成了 BO 状态机。

3．BO VA 的内存状态机

由于一个 BO 可以位于系统内存中，也可以位于 VRAM 内存中，还可以互相移动，更可以在 VRAM 内部移动。所以 GPUVM 中有多个 BO VA 链表，用于记录处于不同内存状态的 BO VA。一个 BO VA 的状态是由其结构体位于 GPUVM 的哪个链表中决定的，一个 BO VA 根据在 GPUVM 中的内存状态可以分为如下几类：①BO 已经被 Evict 到系统内存（evicted）。②BO 内存位置已经移动，但是对应的页表没有更新（moved）。③BO 已经完成内存移动和页表更新，但是父 BO 还没有感知到（relocated）④BO 当前的内存映射正常地位于显存（idle）中。⑤BO 当前已经被 Invalidated，但是对应的页表还没有更新（invalidated）。Invalidated 是指让 BO 处于不可用状态，但是还没有销毁。⑥BO 当前已经被 Invalidated，并且对应的页表已经更新（done）。⑦BO 已经被销毁，但是对应的页表还没有更新（freed）。销毁之前并不一定需要 Invalidate。

BO VA 的内存状态机包括一个 BO VA 的所有可能过程，这些过程包括 BO 的创建生成、使用、将 BO 无效化以进行特殊处理、Evict 和释放销毁。

用户空间创建的 BO 对应的 BO VA 默认是 idle 的，此时 BO 还没有加入 GPUVM。为了 GPU 可以访问该 BO，用户空间的 BO 创建过程会为该 BO 分配 GPUVM 中的地址，将该 BO 映射到 GPUVM 地址空间（AMDGPU_VA_OP_MAP）。映射之后，该 BO 的状态就是 moved。但是此时还没有为该 BO 创建 GPU 可访问的页表，所以虽然 BO 已经位于 GPUVM 地址空间中，但是 GPU 仍然不可以访问。

为 BO 更新页表发生在 BO 实际使用时，也就是 CS 调用 amdgpu_cs_vm_handling 函数用到该 BO 时。这相当于积累延迟 BO 页表的创建，批量更新页表的性能更好。更新页表之后，BO 的状态就是 done，位于 done 列表中。

GPU 的页表配置都是在申请 BO 时完成的，所以 GPU 在正常渲染过程中是不应该发生缺页异常的。如果发生了，就是真的发生了异常，通常会导致 Reset。

4．BO VA 的映射对象

将 BO VA 映射到 GPUVM 地址空间需要创建一个额外的映射对象 struct amdgpu_bo_va_mapping，该映射对象中包含对应的 BO VA 的指针。BO VA 的映射对象的作用是将所有的 BO VA 按照 BO VA 的地址范围组织成一棵代表 GPUVM 地址空间的红黑树。

一个 BO VA 可以对应多个映射对象，也就是可以同时映射到 GPUVM 地址空间的多个地址位置。BO VA 将这些映射分为 valid 和 invalid 两种，分别放在结构体中的 valids 和 invalids 链表中。invalid 的意思是虽然该地址已经加入 GPUVM 地址空间的红黑树，但是 GPU 硬件还不能访问该地址，因为还没有配置对应的页表。在硬件上，只有更新了地址对应的页表之后，该映射才能被 GPU 访问。

刚加入 GPUVM 地址空间的 BO VA 映射是 invalid 的，位于 invalids 链表中。

第 9 章

功率控制

9.1 结温与温度墙

9.1.1 结温与温度墙的定义

1. 结温与温度墙的原理

温度由芯片内部的运行功耗产生，传导到芯片的封装，从封装传导到散热器，从散热器传导到空气，最后在空气中消散。在这 4 个环节中，任何一个环节出现问题都会导致芯片内部温度快速升高，达到一个叫作 T_j（Junction Temperature）的芯片内部结温，芯片就会停止运行，如果芯片内部没有自动停止的技术，芯片就会永久性烧坏。

结温是指电子设备中的半导体的实际工作温度，通常高于外壳温度和器件表面温度。结温上限是指处于电子设备中的实际半导体芯片（晶圆、裸片）的最高温度。结温可以衡量从半导体晶圆到封装器件外壳之间的散热时间及热阻。如果器件结温超过最高工作温度，则器件中的晶体管可能被破坏，器件也随即失效，所以应采取各种途径降低结温或让结温产生的热量尽快散发至环境中。

芯片的结温在其可以承受的范围之内，工业级产品一般规定的范围是-20～125℃（军品或汽车级低温能达到-40℃）。AMD 显卡的 5700 型号公开的结温是 110℃（其他型号数据不公开），NVIDIA RTX 30 系统的结温是 93℃，GTX 10 系列的结温是 94℃，RTX 20 系列的结温是 88℃。但是实际上显卡或其他芯片的温度都要尽量避免到达结温，一般取结温的 80%来设计散热系统。对于 AMD 显卡，在 AMD GPU 驱动中会直接写死限制的最高温度，如 AMD GPU 驱动默认的 WX5100 的最高温度为 99℃，最低温度为-273.15℃。温度达到 99℃就会触发该显卡直接关闭。这个限制并不是结温，而是写在 pp_table 中的软性限制 usSoftwareShutdownTemp 的值。

我们希望芯片尽可能运行在更高的频率上，因为更高的频率意味着更高的性能。在特定的制造工艺下，一个特定的运行频率需要一个特定的电压范围才可以维持。制造工艺的难点在于如何减少晶体管的寄生电阻等寄生效应，这些寄生效应使得芯片的晶体管"漏电"。漏电就需要额外的电压来补充，确保正常的通信电子在电路中能以特定频率正常流动。如果电压太低，就会导致正常电子无法流动，电路不通；如果电压太高，就会导致大量发热，撞温度墙。

而电压会产生功耗，功耗会产生温度，温度需要传导才能消散。理论上传导的速度越快，温度消散就越快，芯片的累积温度越低，可以使用的电压越高，运行频率就越高。

热量在物体内部以热传导的方式传递时，遇到的阻力称为导热热阻。热量在热流路径上遇到的阻力，反映了介质之间的传热能力，表明了 1W 热量所引起的温升大小，单位为℃/W。结温就是芯片内部核心的温度，每个芯片都有一个结温上限，这是一个死亡温度，是绝对不能跨越的。结温会随着电压和运行频率的升高而升高，所有的功耗调节和超频手段都必须保证结温低于芯片标称的结温上限。

如果热量无法及时散出，就会导致温度升高。如果温度接近结温，就会撞温度墙。撞温度墙对于由内部保护的芯片会直接掉电关机，对于没有保护的芯片就会直接烧毁。短暂的功率提高并不一定能达到结温，想要使温度接近结温（撞温度墙），有以下几种可能：①电压和时钟频率快速频繁切换，切换会带来额外的功率增加。②负载持续得很高使得硬件持续处于高温。③环境温度过高,硬件更容易突破到 TDP（Thermal Design Power，热设计功耗）。

为了防止温度达到结温从而带来严重后果,软件和硬件配合的散热系统必须在温度达到结温之前降下来。这个限制可以以 TDP 曲线的方式给出，也可以以一个特定值的方式给出。如果是一条 TDP 曲线，就代表在某个功耗下的散热要求，对应一个不同的风扇转速。因为不同的功耗只要风扇转速不够都会累积，所以不同的功耗可以对应不同的风扇转速。最大功耗的长时间运行对应的风扇转速一定是最大的。所以 TDP 经常以最大功耗的方式给出，就是禁止芯片的运行功耗超过某个特定值。

显卡一般进行独立功率控制，温度高后自动降频。在 CPU 中，Intel 的 ATM（Adaptive Temperature Monitor，自适应温度监控）是内置的温度墙。温度墙是防止硬件温度过高从而损害硬件的最后一道保证，所以温度墙带来的频率回调幅度极大，通常在一半以上，会带来突然的卡顿，对用户体验的影响比较显著。

2．芯片的温度传感器

结温是最后的极限温度。由于芯片可以比较大，不同区域的温度不同，只要任何一个区域的温度达到结温，就算整个芯片的温度达到结温。所以芯片的结温也叫作热点温度（Hotspot Temperature），风扇就是通过结温来控制的。而我们平时所说的显卡温度，指的并不是结温，而是平均温度，也叫作边缘温度（Edge Temperature）。边缘温度代表的是芯片整体的温度，其一定小于或等于结温。在绝大部分运行情况下，边缘温度小于结温。由于散热系统面对的是整体温度产生的整体性热量，所以整体温度对散热系统工作时的平均散热量（风扇平均转速）有指导作用，而结温则对散热系统工作时的峰值散热量（风扇峰值转速）有指导作用。AMD GPU 早期对用户空间只提供边缘温度，在 GCN Vega10 之后才同时提供结温。

如果是风扇散热系统，由于风扇的耗电量较小，并且现代风扇寿命较长，相对于昂贵的芯片价格较低，所以对于显卡这种场景，一般倾向于在保证噪声需求的前提下尽可能增大转速。

9.1.2 硬件之间的协作防撞温度墙

硬件上主要有 5 种防撞温度墙的限制，分别是 TDP 与功耗墙、Power Limit、EDC 与 TDC、温度墙信号线、基于半导体测温技术的温度墙。

1．TDP 与功耗墙

温度墙可以通过降温不达到结温，理论上只要降温系统足够强劲，就不应该撞温度墙，所以硬件本身或驱动在设计时会过度地重视温度墙的防御。例如，为了防撞温度墙，在特定的温度下严格限制硬件功率，使得硬件性能无法发挥，这就是使用功耗墙的方法来防撞温度墙。

TDP 是指显卡厂商提供给主板厂商的特定功率散热曲线，意思是当显卡的功率达到什么数值时，主板的散热系统必须把温度控制在什么范围内。要保证在显卡最大功率的情况下，散热的最大能力满足 TDP。TDC（Thermal Design Current，热设计电流）是指电流散热曲线，TGP（Total Graphics Power，整体图形功耗）或 TBP（Total Board Power，整体电路板功耗）则是指显卡的整体性功耗限制。TDP 通常是指 GPU 芯片上的功耗限制，而 TGP 才是整张显卡的功耗限制。但是从显卡驱动的角度来看，一般不区分 TDP 和 TGP，统称 TDP。

硬件运行的性能上限由支持的功率上限和特定温度上限的最大功率共同决定。前者叫作功耗墙，后者叫作温度墙。功耗墙是硬件限制，但是实际可运行的最大功率通常比厂家标称功率要大，超频可以人为地增大运行功率，直到硬件的实际上限。如果散热系统设计得足够好，就可以在撞温度墙之前先撞功耗墙，先撞功耗墙更能充分发挥硬件的有效性能。

实际的功耗墙往往不是芯片的功耗上限，而是主板或主机厂商根据设计的散热系统设定的软件限制。如果散热系统设计得足够好，功耗墙的软件限制就可以无限接近芯片的功耗墙。在组装计算机运行 Linux 操作系统的时候，硬件默认的功耗墙通常远低于实际芯片的功耗墙，导致硬件在默认情况下无法发挥最大性能。这是因为 Linux 操作系统无法知道当前硬件的散热能力，也就无法设定合理的功耗墙，只能选择一个保守的取值，这个保守的取值通常是硬件驱动给出的。例如，WX5100 的功耗墙是 70W，但是硬件驱动给出的保守的取值是 35W，理论最大性能直接变为一半。

功耗墙也会在硬件或驱动判断可能要撞或已经撞温度墙的时候大幅度下调硬件功率，导致性能剧烈波动。如果是显卡运行的大型游戏，则会明显感觉到卡顿和帧率变差。所以除功耗墙外的防撞温度墙的方法是比功耗墙更好的选择。在硬件层面，不影响用户使用体验的方法几乎只有散热。

所以，设定功耗墙的目的是防撞温度墙，设计散热系统的目的是防撞功耗墙。撞温度墙之前一定要先撞功耗墙。

实际上的回调频率并不只是发生在撞功耗墙的时候。AMD GPU 驱动中有一个叫作 DPM（Dynamic Power Management，动态功耗管理）的机制，当检测到负载低的时候会下调功耗，当检测到负载高的时候会上调功耗，这个机制是硬件实现的。在 Linux 内核中还有一个调度器使用的 EAS（Energy Aware Scheduling，能量感知调度）机制，可以感知到任务的功耗，从而通知 cpufreq 模块进行软件层面的 CPU 运行频率调整。但是这种软件感知目前无法与显卡的功耗同步，两者各自独立维护一套类似的机制。

TDP 在显卡的大部分情况下是一条直线，但是现代越来越多的硬件支持可变 TDP，也就是一条曲线。这是因为 TDP 是指导硬件厂商设计散热系统的参数，但是散热系统的配置可能会远高于 TDP 的需求，这时 CPU 或显卡就可以选择运行在更高的频率上以增大热量，因为热量可以被及时传导。

在 AMD 的 Polaris 显卡的功耗表中，TDP 可以直接配置，配置的 TDP 增加 50% 就是功耗墙。而显卡的最大功耗也可以单独配置，所以 TDP 增加 50% 要小于显卡的最大功耗投递。这样才可以让 TDP 发挥作用，而不是因为最大功耗限制了显卡性能的发挥。

2. Power Limit

在 AMD GPU 驱动或固件中会人为地限制最大功耗投递，叫作 Power Limit，其代表电源可以投递给显卡的最大功率。通常笔记本电脑和台式计算机由于供电机制不同，因此可以单独地指定不同的 Power Limit，分别叫作 Battery Power Limit 和 Maximum Power Delivery Limit。WX5100 的两个 Power Limit 的默认值都是 47W，远低于硬件的 75W。也就是说，大部分用户买到的 WX5100，实际上是远低于最大功耗运行的。

Power Limit 并不是随意确定的，而是根据频率电压表中的可用运行频率计算出来的。在默认的出厂设置中，以默认频率电压表的最高频率运行所需的功耗就是47W，所以驱动限制最高的功率就是当前频率电压表配置的最大性能所需的功率。这个功率只有在需要超频的时候才有必要调整。

Power Limit 和 TDP 的 150%的功耗是实际限制显卡运行功耗的限制。

3．EDC 与 TDC

TDC 代表的是一个硬件可以稳定运行的电流限制，硬件中的电流不可以超过TDC，防止高负载时电流过大。EDC（Electrical Design Current，电气设计电流）代表的是峰值电流，其作用是防止频率 Boost 突然提升造成大电流，超过主板和 CPU 的电气性能，导致不稳定。无论是 TDC 还是 EDC，都会导致频率回调，所以当 TDC 和 EDC 同时存在时，只会撞其中一个墙。一般在频率波动时撞 EDC，硬件持续运行在高频时撞 TDC。

EDC 乘以最高电压就是 EDC 导致的功耗限制。在 WX5100 的功耗表中，EDC 的配置也是 47W，按照最高 1.2V 的运行电压来计算，实际 EDC 导致的功耗限制只有 56.4W（近似值）。所以如果需要提高显卡的整体功耗，则 EDC 也需要调整。

4．温度墙信号线

现代 CPU 或 GPU 都会设计一条单独的信号线，在快要撞温度墙时，该信号线被置高电位。主板、外设或操作系统可以监控该信号线，如果发现该信号线被拉高，则说明 CPU 温度过高，需要其他组件配合降温。该信号线很多时候是双向的，也就是说如果非 CPU 组件产生的热量过高，可以通过拉高该信号线来让 CPU 降频，从而减少整体热量的产生。这种技术在 AMD 中叫作 AMD SmartShift，如果 GPU 产生的热量过高，则可以通过让不忙的 CPU 降频来减少整体热量的产生。如果 CPU 产生的热量过高，则可以通过让 CPU 降频来减少整体热量的产生。整体的思路是，如果不能及时散热，就想办法在尽量少影响用户体验的前提下减少热量的产生。

5．基于半导体测温技术的温度墙

半导体测温技术在芯片内部集成了 DTS（Digital Temperature Sensor，数字温度传感器）与温度控制电路（Temperature Control Circuit，TCC），在 DTS 检测到温度达到结温时通过 TCC 进行降频。降频通常对应降压，因为作为产生热量的直接指标功率与频率成正比，与电压的平方成正比，所以降压的效果远优于降频。通常芯片的功耗表都是特定的电压对应特定的频率，所以一起降低的效果最好。但是如果只降频，只需间歇性地停止晶振，所以单纯降频的电路比较简单，有的硬件只提供降频方式，保持电压不变。

9.1.3 软件与硬件协作防撞温度墙

除了芯片本身的温度墙和主板硬件参与的散热与功耗墙，防止芯片过热还可以依赖操作系统软件。为了防撞温度墙突发的降频，操作系统可以在有撞温度墙的风险前采取限制高频运行时间的软件措施。软件措施通常对用户体验的影响较小，可以逐步控制热量。

如果在运行计算机程序时 CPU 风扇损坏，首先参与降频的应该是比较温和的软件限制，如果继续突破温度阈值，硬件温度墙就会工作。如果硬件温度墙仍然无法压制热量，操作系统就应该强制关机，否则硬件可能被烧毁。

软件参与的一个重要作用是防止数据丢失，如果完全依赖硬件，就只会是大幅度回调频率，甚至直接关机，不会考虑断电数据保存的问题。软件的最早介入一方面可以尽可能温和地挽救温度趋势，另一方面可以尽早地开始保存数据，防止出现极端关机的情况。

操作系统对硬件温度的感知不应该通过轮巡的方式持续查询，这显然会带来很大的额外开销。所以温度也需要一种中断机制，这种机制是 ACPI 提供的。ACPI 定义了几个温度阈值，在达到温度阈值的时候产生中断让操作系统感知。不同的 ACPI 温度级别触发的操作系统的反应不同，具体如何反应是操作系统决定的，最严重的可以导致操作系统强制退出所有应用，软件层面关机。软件层面关机通常设计在即将触发硬件层面关机之前，因为硬件层面关机带来的数据丢失问题更严重，所以只要操作系统还能正常反应，就应该避免出现硬件层面关机的情况。

9.2 功耗与散热

9.2.1 功耗的组成：静态功耗与动态功耗

1. 静态功耗与动态功耗的定义

芯片的功耗分为静态功耗与动态功耗。在 AMD GPU 中，通过 aspm、pg_mask、runpm 等内核模块参数关闭芯片部分电源的方式可以减小静态功耗，但是只能用在空闲的时候。高负载时不可能关闭显卡部分 IP 模块的电源，因为硬件几乎总是在使用中。也就是说，高负载时静态功耗是难以避免的。

除了关闭供电，更常见的让硬件单元不工作的方式是关闭硬件单元的时钟。关闭时钟比关闭供电更容易恢复到正常运行状态，因此通常会在关闭供电之前尝试关闭时钟进行省电。关闭时钟的方式叫作时钟门（Clock Gating），关闭供电的方式叫作供电门（Power Gating）。

动态功耗则是芯片运行时产生的。时钟门和供电门通常只在低负载时才能发挥作用，而散热的积累触及结温主要发生在高负载时。基于门电路的省电对于动态功耗的节省意义不大。动态功耗与运行频率成正比，与电压的平方成正比，所以降低芯片的运行频率和降低特定频率下的运行电压都可以减小动态功耗。而运行频率与性能直接相关，在不降低性能的情况下，只能通过降低电压的方式来减小动态功耗。动态功耗的计算公式为

$$P = 1/2\ CU^2 F$$

式中，C 为负载电容，功耗与电压的平方成正比，与频率成正比。所以，降低电压和频率是减小动态功耗最直接的方法，独立显卡硬件都自带这种方法。显卡会预先定义一组不同的电压和频率，在检测到功耗或温度达到一定值时，就进行电压和频率的跳变。通过在负载下降时调低电压与频率的挡次能得到更小的功耗。但是这样对最高负载运行时的吞吐能力没有任何帮助，因为最高负载运行时，需要电压与频率一直运行在最高层次。为减小功耗和发热而频繁地进行频点回调反而是导致显卡计算性能下降的重要因素，因为什么时候进行回调、回调多大幅度、回调到一个频点的停留时间等参数的设计都会直接影响 GPU 的性能输出。

在一个显卡中，并不是只有一个电压，但是在运行游戏时起到最大影响的电压一般是 GFX 模块的电压（VDDC）和显存的电压（MVDD），两者对功耗的影响都很大。所以，我们可以把显存和 GPU 核心的静态功耗看作一个值，但是将动态功耗拆成两部分进行估算。显卡对应的功耗的计算公式为

$$P_a = P_s + 1/2\ C_s U_s^2 F_s + 1/2\ C_m U_m^2 F_m$$

式中，C_s 为显卡核心的负载电容；C_m 为显存的负载电容。通过多次设置不同的运行频率，采集到运行功耗，就可以计算得到 C_s 和 C_m，从而计算出显卡的静态功耗 P_s，进行理论的超频计算，超频到多少会超过 TDP 功耗。

芯片的输入能量中实际用于计算的是极小的。有效的计算能量可以认为是用于信息熵减小的能量，这部分能量与芯片输入能量相比完全不在一个数量级。可以认为芯片输入的所有功耗最终都会以热量的形式散发，所以芯片的散热需求可以认为是功耗的输入值。随着工艺的进步，现代低纳米工艺可以使用越来越小的功耗完成更多的计算，但是依然无法改变绝大部分能量都被浪费在产生热量上的事实。利用制程可以提高元器件密度，对于功率和电压固定的情况，在单位面积下，元器件越多，功率用在有效计算上的比例越高（虽然说仍然极低），功率效率就越高。所以，先进制程可以做到在提高性能的同时减小功耗。

2．PCIe 供电

WX5100 的 TDP 是 75W，也就是要求硬件厂商将散热系统至少做到可以让显卡

工作在 75W 时仍然能散热。取值 75W 是因为 PCIe 的接口供电设计最大就是 75W，高于 75W 的显卡需要使用额外的接口进行辅助供电。所以，希望可以在 PCIe 的主板上运行不需要额外增加接口的显卡会倾向于将最大功耗设计为 75W，大于 75W 就会浪费。但是当功率接近 75W，如达到 70W 时，较差的主板供电可能不稳定，硬件也可能不稳定，所以软件上一般会限制到 70W。硬件厂商通常会以更高标准配置散热系统，因为外部的空间温度是不固定的，夏天的时候更难散热。所以如果是在机房的空调房，则可以认为已经合理装配好的硬件的散热能力大于 75W。

对于需要更高功率的显卡，需要在设备上额外提供 6 针或 8 针的供电引脚，由主机电源的对应引脚引出电源线专门供电。PCIe 6 针、8 针辅助供电最高分别是 75W、150W。一张显卡可以插入多个 6 针或 8 针的电源供电线进行补充供电。

在 PCIe 5.0 时代，设计了一个 16 针的供电线标准，叫作 12VHPWR。16 个引脚中有 12 个是负责供电的，另外 4 个负责信号监视传输，属于可选引脚。12 引脚的供电电压为 12V，单个引脚的最大电流是 9.2A，整体最大电流是 55A。最高稳定功率有 4 个挡次，从低到高分别是 150W、300W、450W、600W，具体的最高稳定功率在 ATX 3.0 电源标准中要求在接头上明确标注，方便识别。由于 PCIe x16 插槽本身就是 75W，所以通过 16 针供电和 PCIe x16 的供电组合就可以提供足够高的功率，满足现代显卡的高功率需求（1 个 12VHPWR 不够还可以再插 2 个）。

12VHPWR 中的 4 个可选信号中有 2 个边带信号（Sideband Signal），分别叫作 Sense0、Sense1，全部接地时才能达到 600W 的持续供电能力，系统启动时供电为 375W。如果有任何一个信号非接地，持续和启动供电功率就会逐级下降，450W、300W、225W 峰值功耗分别对应 225W、150W、100W 的最低功耗。如果显卡不监控边带信号，则必须以最低的 100W 来启动。也就是说，如果这 2 个边带信号缺失，供电的最大功耗将大幅度减小。所以 ATX 3.0 电源标准要求电源必须有 Sense0、Sense1 两个接口。另外 2 个信号在 ATX 3.0 电源标准下仍然是可选的，这 2 个可选信号如下。

（1）CARD_PWR_STABLE：电源良好指示灯，用于设备了解电源状态。

（2）CARD_CBL_PRES：在设备接入 12VHPWR 时发送一个检测信号，用于检测是否正常连接及让电源知道接入了多少设备。

所以用于 PCIe 5.0 的符合 ATX 3.0 电源标准要求的供电电源最少有 14 个引脚，普遍有 16 个。

由于显卡等设备可能需要较高的瞬发功耗，这种需求只会持续很短的时间。所以 ATX 3.0 电源标准还要求了电源的突发功率能力，如要求电源在超载 180% 的情况下运行 1ms，如果是 1000W 的电源，那么要求其在 1800W 输出下运行 1ms，这对电源的整体素质要求极高。所以在符合 ATX3.0 电源标准的电源内部，用料是不会差的。

由于一个显卡可以插入不只一个接口，1 个 12VHPWR 可以提供 600W 的供电，

3个12VHPWR就可以提供1.8kW的供电，而2023年的旗舰显卡RTX 4090才450W。所以ATX 3.0电源标准要求已经是相当严格的，考虑了未来供电需求大幅度增加的情况。但是ATX 3.0电源标准的12VHPWR配合RTX 4090出现了比较大规模的烧毁事件，根本原因在于接触不良或转换头的问题。因此，在随后的ATX 3.1电源标准中，用12V-2x6取代了12VHPWR，但是两者的差别并不大，并且完全向后兼容，主要的改动在于针对12VHPWR的接触问题改进了引脚的长度。电源引脚增加了0.25mm，信号引脚缩短了1.5mm，这样可以确保在电源线完全插入的情况下才有信号。如果电源线没有插好，由于信号线更短，因此将完全没有信号，不会产生错误的工作负载。

9.2.2 散热的原理

1. 温度指标

为了防止温度达到结温上限，需要给芯片散热。一个完全不散热的系统，无论运行在多低的频率下，都会使得温度达到结温上限，触发芯片的关闭或烧损。如果要维持芯片的温度在正常的范围内，就需要采取一定的方法使得芯片产生的热量迅速发散到环境中。结温是极限的温度，但是为了稳定性，通常用80%的结温作为系统实际运行的结温来设计散热系统。结温每上升10℃，器件的寿命大约缩短1/2，故障率大约增大2倍。

除了结温，还有3个用来衡量芯片运行的温度：T_a（Ambient Air Temperature），芯片周围的空气温度。不带散热器的小功率器件一般以T_a为技术参数。T_c（Package Case Temperature），芯片封装表面温度。带散热器的大功率器件一般以T_c为技术参数。T_b（Ambient board Temperature），安装芯片的PCB表面温度。

热阻是指器件在消耗了1W功率后，芯片、封装、周围环境三者之间的温度差。对应的3个热阻的定义如下：空气热阻，芯片的热源结（Junction）到周围冷却空气之间（Ambient）的热阻。空气热阻越大表示器件散热效率越低；越小表示器件散热效率越高。封装尺寸越小，空气热阻越大。封装热阻，芯片的热源结到封装外壳之间的热阻，是带散热器的器件关心的热阻，也就是显卡关心的热阻。电路板热阻，芯片的热源结到PCB之间的热阻。

显卡采用封装热阻来计算T_c，其公式为

$$T_c = T_j - P \times 封装热阻$$

封装热阻对一个芯片来说是固定值。所以在T_j最大值固定的情况下，芯片功耗与T_c负相关。最大功耗越高，T_c就越低，也就是提高最大功耗必然对应更强的散热系统。

降低T_c的方法有被动散热、风冷和水冷3种。

2．被动散热

被动散热就是不使用单独的散热器，仅依靠封装表面与空气的温度差进行散热，或者在封装之上引入类似风冷的散热鳍片，增大散热面积。被动散热通常只能用于低压芯片。也就是将某个型号的 CPU 或 GPU 的电压人为地压低，或者因为生产过程的工艺问题产生的电压无法拉高的次品，在进行电压限制和频率限制后，运行在低性能的状态。低压芯片虽然性能差，但是散热和功耗小，适用于笔记本电脑或小型设备、特殊设备等散热有限制的场景。例如，用于提供存储服务的 NAS 服务器通常可以不使用散热器，因为单独的 NAS 服务器对 CPU 主频的要求很低，被动散热就可以满足需求。

理论上，只要引入足够大的散热鳍片，使用足够好的热传导金属，被动散热就能做到很好的散热效果，但是成本和体积会非常大。因为移动设备的被动散热通常需要使用金属外壳，所以会导致依赖被动散热的移动设备的外壳发热比较严重。

3．风冷

笔记本电脑和中低端的台式计算机通常采用风冷进行散热，风冷也是大部分服务器选择的散热方式。可以说风冷是目前使用最广泛的散热方式，因为该方式只需结构非常简单的风扇，只要风扇的转速不断提高，散热效果就可以不断提高。风冷通过与发热物体（CPU、GPU 等芯片）紧密接触的散热鳍片，将发热物体产生的热量传导到具有更大热容量与散热面积的散热鳍片上，利用风扇的导流作用使冷空气快速通过散热鳍片表面，加快散热鳍片与空气之间的热对流，也就是强制对流散热。

风冷并不是用风扇直接吹芯片的封装，因为芯片的封装面积通常很小，风扇直接吹芯片的接触面积太小，冷空气的有效作用面积较小，散热效率很低。所以通常先利用良好的热传导金属连接封装，将热量传导到具有更大面积的热传导金属上，再用风扇吹热传导金属。这样的散热器核心指标有热传导金属与封装之间的接触带来的导热的有效性；热传导金属与冷空气的接触面积；热传导金属的导热系数。所以衡量一个风冷散热器的质量，通常从上述 3 个指标进行衡量。因为铜吸热快，铝散热快，所以比较好的风冷散热器上与封装接触的热传导金属一般使用铜（可镀镍），散热鳍片一般使用铝，散热鳍片的展开面积要足够大，连接热传导金属与散热鳍片时一般使用 6 根铜（可镀镍）导热管，导热管负责将热量及时带到散热鳍片上。因为散热鳍片的展开面积要足够大，所以散热器的体积通常很大。

风冷散热器从形状上分为下压式和塔式。塔式散热器的特点是体积大，因为散热鳍片很大，所以散热效果通常更好。但是很多小型机箱无法容纳塔式散热器的体积，需要体积更小的下压式散热器。塔式散热器的风扇通常横向地吹过散热鳍片，所以风扇的强制散热只对散热鳍片上的热量有效果。但是下压式散热器的风扇垂直地往下吹，这个风力会经过 CPU 周围的内存，所以散热覆盖面积大。但是下压式散热器的风扇吹出来的风的温度一定要比内存等周边硬件的温度低，才能对周边硬件起到降温作用。但是在 CPU 上，下压式散热器的风扇吹出来的风的温度很高，很可能对周边硬件起到相反的升温作用。所以 CPU 一般使用塔式散热器。

GPU 的主频通常较 CPU 的主频低，所以 GPU 一般使用下压式散热器。但是近年来显卡的功耗越来越大，高端显卡要想发挥全部能力，越来越依赖更强力的散热能力。所以 RTX 4080 之后的显卡多为出厂水冷的显卡。

1）机箱风道设计

现代的 PC 硬件已经越来越接近机箱的风冷极限，一张显卡有几百瓦的功耗，热量全部排到机箱中。所以即使显卡本身的风冷散热足够，但是热量堆积在机箱中无法及时排出，仍然会有散热问题。这个时期的机箱风道设计尤其重要。

机箱上有多个风扇位置和不封闭的散热网，不同的风扇位置可以规划不同的进气口和出气口。因为热量产生的核心位置在 CPU、显卡和内存条，所以机箱风道的核心设计就是带走这几个固定位置产生的热量。

由于 CPU 和显卡都自带风扇，会带来特定的空气流向，所以机箱风道要与 CPU 和 GPU 的风道相匹配。目前最主流的机箱风道设计是前置面板进风，通过机箱背部和顶部风扇出风。机箱背部和顶部风扇出风的位置靠近主板，这样方便带走 CPU 和 GPU 集中产生的热量。如果 CPU 使用塔式散热器，则风扇应该顺风安装。进风位置会形成灰尘，所以通常在进风位置安装滤网。由于热空气是向上流动的，所以进风位置一般靠下，出风位置靠上。

另外，高端显卡上一般有 3 个风扇，每个相邻风扇吹的方向相反，可以减少扰流，增大气压，达到更好的散热效果。

2）风扇类型

计算机风扇常见的有流体力学轴承（Fluid Dynamic Bearing，FDB）和双滚珠轴承（Two Ball）两类。FDB 风扇的特点是噪声低、成本低，双滚珠轴承风扇的特点是寿命长，但是成本偏高。所以 FDB 风扇一般用于 PC 的机箱风扇，双滚珠轴承风扇常用于服务器和高端显卡。双滚珠轴承风扇的噪声问题并没有想象得严重，在普遍使用时，个人几乎无法从声音上分辨双滚珠轴承风扇和 FDB 风扇，但是有的滚珠轴承磨损老化后声音会变大，成为类似"呜呜呜"的声音。随着整流环等降低噪声的技术在风扇上的普及，风扇的噪声问题可得到有效缓解。由于双滚珠轴承风扇的成本偏高、寿命长，所以其是高端显卡的首要选择。相同转速下的噪声也是衡量一个风扇市场价格的重要因素，由于机箱风扇大且多，噪声问题尤其重要，所以 FDB 风扇被普遍使用。但是整体上消费级风扇广泛应用油轴就是为了节约成本，如果把油轴做得可靠，成本同样不低。Noctua 的风扇就是典型的主打静音的油轴风扇。

风扇的噪声主要有 3 种：轴承噪声、电机噪声和风噪。其中，轴承噪声往往集中在低转速（1000r/min 以下），双滚珠轴承风扇的噪声主要就是轴承噪声。而在 1000r/min 以上时，风噪成为主要噪声。风扇越大，同转速下风噪越大，风力也越大，但是机箱风扇的尺寸都是固定的，所以在尺寸上没有太大的优化空间。一般情况下，转速提高至 1500~2000r/min 后，风噪就开始不成比例地提升。所以机箱风扇的转速普遍控制在 2000r/min 以内，3000r/min 的风扇就可以称为工业风扇了，工业风扇的意思就是会比较吵。电机噪声在 PC 上几乎可以忽略。

油扇向上吹时的噪声与振动一般比侧吹和向下吹时的噪声与振动大，这是因为油扇向下吹时轴承会因为重力与下部摩擦。油的存在就是为了减小摩擦，但是油会逐渐挥发，而油轴的油如果挥发掉了，这个风扇就彻底不能用了。但是滚珠轴承不需要油，所以即使摩擦很大，也只是噪声变大。双滚珠轴承风扇还能通过拆卸清洁、更换轴承来减小噪声。但是由于 FDB 风扇的成本低，所以 FDB 风扇上的技术进展非常快，Noctua 的 SSO2 油轴就采用了非常可靠的技术，噪声进一步减小，甚至可以说 SSO2 油轴基本不会有轴承噪声，但是其价格也与双滚珠轴承风扇相当。

对于风噪的优化有多种方案。例如，Noctua 的部分风扇在定子导向叶片上设计了锯齿，并将叶片以互不相同的夹角排列，通过这种方式来改善风噪的频谱，让风扇的听感更加适合人耳。内壁上的三角形纹路能够抑制风噪，改善气流效率。正面的扇框边缘运用阶梯式入口设计，以增加吸入端流，进一步减小风扇在狭窄空间内的进气噪声。

高转速带来的离心力会导致风扇直径增大（通常小于 1mm），还会预留有尖端间隙。如果没有尖端间隙，或者尖端间隙预留较小，那么叶片在高速旋转时抖动变形，可能会刚蹭到外壳产生巨大噪声（扫膛），并且降低转速。尖端间隙指的是风扇叶片末端与扇框的内边框之间的距离，它对风扇的性能有很大的影响。12cm 风扇的尖端间隙至多也就 3mm。在风扇转动时，尖端间隙会泄漏一些气流。这些泄漏的气流在附近产生涡流，造成尖端泄漏。泄漏的气流越多，产生的涡流越多，风扇的效率下降得就越多，产生的噪声越大。根据追风者公司的实验，在特定环境下的散热器与冷排上，尖端间隙每缩小 0.1mm，CPU 温度便下降 1~2℃。在强调性能的风扇上，会尽可能缩小尖端间隙。

叶片的材质也有很多创新的地方。例如，加强叶片根部，将风扇的轴心设计得较大；在 PBT 与 ABS 中混合玻璃纤维，增强叶片的性能。这都是为了对抗离心力的影响，从而尽可能缩小尖端间隙，以获得最大的风扇性能。对于离心力的终极解决方法是整流环，就是将风扇叶片的尖端全部连起来构成一个整体。这样风扇就不会发生形变，也就可以做到最小的尖端间隙。在没有扇框的情况下，整流环还能显著提升风扇的密封性，甚至能大幅度提升风扇的同转性能。因此，没有扇框的显卡风扇正越来越多地采用整流环。对于有扇框的机箱风扇，同转性能会略降低。但是整流环对叶片材料的要求极低，增加了整流环，反而可以降低成本，所以整流环逐渐被市场广泛接受。

金属风扇是一种几乎只在笔记本电脑上能见到的风扇，其能轻易地做到 50 片以上、薄而兼具复杂曲面的叶片。与此同时，可达到 5000r/min 以上的转速，几乎是宏碁高端笔记本电脑的标志性技术。但是在 PC 上少有应用，因为高转速金属的危险系数非常高。

3）风压与风量

对于同一风扇，风量越大，风压越小。风量是指风扇在单位时间内输出的气流量，风压是指风扇出风侧的气流压力。由于风扇的尺寸固定，因此在最高转速时，通过的风的体积是固定的。如果把风的出口收窄，相当于增大风阻，空气就会被压缩，产生风压，也就是吹出的风会比较有力量。但是因为风阻的存在，吹出的风的总体积会变小。也就是风压增大，风量变小。

不同的叶片形状会导致风扇呈现不同的风量和风压。有的风扇在高风阻环境下，风量会暴跌；在低风阻环境下，风量就极大，这种风扇叫作风量扇。有的风扇虽然风量小，但是在高风阻环境下可以产生比较大的风压，这种风扇叫作风压扇。机箱风扇的风阻较小，需要大风量带走热空气，一般采用风量扇。水冷风扇和 CPU 风扇都是直接吹向散热板，风阻较大，需要风压扇快速地将热空气带走。所以可以整体地认为机箱风扇使用风量扇，水冷风扇和 CPU 风扇使用风压扇。但是很多时候风量扇和风压扇的边界并不明显。

与供电类似，如果一个风扇无法满足风量和风压的需求，就使用多个风扇。但是不同的是，风扇的串联和并联带来的效果并不是线性的，可以产生 1+1>2 的效果。在系统阻力较低时，风扇并联可以增大有效风量，因为多个风扇对相交的空气的流向有同样的方向需求。但在系统阻力较高时，风扇并联就收效甚微，所以机箱风扇一般并联并排地放置 3 个。在系统阻力较低时，风扇串联会增大风压，但不会增大风量。在系统阻力较高时，风扇串联可以增大有效风量。所以水冷风扇和 CPU 风扇可以串联以显著增强散热能力，这种散热器一般称为双塔散热器，其有 2 个单独的散热鳍片与风扇串联。在选择昂贵的水冷方案之前，可以首先考虑成本略低、散热效果更好的双塔散热器。

4．水冷

水冷一般用于 CPU 散热，但是随着 GPU 温度的提高，GPU 散热越来越多地使用水冷。水冷类似风冷，也是由铜作为接触 CPU 的金属，用导热管将热量传输到散热鳍片，用风扇将散热鳍片中的热量吹走。但是水冷与风冷有 3 个显著的区别：①水冷的导热管里流的是液体，而不是单纯地依赖金属的导热能力。液体主动地将热量从 CPU 表面带到散热鳍片，被风扇吹走，主动性传导带来了热传导能力的提高。

②水的流动能力类似空调,可以将热水带到机箱外部,让风扇直接将热量吹到机箱外部,从而不影响机箱内部的散热,因此 CPU 或 GPU 运行的环境温度大幅度下降。
③由于水能把热量展开,所以水冷配备的风扇通常可以安装 2 个或 3 个。散热面积相比 CPU 散热的风扇只能安装 1 个而大幅度增加。但是显卡通常也可以安装 2 个或 3 个风扇,所以这一点对显卡的优势不大。

水冷配备的风扇数量越多,通常对应的散热面积越大,1 个 120mm 的风扇叫作 120 冷排,2 个 120mm 的风扇叫作 240 冷排,3 个 120mm 的风扇叫作 360 冷排,4 个 120 的风扇叫作 480 冷排。冷排的数量是水冷散热效果最重要的影响因素。

水冷分为一体化水冷和分体化水冷两种。早期水冷大都是分体化水冷,从水管、冷头、水泵、散热都是独立的组件。这种 DIY 成本较高,并且水管的切割与连接很考验用户的动手能力。例如,散热效果较好的铜管如果要在机箱中走出特定的路线,几乎需要手动进行切割。水管的连接如果不紧密就容易导致漏液,漏液是对计算机极其严重的事故,很容易导致芯片烧毁。因此,很多散热厂商推出了一体化水冷,将冷头、水泵、散热等组装到一个模块上,用户只需将冷头接到 CPU 上。一体化水冷的缺点也很明显,不能像分体化水冷那样灵活。例如,分体化水冷不仅可以同时制作 2 个冷头给 CPU 和显卡散热,还可以给多个 CPU 散热,而一体化水冷通常只能给一个 CPU 散热。

5. 液态金属与导热硅脂

无论是风冷还是水冷,都需要一个镀镍的铜与芯片的封装直接接触。因为无论金属打磨得如何光滑,两个金属面相接触都会产生缝隙,导致热传导能力下降。所以需要在这两个金属面之间填充导热流体介质,达到更好的散热效果。

常用的导热流体介质有液态金属与导热硅脂。液态金属的导热系数远大于导热硅脂的导热系数,但是液态金属导电,稍有不适就会造成电路短路。所以导热硅脂是最常用的导热流体介质。但是在主打性能的笔记本电脑上,液态金属则是导热流体介质的不二选择。

无论是液态金属还是导热硅脂,都有一定的能效期,如果希望发挥最大热传导能力,需要一两年更换一次。

为了让导热流体介质更加高效地传导来自芯片的热量,有的用户会将 CPU 顶盖打开。CPU 芯片的表面积很小而热量却不小,需要有效地把热量传导出去。但是如果将 CPU 散热器直接安装在芯片上,对芯片施加压力,有可能造成主板和芯片变形。CPU 顶盖就起到了传导热量和平摊压力的作用。也就是在导热介质之前,芯片上就已经存在一层导热流体介质——顶盖。顶盖是封装的一部分,是现代芯片出厂不可缺少的保护芯片的组成部分。但是顶盖的存在降低了散热的效率,因此在极限散热的场景下,可以打开顶盖进行散热器的安装。

在顶盖和 CPU 芯片之间，通常有两种导热方式。一种是散热效果较好的直接焊接，叫作钎焊；另一种是填充硅脂。除非热量极大，否则厂商会倾向于填充硅脂。因为钎焊和填充其他材料都会导致制造成本大幅度增加。

因此打开顶盖后通常会更换导热流体介质。目前较好的液态金属（如 Thermal Grizzly Conductonaut）的导热系数在 73W/mK 左右，比钎焊的稍微小一点。但是远大于导热硅脂，导热硅脂的导热系数在 1W/mK 以内，普通硅脂的导热系数只有 0.2W/mK 左右。

大部分追求性能的笔记本电脑的 CPU 就是直接用芯片和散热器接触的，也就是笔记本电脑厂商已经替我们做好了打开顶盖散热的工作。

9.3 电压与频率

9.3.1 供电电压

1. ATX 电源标准

ATX 电源标准是 Intel 主导的 PC 标准，其中很大一部分是供电标准。例如，电源应该提供什么样的电压和接口？主板应该完成什么电压转换工作？

在早期的 ATX 电源标准中，电源需要提供+3.3V、+5V、-5V、+12V 和低功率的-12V、+5VSB 电压。-12V 用于 RS232 串口和部分声卡的供电，但是这两种设备不再普遍使用，-12V 的需求已经不大。+5VSB 用于关机时的供电，如 CMOS 电池电力不足时的 BIOS 关机功能供电（如时钟）。-5V 早期用于 ISA 总线供电，但是 ISA 总线几乎消失，所以-5V 也从 ATX 电源标准中移除。早期的主板功耗不大，CPU、内存、PCI 等使用的电压大都是 3.3V 和 5V，所以主要的功率集中在 3.3V 和 5V，12V 只用于机箱风扇和硬盘电机。所以供电接口的设计都是功能型的，根据主板上不同功能需要的不同电压来规定供电标准。

主板的供电接口在最早的 ATX 电源标准中是 20 口，很快出现的奔腾 4 对功率产生了大量需求。5V 和 3.3V 由于电压低，所以提供同样功率所需的电流大，电流大就需要更粗的导线。所以 ATX 12V 电源标准被提出，大幅度增加了原来主板的 20 口的 12V 供电，并且额外增加了 4 个 12V 口的 CPU 专用供电，所以这 4 个 12V 口也叫作 P4 口。CPU 以前用 5V 供电，奔腾 4 需要远低于 5V 的供电电压，所以 ATX 电源标准中额外增加了主板的 DC-DC（直流转直流）供电需求，将 12V 在主板上转换为 CPU 所需的低电压。24（20+4）口主板供电模式后来被沿用很久，12V 逐渐成为主要的供电电压。最早的 24 口主板供电模式就是 ATX 1.0 电源标准提出的，该标准确立了 12V 电源供电和主板上的 DC-DC 降压供电配合的两套供电需求。

ATX 2.0 电源标准是一次大升级，这次大升级使电源几乎完全使用了 12V 供电，仍然保留了 3.3V 和 5V（SATA 需要这两种电压），但是供电功率已经显著降低。ATX 2.0 电源标准的主要内容是同时期出现的 PCIe 设备的供电问题。由于 PCIe 接口位于主板中，也就需要主板的 24 口供电，同时预留一部分给 12V 供电的 PCIe 设备。如果 PCIe 设备需要额外提供功率，则 ATX 2.0 电源标准使用 8 口的 12V 供电扩展口进行额外供电。这套以 12V 为主，同时存在 3.3V 和 5V 的 24 口主板供电模式存在了很长时间。

ATX 3.0 电源标准是 2022 年为了解决以 4090 为代表的更大功耗显卡出现的供电问题而提出的。在这个时期，PC 中的 SATA 逐渐被基于 PCIe 设备的 NVME 存储替代，以显卡为代表的 PCIe 设备的供电需求比 CPU 和绝大部分常见的周边硬件的供电需求都强烈。2019 年，Intel 提出了 10 口的 ATX 12VO 电源标准，该标准希望电源只提供 12V 电压，5V 和 3.3V 都放在已经存在 DC-DC 电路的主板上进行变换得到，这就意味着 SATA 也要从主板上取电，大幅度提高了显卡厂商的生产成本，但是降低了电源厂商的成本。虽然总的成本是减少的，但是主板厂商的配合度不高，对应的电源厂商也就无法拿掉 5V 和 3.3V 电压供电。在这种背景下的 ATX 3.0 电源标准设计了解决现实显卡供电问题的额外的 16 针 12VHPWR，并没有改动已有的 24 针主板兼容接口。12VHPWR 专用于大功率的 PCIe 设备，推出时面向的大功率 PCIe 设备几乎只有显卡。由于显卡厂商本身也在寻求更大功率的供电模式，所以 12VHPWR 的推广比较顺利。

ATX 电源标准的兼容性负担比较严重，24 口主板供电模式已经明显过时。但是推动整个生态进行到只有 10 口的 ATX 12VO 电源标准仍然缺乏强烈的动机。

2．供电电压

计算机系统中常见的供电电压有 3 种：3.3V、5V 和 12V。但是这些电压都不是芯片的实际运行电压，而是电源系统的供电电压。供电电压的典型取值产生于特定的时期，后来被沿用下来。

12V 电压是因为铅酸电池的单体电压是 2V，通常 6 个 2V 电池串联就是 12V。在早期的 TTL 电路中，晶体管压降较高，需要的供电电压也较高，这个时期大量使用 5V 和 3.3V 电压供电。3.3V 是 TTL 逻辑高电平的最低电压，5V 是 TTL 逻辑高电平的标准电压。后来拥有更低静态功耗的 CMOS 成为主流，CMOS 可以工作在较低的电压下，并且过高电压会导致击穿。因此，CMOS 电路的供电电压逐渐下降到 2.5V/1.8V，甚至更低。到了现代，台湾积体电路制造股份有限公司（简称台积电）的 7nm 工艺的最高运行电压不到 0.8V。

供电电压提供标准化的电压（ATX 电源标准）给主板或显卡的供电接口，但是这些电压并不是 CPU 或 GPU 等核心直接使用的运行电压。现代运行电压一般更低，不会超过 2V。电源将交流电转变为 3.3V、5V 和 12V 的 3 种标准直流供电电压后，主板上的变压供电电路负责将供电电压根据 CPU/GPU 等硬件的需求转变为具体的运行电压。PCIe 显卡是由主板通过显卡的 PCIe 金手指进行供电的，金手指上的一些引脚是 12V 的供电引脚，显卡使用输入电压在显卡上的变压供电电路中进行电压变换，得到所需的电压，并不依赖主板上的变压供电电路。也就是说，PCIe 给显卡的供电电压通常直接来自计算机电源。

从 220V 的家庭交流电到 3.3V、5V 和 12V 直流电的转换电路，就是我们常说的计算机电源。

3．电压保护

电压过高会导致烧毁，过低会导致硬件运行不可知错误。所以主板一般会提供 OVP（Over Voltage Protection，过压保护）和 UCP（Under Voltage Protection，欠压保护），防止电压过高或过低。若检测到电压异常，则直接强制关机。计算机电源如果质量不好，导致电压不稳或过度超频，则在有 OVP 和 UVP 的主板上就会经常出现忽然断电关机的现象，虽然这在用户体验上非常不好，但是在没有 OVP 和 UCP 的主板上容易导致器件烧毁。

对于人体，电压是导致触电的原因，一般超过 50V 的电压才会对人体产生触电的伤害。人体持续安全电压为 24V，交流电的安全特低电压为 36V，而服务器电源或汽车混动系统会用到 48V 直流电压，一般来说 60V 以下的直流电压都可认为是安全电压。虽然如此，但在日常生活中应该避免接触超过 24V 的任何电压。高压下的任何大小的电流都不能使人体触电。所以现代显卡虽有几百瓦的功率，但是只有 12V 的供电电压，不会使人体触电。导线的粗细取决于最大电流，如果想要实现大功率的供电，电压过低就会导致最大电流过大，使得对导线的要求变粗。还有一种不需要加粗导线的办法是增加供电线的数量。显卡常见的单独供电插头就是这种思路，所以 PC 的供电可以一直保持在最高 12V，当功率不足时采用增加供电线数量的方式来解决。

但是电源的供电并不一定是稳定的 12V，这取决于供电电源的质量。例如，海韵的顶级电源 PRIME 系列要求电压波动范围在±0.5%，而 X 系列就有±2%的电压波动范围，一般波动范围越小的电源越贵。

9.3.2 运行电压

1．运行电压的种类

现在的芯片虽然仍然是 3.3V、5V 供电，但是电压进入芯片时还要经过降压电路降压。运行电压以 mV 为单位，不同的频率对应不同的运行电压需求。所以在

CPU/GPU 运行频率变化时，需要对应改变变压供电电路的变压结果。

同样逻辑规模的芯片，使用越先进的工艺越省电。这是因为功率与电压的平方成正比，工艺越先进，需要的运行电压越低，高了反而不能工作。例如，台积电的 28nm 工艺的电压为 1V，16nm 工艺的电压为 0.8V，7nm 工艺的电压为 0.75V。台积电公布的 5nm 工艺的电压，CPU 通过测试的最小值为 0.7V/1.5GHz，最大值为 1.2V/3.25GHz，GPU 则是最小值为 0.65V/0.66GHz，最大值为 1.2V/1.43GHz。

以显卡为例，一个显卡内部主要有显存、显存控制器、计算单元和其他 IP 核，这些不同的部分大都可以独立配置不同的电压，甚至同一个 IP 核根据运行频率的不同可以匹配不同的供电电压。理论上可以在高频率运行的高压同样可以驱动低频率电路，但是电压会显著增大功耗和发热量，所以用尽可能低的电压运行尽可能高的频率是最优的选择。电压一般存在波动，太过靠近可以正常运行的阈值电压很容易因为一次波动而造成硬件单元停止工作，所以运行电压通常会留有余量。

运行电压是在显卡上的变压供电电路变换得到的，无法做到非常精确。给硬件配置的电压与实际生效的电压之间存在误差，AMD 显卡的电压称为泄漏电压，不同显卡型号的泄漏电压不同，通常会在显卡的 VBIOS 里存储一个泄漏电压表。因为显卡的电压可以从外部配置，我们期望配置得到的电压就是实际生效的电压，所以需要泄漏电压表进行校正。

2．主板变压供电电路

CPU/GPU 实际运行的最佳电压是满足特定频率的最低电压。

计算机电源需要经过主板或显卡上的电路板的电压调整电路输入 CPU 或显卡。通常是降压供电，变压供电电路的原理比较简单，开关不断打开与关闭（PWM 调制），通过一个电容和电感来稳定变换后的电压和电流，加上一个 MOS 组件构建回流就可以组成一相供电。这种 PWM 调制电路驱动的电源叫作开关电源，主板上体积比较大的电容和电感就是变压供电电路不可缺少的组成部分，通常可以以电容的数量来确定是多少相的供电。如果 PWM 调制的开关时间都是相等的，那么无论使用什么频率，实际的接通时间都是相等的，占总时间的一半，这样就无法起到调制控制电压降幅的作用。所以开关的一次接通时间与断开时间并不相等，接通时间占总时间的比例叫作占空比。

对于高功率的 CPU 和 GPU，供电电压的稳定性非常重要。现代 CPU 和 GPU 由多相并联的电源供电，一相代表一路供电，由于 CPU 和 GPU 大都需要 12V 的低压供电，但是又会产生很大的功率，所以需要的电流比较大。电流越大，导线越粗，但是电路上的导线不能无限粗，所以一路供电能提供的功率有限。多相并联就可以提供低压但较大的功率，并且可以分担电流，从而让主板供电系统发热均匀。因此多相并联电源主要应用在低压大功率领域，如 CPU 和 GPU 的供电。如果超出或接近最大功率供电，就会导致电压不稳，对芯片引发比较严重的问题。所以通常需要超频的主板都会过量提供相数，以适应可能的功率需求。

变压供电电路是模拟电路，其精度并不可靠。主要有两种精度问题，一种是由于开关带来的电压起伏，叫作纹波；另一种是变压供电电路的精度不能达到期望值，叫作电压偏移（Voltage Offset）。对于一个变压供电电路设计的输出电压，要增加对应的电压偏移才可以获得真实的电压。

3. 纹波

由于电压变换是通过 PWM 调制不断开关电路来实现的，所以即使有电容、电感稳定电压、电流，也难免产生起伏的电压曲线，称为纹波。也就是说，芯片的供电电压并不是理论上的一条直线，而是起伏的纹波。纹波的危害较大，波谷意味着低压，可能因为电压不足导致 CPU 执行异常。波峰意味着高压，可能因为电压过量烧毁 CPU。解决纹波问题主要有 3 种方案：①增大电容、电感可以缓解纹波，但会带来更大的体积和更高的成本，所以主板上电容、电感的大小在一定程度上反映了供电质量。②增加一相内的 PWM 开关频率，这样纹波的频率提高，波动就会变小，但是 PWM 开关频率越高，电能损耗越大。所以这种方案的能源效率不高。③增加相数。因为每相产生一个纹波，只要让不同相的纹波错开，就可以由多相波峰和波谷叠加组合成一个平稳的电压。所以提高相数就可以对应地降低 PWM 开关频率，提高供电效率。由于相数同时起到提高供电效率、组合高功率和稳压的作用，所以相数成为主板供电系统好坏的决定性因素。通过增加相数解决纹波问题的方法有并联和倍相两种。

倍相是通过倍相芯片交错地让不同相工作来组合构造一个平稳的纹波。例如，4 倍相是 4 相逐个工作达到 4 倍频率的 PWM 开关效果。4 倍相相当于 4 相供电在接通位置的纹波处连续合并，也就是波峰时间持续 4 倍。对应的 PWM 开关频率可以降低 1/4，从而构成一个占空比不变的电压输出，但是具备更平稳的纹波。

当遇到 CPU 或 GPU 的频率变化带来的电压变化需求时，需要调节 PWM 开关频率。由于一相工作的时候其他相空闲，因此其他相的调节速度变慢，也就是供电的动态响应特性不好。当 CPU 突然提高频率时，供电无法快速跟上导致 CPU 异常。所以对于倍相供电的频率电压表，应尽可能地设计各跳变频率之间的电压差值小一些，这样低频的电压有可能足够短暂地支撑高频下一个频挡的运行，给 PWM 开关频率调节电压以缓冲时间。

并联是指多相一起工作，但是产生的纹波错开，叠加出一个波峰和波谷差值小的高频纹波。并联虽然不需要倍相芯片，但是对电容、电感等元器件的要求高，所以成本更高，并且发热量更高。并联拥有更好的电压动态响应特性，在频率波动时会比较稳定，适用于液态氮散热环境下的极限超频。

而倍相由于发热量低、成本低,适用于日常超频长时间高负荷。

由于智能手机上电池的供电电压较低,通常只有 3.7～4.4V,因此其变压供电电路比 PC 上的 12V 供电要简单。由于智能手机功耗很低,电流也很小,所以一相供电在大部分情况下就能满足需求。

9.3.3 频率

1. 基频与倍频

CPU 和 GPU 使用的运行频率都是通过一个基准频率(简称基频)放大出来的。频率对应在信号中就是单位距离上信号凹凸的次数,无论凹凸多少次,正常运行的信号凸出的总长度总是等于凹陷的总长度。CPU 和 GPU 的基频叫作 BCLK,实际运行的频率都是 BCLK×倍频得到的。所以超频可以调整 BCLK,也可以调整倍频。在大部分常见的 CPU 和 GPU 中,几乎只有 Intel 和 AMD 会暴露 CPU 的 BCLK 和倍频的调整能力,调整方式主要在主板的 BIOS 中进行,也可以通过厂商提供的专用软件进行,但是这些软件通常没有 Linux 版本。例如,华硕主板的 AI Tweak 自动超频技术就倾向于修改 BCLK,自动地提高 CPU 性能。

GPU 相对比较封闭,超频一般不会暴露给主板厂商,但有可能暴露给显卡厂商,通常只允许使用专用软件进行调整。

2. 频率的功耗效率

假设频率提高比例与对应的电压提高比例是相同的,那么当频率提高 10%时,实际功耗提高 1.1^3-1,即 33.1%。也就是说,功耗的提高是计算能力提高的 3 倍以上。如果一个硬件的功耗是 700W,这 700W 中越往后增加的功耗对应的计算能力越少,功耗越低,电能的计算效率越高。因为芯片的电气特性不允许电压和频率一直提高,电压在一定位置后的提高速度快于频率的提高速度,造成更高的功耗浪费。所以,存在一个最合理的频率提高区间,在这个区间外,提高功耗带来的性能提高很小,大部分提高的功耗都用于因为电压的大幅度增加导致的损耗大幅度增加。

所以,硬件应该尽可能在低频状态下运行。换句话说,高频是以浪费更高的功率换取并不多的性能,同时产生大量热量,需要更强的散热,也需要对组成芯片的各部分的温度耐受程度提出更高的要求,还需要更大规模的供电电路,从而导致更高的硬件成本。这也是以低功耗为主的 ARM 芯片频率普遍低的原因。每瓦功耗所产生的计算能力叫作算效比,算效比是当前硬件厂商普遍追求的指标。随着数据中心的蓬勃发展,算效比越来越被 Intel 和 AMD 这种偏性能追求的厂商重视。

9.3.4 制造工艺的频率电压价值

更先进的制造工艺的进步意味着更小的元器件尺寸（更高的计算密度）、更低的运行电压、单位逻辑单元更低的功耗（更低的发热量）。相当于从制造工艺的层面做到了在大幅度的相同运行频率下降低电压，从而使得传统制造工艺下提高到能耗比不划算的频率在新制造工艺下划算了，也就带来了频率的提高。制造工艺对制约芯片高速运行、充分发挥性能的各方面几乎都是提升的作用，所以制造工艺才是 CPU 和 GPU 执行性能的根本决定性因素。

选择更先进的制造工艺，在相同的设计结构下，意味着用更低的价格买到更高的计算能力，并且不需要额外付出大量的供电成本。也正是因为制造工艺的进步，越来越高的运行频率变得有价值，带来了越来越大的有效功耗需求。这种趋势使得以前 PC 中为超频准备的很多大规模供电电路变成了维持更强大的新硬件运行必需的供电部分，也就是新制造工艺带来了高计算能力密度的同时带来了高功耗。

智能手机、笔记本电脑等移动设备因为功耗效率一直保持比较低的工作频率，并没有充分发挥硬件性能，而是在功耗与性能之间侧重于功耗效率找到了一个运行平衡，所以传统上移动设备有很大的超频空间，只是超频后的供电和散热问题比较严重。但是随着新制造工艺带来的高功耗，低功耗计算对硬件的发挥能力越来越差，折损的有效计算效率越来越高，很快就变得不划算。因为硬件从制造工艺上让高功率成为功耗效率比较高的选项，而高功率对应的高散热要求在智能手机和笔记本电脑上难以实施，所以推动移动设备 CPU 和 GPU 与台式计算机的差异化拉大。

移动设备的需求是极其旺盛的，甚至超过了以性能为导向的 PC。这种需求可以接受一定程度的硬件资源浪费，但是厂商仍然希望尽可能地让每块硬件都发挥出最大的性能。在散热能力不变的情况下，低频、大小核、小芯片规模仍然是移动设备的首选应对策略。但是会逐渐增加外置散热能力，并且接市电电源供电的性能模式的使用需求。

在达到一定的程度之前，增大芯片面积比提高频率的性能功耗具有更高的性价比。但是芯片达到一定的面积后会出现良品率下降和比较严重的散热问题。

9.4 显存访问的吞吐与延迟

9.4.1 显存的结构

显存是显卡使用的内存，在独立显卡中与显卡核心一起位于显卡的 PCB 中。显卡核心连接显存时需要先经过位于显卡核心内部的显存控制器，再到连接线，最后到显存颗粒。这 3 个部件分别有不同的电压，可以分别进行调整。内存分为同步内存和异步内存，两者的区别在于访问内存的时序与总线时序是否一致，也就是总线的内存访问指令是否需要阻塞地等待获得数据。现代的 DDR 内存都是同步内存，异步内存只在 PC 早期出现过。

显卡与显存之间还有一个很重要的硬件，叫作 IMC（Integrated Memory Controller，整合内存控制器）。显存的质量再好，IMC 的质量差也会制约显存的性能发挥。IMC 与显存分别单独供电，共同决定显存访问的吞吐与延迟。

9.4.2　吞吐与延迟

吞吐与延迟是内存的两个不同维度的性能指标。对于日常使用的 CPU 或 GPU 的运行特性，通常延迟的提高收益远大于吞吐的提高收益，因为 DDR 内存与 L3 Cache 的核心区别就在于延迟，越接近 L3 Cache 的延迟，越相当于补充内存作为 L3 Cache。也正是因为内存的延迟极其重要，所以内存普遍被设计为直接连接到 CPU，在主板上位于最靠近 CPU 的位置，同时为高吞吐占用了很多宝贵的 CPU 引脚。而对于 GPU 等周边硬件，虽然访问吞吐与延迟都很重要，但是都是通过 PCIe 总线连接到 CPU 的。在 CXL 时代，随着 PCIe 6.0 在吞吐与延迟上的显著优化，内存也被放入 PCIe 总线。

1. 吞吐

在有些专业场景下，内存性能会受到吞吐的影响，也就是需要大量内存 IO 的高吞吐量场景。DDR 内存可以在一个时钟内传输 2 次数据，也就是内存可以在频率波峰上执行 2 次数据传输命令。所以数据传输速度是时钟速度的 2 倍，代表的是吞吐能力。

理论上频率越高，吞吐就越高。由于延迟也是以周期数计算的，频率越高，对应的延迟就越低，所以提高频率是优化吞吐与延迟的最佳手段。但是频率不能无限提高，并且频率受到 IMC 和功耗散热的制约。在有些场景下，显卡核心会"吃掉"大部分功耗，留给显存的可用功耗较少，而恰好这种场景对显存访问的吞吐与延迟不敏感，这时整体的超频优化就应该对应提高 GPU 核心的运行频率，降低显存的运行频率，由此带来的显存访问延迟的提高则应该通过优化显存访问时序来弥补。

2. 延迟

显存工作在一定的频率上，如 WX5100 默认最高工作在 1250MHz 上，而且可以根据负载的区别调整工作频率。一般而言，频率越高，显存性能越高，但是显存性能还取决于一个被称为 Strap 的电气参数。频率是电路的一个信号的波峰和波谷，电路只在波峰上工作。然而在一个波峰上，也并不是所有的宽度都可以工作，因为实际的电路信号并不是直上直下的，在进入波峰后需要等待一段时间才能实际地执行信号逻辑。Strap 就是这个等待时间，Strap 越大，在进入波峰电路可以工作之前的等待时间就越长。也就是说，一个 1250MHz 运行同时具有比较大 Strap 延迟的显存，在性能上可能比不上一个 1000MHz 运行同时具有比较小 Strap 延迟的显存。AMD 显卡的 Strap 存储在 VBIOS 的内存条带表（Memory Strap Table）中，在显卡启动时会从 VBIOS 中拷贝到显存控制器的寄存器中。

完整的显存(内存)延迟参数由 tCL（也称为 CAS Latency Control、Column Address Strobe Latency，列地址选通脉冲时间延迟）、tRCD（RAS to CAS Delay）、tRP（Row Precharge Timing）和 tRAS（RAS Active Time）4 个参数组成，一般写为 4 个连续的整数格式，如 7-8-8-24，单位是时钟数。只有时钟数和频率一起才能决定一个显存时序的性能。由于单位是时钟数而不是绝对时间，频率越高，tCL 越大，所以在不同频率下对比这 4 个参数是没有意义的，需要换算到绝对时间层面进行对比。例如，DDR5-6600 的 tCL 为 34，单位时钟数为 0.303ns。但是 DDR4-2400 的 tCL 为 16，单位时钟数为 0.833ns。所以 DDR5-6600 的 tCL 的绝对时间实际上为 10.302ns，而 DDR4-2400 的 tCL 的绝对时间为 13.328ns。

读取某一内存行需要经过 3 步：给该行上电、选择该行、读取该行内容。因为并不会同时读取所有的内存行，而读取内存行时需要上电。所以在正常情况下，大部分内存行都处于掉电状态。但是从掉电到上电需要比较大的延迟，这又与小延迟的需求不匹配。所以现代内存都会保持一定的常用行处于 Precharge（预充电）状态。Precharge 状态是指电压处于工作电压与 0 之间，当需要使用该行时对该行进行选择，让该行进入 Active（激活）状态。Active 状态是指电压正常加满的状态。只有处于 Active 状态的内存行才可以被选择并且读写内容。让某一内存行的电压从 0 到 Precharge 状态的时间是 tRP，选择该行所需的时间是 tRCD，发送读取命令到读取到数据所需的时间是 tCL。如果某一内存行掉电，则内存中的该行数据过一段时间会消失，所以需要不断地刷新数据。刷新数据的时间间隔是 tRAS，也就是某一内存行从 Active 状态到 Precharge 状态的最小时间间隔，通常等于 tRCD + tCL。

tCL 是指一直读指令发送到内存到可以获得数据之间的延迟，也就是我们通常说的内存访问延迟的主要组成部分。第一个掉电状态行的字节的访问延迟为 tRP+tRCD+tCL。因为 CPU 或 GPU 的 Cache 行的存在（一般为 64 字节），使得实际对内存的访问都是 64 字节批量的，批量访问的性能还取决于吞吐能力。批量访问 64 字节的延迟远小于逐个随机访问 64 字节的延迟。由于内存都是以一个个的颗粒存在的，每个颗粒的内部分为一个个的 Bank，各 Bank 之间是独立寻址执行内存命令的。所以将内存的读写散布在不同的 Bank 中可以有效改善应用实际使用内存的吞吐与延迟。

现代系统内存使用的内存条上一般带有一个存储该内存条信息的 SPD（Serial Presence Detect，串行存在检测）ROM，其中存储了多种不同的适用于该内存条的延迟数据配置，包括 Intel 的 XMP 或 AMD 的 EXPO 等自动内存超频技术所需的内存不同频率挡位的时序信息。

9.4.3 RAS

RAS（Reliability,Availability,Serviceability）是 AMD 显卡硬件提供的可靠性保证子系统的统称，其并不是一个单独的机制，而是一系列可靠性特性，从 Vega 20 开始支持 RAS。

RAS 主要包括系统内存和显存的 ECC 校验、释放数据覆写、坏页处理和错误遏制机制。RAS 的所有机制从用途上分为硬件机制、软件机制和错误注入。RAS 最终是否启用是通过硬件机制和模块参数共同决定的，决定是否启用 RAS 的 amdgpu_ras_check_supported 函数中的最后一个逻辑如下：

```
adev->ras_hw_enabled &= AMDGPU_RAS_BLOCK_MASK;
adev->ras_enabled = amdgpu_ras_enable == 0 ? 0 :
adev->ras_hw_enabled & amdgpu_ras_mask;
```

硬件机制是否支持 RAS 不取决于模块参数的检测过程得到的 ras_hw_enabled 结果，而是只有在软件配置启动 RAS 时，才会使用硬件的 ras_hw_enabled 结果。根据上述判定逻辑，如果希望在 RAS 的所有硬件机制不存在时还能启用 RAS，就需要手动设置 ras_enable 为 1。

在模块参数中，ras_enable 用于控制是否打开 RAS 硬件机制，ras_mask 用于控制打开的硬件机制列表。RAS 硬件机制被组织成 IP 模块和 IP 子模块两个级别。可以通过如下命令获得当前支持的 RAS 的所有硬件机制（如果 ras_enable 没有打开或 RAS 初始化失败，则不会有下面的命令）：

```
/sys/class/drm/card[0/1/2...]/device/ras/features
```

可以通过如下操作打开/关闭 RAS 特性和进行错误注入：

```
echo "disable <block>" > /sys/kernel/debug/dri/<N>/ras/ras_ctrl
echo "enable <block> <error>" >
/sys/kernel/debug/dri/<N>/ras/ras_ctrl
echo "inject <block> <error> <sub-block> <address> <value> >
/sys/kernel/debug/dri/<N>/ras/ras_ctrl
```

ECC 错误分为可恢复错误和不可恢复错误。显存的 ECC 支持也是在 RAS 中，可以配置当 RAS 出现不可恢复错误时直接重启。但是由于渲染对系统运行的影响不大，只会影响渲染结果。也就是在大部分情况下，即使出现了 ECC 错误，也只会导致屏幕的渲染结果出现部分问题，所以除非 ECC 错误极其严重，否则不应该重启。也就是说，自动重启默认是不打开的。

但是如果 ECC 错误过多，就会显著增大内存的延迟，因为 ECC 错误通常伴随访问重试。因此在发生 ECC 错误时，显存访问的吞吐与延迟都会受到影响。

9.5 显卡超频

9.5.1 超频的原理

1. 超频的整体思想

超频，顾名思义就是提高频率。但是超频通常伴随电压的提高，这是频率提高的副作用。提高电压会导致功耗的次方增长，从而大幅度增加热量。所以超频通常跟强悍的散热系统同时出现。

处理器核心内部由巨量的晶体管构成，但这些晶体管并不是理想晶体管，存在门延迟（Gate Delay）等问题。核心的场效应晶体管充放电需要一定时间，只有充放电完成后采样才能保证信号的完整性。而这个充放电时间和电压负相关，若电压高，则充放电时间短，能保证信号的完整性。处理器核心超频后，工作频率升高，原来可以满足充放电延迟的电压就可能无法保证信号的完整性了，这时提高电压，可以减小延迟，从而重新满足信号的完整性。所以提高频率会伴随电压的提高，但是我们需要将这个电压提高的幅度尽可能调小，小于显卡给出的默认值，这就是降压超频。

超频的整体思想：①提高频率是目的，但是会带来电压提高的副作用。②降低特定频率下的电压是优化副作用的手段。③增强散热系统是优化副作用的手段。

这里的电压是整体性的描述，一个显卡的电压分为核心电压和显存电压两种，两者的调整思路是一样的。根据业务需求，可以出让核心频率给显存频率，让显存可以工作在更高的频率上，或者反过来出让显存频率来增强核心频率。如果散热系统足够强，两者可以同时超频。

由于显卡出厂相对封闭，如果显卡厂商提供了更好的散热硬件，则可以将显卡进行默认超频，如蓝宝石的超白金显卡就是搭配了更好的散热硬件的已经超频的显卡。由于硬件之间有个体差异，即使是同一批出厂的硬件，有的频率电压可以在某一个硬件上稳定运行，却不能在另一个硬件上稳定运行。这种差异化就是我们常说的体质，导致硬件厂商只能比较保守地运行参数作为出厂配置。但是对于如超白金显卡这种经过特殊测试的显卡，是由 AMD 之外的第三方厂商人为地挑选体质较好的芯片进行超频出售的。对于个人，大部分设备仍然会有超频的空间，但是随着硬件厂商的参与和制造环节质量稳定性的改进，硬件出厂接近"灰烬"，留给用户的超频空间在压缩。

但是在高端 CPU 和 GPU 市场中，由于功耗很高，供电电源有可能出现电压不稳定的情况，显卡的运行一般会留有不小的余量，所以在好的供电环境下，大部分硬件仍然会有超频空间，希望超频的硬件都需要配备超过正常供电稳定性需求的电源和主板。

智能手机上由于供电比较保守，主板通常是参考设计供电，所以厂商给出的频率电压表一般是按照参考供电来的，在这种特定的供电环境下，厂商给出的频率电压的可调整范围较小。

2．超频供电

由于一个 PCIe 接口的供电最大就是 75W，所以没有额外供电接口的显卡超频后的功耗要控制在 75W 以内。这就决定了一定要降压超频，因为如果不降压，稍微提高频率就有很大概率突破本来已经稳定运行的功率分布。但是如果降压不可行或空间较小，则可以通过牺牲部分 IP 的性能来提高核心性能的方式超频。

例如，一个显卡中通常含有视频编码和解码模块，如果我们不需要这两个模块，就可以给这两个模块断电、断频，从而降低这两个模块的静态功耗，为 GPU 核心的超频提供更多的电力。有的游戏是 GPU 计算密集型的，但是对显存的吞吐要求不高，这时可以通过降低显存的频率和电压来为 GPU 核心挤出更多的功耗配额，使 GPU 核心可以突破更高的功耗上限。

但是由于功耗在高频时计算效率较低，同样的功耗供给视频编码所能获得的综合收益远大于提高核心的极限频率所能获得的综合收益，所以当计算核心并不需要太高的频率时（GPU 没吃满），将有限的功耗余量留给单独的有需要的低负载的 IP 可以创造更大的计算性价比收益。一个显卡的默认功耗分布应该是均匀的，不会让某一个 IP 太强（但是 GPU 和显存几乎总是占用功耗最高的 IP），让所有的硬件单元都在一个均衡的频率和电压下工作，提供功耗较为均衡分配的整体合理方案。而超频更多的是从个体的使用需求角度出发，将原来均衡的功耗分布变为不均衡的功耗分布，集中功耗满足用户的当前需求。

9.5.2 AMD GPU 超频

1．频率电压表调整：pp_od_clk_voltage

AMD GPU 的频率电压表可以通过相对简单的 pp_od_clk_voltage 文件进行调整。该文件规定了可以调整的频率和电压的上下限，只允许在规定的范围内调整不同的频率挡位和对应的电压，而不允许高于或低于规定的电压和频率，也就是不可以通过这个文件进行超频。只是调整频率电压表就可以在很大程度上提升硬件的性能，因为显卡驱动使用频率电压表进行不同负载、不同温度的频率切换，只要切换到低频就会导致性能下降。所以可以调整频率电压表，在散热充分的情况下尽可能工作在高频，并且尽可能使用低压。

电源状态是可读友好的，其本质上仍然是控制不同的 sclk 和 mclk 的切换。sclk 代表显卡计算单元的运行频率，mclk 代表显存的运行频率。pp_od_clk_voltage 中定义了 sclk 和 mclk 的不同功耗等级，WX5100 有 8 种 sclk 和 2 种 mclk 的功耗等级定义：

```
OD_SCLK:
0:         300MHz        800mV
1:         426MHz        815mV
2:         581MHz        817mV
3:         726MHz        819mV
4:         875MHz        837mV
5:         922MHz        868mV
6:         1004MHz       931mV
7:         1086MHz       993mV
OD_MCLK:
0:         300MHz        800mV
1:         1250MHz：     900mV
```

每个功耗等级都对应一个运行频率和运行电压，所有功耗等级的运行频率和运行电压都是可以配置的，配置时有一定的格式要求。例如，修改 sclk 的前两个功耗等级的运行频率为 300MHz，运行电压为 800mV：

```
echo "s 0 300 800" > pp_od_clk_voltage
echo "s 1 300 800" > pp_od_clk_voltage
echo "c" >> pp_od_clk_voltage
```

先使用 s 命令设置对应的功耗等级信息，再使用 c 命令让其生效。如果希望恢复默认值，则可以写入 r 命令。

pp_od_clk_voltage 中定义的功耗等级会实时地反映在 pp_dpm_sclk/mclk 中。因为 pp_dpm_sclk 代表的是当前显卡运行的功耗等级和可以运行的功耗等级。

在 power_dpm_force_performance_level 设置为 manual 的情况下，可以通过 pp_dpm_sclk 来限制运行的功耗等级：

```
echo "5 6 7" > pp_dpm_sclk
```

上述命令代表 sclk 只允许运行 5、6、7 功耗等级。但是这只是接口的定义，设置不一定有效。

2．超频：pp_table

pp_table 是 DPM 控制显卡电压的核心文件，该文件全面地定义了显卡的频率电压表、电压表、风扇表、功耗表、PCIe 配置表、GPIO（General Purpose Input Output，通用输入输出）表和硬件限制表等信息。修改该文件十分危险，所以驱动对用户空间显示的是二进制格式。用户空间可以通过/sys/class/drm/card0/device/pp_table 访问和修改当前生效的 pp_table。pp_od_clk_voltage 只能设置频率电压表和电压表，并且受到最大值/最小值的限制，理论上无论如何修改 pp_od_clk_voltage，都不应该损坏显卡硬件。而 pp_table 中包含完整的不受限制的电压、频率、风扇、功耗、温度等配置，pp_table 的不恰当修改可能直接导致硬件损坏，甚至不可恢复。频率电压表中会索引使用电压表中的电压作为该频率对应的电压，风扇表中定义了风扇的各种参数和运行方式，Power Limit 和各种温度阈值配置在功耗表中。

pp_table 是显卡硬件使用的信息，按照 pp_table 的二进制格式写入显卡硬件就可以让显卡硬件按照该配置进行工作。系统中存在硬件 VBIOS 上携带的 pp_table 和驱动中定义的 pp_table 两份 pp_table，还存在一个当前使用的位于系统内存中的 pp_table，叫作 soft pp_table。显卡使用的 soft pp_table 默认以写入硬件的 pp_table 为准。如果硬件上没有 pp_table，则使用驱动中定义的 pp_table。从 sys 目录下修改 pp_table 不会断电保存，超频如果出现问题，重启就可以恢复。GCN3 之后的 pp_table 允许在显卡运行时修改，因为修改的是 soft pp_table。将 pp_table 手动地写入显卡的 ROM（VBIOS）可以改变显卡 VBIOS 中的 pp_table，所以硬件 VBIOS 上携带的 pp_table 的内容与当前使用的 soft pp_table 的内容并不一定一致。

pp_table 从 GCN3 时代的 Tonga 和 GCN4 时代的 Polaris 使用的 pp_table_v1_0.h 开始，但是之后没有采取类似的版本号命名，而是采用了结构作为前缀进行命名。GCN5 的 Vega 10、12、20 分别使用了不同的 pp_table 定义文件：vega10_pp_table.h、vega12_pp_table.h、vega20_pp_table.h。后来 PowerPlay 技术过渡到 swSMU，pp_table 被 swSMU 接管，swSMU 对应 SMU 固件，从 SMU11 开始接管 pp_table。Vega20 是唯一一个同时支持 SMU 和 PowerPlay 管理 pp_table 的架构，也是最后一个 PowerPlay

管理 pp_table 的架构。之后的 swSMU 都有自己的 pp_table 定义，并且每代不只一个版本定义，如 smu_v11_0_7_pptable.h、smu_v11_0_pptable.h。最早的 pp_table 1.0 时期提供的 Tonga、Fiji、Polaris10 三种架构的实现是前后兼容的，AMD 曾试图创造一种向后兼容的 pp_table。从 Vega10（SMU9）之后，就不兼容了，但是仍然统一由一个头部和一个 PPTable_t 结构体构成，但是 PPTable_t 内部仍然不统一和向前兼容，头部也只是整体性类似，不向前兼容。AMD 官方也没有对此发布文档进行专门的解释，所以之后 pp_table 的修改变得极为困难。

pp_table 中存储的都是小端格式的值，这就意味着如果在小端的 x86 CPU，则可以通过偏移直接读取，不需要转换，而在大端的 CPU 则需要转换。

AMD GPU 支持多个 pp_table，可以通过模块参数 smu_pptable_id 来选择使用不同的 pp_table，这个功能一般会被显卡硬件厂商用来做模式切换按钮。有的高端显卡，如 7900XTX 的 OC 版本上有一个模式切换按钮，可以在正常模式和超频模式之间切换，其使用的机制就是 pp_table。

9.6 动态功耗调整

9.6.1 DVFS 与 DPM

DVFS（Dynamic Voltage and Frequency Scaling，动态电压频率调节）就是提前定义一系列频率和该频率下的运行电压，然后在运行时动态地选择频率和电压的组合。

Linux 内核下的 CPU 任务调度器通过影响调频器可以支持 CPU 的 DVFS，但是不支持显卡的 DVFS。显卡的 DVFS 一般由显卡硬件的驱动自动完成，不依赖 Linux 内核。在 AMD GPU 下就是 DPM。

DPM 是 AMD GPU 下动态调整功耗的机制，其定义了一系列的显卡运行状态和每个状态对应的电压、频率信息，并且在运行时中根据负载情况动态地切换运行状态。

1. 显卡的时钟参数

独立显卡一般有 3 个时钟参数：Base Clock、Boost Clock 和 Memory Clock。Base Clock 是正常运行非高负载任务时的时钟频率；Boost Clock 在 NVIDIA 产品中是指高负载游戏可以稳定运行的频率，在 AMD 产品中是指可以短期运行的最高频率；Memory Clock 是显存频率。

AMD 显卡的 Boost Clock 通常只能运行一小段时间。WX5100 的 Base Clock 是 713 MHz，Boost Clock 是 1086 MHz，Memory Clock 是 1250 MHz。显卡运行频率是

被动态电源管理子系统控制的。

2．PowerPlay 与 PowerTune

PowerPlay 简称 PP，是电源管理中用来降低显卡功耗的技术。降低功耗伴随着风扇转速降低和显卡寿命延长。PowerPlay 是 DPM 实现的一种方式，其升级版技术是 PowerTune。相比 PowerPlay，PowerTune 集成在 GPU 内部，不需要软件支持。PowerTune 提供了大量的功率层次，自动地逐级变化，限制不允许突破特定的功率，避免了 PowerPlay 的大跨度多挡功率迁跃导致的突破 TDP 限制被快速拉下导致的性能大幅度波动的情况。DPM 本质上是动态控制电压和时钟频率。

正是由于 PowerTune 这种多级快速调整的能力，硬件的温度墙设置不需要很保守，也就是硬件的平均运行功率可以大幅度提高到接近 TDP。相当于 PowerTune 在不改变硬件本身的性能，只改变温度功率控制算法的情况下就提高了显卡性能。

PowerPlay 虽然也有多级快速调整的能力，但是级别很少。例如，WX5100 的着色器默认频率电压表如下（cat pp_od_clk_volatage）：

```
0:        300MHz          800mV
1:        426MHz          815mV
2:        581MHz          817mV
3:        726MHz          819mV
4:        875MHz          831mV
5:        922MHz          862mV
6:        1004MHz         918mV
7:        1086MHz         987mV
```

一共 8 级的快速调整能力，因为担心达到或超过 TDP，功率很可能在这 8 级跳变，即使单级的变化也对应很大的功率波动，实际上 AMD GPU 的驱动在温度墙时的跳变级别可能远不只单级。可以认为 PowerTune 相当于大幅度增加跳变级别及跳变次数，通过实时地跳变让功率永远维持在刚好低于温度墙的程度。

在 UVD 和 VCE 不生效的情况下，调整显卡功率的最主要方法就是调整 sclk，也就是着色器的电压和频率，比较少调整显存的电压和频率。这个调整的依据就是根据上面的频率电压表来选择跳变的挡位，也就是从即将要撞温度墙往后回撤的挡位。因为显存可调的频率通常较少，如 WX5100 的显存频率挡位只有跨度比较大的两挡，定义如下：

```
root@b-7000:/sys/class/drm/card0/device### cat pp_dpm_mclk
0: 300MHz *
1: 1250MHz
```

3. 电源模式

/sys/class/drm/card0/device/power_dpm_state 是 AMD GPU 早期提供的用来控制显卡运行能耗等级的接口，但是现在已经被 power_dpm_force_performance_level 文件表示。性能等级是显卡运行的功耗控制的整体方法，取值如下：①auto，根据驱动内部的判断逻辑，动态地在可用的电源模式中选择（可用的电源模式在 pp_power_profile_mode 中）。②low，运行时钟锁定在最低的电源模式。③high，运行时钟锁定在最高的电源模式。④manual，运行时钟可以通过 pp_dpm_mclk、pp_dpm_sclk、pp_dpm_pcie 文件手动控制显卡的运行频率，可以通过 pp_power_profile_mode 手动确定显卡的电源模式。

pp_power_profile_mode 中所谓的电源模式就是定义了一组 sclk 和 mclk 频率跳变的延迟数据，包括如下 6 个：sclk 和 mclk 增加的延迟、sclk 和 mclk 降低的延迟、sclk 和 mclk 频率保持的最短时间。通过这组延迟数据，DPM 就知道在跳变到下一挡的频率时需要延迟多久，因为很多时候显卡频率的突变需求是瞬时的，如果 DPM 反应慢，等待做出频率调整的决策，新频率就不适应了。pp_power_profile_mode 定义延迟数据的解决方法并不好，PowerTune 是更好地解决这个问题的方式：

```
root@b-7000:/sys/class/drm/card0/device### cat pp_power_profile_mode
NUM       MODE_NAME         SCLK_UP_HYST   SCLK_DOWN_HYST  SCLK_ACTIVE_LEVEL
MCLK_UP_HYST   MCLK_DOWN_HYST  MCLK_ACTIVE_LEVEL
  0     BOOTUP_DEFAULT:        -            -              -         -       -       -
  1     3D_FULL_SCREEN *:      0           100             30        10      60      25
  2     POWER_SAVING:         10            0              30         -       -       -
  3          VIDEO:            -            -              -         10      16      31
  4            VR:             0           11              50         0     100      10
  5         COMPUTE:           0            5              30         -       -       -
  6         CUSTOM:            -            -              -          -       -       -
```

除了上述 4 种性能等级，还有如下 4 种：profile_standard、profile_min_sclk、profile_min_mclk、profile_perk。这 4 种性能等级会在上锁频率的同时关闭 Power Gating 和 Clock Gating，确保显卡的模块不会被关频率和关电源，也就是确保稳定持久地运行频率和对应的动态功耗。如果不关闭 Power Gating 和 Clock Gating，即使设置了性能状态，显卡也可能根据负载情况选择将某些硬件模块关闭来节省电力。先关闭再打开会引入延迟，造成服务质量的不稳定性，这也是上述 4 种性能等级的前缀是 profile 的原因。

9.6.2 功能开关的功耗控制技术

AMD GPU 的内核模块有很多可以配置的参数，可以启用和关闭一些与功耗控制相关的功能。

（1）runpm 参数：控制显卡的启停。AMD GPU 可以在不使用显卡的时候将其整体关闭，在使用的时候打开。但是其中会有延迟，并且反复打开和关闭容易导致显卡异常。

（2）aspm 参数：可以在显卡空闲的时候关闭 PCIe 连接或设置到低功耗模式。

（3）cgmask 参数：使能特定的 Clock Gating 功能。Clock Gating 是指在模块不需要工作时关闭其时钟，降低功耗。关闭之后模块没有任何动态功耗，只有静态功耗。时钟关闭该模块的当前信息不丢失，如缓存或寄存器中的值还会被保持，再次启动时速度较快。

（4）pg_mask 参数：使能特定的 Power Gating 功能。Power Gating 是指直接切断不使用的硬件模块的电源，同时拿掉模块的静态功耗和动态功耗。但是切断电源会导致模块的所有信息丢失，再次启动时需要重新加载信息，时延较大。

9.6.3 其他的显卡功耗控制技术

AMD 显卡中与功耗控制相关的所有功能都在 SMU IP 单元中实现。SMU 定义在 amd/pm/swsmu/目录下，是电源管理大模块的一部分。

RLC 则是专门在 gfx/compute 引擎内部，用于控制 gfx/compute 引擎的电源管理的模块。SMU 通过 RLC 来控制 gfx/compute 引擎的电源。RLC 的命名是历史原因，与实际功能无关。

BAPM（Bidirectional Application Power Management，双向应用程序电源管理）可以在 CPU 和 GPU 之间共享 TDP，只用于集成显卡。但是 AMD 后来为笔记本电脑的 AMD CPU 和独立显卡的 AMD GPU 也增加了类似的 CPU 与 GPU 之间共享 TDP 的技术。

BACO（Bus Active, Chip Off，总线活跃，芯片关闭）是一种省电技术，在 AMD GPU 中使用 BACO 技术进行 GPU Reset。

9.7 VBIOS 与 Atom BIOS

9.7.1 VBIOS

在 PC 中，BIOS 是早期很常见地用于存储硬件信息的独立于操作系统的小型系统（后来被 UEFI 替代），对于固定不变的硬件，如 ARM 和嵌入式系统常见的设备树配置文件，不需要 BIOS。BIOS 的存在是为了提供一种标准，让来自不同厂商的硬件和操作系统可以管理硬件信息。如果没有 BIOS，就需要设备树配置文件这种每次硬件变更都需要对应地重新编译内核的方式进行硬件更新，这对 PC 来说显然是无法接受的。

BIOS 由主板提供，不同的硬件调用 BIOS 提供的函数接口实现各自的 BIOS 驱动，最终被 BIOS 识别和配置。AMD 显卡本身也是一个电路板，上面有各种来自不同厂商的硬件，由于 AMD 只提供核心的芯片，实际的显卡是由蓝宝石等第三方显卡厂商生产的，供电部分也是由第三方厂商提供的，时钟频率、风扇转速、功率投递、电压配置和设备配置等信息需要在显卡上有一个可以固化存储的位置，所以 AMD 在自己的显卡中提供了类似 BIOS 的结构，叫作 VBIOS 或 VGA BIOS。

NVIDIA 和 AMD 出于产品定位的目的，有时会使用同样的硬件在 VBIOS 中限制硬件的性能，以提供低端的产品定位。超频和解锁硬件已经存在的性能需求导致用户自己更新 VBIOS，也是因为如此，用户自己更新 VBIOS 是被显卡厂商禁止的，但是仍然有技术手段可以做到，官方也会更新 VBIOS 来解决一些出现的兼容性或安全性问题。

一般的高端显卡都会有 2 个 VBIOS，可以通过一个按钮进行切换。例如，蓝宝石的 7900XTX 超白金显卡的 2 个 BIOS 分别对应性能模式和舒适模式，两者的区别就是存储的频率电压表不一样。性能模式对应超白金显卡的超频模式。所以如果使用了舒适模式的 BIOS，本质上就是把超白金显卡手动降级为不超频的白金显卡。这款显卡还提供了第三种模式，就是让软件来控制性能模式和舒适模式之间的切换。第三种模式的控制能力对于显卡的使用寿命是十分有益的，可以做到在默认情况下工作于舒适模式，当有性能需求时自动解锁高频进入性能模式。性能模式虽然也包含低频的工作模式，但是遇到突发的性能需求时仍然会频繁冲击到超频的最大频点，也就是频率电压表的不同频段的控制方式倾向于在有需求时尽可能使用最高频率以达到最优性能，而实际上使用最高频率时 GPU 的利用率并不一定极高。而软件控制的自动切换却可以在 GPU 的利用率极高时才解锁超频，这样大幅度降低了进入超频的时间，从而带来了更长的显卡使用寿命。只有在无论 GPU 是否繁忙都追求最低的渲染延迟时才直接开启性能模式。

9.7.2　Atom BIOS

VBIOS 在 ATI 时代就已经存在，沿用至今。在创建 VBIOS 的时候，ATI 面临的一个问题是 VBIOS 上的程序是运行在 CPU 上的，传统 BIOS 上的程序是运行在 x86

上的，所以是使用 x86 的指令编写的。而 AMD 显卡不能只运行在 x86 上，如果需要运行在其他 CPU 上，如 ARM，就需要 BIOS 本身不使用 x86 来编程。ATI 创造了 Atom BIOS，Atom BIOS 使用的是一种平台独立的语言，通过翻译器将这种语言翻译为目标 CPU 的架构。这个翻译器也被集成在 Linux 内核中，使用 C 语言编写（参考/drivers/gpu/drm/amd/amdgpu/amdgpu_atombios.c）。

pp_table 是 Atom BIOS 管理的核心数据结构，其中包含频率、电压、功率、风扇等关键信息，所以早期 pp_table 中的数据结构很多也包含 Atom 前缀，pp_table 位于 VBIOS 中。

第 10 章

显卡的并行计算与大模型计算

10.1 显卡的并行结构

10.1.1 显卡的并行计算硬件

1. AMD 显卡的并行计算架构：CDNA

1）CDNA 与 RDNA 的区别

随着 GCN 的退出，AMD 显卡的架构同时推出了服务于游戏的 RDNA 与服务于计算的 CDNA。两者在封装架构上都重度依赖多芯片和 AMD Infinity 片上互联技术，因此共享了该技术带来的大缓存的优势。因为 CDNA 计算卡的单卡性能普遍高于 RDNA 计算卡的单卡性能，所以 CDNA 对多芯片与 AMD Infinity 片上互联技术的要求是远高于 RDNA 的。CDNA2 可以在 1 个芯片上封装 2 个 GPU 核心，使用 4 条 Infinity Fabric 连接。但是如果使用了非 AMD 的 CPU，就会退化成 PCIe 4.0 连接。CDNA3 支持的同一个芯片中封装的芯片数量更多，因此，CDNA 计算卡一般需要搭配 AMD CPU 使用。AMD Infinity 片上互联技术随后被多家公司共同采用推出了 UALink（Ultra Accelerator Link，超级加速器连接），形成了行业层面的芯片互联标准。使用 CDNA 的显卡为 AMD Instinct 系列计算卡。

使用 CDNA3 的 MI300 产品更是将 1 个 ZEN 4 CPU 和 3 个 CDNA3 GPU 合并到一个芯片封装中，使得 CPU 和 GPU 访问同一片 HBM，从而变成了性能更快的 UMA 架构。

RDNA 中仍然存在大量渲染加速硬件，而 CDNA 中几乎完全取消了渲染加速硬件（仍然存在少量以支持可用性）。通常来说，用很贵的 CDNA 来执行游戏渲染的性能不会比较便宜的同代 RDNA 显卡表现要好，这是因为游戏使用的渲染 API 会大量使用渲染加速硬件。虽然游戏的通用计算部分在加大，但是目前渲染加速硬件仍然是渲染过程中最重要的部分。技术上可以使用通用计算 API 模拟实现渲染 API，但是通常成本收益率是不如渲染加速硬件的。因此，CDNA 显卡是专用于并行计算的显卡。

CDNA 的并行计算能力本质上与 RDNA 的 CU 并没有什么不同。只是在 RDNA 中，命令的调度有渲染专用的硬件，只有在调度计算着色器的执行硬件时才会使用专用的 ACE 硬件。在 CDNA 中，ACE 成为主要的命令调度硬件单元，因为 CDNA 下几乎只有计算类的任务。一个 CDNA 通常包含多个 ACE，每个 ACE 管理一部分 CU，独立地调度计算任务的执行。虽然 CDNA 与 RDNA 的计算着色器对应的上层编程框架不一样，但是下层的计算部分是类似的。第一代 CDNA 去除了图形缓存、曲面细分硬件、渲染输出单元和显示引擎（Display Engine），但是保留了 VCN，用于支持视频编解码。

2）矩阵计算核心引擎（Matrix Core Engines）

RDNA 基于游戏的实际运行统计结果对 GCN 的 CU 内部进行了修改，以达到更好的游戏性能。但是 CDNA 并不运行游戏，GCN 的 CU 结构设计本来就是对通用计算友好而对游戏不友好的。因此 CDNA 直接沿用了 GCN 的 CU，但是额外增加了矩阵计算核心引擎用于加速矩阵计算，还支持了更多的数据类型和将小数据打包成大数据并发计算的 Pack 计算类型，这些都是通用计算能力，是 AI 计算比较需要的特性。矩阵计算核心引擎同时带来了新的矩阵运算指令 MFMA（Matrix Fused Multiply Add，矩阵融合乘加运算）。新的集成了矩阵计算核心引擎的 CU 叫作增强型计算单元（XCU）。

游戏与 AI 模型都是数据的并行计算，因此两者的整体结构类似。这也就决定了显卡既可以用于渲染，又可以用于 AI 计算。渲染的并行计算主要来自并发地处理不同的顶点和像素，随着渲染技术的进步，渲染计算越来越接近通用并行计算，而 AI 计算的主要类型是矩阵计算。GEMM（General Matrix Multiplication，广义矩阵乘法）是 AI 计算最常用的算术类型，在 CDNA 上，GEMM 使用 MFMA 系列指令调用矩阵计算核心引擎硬件进行了硬件加速。从软件上看，rocBLAS 线性代数库是 GEMM 的主要使用者，上层 PyTorch 等 AI 框架都是直接使用 rocBLAS 线性代数库来获得矩阵计算加速的，但是上层应用仍然可以直接调用 MFMA 系列指令来获得矩阵相关计算的加速效果。

此外，还有一个比较常见的矩阵乘积累加运算（Matrix Multiply-Accumulate，MMA）没有在 rocBLAS 线性代数库中实现，而是在专门的 rocWMMA 中实现。rocWMMA 也是使用 MFMA 系列指令实现的矩阵乘法加速库。

3）HBM 显存

在显存使用上，CDNA 使用 HBM 显存，完全脱离了 GDDR，带来了缓存结构上的一些变化。模型计算涉及大量的显存读写，对带宽的要求远高于本来就需要高带宽的渲染。因此原本服务于高带宽的 GDDR 无法满足模型计算的需求。由于 AI 计算长时间处于一个成本不敏感的阶段，因此现代的 AI 计算卡都会采用成本和带宽更高的 HBM 显存。

HBM 显存就是将 DDR 在高度上堆叠，以获得更大的存储密度和带宽。第一代 HBM 显存中的每个 Die（半导体集成电路芯片制造中引入的概念，也称为裸晶、裸芯片、裸片等）可以做到 1024 的位宽，而同时期的 GDDR5 只能做到 32 的位宽。高位宽意味着一次访问显存可以操作的数据量更大，也就是更高的带宽。可以说 HBM 显存在高带宽层面具有压倒性的优势。

由于 HBM 显存价格昂贵，一张计算卡上的显存资源通常有限，因此显存大小是成本大模型训练的制约性因素。

2．浮点计算能力：FP16、FP32、FP64

通用计算领域比较关注计算硬件对不同精度的数据类型的计算能力，最常见的是 FP16（半精度）、FP32（单精度）、FP64（双精度）三种。其中，在 AI 模型训练中，使用较多的是 FP16 和 FP32。

FP16、FP32、FP64 的概念是在 IEEE 754 标准中定义的。浮点计算利用浮动小数点的方式使用不同长度的二进制数来表示一个数字。浮点数并不能精确地表示所有实数，只能采用更加接近的不同精度来表示。半精度浮点数采用 2 字节也就是 16 位二进制数来表示一个数字，单精度浮点数是 32 位，双精度浮点数是 64 位。因为采用不同位数的浮点数的精度不同，所以造成的计算误差也不同，对于需要处理的数字范围大且需要精确计算的科学计算，要求采用 FP64，而对于常见的多媒体和图形处理计算，FP32 已经足够，对于要求精度更低的机器学习等应用，FP16 甚至 FP8 就够用了。

Google 专门为 AI 计算设计了 bfloat16 类型，用 16 位浮点数做到 FP32 一样的精度，只是牺牲了整数部分的表示范围。所以 bfloat16 一般不适用于整数运算，比较匹配很多 AI 计算的需求。

对于浮点计算，CPU 可以同时支持不同的精度，但在 GPU 中，针对不同的精度需要各自独立的计算单元。在 NVIDIA 显卡第三代的 Kepler 架构中，FP64 和 FP32 的比例是 1:3 或 1:24，在第四代的 Maxwell 架构中，这个比例下降到 1:32，在第五代的 Pascal 架构中，这个比例提高到 1:2，但在低端型号中仍然保持为 1:32。FP64 硬件数量的提高代表了更高精度的计算能力，通常用于科学计算，但是随着 UE 5 开始较大规模地使用 FP64，FP64 的计算能力逐渐成为运行大型游戏所需的能力。由于高精度硬件可以用来执行低精度的计算，只是会浪费性能，所以大部分 AMD 渲染显卡都没有单独的 FP16 硬件，其表现就是 AMD 显卡的 FP16 和 FP32 的计算能力是相同的。而 NVIDIA 的大部分显卡都有单独的 FP16 硬件，所以 FP16、FP32、FP64

的计算能力都不同。但是 AMD 的 RDNA 硬件增加了让 FP32 硬件同时执行 2 个 FP16 的计算能力，如 v_pk_add_f16 指令可以同时将 2 个 FP16 相加。类似 SIMD 指令的定义方式，从而获得 2 倍的 FP16 执行性能。

模型的复杂度用 FLOPs（Floating Point Operations，浮点运算次数）来衡量，由于模型计算大都是浮点计算，因此可以用计算模型所需的浮点计算量来表示模型的复杂度。FLOPs 越大，执行一遍正向传播或反向传播所需的时间就越长。但是训练时间不只取决于简单的计算能力评估，显存不足或带宽不足都能导致 GPU 的计算能力无法充分发挥，从而影响实际的计算时间。

模型训练使用的数据精度越大效果越好，但是精度越大会带来越高的存储、计算和传输成本。由于现代大模型的计算规模巨大，硬件成本较高，因此对精度的选择是一个权衡的过程，比较常见的优化方案是混合精度。将 FP32 与 FP16 混合，在需要保持精度时使用 FP32，在精度不敏感的场景下使用 FP16，虽然增加了模型的复杂度，但是在精度与计算成本的折中过程中可以取得较好的效果。

10.1.2　AMD 显卡的并行计算框架：ROCm

AMD 显卡的并行计算框架叫作 ROCm。ROCm 使用 HIP（Heterogeneous-Compute Interface for Portability，可移植异构计算接口）作为 API。HIP 是 C++的，API 语义接近 CUDA，并且支持从 CUDA 直接转换为 HIP API。CUDA 作为 NVIDIA 并行编程的 API，有强大的先发优势，很多高性能计算库都是使用 CUDA 实现的。由于 ROCm 的发展时间晚于 CUDA 的发展时间，所以尽可能地复用 CUDA 是比较合理的选择。

早期 Intel 推出的 DPC++并行编程 API 与 CUDA 没有进行兼容设计，推进得比较缓慢。但是 DPC++有更大的野心，与 CUDA 只服务于 NVIDIA 的显卡，HIP 只服务于 AMD 和 NVIDIA 的显卡不同，DPC++希望一套 API 兼容所有的硬件。但是追求通用性的设计几乎总是会损失性能，因为大量的优化是针对特定硬件进行的专用优化，尤其是在硬件市场占有率比较集中的计算卡场景下，人们很长时间都更倾向于直接使用市场份额较高的 CUDA。

并行计算的核心除了硬件本身，最重要的就是为该硬件进行专门优化的算法库。NVIDIA 发布了其自有的加速库集合 CUDA-X，其中包括基本线性代数库（cuBLAS）、快速傅里叶变换库（cuFFT）、标准数学函数库、密集和稀疏直接求解器（cuSOLVER）、稀疏矩阵 BLAS（cuSPARSE）、随机数生成（cuRAND）、张量线性代数库（cuTENSOR）、模拟和隐式非结构化方法的线性求解器（AmgX）。这些库都是使用 CUDA 实现的专用并行计算加速库，在性能上为 NVIDIA 的硬件和 CUDA 进行了重度优化。此外，比较常见的还有基于 CUDA 的深度学习 GPU 加速库（cuDNN），其已经是进行深度学习不可或缺的加速库。由于 AMD 的 HIP 和 Intel 的 DPC++都是 C++接口的，而

CUDA 本身是 C 接口的，因此 CUDA 为了进一步发展，推出了 CCCL（CUDA C++ Core Libraries）。CCCL 整合了 NVIDIA 的 C++并行编程框架 Thrust 和 CUDA C++编程库 CUB、libcudacxx。

大量的第三方公开或私有的加速库构成了 CUDA。但是 AMD 围绕 HIP 的 ROCm 和 Intel 围绕 DPC++的 OneAPI 都在抓紧建设，有了 NVIDIA 的成功经验，追赶速度较快。AMD 仿照了 NVIDIA 的加速库的组织结构对应实现了 hipBLAS、hipDNN（GPUs）/zenDNN（CPUs）、rocThrust、hipFFT、hipSPARSE、rocRAND、RCCL 等基于 HIP 的加速库。Intel 则是统一组织了这些库，推出了 oneMKL、oneDNN、oneDPL、oneCCL 等具有类似功能的库集合。由于 OneAPI 的发起时间比较早，Intel 一直比较重视，所以 OneAPI 的自有生态非常丰富。Intel 几乎将其多年积累的大部分工具和库都集成到 OneAPI 中。PyTorch 在 CPU 中使用的并行库就倾向于 Intel，而在 GPU 中，由于硬件上很长时间大都是 NVIDIA 的硬件，因此硬件相关库大都处于 CUDA 环境。但是由于 AMD 与 Intel 公用 x86 指令集，Intel 在 CPU 中优化的库在 AMD 中也是一样使用的，性能差别不大。因此 AMD 也得以将主要的精力放在 ROCm 上。

随着 ROCm 的成熟，逐渐以 roc 开头形成了一套完整的库矩阵，主要包括 rocALUTION、rocBLAS、rocFFT、rocPRIM、rocRAND、rocSOLVER、rocSPARSE、rocThrust、MIOpen、RCCL。AMD 和华为等后起的计算框架也大都提供了从 NVIDIA 生态到各自生态的自动转换工具。

不同于 NVIDIA 的闭源策略，AMD 和 Intel 作为后来者都采用了比较激进的开源策略。AMD 的 ROCm 更是以全开源的方式进行迭代，并且大都以 MIT 或 BSD 等商业闭源友好的 License 发布。从内核空间驱动到应用层软件，ROCm 的开源程度最高。

10.2 并行计算 API 与集合通信

10.2.1 硬件从渲染卡到计算卡

1. 显卡并行计算的演进

通用计算在 AI 之外也有很大的用途。典型的图形渲染也越来越倾向于重度使用 GPU 的通用计算能力。Khronos Group 甚至计划将 Vulkan 替代 OpenCL 并行计算框架作为通用计算 API。

从 Vulkan 开始，要求计算着色器是必要的，也就是对于每个显卡，无论性能，只要支持 Vulkan，就需要提供计算着色器的支持能力。

以前只支持运行渲染管线的显卡，可以认为是一个专门用于渲染三维图形的加速硬件，所以早期显卡也叫作渲染加速卡。但是随着 NVIDIA 的 CUDA 的成功，显卡的计算能力逐渐超过渲染能力。例如，使用 GPU 进行图像处理、视频编解码、传统运行在 CPU 上的物理计算和粒子计算等，都可以以计算着色器的方式在 GPU 中运行。但是现代 GPU 一般也会提供专用的视频硬件进行编解码，而不是使用计算着色器。

在 OpenGL 时代的渲染中，粒子计算大都是在 CPU 中完成的，计算完成后传输到显存，显存使用粒子计算的结果进行进一步的渲染。粒子计算可以看作对一系列顶点进行一系列的计算。Vulkan 可以让粒子计算使用计算着色器，这样顶点就可以放在 GPU 中，计算结果也放在 GPU 中，进行下一步渲染时就可以直接使用显存中的粒子计算结果，省去了从系统内存到显存的加载操作。虽然 PCIe Resize BAR 技术可以让大量显存直接映射到 CPU 地址空间，即使使用 CPU 的粒子计算也可以直接将计算结果放入显存。但是 GPU 的并行计算能力强于 CPU 的，计算着色器可以进一步利用 GPU 的并行计算能力。

一般的显卡会提供单独的计算着色器队列，这样就可以在对显卡下发渲染指令的同时，下发计算着色器指令，使得显卡层面可以并行执行渲染和计算。但是即使显卡提供了单独的计算着色器队列，也不一定支持硬件层面的并行计算，因为显卡可以在硬件层面让计算着色器和渲染管线复用同样的后端硬件，这样物理限制同时就只能执行一个渲染或计算操作。Vulkan 要求支持该 API 的显卡至少提供一个同时支持渲染和计算的队列。

在大模型计算中应用最广泛的 PyTorch 工具现在也可以使用 Vulkan 来替代 CUDA 执行大模型计算，这种用法目前主要用于在已有的移动设备上支持 PyTorch 的运行，很长时间只支持 Android。因为 CUDA API 和计算着色器本质上都是显卡完成通用计算的 API，两者能做到的事情是一致的。但是硬件支持 CUDA 会附带很多专用硬件算子支持，全部使用计算着色器来模拟执行的问题会比较多。计算着色器目前缺少能直接调用 CUDA 加速算子硬件的接口。目前 AI 普遍采用 PyTorch 来开发，广告模型等特定品类仍然会比较广泛地使用 TensorFlow。

2．并行计算硬件与 Vulkan API 的关系

在 CPU 实现的软管线 SwiftShader 中模拟计算着色器，就是创建了并发执行同一个函数的多个任务，每个任务的输入都是输入数据的不重叠的一部分。相当于用 CPU 下的并行库 marl 模拟了显卡下的并行计算单元 Warp。

Vulkan API 的设计充分暴露了硬件细节，也体现在对显卡这种计算结构的抽象上。Vulkan 把单个最小计算单元叫作 invocation，把包含多个 invocation 的线程组叫作 Workgroup。一个 Workgroup 中的所有 invocation 都是共享内存的。

ROCm 和 CUDA 通过库的方式为上层应用提供显卡并行计算能力，而 Vulkan 的并行计算能力是通过编程和调试不友好的计算着色器的方式提供的。这就比较明

显地阻碍了 Vulkan 的计算着色器被用于并行计算的进度。所以很长时间内，计算着色器仍然服务于渲染过程的非管线并行计算。

3. 渲染与计算的数据操作区别

渲染时，CPU 为 GPU 准备数据，CPU 是数据的写入方，GPU 是数据的读取方。数据（渲染资源）可以位于系统内存中，也可以位于显存中。显卡渲染的执行结果存放在 FrameBuffer 中，这个 FrameBuffer 通常是显卡上的一块显存，显卡的 DC 显示部分读取该 FrameBuffer 中的内容输送到屏幕上。

虽然整个渲染过程的主要数据流量是单向的，但是也存在截图、混合、离屏渲染等并非单向的使用场景，对于渲染管线使用到的渲染资源，总是 CPU 写入，GPU 读取的，这种单向的数据操作为硬件提供了很多的加速可能。这些数据包括用于传输顶点数据的顶点缓存、索引缓存和用于传输通用数据的 Uniform 缓存。

但是计算着色器的常用场景是修改数据，数据从哪里读取就会在计算之后写入哪里，这种可读可写的缓存叫作 SSBO（Shader Storage Buffer Objects，着色器存储缓冲对象）。SSBO 也是一种 Buffer，所有的 Buffer 都是通过 vkCreateBuffer 创建的。其中，用途部分指明了该 Buffer 的种类。一个 Buffer 可以同时是 SSBO 和顶点缓存：

```
VkBufferCreateInfo bufferInfo{};
bufferInfo.usage = VK_BUFFER_USAGE_VERTEX_BUFFER_BIT |
VK_BUFFER_USAGE_STORAGE_BUFFER_BIT | VK_BUFFER_USAGE_TRANSFER_DST_BIT;
vkCreateBuffer(device, &bufferInfo, nullptr,
&shaderStorageBuffers[i]);
```

这样创建的缓存可以同时用于顶点缓存（VK_BUFFER_USAGE_VERTEX_BUFFER_BIT）和 SSBO（VK_BUFFER_USAGE_STORAGE_BUFFER_BIT），SSBO 在计算着色器执行完成后，会作为顶点缓存进入渲染管线，作为渲染管线的资源。VK_BUFFER_USAGE_TRANSFER_DST_BIT 表示该资源的内容需要从 CPU 传输到 GPU，因为这里的计算着色器和渲染管线都是使用显存计算的。

10.2.2 并行计算的分类

1. CPU 上的并行计算

早期的并行计算主要由 CPU 进行，但是 GPU 具有天然并行属性，游戏行业的蓬勃发展促进了 GPU 的单卡计算规模越来越大，使得 GPU 的单卡计算能力增速远高于 CPU 的。并行计算需求大规模诞生时，人们发现 GPU 进行的并行计算几乎总是优于 CPU 进行的并行计算。只有在对计算时间不敏感的时候，如低优先级的计算任务，人们才会复用 CPU 的计算能力来降低成本。

在这期间还出现了大量的异构并行计算结构。异构并行计算是指使用 CPU 之外的专用计算单元进行计算，如显卡计算本身就是一种异构并行计算。此外，专门用于计算密码学的 Intel QAT 卡、专门用于处理网络数据的 FPGA 智能网卡、专门用于处理编解码的编码卡等都属于异构并行计算的硬件。

CPU 的并行计算主要用于计算整数，CPU 的浮点计算能力并不强。而浮点计算能力是 GPU 的强项。CPU 一直在尝试提供 SIMD 指令，x86 下的 SSE 和更新的 AVX 都可以使用同一个指令处理多个数据。这种并行指令是通用的，但是支持成本较高，AVX512 甚至很长时间内不能以高频运行。ASIC 芯片证明了专用硬件电路的性价比非常高，所以对于一些常用的并行计算需求，x86 采用了专用指令集的方式进行支持。专用指令虽然是一种针对特定应用场景的性能优化，但是由于其专用性，只能用于特定场景，所以对通用计算来说反而是一种浪费。这些专用硬件电路所使用的逻辑电路本来可以用于构建更多的通用计算单元。CPU 就是在这种有限的计算单元是用于专用还是通用的矛盾中艰难前行的。

在 CPU 上执行多任务的传统方法是通过多线程实现的，因此，将 CPU 上的并行计算组织成多线程库是一种比较常见的实现方式。典型的是 Intel 的 TBB（Thread Building Blocks，线程构建模块）和 Microsoft 的 PPL（Parallel Patterns Library，并行模式库）。TBB 只能在 x86 上使用（甚至限于 Intel 才能发挥作用），PPL 只能在 Windows 操作系统上使用。TBB 是硬件厂商做的，所以跨系统是优势，但是不能跨架构；PPL 是系统厂商做的，所以跨架构是优势，但是不能跨系统。TBB 包含 PPL 的 API，所以从 PPL 切换到 TBB 是比较容易的。能做到跨架构、跨系统的并发多线程库是 OpenMP。TBB 和 PPL 都是通过调用 API 来做到多线程并发执行任务的，而 OpenMP 则在语言语法层面增加并行计算能力，需要编译器支持。OpenMP 主要处理共享内存在单节点环境下的并行运行情况。TBB 和 PPL 也只能在单节点下运行。多线程库使用共享内存进行多线程协作通信，带来了单节点、单 NUMA 环境下的最佳 CPU 并发执行性能实践。

2. 异构硬件上的并行计算

OpenCL 是被发明出来用于跨架构计算的，可以用于 CPU、GPU、DSP、FPGA 等设备上的并行计算，SYCL 是 OpenCL 的上层抽象。Intel 的 OneAPI 不仅支持 Intel 的 CPU、GPU、FPGA，以及各种 AI 和其他应用的硬件加速器，还对外部所有硬件厂商开放。OneAPI 试图替代 OpenCL，并且集成了 TBB。OpenCL 由 Khronos Group 维护，但 Khronos Group 提出了不同的发展路径：用 Vulkan 的计算着色器替代 OpenCL。

Khronos Group 将 Vulkan 塑造为一个天然包含并行计算能力的 API，OpenCL 成为 Vulkan 的子集。这是因为随着并行计算的发展，应用最广的并行计算硬件是显卡，Vulkan 作为显卡的使用 API，希望提供一种统一的显卡使用接口。

在 Vulkan 之前，NVIDIA 实现了自己的 CUDA，专门在显卡上进行并行计算，并且在市场上取得了巨大成功。AMD 也试图实现 HIP 编程接口跟随 NVIDIA 的成功模式，并且兼容 CUDA。但是无论是 CUDA 还是 HIP，都是硬件平台的 API，而 Vulkan 是硬件无关的 API，甚至已经逐渐做到系统无关。

随着 CPU 之外的计算硬件的发展，外设相比 CPU 拥有越来越多的专用计算能力。例如，智能网卡中的 FPGA 可以卸载网络数据包的处理，Intel QAT 卡可以进行 SSL 计算，GPU 显卡可以进行渲染计算和通用并行计算。CPU 不再是提供计算能力的唯一位置，这种异构并行计算的结构使得 CPU 与各种不同的计算硬件之间的协作非常混乱，HSA 联盟制定的异构计算标准用于为这种异构结构提供统一的 API，使用 HSA 中间语言（HSA Intermediate Language，HSAIL），不同的硬件实现向上暴露出统一的软件接口。Intel 自己实现了一套 OneAPI 的统一软件 API，用来在各种异构硬件上进行统一编程，ROCm 也提供了自己的异构编程方式，可以直接将 C++代码编译为 GPU 代码，这个编译器叫作 HCC，HCC 是 ROCm 使用的编译器，同时编译出 x86 和 GPU 可以互操作的兼容代码，以支持异构并行计算，这与 CUDA 程序编译的原理类似。Microsoft 的 C++ AMP 能将普通的 C++代码编译为 DirectX 着色器以在 GPU 上执行，ROCm 的 HCC 在编译 C++代码到 GPU 代码时直接参考了 C++ AMP。ROCm 并没有使用 HSAIL，而是直接将 C++编译为 GPU 的执行二进制代码。ROCm 还仿照 CUDA 的接口实现了 HIP API，使用 HIP API 可以同时编译出在 NVIDIA 和 AMD 的显卡上运行的 GPU 二进制代码，可以认为 HIP 是 ROCm 版本的 CUDA，虽然 HIP 可以编译为 CUDA，但是影响力不足，CUDA 用户还是倾向于直接使用 CUDA 来发挥 CUDA 的最大能力。

ROCm 到 2022 年消费级显卡支持很少，但是 AMD 希望让该 API 广泛地进入消费级硬件。Linux 内核中的 amdkfd 模块的主要功能就是 HSA 的内核支持部分，用于在驱动层面提供异构并行计算能力。amdkfd 模块也主要由 ROCm 项目推动，进入 Linux 内核的 AMD GPU 驱动代码的更新可以认为与 ROCm 的发展密切相关。异构并行计算不像渲染 API 一样对 GPU 硬件无感知，异构并行计算必须对 GPU 的硬件有一个抽象化的感知和规划能力，如一个计算让多少执行单元去支持？执行得如何？所以 amdkfd 模块相当于定义 GPU 硬件计算的结构和计算单元的调度入口。编译 AMD GPU 驱动代码的时候如果显卡只用于渲染不用于异构并行计算，就可以不编译 amdkfd 模块。

10.2.3 MPI

1. MPI 协议与 GPU

MPI（Message Passing Interface，信息传递接口）可以跨网络传输，主要用于在多个独立的节点（服务器）上运行相同的逻辑，以利用多个节点同时计算做到大规模并行，是大规模集群上运行的并行计算程序的首选标准。MPI 是一种基于信息传递的并行编程模型，其规定的是 API 与信息传递的方式，可以根据 MPI 协议使用任何语言实现 MPI 通信。MPI 协议的定义开始于 1992 年，主要考虑了不同进程之间的并行计算通信。在早期大部分情况下，每个机器上只会运行一个并行计算进程，主要的计算资源是 CPU，因此 MPI 很长时间都是统一利用多台服务器的 CPU 计算资源进行并行计算的。之后随着单机多进程、NUMA 和多卡 GPU 的发展，MPI 协议的适用范围越来越广，成为现代并行计算通信接口的事实标准。

现代并行计算通信除了基本的跨机通信，还包括一个服务器上的多个 NUMA 节点的 CPU 协作和异构并行计算协作。当前最广泛的异构并行计算硬件是 GPU，因此 MPI 的实现基本都会做到 GPU 感知。MPI 实现的 GPU 感知就是将通信的节点进一步缩小到不同的 GPU 卡和 CPU 与 GPU 之间。节点的定义从单台服务器发展到单个 NUMA，再发展到单个 CPU/GPU 或其他计算硬件。在对应的 MPI 实现中，一个 NUMA 节点会有一个或多个独立的进程，一个 GPU 卡也会有一个或多个独立的进程。由于一个进程的多个线程共享内存地址空间，所以单机内的通信也可以使用单进程多线程的模型，在多个线程之间进行 MPI 通信。

在 MPI 协议中，一个参与通信的节点叫作 Rank，通常是指一个进程。每个通信信息都有一个 Rank 表示来源，一个 tag 表示一个会话。一个节点只接收一个 Rank 的一个 tag 的信息，并用同样的 tag 返回 Rank，这种通信叫作点对点通信。发送者还可以发送广播信息，这种信息的 tag 被所有接收者处理，叫作集合通信。集合通信相当于一对多和多对多通信。MPI 的所有通信都是通过点对点通信和集合通信组成的。

GPU 感知 MPI 可以直接将 GPU 显存作为系统内存，提供给其他 Rank 访问。在单机多卡的情况下，通常对应多卡数据交换与同步。在多机的情况下，可以配合 RDMA，将显存跨机共享，创建类似单机的效果。

OpenMPI 和 MPICH 是 MPI 协议的两种比较常用的实现。其中，MPICH 是很多厂商实现自己 MPI 库的基础，如 Intel MPI 和 Microsoft MPI 都是基于 MPICH 实现的。常见的 MPI 实现已经支持显卡感知能力。

但是显卡到显卡之间的通信通常只有显卡厂商可以做得更好，因此 NVIDIA 为自己的计算显卡推出了 NCCL 库，AMD 推出了 RCCL 库，华为则推出了 HCCL 库。一个特定厂商的不同显卡之间的数据通信应该尽可能使用显卡厂商实现的专用通信库以获得最大性能。因此通常将 OpenMPI 等 MPI 库和与显卡相关的如 RCCL 库结合使用。RCCL 和 NCCL 库等负责 GPU 到 GPU 之间的通信，而 OpenMPI 和 Intel MPI 等负责 CPU 到 CPU 之间的通信。

应用程序可以同时使用 OpenMP 和 MPI 进行并发编程，两者并不冲突，因为

OpenMP 主要用于单进程内的多线程使用共享内存来并发执行任务，而 MPI 主要用于多进程跨机并发执行任务。随着各自的发展，两者互相重合的部分越来越大，如 OpenMP 也被扩展到非共享内存的跨机执行。在现代并发编程中，MPI 由于天生的强制数据局部性，在现代 NUMA 和多显卡多节点计算中有天然的优势。

MPI 本质上是对集合通信原语的实现，并且额外规定了 API 和信息交换的方式。而 Facebook 的 Gloo 只是对集合通信原语的实现，比较工程化。因此 PyTorch 在 Gloo 和 MPI 的对比场景中更倾向于使用 Gloo。

2．集合通信原语

并行计算是指多个计算节点合作进行的计算，多个节点协调进行的计算通常叫作集合通信。集合通信进行的计算操作种类主要包括 Send、Receive、Gather、AllGather、Broadcast、Reduce、Scatter、Reduce Scatter、AllReduce、AlltoAll、Barrier。

Send 和 Receive 就是数据或参数在不同节点之间的发送与接收。Gather 是指将所有节点的数据收集到一个特定的节点，数据在传输过程中不做任何计算。AllGather 则是将所有节点的数据同步到所有节点，这样每个节点都有相同的、包括原来位于每个节点中的数据。因此 AllGather 涉及的数据传输量会很大。Broadcast 是指将一个节点上的数据广播到多个节点。Reduce 是指将多个节点同样位置的数据进行计算（如累加），计算结果存放到一个特定的节点上，Reduce 相比 Gather 是一个计算过程，Gather 只是一个纯粹的数据收集过程。Scatter 是 Gather 的逆过程，将一个节点的数据分散到不同的节点，每个节点都持有一部分互相不同的数据。Reduce Scatter 则是先进行 Reduce，然后将计算结果 Scatter 散布到不同的节点，每个节点都持有计算结果的一部分。AllReduce 可以让每个节点都看到相同的 Reduce 计算结果，相当于 Reduce-Scatter + AllGather 两个步骤。例如，AllReduce 加法的语义就是让每个设备上的矩阵的每个位置的数值都是所有设备上同样位置的数值之和。AlltoAll 是每个节点都进行 Scatter，之后每个节点都有来自不同节点的一部分数据，相当于跨节点的矩阵转置。Barrier 用于集合通信中所有 Rank 的执行同步，Barrier 会阻塞调用者，直到所有的组内成员都调用了 Barrier 才继续执行。

10.3 AI 模型的统一架构

10.3.1 AI 模型的通用概念

1．张量与算子

AI 计算的核心数据结构叫作张量，张量就是多维数据，张量的维度称为秩。标量为零秩张量，包含单个数值。向量为一秩张量。对张量进行操作的运算叫作算子。一个模型的训练就是对大量张量进行一系列算子计算的过程。这个过程可以用一个有向无环图来表示，叫作计算图。

2．Batch、Epoch 和 Step

现代 AI 模型的架构已经接近统一。

一个模型由很多层组成，有的层有参数，有的层没有参数。参数和层次结构组成一个完整的模型。模型有输入和输出，输入经过各层，使用参数进行计算后得到的输出就是推理结果。模型的训练就是更新模型参数使训练数据的输入和输出尽可能匹配的过程。更新模型参数需要输入很多不同的训练数据，每个训练数据都会让模型参数更接近准确结果。因此模型训练的关键难点就是如何更新参数以获得最准确的推理结果，使得输入一个训练数据之外的数据可以得到期望的输出。

模型训练会将所有的训练数据拆成多个 Batch，每次显卡只计算其中一个 Batch，如果有多个 GPU，则可以同时计算多个 Batch。计算完一次所有的数据叫作一个 Epoch，完成一次训练通常需要多个 Epoch。在每个 Batch 的计算过程中，分为多个 Step，每个 Step 都是一个模型训练的基本过程：正向传播、反向传播（梯度计算）、权重更新（Weight Update）。所有的模型训练都是由 Batch、Epoch、Step 三个层面的过程组成的。

3．正向传播、反向传播与权重更新

正向传播就是使用训练数据和当前模型的参数来正向地计算结果，反向传播也叫作反向梯度更新，是用计算的结果与真实结果之间的差值对模型参数求导，导数可以获得让差值最小的模型参数更新方式，这个更新的方向叫作梯度，正向传播的结果与期望结果之间的差值叫作损失（Loss）。反向求导计算校准模型参数是使下次的输入参数的计算结果更加准确的必需过程。PyTorch 最重要的机制就是实现了自动求导，也就是正向计算结束，PyTorch 可以自动进行反向求导。求导之后需要根据梯度信息更新模型参数，由于梯度代表模型参数更新的方向，模型参数要更新还需要确定在梯度方向上每次更新的尺度，这个尺度叫作学习率（Learning Rate）。模型参数也叫作模型权重，因此对模型参数的更新也叫作权重更新（Weight Update）。

4．损失与优化器

为了使损失最小，梯度有不同的计算方式，这些不同的计算方式叫作优化器。最经典的优化器叫作梯度下降法，其他大部分优化器都是为了克服梯度下降法的问题而衍生出来的变种。在微积分中，对多元函数的某个变量求偏导，得到的表达式的各参数以向量的形式写出来就叫作梯度。梯度下降法就是让模型参数沿着梯度下

降最快的方向取值，以期望获得一组参数使损失减小的幅度最大。可以理解为让每个模型参数在目光所及的范围内，不断寻找最陡、最快的路径下山。常用的优化器有 BGD（Batch Gradient Descent，批量梯度下降）、SGD（Stochastic Gradient Descent，随机梯度下降）和 MBGD（Mini-Batch Gradient Descent，小批量梯度下降）三种。区别就在于每次计算梯度时使用的数据集的大小。BGD 使用 Batch 全量的数据集，所以最慢，但最准。SGD 每次只使用一个样本数据，计算最快，但是由于结果不准会导致参数反复振荡。也正是因为振荡的存在，可能使参数跳出当前的局部最小值获得更好的局部最小值。因此速度快、效果好的 SGD 应用最广泛。MBGD 则是综合了 BGD 和 SGD 的特点，每次只取一部分样本进行计算。一些新的优化器，如 Adam（Adaptive Moment Estimation，自适应矩估计）等也逐渐出现，展现了更好的效果。Transformer 大模型通常会使用 Adam 优化器。

在正向传播过程中，每层都会产生一个对输入经过该层后的中间结果，叫作特征图。每层的特征图的变化就是样本在训练过程中从输入到输出的变化过程。反向传播时需要对每层的特征图进行求导。

5. 静态计算图与动态计算图

模型要想在显卡中计算，需要先在 CPU 上生成计算图，然后将计算图中的节点调度到显卡或其他计算设备上进行计算。计算图与现代游戏引擎的 FlameGraph 类似，都是先生成要在异构设备上执行的有向无环计算图，然后通过该计算图进行去重或同步性安排，以更好地在异构设备上调度计算能力。例如，计算图可以判断哪些操作需要并行，哪些操作需要同步，还有多个计算可以被融合成一个计算以节省计算能力、访存开销或通信开销，称为算子融合。而 AI 计算的计算图的最大作用是反向传播计算梯度，计算图充当了正向计算的流程记录工具，在反向传播计算的时候，反向执行计算图就可以进行梯度计算，这也是 PyTorch 自动化梯度计算的关键技术。

计算图由节点和边组成，节点表示张量或函数计算，边表示节点之间的依赖关系。PyTorch 的计算图是动态生成的，这就意味着正向传播计算时，每条计算语句都会在计算图中动态地添加节点和边，并根据计算图立即执行得到计算结果。计算图在一次反向传播计算后会立即销毁，释放存储空间，下次正向传播计算时需要重新生成计算图。因此 PyTorch 的计算图会动态周期性地占用一个特定大小的存储空间。TensorFlow 的计算图是静态生成的，在运行之前就已经将计算图计算好，反向传播也是基于同样的计算图进行计算，计算完也不销毁，因此不需要每次正向传播时都生成一次。静态计算图决定了不能使用 Python 中的 while 循环语句，需要使用 TensorFlow 定义的专用循环语句。后来 TensorFlow 也引入了额外的动态计算图机制 Eager Execution，使得 TensorFlow 可以综合利用静态计算图和动态计算图的优势。

另外，由于动态计算图的生成和计算同时发生，因此可以在执行时利用计算的中间结果发现问题，相比直接执行的静态计算图更加利于调试。静态计算图也有很多优点，避免了重复计算，获得了更高的性能，生成与运行过程分离，可以分别进行优化。但是随着 PyTorch 的市场占有率逐渐高于 TensorFlow 的市场占有率，动态计算图已经成为普遍采用的计算图。

6．Transformer

Transformer 是一种多层的神经网络基本结构单元，是现代大模型蓬勃发展的基础。Transformer 创造性地发明了 QKV 结构来表达知识，QKV 分别代表问题（Query）、答案（Value）和问题中蕴含的关键信息（Key）。任何一个问题都会有很多答案，而找到这些答案是通过问题中的多个关键信息组合匹配的。这就与搜索引擎的工作方式几乎一致。我们在搜索引擎中输入问题，搜索引擎在所有网址中搜索关键字与问题中提取的关键字最匹配的答案并按照匹配度列出。通常第一条搜索结果就是与问题最匹配的。如果我们需要获得更精准的信息，就需要更多的关键字，也就是让问题更精准地包含多个信息。这种 QKV 的查询匹配关系就叫作注意力（Attention）。

Attention 是 Transformer 的基本组成单元。一个 Transformer 由多个 Attention 组成，其中包括 Encoder 和 Decoder 两部分。在 Transformer 论文的原始结构中，Encoder 和 Decoder 各自含有 6 个 Attention。一个 Transformer 输入数据，经过 Encoder 解析后，经过 Decoder 生成数据得到输出。如果输入是英语，输出是汉语就是一种翻译网络。如果输入是上一句话，输出是下一句话就是问答网络。这种问答的结构由于是文本前后的关系推导的，因此也叫作自注意力（Self-Attention）。

Transformer 快速普及的根本原因在于其并行能力，人们可以简单地通过堆计算能力来扩大网络规模，而随着网络规模的扩大，神经网络会涌现出智能。

7．异构编译器

现代异构程序，如 CUDA、HIP 和 OneAPI 的编写方式都是在 CPU 上执行的程序，只是在编译时使用专用的编译器编译出两个程序，一个在 CPU 上执行，一个在 GPU 这种异构硬件上执行，编译到 GPU 上的函数叫作核函数。而 Vulkan 的着色器这种编写方式则是在开发阶段单独编写在 CPU 和 GPU 上的逻辑，分别编译成两个不同的程序加载到 CPU 和 GPU 中。两者的区别只是在程序编译方式上，其理论执行性能是类似的。混合编程可以更细粒度地安排 CPU 和 GPU 的协作方式，而 Vulkan API 严格规定了 CPU 与 GPU 程序之间协作的语法和 GPU 程序的启动方式。所以在现实中，当异构并行计算的颗粒度较小时，通常混合编程可以通过编译器获得更高的执行性能。而在异构并行计算颗粒度较大时，大部分的执行性能都来自执行本身，而不是 CPU 与 GPU 之间的同步性能带来的 GPU 计算能力和数据传输的更充分并行利用，此时两者就难以看出区别。

异构编译器通常是硬件厂商提供的，如 NVIDIA 实现的私有 nvcc 编译器用于编译 CUDA 程序。AMD 则是开源实现了 hipcc 编译器，用于编译 AMD 的 HIP 并行计算接口。为了复用 NVIDIA 的 CUDA 程序，hipcc 编译器被实现为一个外层的封装，在 NVIDIA 的硬件上会实际地调用 nvcc 编译器进行 HIP 和 CUDA 程序的编译，而在 AMD 的硬件上，则会调用 AMD 支持的 LLVM+Clang 环境编译器。AMD 的 ISA 和异构编译器都是开源开放的，因此第三方可以比较容易地实现异构编译器。而 Valve 公司在 Mesa 上实现的开源 AMD Vulkan 编译器证明了开源社区可能获得比 AMD 更有效的编译器。

10.3.2 模型的显存占用

1. 模型的显存占用类型

模型训练中占用显存的主要是固定显存开销、优化器状态、梯度信息、中间激活值、模型数据、模型参数和不可使用的碎片化显存 7 种。其中固定显存开销是指 PyTorch 只要初始化 CUDA 上下文就会占用大约 1GB 的显存。优化器状态、梯度信息和中间激活值都是在模型训练过程中产生的中间数据。而模型数据和模型参数是训练一个特定模型所必需的静态显存占用。不可使用的碎片化显存是在大型模型训练过程中必然出现的现象，其最严重时可达到 30%的显存不可用。优化器状态、梯度信息和模型参数统一叫作模型状态，其他显存占用叫作残余状态。

模型数据与 Batch Size 关系最大，Batch Size 越大，单次加载进显存的样本数量越多，对显存的占用越大。模型参数的显存占用就是模型参数的个数×一个参数的大小，如 FP 32 占 4 字节内存。通常训练数据本身和模型参数占用的空间并不大。即使是 1 亿个 32 位的参数，也只占用 4 亿字节，也就是 381MB 显存。但是远小于 1 亿个参数的模型就可以用光几十吉字节的显存。因为占用显存的主要部分是训练过程产生的中间数据。

在动态显存占用中，中间激活值占用了最多的显存。中间激活值是指在正向传播中计算得到，并且在反向传播中需要用到的所有张量。例如，PyTorch 的计算图就是动态计算的中间激活值，大模型常用的 Transformer 也会动态地占用大量的显存，模型的每层都会输出特征图和反向传播计算的特征图的导数。Transformer 中间激活值占用的显存会随着 Batch Size 的增大而显著增加，通常会成为显存占用的关键因素。Transformer 的计算复杂度和空间复杂度通常是序列长度的平方的增长关系。优化器状态和梯度信息的显存占用通常不会太大，由于优化器有很多种，不同优化器的显存占用不同，而常用的优化器是 SGD，大概占用 2 倍模型参数的显存。梯度计算由于是针对每个模型参数的，所以梯度信息的显存占用与模型参数的显存占用接近，通常较小。

因此，在 Transformer 模型规模不大时，主要的显存占用来自模型输入增加带来的 Transformer 中间激活值爆炸的问题。

2．单节点模型计算的显存优化方法

在单节点情况下，显存占用的静态部分是比较难优化的。但是 PyTorch 上下文的固定显存开销可以通过重新编译 PyTorch，去除不需要的组件，在一定程度上降低 PyTorch 上下文的固定显存开销。但是在现代大显存硬件下，降低的空间比例非常有限。模型是固定的，因此除非降低模型参数的精度，否则模型参数的显存占用是不可变的。在模型参数固定后，梯度信息也基本固定。在 Batch Size 和训练数据特定的情况下，可能的优化方法就只有优化器的选择和中间激活值的优化。优化器的选择空间并不大，大都是 Adam 或 SGD，并且在优化器特定的情况下，优化器数据占用的显存就固定了。因此模型在单节点训练显存优化的关键就在于中间激活值的优化。

显存占用分为临时性占用和固定性占用两类。临时性占用是指用完可以被销毁的显存占用，固定性占用会固定地保持一定的显存占用，理论上不可降低。

对于从训练开始到训练结束的大跨度，所有的显存占用都是临时性占用，变量的显存占用会在一定的时候被销毁。由于每个 Epoch 都相当于一次完整的训练，因此每个 Epoch 开始额外增加的显存占用会在 Epoch 结束时销毁，这里可以认为这种显存占用为固定性占用。如果出现了训练多个 Epoch 显存占用逐渐增大的现象，大部分问题都是来自模型代码本身显存未释放的 Bug。除了中间激活值的显存占用，都可以认为是固定性占用。

中间激活值的显存占用是指在每个 Step 周期内创建和销毁的临时性占用。因此，对临时性占用的降低的核心就是在一个 Step 内尽快释放，防止出现大量临时性占用同时位于显存中的现象，这也是导致显存不足的最大原因。一个典型的 Step 的显存占用模式如图 10-1 所示。

可以看到不同 Step 的显存占用模式是相同的，但 Step 内的显存占用随着正向传播逐渐增大，随着反向传播开始逐渐到达峰值，随后逐渐减小到中间激活值降低为 0。显存不足是指在峰值的时候不足，因此显存占用优化的核心就是峰值的显存占用，也就是反向传播刚开始时，叠加了逐渐减少的正向传播数据和新增的反向传播数据的阶段。在这个阶段的早期，正向传播的显存占用虽然随着反向传播的开始逐渐降低，但是降低速度慢于反向传播新增的显存占用的增加速度。

由于中间激活值在正向传播时随着每层的传播逐渐变大，这些中间激活值需要在反向传播时被使用，因此默认是不进行释放的。Activation Checkpointing 是一种以时间换空间的优化技术，通过释放正向传播中产生的中间激活值，在反向传播时重新计算需要的中间激活值的方式来减少显存的峰值需求，防止中间激活值的积累。可以释放哪些中间激活值是通过对计算图进行分析得到的。PyTorch 也提供了一个将

正向传播的中间激活值使用 Hook 的方式保存到系统内存，在反向传播需要时再加载回来的方法。重新计算还是保存到系统内存需要模型开发人员根据硬件和模型的具体情况权衡。

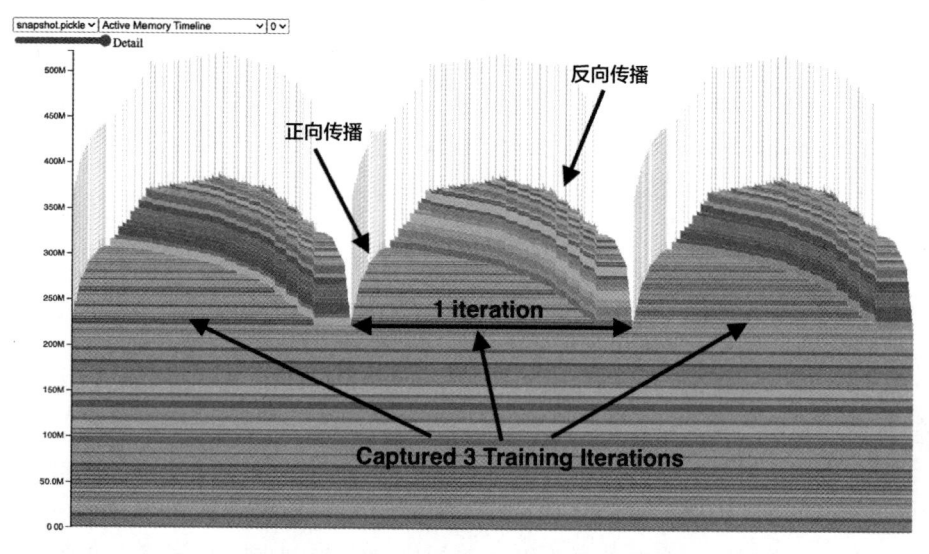

图 10-1　一个典型的 Step 的显存占用模式

3．PyTorch 的显存分配器

PyTorch 使用显存分配器来管理张量的显存分配，默认的显存分配器叫作 Native，还可以切换为 CUDA 11.4 版本以上可用的 cudaMallocAsync。Native 的默认特性是一个张量的显存就算被释放了，进程也不会把空闲出来的显存还给 GPU，而是等待下一个显存分配需求时直接分配，以达到加速分配的效果。因此 PyTorch 的显存分配器会占用大量没有被实际使用的显存，这些显存的大小取决于显存占用的峰值。因此使用显卡的显存占用查看工具看到的显存占用量会停留在峰值一段时间不变。手动调用 torch.cuda.empty_cache()清空缓存（执行速度较慢）可以释放额外占用的显存空间，也可以直接关闭该缓存功能，但是会导致训练速度大幅度下降。因为 PyTorch 推荐的 DDP（Distributed Data Parallel，分布式数据并行）结构会默认给一个显卡创建一个进程，因此一个进程的显存即使释放也不会有其他进程使用，所以绝大部分情况不应该手动进行清空缓存的操作。

在 Native 下，PyTorch 运行的实际显存占用即使达到峰值还是会变化，这是因为 Native 还有一个垃圾回收机制，会周期性地回收释放不再使用的显存。但是如果编码不合理，会出现张量的环形引用，导致张量不能被垃圾回收机制检测释放。这种情况就需要用专用工具来发现和优化，如 Reference Cycle Detector（参考循环检测器）。

10.4 大型模型训练的跨卡跨机计算

10.4.1 并行训练模型

在模型越来越大的今天，一个模型通常需要跨设备跨节点并行计算才能满足计算需求。常用的并行计算方式有模型并行与数据并行两种。模型并行是指模型的参数量较大时，无法将模型的所有参数都放入一张显卡的显存。这时通过在模型层面进行拆分，将模型的不同部分运行在不同的显卡上，以达到多显卡计算的目的。数据并行则是当模型不是特别大，可以将模型的所有参数都放入一张显卡的显存时，在每张显卡的显存中都存放一份完整的模型参数，只是将数据拆分到不同的显卡上进行并发计算。

PyTorch 的后端就是集合通信的实际实现方式，主要包括 Facebook 开源的集合通信库 Gloo、MPI、NVIDIA 的集合通信库 NCCL。其中 Gloo 和 NCCL 是默认包含进 PyTorch 的，MPI 需要在安装了 MPI 库的机器上重新编译 PyTorch 才可以包含。Gloo 不依赖具体的硬件，可以支持大部分 CPU 之间的集合通信和 Broadcast、AllReduce 两种集合通信。NCCL 则需要依赖 NVIDIA 的硬件和 CUDA 环境。NCCL 支持所有 GPU 之间的集合通信，包括 InfiniBand 连接，但是不支持任何 CPU 之间的集合通信，所以 NCCL 是 NVIDIA CUDA 硬件集群进行模型计算的首选后端。如果是 CPU 训练，大部分情况下也应该首选 Gloo，而不是 MPI，很大一部分原因是 PyTorch 和 Gloo 都是由 Facebook 主导的开源项目。其他厂商或个人也可以实现并注册第三方后端，PyTorch 提供了扩展实现其他 Backend 的接口。

1．模型并行

模型并行分为张量并行和流水线并行，张量并行为层内并行，对模型层内进行分割；流水线并行为层间并行，对模型层间进行分割。

因为模型有多个层，多个层在训练时是逐步计算的，按照层的边界来划分的模型拆分叫作流水线并行。一个 GPU 上可能有一个或多个层，数据在该层计算结束就将该层产生的中间结果输入另一个 GPU 上的后续层，这种基本的流水线并行叫作朴素流水线并行。朴素流水线并行的问题很大，由于层执行的顺序性，在任意给定时刻，除一个 GPU 外的其他所有 GPU 都是空闲的。通信和计算无法同时发生，当我们通过网络发送正向传播的中间输出结果和反向传播的梯度数据时，因为数据仍在流动，因此没有 GPU 可以执行任何操作。

微批次流水线并行可以缓解上述问题带来的影响。其做法是将原来层间一次要同步的所有参数整体拆分成更小的颗粒度进行通信，这些更小的颗粒度参数叫作微批次。例如，一个 GPU 上有一个层，原来在该层训练结束后将该层产生的完整结果同步到下一个 GPU 负责的下一个层。而微批次相当于进一步在一个 GPU 负责的层内创建更细粒度的流水线，使得数据产生一部分就传输到下一个 GPU，这样不同 GPU 内部的不同计算过程就可以重叠，相当于做到了 GPU 在一定程度上的并行计算。这种微批次流水线并行最早被 Google 的 GPipe 实现。

微批次流水线并行本身也经历了不断地发展。传统的模型训练的执行方式是在整个模型的维度先进行正向传播计算，再进行反向传播计算。正向传播导致显存积累，反向传播会逐步消除积累的显存，这种运行方式也是导致显存峰值积累的最主要原因。由于微批次流水线并行实现了将整个训练流水线划分成粒度很细的小型子流水线，因此可以在这些子流水线内部独立地完成正向传播和反向传播。从而可以大幅度地规避正向传播计算过程中的显存积累，这种微批次流水线也叫作 1F1B（One Forward pass followed by One Backward pass），GPipe 的传统微批次流水线并行叫作 F-then-B。Microsoft 在 DeepSpeed 框架实现的 PipeDream 就是 1F1B，并且额外做了很多细节优化。NVIDIA 在 Megatron-LM 中更进一步地提出并实现了虚拟流水线的概念。虚拟流水线进一步将原来的以层为边界的流水线细分成更多的虚拟流水线，将这些虚拟流水线的顺序打乱放到不同的 GPU 上，这样每个 GPU 都会同时负责大量不同的层，在每个执行阶段，每个 GPU 的计算能力都可以更有效地被使用，但是会显著增加带宽占用。因此虚拟流水线相当于用通信量来换取更多的可用计算能力。

模型并行需要手动地设计修改模型代码，根据模型的参数规模和显卡的显存大小，调整模型的拆分粒度。通常不同的硬件、不同的模型规模阶段需要对应不同的拆分方式，各子模型之间可能存在依赖关系，并行度较低，计算能力分布不均匀，开发和维护的难度较大。因此除了大型的通用大模型的训练，比较常见的更多是数据并行。但是模型并行的每个节点的数据量小，各子模型可以接近独立运行。因此长时间维护的通用大模型通常都会进行一定程度的模型并行拆分。

NVIDIA 在 Megatron 项目中提取了一种通用性较广的模型并行——张量并行。张量并行每个模型层内的模型参数张量矩阵在矩阵的数学层面进行拆分。由于矩阵操作的统一性，张量并行比流水线并行有更好的适用性和更低的维护成本。张量并行的本质就是先把模型参数张量矩阵分块进行计算，然后把结果合并。张量并行可以按矩阵行按列进行切分。PyTorch 后续也实现了类似的分布式张量机制。

2．数据并行

更简单通用的方式是数据并行。数据并行由于与模型本身的相关性小，因此在 PyTorch 等框架内都有持续的实现和完善。数据并行相当于每个显卡中都有完整的模型参数，只是在数据维度切分到不同的显卡上进行计算。因此数据对模型参数的训练更新需要在多张显卡中同步。这个同步过程就导致随着显卡数量的增加，训练时间并不是线性降低的。显卡越多，越容易遇到通信瓶颈，因为多张显卡之间的数据同步是网状的，数据同步量会不成比例地增加。

单卡训练时反向传播更新模型参数直接更新本 GPU 内部的参数即可。但是多卡数据并行时，反向传播更新模型参数会先分别在每个 GPU 上进行反向传播计算，但是并不直接更新本显卡上的模型参数，而是要先对各显卡上的梯度计算结果求均值，然后使用结果均值统一地更新各 GPU 上的模型参数。这样使得每个显卡上都一直有相同的模型参数。这个分布式的更新过程就对应一个 AllReduce 集合通信过程，求均值的方法是每个 GPU 内部的局部梯度矩阵被累加除以 World Size。通过 AllReduce 的第一个步骤 Reduce Scatter 让每个节点都计算矩阵的一部分，然后通过第二个步骤 AllGather 做到所有节点数据同步。这样的操作相当于每个显卡都要拥有能够处理所有输入的显存容量，这就导致每个分布式节点只能使用较小的 Batch Size，大幅度限制了计算能力的发挥。因为每个 Step 都需要进行参数更新，而参数更新需要 AllReduce 集合通信，这个通信成本无论是在时间占用上还是通信带宽占用上都很大，从而导致分布式训练的参数更新过程取代单卡的计算能力限制成为训练中的主要耗时部分。从结果上看，就是 GPU 经常比较空闲，但是显存或带宽经常成为瓶颈。

PyTorch 中提供的数据并行方式主要有 DP 和 DDP 两种。DP 是单进程多线程的方式，只能工作在单机多卡环境。DDP 是多进程多线程的方式，适用于单机多卡和多机多卡环境，因此正常模型数据分布式训练大都采用 DDP。在 DDP 中，一个进程对应一个 GPU。所有机器中进程的总数叫作 World Size，也就对应 GPU 的总数。每个进程的编号叫作 Rank，每个进程在单个机器节点上的编号叫作 Local Rank。DDP 与 MPI 的运行模型很接近，都使用多进程通信，每个进程都用 Rank 来编号。但是 DDP 并没有使用 MPI 规定的 API 和信息格式，因此 DDP 不属于 MPI 的实现，但是能做到与 MPI 相同的功能。对反向传播的梯度计算结果求均值，然后更新每个 GPU 的模型参数是 DDP 自动完成的。

3．参数服务器

无论是模型并行还是数据并行，都需要参数聚合的过程，也就是在某个阶段，需要参数在服务器之间进行同步。但是在大规模集群训练，尤其是异构的训练硬件集群中，不同的硬件进行计算时，会出现计算速度的显著不一致。一旦遇到这种参数同步点，就会导致大量服务器阻塞地等待通信的现象。实际上，牺牲部分计算过慢的节点的计算结果换取整体的性能，使计算不阻塞是非常有价值的权衡优化。

参数服务器是指一个专门用于存放集群模型参数的服务器或集群，其中可以没有 GPU 只有 CPU 和系统内存，因为参数服务器只服务于数据同步，不服务于计算。当集群中有节点需要同步参数数据时，可以直接与参数服务器进行同步，而不需要与另一个计算节点进行同步。这样，整个数据同步过程就是异步的，可以较少需要阻塞计算。参数服务器评估不值得等待较慢的节点时，可以提前完成计算，从而让计算节点可以尽快投入计算。

10.4.2　分布式训练优化策略

1．ZeRO 优化

由于 DDP 并不会降低每个 GPU 显存中的数据总量，因此 ZeRO（Zero Redundancy Optimizer，零冗余优化器）优化被开发出来。ZeRO 的核心思路是划分模型状态，而不是复制。这样每个显卡中都只有模型的一部分。类似模型并行，但是不需要在代码层进行划分。模型状态被不重复地分散在不同的 GPU 甚至系统内存中，消除了数据之间的冗余。大模型概念的出现使得模型规模快速扩大，其扩大速度远远高于 GPU 的发展速度，尤其是在单 GPU 的显存大小上。显存在大模型出现的 3 年内只增加了几倍，而模型规模却增加了千倍，这就导致训练模型的工程算法上的创新非常重要。ZeRO 优化就是解决显存规模问题最广泛使用的方法。

ZeRO 由 ZeRO-DP、ZeRO-R、ZeRO-Offload、ZeRO Infinity 四部分组成。ZeRO-DP 主要对模型状态进行拆分，ZeRO-R 主要对残余内存进行优化。这两种是 ZeRO 最早的优化方式。ZeRO-Offload 的核心思想是将数据量较大但是所需的计算量不大的计算和数据部分移动到系统内存和 CPU 进行计算，虽然 CPU 计算较慢，牺牲了部分的性能，但是可以做到模型规模的扩张。ZeRO Infinity 则是在 ZeRO-Offload 的基础上进一步利用 NVMe 接口内存来扩展可用的显存卸载使用的内存规模。

ZeRO-DP 对数据并行优化分为 3 个阶段，分别对模型状态进行拆分：①优化器状态分割阶段。在每个 GPU 中保存全部的参数和梯度，将优化器变量平均分配到不同的显卡中，单卡显存占用降低到 1/4，保持通信量不变。②梯度分割阶段。进一步将梯度在每个 GPU 的显存中平均分配，保持通信量不变，单卡显存占用降低到 1/8。也就是在优化器状态分割阶段的基础上降低一半。③参数分割阶段。进一步将模型参数在每个 GPU 中平均分配，增加 50%的通信量，单卡显存占用降低到 1/64。也就是在梯度分割阶段的基础上降低 1/8。

性能优化数据来自 ZeRO 作者的论文，实际的优化与实现有关。这 3 个阶段是向前包含的，也就是开启了阶段 2，必然开启了阶段 1。开启了阶段 3，必然开启了阶段 1、2。

残余内存的主要内存占用是中间激活值，中间激活值在正向传播的时候生成，在反向传播的时候使用。但是在反向传播使用时，即使没有中间激活值也可以通过重新计算的方式复原。因此，ZeRO-R 为 Activation Checkpoint 增加了 GPU 切分能力。通过删除切分后的正向传播的中间激活值，在反向传播时牺牲 33%的计算开销来重新计算中间激活值。通常可以将中间激活值从 N 降低到 $\sqrt{N}$。

ZeRO 作者在优化进展到 ZeRO2 的时候发明了 ZeRO-Offload，也叫作 ZeRO2-Offload，在 ZeRO3 时推出了 ZeRO3-Offload，统称 ZeRO-Offload。ZeRO-Offload 将一部分 GPU 计算和数据卸载到 CPU 和系统内存进行计算。但是由于 CPU 的并行计算能力远远落后于 GPU 的并行计算能力，因此 ZeRO-Offload 必然会增加训练时间。但是仍然有办法将计算量和数据量比较小的任务放到 CPU 上计算，得到较高的综合收益。也就是将需要计算量较少，但是数据量较大的计算任务放到 CPU 和系统内存中。这种计算如 Norm Calculations 和参数更新，ZeRO-Offload 通常也会将优化器状态和梯度卸载到系统内存。模型计算的正向传播和反向传播因为计算量较大，所以只能放到 GPU 和显存上进行计算。ZeRO-Offload 比较适合配合 Adam 优化器使用。后来的 ZeRO Infinity 更是将 NVMe 内存这种异构内存也作为可卸载显存内容的存储空间，进一步扩大了模型规模。

所有的 ZeRO 优化的目的都在于提高可训练的模型规模，并不是降低训练时间。相反，由于增加了通信和低速计算部分，因此 ZeRO 优化通常会降低训练速度。

2．FSDP 优化

所有的 ZeRO 优化都在 Microsoft 发布的 DeepSpeed 框架中实现。但是由于 PyTorch 是 Facebook 维护的开源框架，因此 PyTorch 中的类似 ZeRO 的优化思路是由 Facebook 重新实现的。

Facebook 在单独的 FairScale 项目中实现了类似 ZeRO 的模型规模优化，叫作 FSDP（Fully Sharded Data Parallel，全切片数据并行）。FSDP 将模型状态在各 GPU 显存中划分。后来从 PyTorch 1.11 版本开始在 FairScale 项目中引入了 FSDP，并增加了 PyTorch 的专用适配和性能优化。

FSDP 主要对优化器状态和模型参数进行分割，可以分别开启类似 ZeRO2 或 ZeRO3 的优化，还可以将一部分计算卸载到 CPU 和系统内存。因为在模型计算的时候是对模型逐层进行的，因此同一时间只需一个层的全部参数就可以完成计算。所以在非当前计算的层的参数可以分布存储在不同的 GPU 显存中。在计算特定层的时候才进行参数聚合（AllGather），用完就释放。之后的跨卡梯度更新则是 Reduce Scatter 集合通信。这样模型参数和中间激活值的显存占用峰值就是一个层的全量计算峰值，而不是整个模型的。在通信原语上，DDP 的梯度信息 AllReduce（=Reduce Scatter + AllGather）变成了逐层的参数和模型状态的 AllGather+梯度的 Reduce Scatter。前者最后的状态是 Gather，也就是包含所有显卡的数据，后者最后的状态是 Scatter，也就是数据散布在各显卡的显存中。如果 FSDP 只使用类似 ZeRO2 的梯度计算分割，DDP 与 FSDP 的总通信量就是相同的，因为在一个 Step 中各自包括一次全量的梯度计算的 Reduce Scatter 和 AllGather 过程，只是一个是整体更新，一个是逐个局部更新。如果 FSDP 使用类似 ZeRO3 的模型状态分割，则会额外增加模型参数的传输，大约会增加 50%的通信量。

通常每次不是只收集和更新一个层的参数和梯度信息，而是多个层。PyTorch 的 FSDP 实现了自动聚合层的机制叫作 fsdp_auto_wrap_policy，该机制可以自动聚合多个层为一个单元，每次只 AllGather 聚合一个单元内的所有参数。如果不使用该机制，就是聚合所有层，相当于每个 Step 在计算时都是完整的模型，显存峰值占用与不使用 FSDP 类似。除了自动封装，还可以手动对层进行封装，以获得模型针对性的更好的效果。

因为训练的过程是先正向传播走完所有层，然后反向传播走完所有的层。因此一个 FSDP 多层单元中的模型状态数据在正向传播的时候需要一次 AllGather，计算完释放。但是在反向传播的时候还需要一次 AllGather，计算完释放。如果在正向传播的时候不释放 AllGather 之后的全量参数，就会导致整个模型的所有层的全量参数在一个 GPU 显存上积累，显存峰值就又回到单卡全量参数的规模，就失去了 FSDP 的意义。因此额外的一次模型参数的 AllGather 操作是 FSDP 引入的主要通信成本。FSDP 还可以配合 Activation Checkpointing 在反向传播的时候重新计算模型参数，这时反向传播也需要该单元的所有模型参数的 AllGather。

附录 A

AMD GPU 术语

软件

- UMD：User Mode Graphics Driver，用户空间图形驱动。
- KMD：Kernel Mode Graphics Driver，内核空间图形驱动。
- KGD：Kernel Graphics Driver，Linux 内核 AMD GPU 显卡渲染驱动。
- KFD：Kernel Fusion Driver，ROCm 通用计算对应的内核空间驱动，2022 年被整合到 Linux 内核的 AMD GPU 显卡驱动中。
- KMS：Kernel Mode Setting，内核模式设置，用于向内核设置渲染模式。
- TTM：Translation Table Maps，翻译表映射，显存的实际管理组件。
- MMU：Memory Management Unit，内存管理单元，用于虚拟地址到物理地址的转换。
- MN：MMU Notifier，MMU 通知器。当地址映射发生变化时调用的回调函数，一般用于虚拟机和显卡的 MMU 管理。
- GEM：Graphics Execution Manager，图形执行管理器，用于内核对用户空间提供渲染硬件操作接口。
- GTT：Graphics Translation Table。也叫作 GART，Graphics Address Remapping Table，图形地址重映射表，用于显卡访问系统内存。
- PD：Primitive Discard，元素丢弃，用于显卡减小渲染过程中产生的元素大小。
- HSA：Heterogeneous System Architecture，异构系统架构。
- HMM：Heterogeneous Memory Management，异构内存管理。
- OA：Ordered Append，顺序追加，显卡中的一个渲染硬件单元。
- MSI：Message Signaled Interrupts，消息信号中断，基于内存地址的中断方式。
- ABM：Adaptive Backlight Management，自适应背光控制。

- BAPM：Bidirectional Application Power Management，双向应用电源管理。
- DPM：Dynamic Power Management，动态电源管理。
- DPMS：DPM State，动态电源管理状态。
- CWSR：Compute Wave Save and Restore，计算波阵保存与恢复。
- GWS：Global Wave Sync，全局波阵同步。
- CRAT：Component Resource Association Table，组件资源关联表。
- VF：Virtual Function MxGPU，虚拟功能显卡，也就是虚拟显卡。
- DPBB：Deferred Primitive Batch Binning，延迟元素批量装仓，用于批量将元素写回系统内存，降低带宽压力。
- KCQ：Kernel Compute Queue，内核计算队列，用于存放计算类工作。
- KGQ：Kernel Graphics Queue，内核图形队列，用于存放图形类工作。
- KIQ：Kernel Interface Queue，内核接口队列，用于在驱动中管理其他图形和计算队列的映射添加和删除。
- MQD：Memory Queue Descriptor，内存队列描述符。
- CGS：Common Graphics Services，通用图形服务。

硬件

- SE：Shader Engine，着色器引擎，用于执行着色器程序。
- SA/SH：Shader Array GCN（1SE=1SA=16CU），RDNA（1SE=2SA=10WGP=20CU），着色器阵列。
- HWS：Hardware Schedulers，硬件工作调度器。
- ACE：Asynchronous Compute Engine，异步计算引擎，用于分发计算类任务。
- RB：Render Backend，渲染后端。
- ROP：Render Output Pipeline，渲染输出管线。
- GCA：Graphics and Compute Array，图形和计算队列。
- GMC：Graphics Memory Controller，图形内存控制器。
- GDS：Global Data Share，全局数据共享。
- LDS：Local Data Share，局部数据共享。
- DMA：Direct Memory Access，直接内存访问。
- SDMA：System DMA，系统 DMA。
- GCP：Graphics Command Processor，图形命令处理器。
- MCBP：Mid Command Buffer Preemption，命令缓存中间抢占，以低延迟为目

的在命令缓存之前的中间进行抢占。
- CS：Command Submission，GPU 命令提交。
- EOP：End Of Packet，GPU 指令流中的包结束。
- SMU：System Management Unit，系统管理单元。
- PG：Power Gating，电源门控。
- RLC：Run List Controller，用于控制图形和计算引擎的电源管理的模块。
- PFP：Prefetch Parser，预读解析。
- CE：Constant Engine：位于 CP 中，与 SE 并列，提升性能的硬件单元，可以在实际执行命令之前将常量写入显存。
- DE：Dispatch Engine，分发引擎。
- NGG：Next Generation Geometry，RDNA 引入的替代顶点着色器的网格着色器的实现。
- ME：Micro Engine，微引擎。
- MES：Micro Engine Scheduler，微引擎调度器。
- MEC：Micro Engine Compute，微引擎计算。
- PSP：Platform Security Processor，平台安全处理器。
- RAP：Register Access Policy，寄存器访问策略。
- SDP：Scalable Data Port，可伸缩数据端口。
- IA：Input Assembly，输入组装。
- HTILE：Hi-Z Depth Compression，Hi-Z 深度压缩。
- IB：Indirect Buffer，间接缓存。
- LRU：Least Recently Used Unit，最近最少使用单元。
- UVD：Unified Video Decoder，统一视频解码器。
- VCE：Video Compression /Codec Engine，视频编解码引擎。
- VCN：Video Core Next，下一代视频核心。
- DC：Display Core，显示核心。
- PSR：Panel Self-Refresh eDP PowerSave，面板自刷新。
- DCE：Display Core Engine，显示核心引擎。
- DMCUB：Display Micro Controller Unit B，B 单元显示微控制器。
- HBCC：High Bandwidth Cache Controller，高带宽缓存控制器。
- DSBR：Draw-Stream Binning Rasterizer，绘制流装仓栅格化，用于减少 GPU 中数据的处理和传输量，可以提高显卡的图形性能，减小功耗。
- GPR：General Purpose Register，通用目的寄存器。
- SGPR：Scalar General Purpose Register，标量通用目的寄存器。
- VGPR：Vector General Purpose Register，向量通用目的寄存器。

- ALU：Arithmetic Logic Unit，算术逻辑单元。
- PRT：Partially Resident Textures，部分驻留纹理。
- DIO：Display IO，显示 IO。
- OPP：Output Plane Processing，输出面板处理。
- MPC：Multiple Pipe and Plane Combine，多管线平面结合。
- DPP：Dynamic Power Policy，动态功率策略。
- HUBBUB：DCN Memory HUB Interface，DCN 内存集中器接口。
- MMHUBBUB：Multimedia HUB Interface，多媒体集中器接口。
- DWB：Display Writeback，显示回写。
- DML：Display Mode Library，显示模式库。
- DMUB：Display Micro-Controller，显示微控制器。
- AMFT：Audio Formatting，音频格式化。
- VPG：Video Package Generator，视频帧产生器。
- SPL：Security Patch Level，安全补丁等级。
- THM：Thermal Controller，散热控制器。
- HDP：Host Data Path，主机数据路径。
- CGPG：Coarse Grained Power Gating，粗粒度电源门控。
- MGCG：Medium Grained Clock Gating，中粒度时钟门控。
- MGLS：Medium Grained Light Sleep，中粒度轻度睡眠。
- IH：Interrupt Handler，中断处理器，用于响应 GPU 中断。
- TMR：Trust Memory Region，可信内存区域。
- OSS：OS Service，操作系统服务。
- IF：Infinity Fabric，AMD 的高速片上互联技术。
- IA：Infinity Architecture，AMD 的基于 IF 的芯片架构。
- MCA：Machine Check Architecture，机器检查架构。
- XCD：Accelerator Complex Die，MI300 引入的硬件堆叠计算单元。
- IOD：I/O Die，芯片上专门的 IO 模块。
- CCD：Core Compute Die，一个 Chiplet 单元。
- CCX：Core Complex，CCD 中一半的计算单元。
- VGT：Vertex Grouper + Tesselator，顶点分组细化。
- EE：Event Engine，事件引擎。
- TA：Texture Addresser，纹理寻址。
- SX：Shader Export，着色器输出。
- TC：Texture Cache，纹理缓存。
- SC：Scan Converter，扫描转换。

- PA：Primitive Assembly，图元装配。
- DB：Depth Block/Depth Buffer，深度硬件/深度缓存。
- CB：Color Block，颜色硬件。
- CR：Clip Rectangle，裁剪矩形。
- SPI：Shader Processor Interpolator，着色处理插值器。
- PaC：Position Cache，位置缓存。
- PoC：Parameter Cache，参数缓存。
- SQ：Sequencer，顺序器。
- SP：Shader Pipe，着色器管线。
- CP：Command Processor，命令处理器。
- GE：Geometry Engine，几何引擎。
- SS：Spread Spectrum，扩频。
- ACP：Audio CoProcessor，音频协处理器。

其他

- CDIT：Component Locality Distance Information Table，组件局部性距离信息表。
- AO：Always On，总是打开。
- DCC：Delta Color Compression Lossless，差分颜色无损压缩。
- DSC：Display Stream Compression，显示流压缩。
- TDP：Thermal Design Power，散热设计功耗。
- TBP：Total Board Power，整体电路板功耗。
- TMZ：Trusted Memory Zone，可信内存区域。
- DWB：Display WriteBack，显示回写。
- RAS：Reliability, Availability, Serviceability，可靠性，可用性，可服务性。
- HDCP：Highbandwidth Digital Content Protection，高带宽数字内容保护。
- TCA：Texture Cache Arbiter，纹理缓存仲裁。
- TCC：Texture Channel Cache，纹理信道缓存。
- TCP：Texture Cache Private，私有纹理缓存。
- BACO：Bus Active, Chip Off，总线活跃，芯片关闭。
- BOCO：Bus Off, Chip Off，总线关闭，芯片关闭。
- OPN：Ordering Part Number，顺序部分编号。
- ULV：Ultra Low Voltage，极低电压。
- GL2a：GL2 Arbiter == TCA（Navi10 = 4, Navi14 = 2）。

- GL2c：== TCC（Navi10 = 16, Navi14 = 8）。
- GPA：Guest Physical Address，客户端物理地址。
- EDC：Error Correction and Detection，错误纠正和检测。
- SPM：Streaming Performance Counter，流性能计数器。
- ICD：Installable Client Driver，Vulkan 的可安装客户端驱动。
- MALL：Memory Access (at) Last Level，最后一级内存访问。
- SRD：Shader Resource Descriptor，着色器资源描述符。
- TDR：Timeout Detection and Recovery，超时检测和恢复。
- SRBM：System Register Bus Manager，系统寄存器总线管理器。
- GRBM：Graphics Register Bus Manager，图形寄存器总线管理器。
- XCC：X Compute Clusters，多个计算集群。